Bau-Bionik

Werner Nachtigall • Göran Pohl

Bau-Bionik

Natur – Analogien – Technik

2., neu bearbeitete und erweiterte Auflage

Springer Vieweg

Werner Nachtigall
Universität des Saarlandes
FR 8.3 Biowissenschaften
Saarbrücken
Deutschland

Göran Pohl
FB Architektur
Hochschule für Technik und Wirtschaft
des Saarlandes
Saarbrücken
Deutschland

ISBN 978-3-540-88994-6 ISBN 978-3-540-88995-3 (eBook)
DOI 10.1007/978-3-540-88995-3
Springer Heidelberg Dordrecht London New York

Die Deutsche Nationalbibliothek verzeichnet diese Publikation in der Deutschen Nationalbibliografie; detaillierte bibliografische Daten sind im Internet über http://dnb.d-nb.de abrufbar.

Springer Vieweg

Gedruckt auf säurefreiem und chlorfrei gebleichtem Papier

Springer Vieweg ist eine Marke von Springer DE. Springer DE ist Teil der Fachverlagsgruppe Springer Science+Business Media
www.springer-vieweg.de

Vorwort zur 2. Auflage

Die erste Auflage ist freundlich aufgenommen worden und war bald vergriffen. Sie enthielt die Sichtweise Werner Nachtigalls als Fachbiologe, der großes Interesse und eine gewisse Grundkenntnis hat, was die Aspekte des Bauens und Gestaltens anbelangt. Neben dem baubiologisch orientierten Text enthielt die erste Auflage eine Abbildungssammlung biologischer Vorbilder.

In der Zwischenzeit ist im Springer-Verlag das ausführliche Buch von W. N. „Biologisches Design – Systematischer Katalog für bionisches Gestalten" erschienen, in das die Abbildungssammlung integriert worden ist. Die damit frei werdenden Seiten eröffneten die Möglichkeit einer völligen Neuorientierung dieser 2. Auflage: Neben den biologischen Grundlagen, die ein Fachbiologe am besten schreiben kann, enthält sie nun auch Darstellungen zu praktischen Bauausführungen und Entwürfen, für die ein Facharchitekt der richtige Autor ist. Die beiden Verfasser haben sich bemüht, ein fundiertes und umfassendes Werk zu erarbeiten, ohne dass der Anspruch auf Vollständigkeit erhoben wird. Eine Reihe technischer Analogien, die in den biologischen Abschnitten nur kurz angeführt worden sind, wurden in den technischen Abschnitten nochmals aufgegriffen und unter bauphysikalischen und architektonischen Aspekten ausführlicher dargestellt.

Die Autoren haben sich bei diesem Buch eng abgesprochen und auf der Basis der ersten Auflage intensiv diskutiert, wie eine Neuauflage gestaltet werden könnte. Dabei erschien es wichtig, die Sicht des Architekten zu intensivieren und insbesondere aktuelle Beispiele der Bionik für das Bauen aufzunehmen. Darüber hinaus sind inzwischen wichtige Weichenstellungen in Bezug auf Definitionen und Richtlinien für die Bionik getroffen worden, bei denen G.P. im VDI mitgearbeitet hat. Insofern ist das vorliegende Werk eine – hoffentlich vom Leser als gelungen empfundene – Koproduktion des Fachbiologen W.N. mit dem Facharchitekten G.P.

Folgende Kapitel stammen aus der Feder der einzelnen Autoren: Von W.N. stammen Kap. 1.2 *Historisches und Funktionelle Analogie* bis 2.1.5 *Plattenkonstruktionen*; Kap. 4 *Biologische Systeme als Vorbilder für technische Bauelemente und Funktionen*; Kap. 5 *Tragwerke, Baustrukturen und Bauten in der Biologie mit Ausstrahlung in die Technik*. Aus der Feder von G.P. stammen Kap. 1.1 *Zum Begriff „Bionik"*; Kap. 2.1.6 *Faltkonstruktionen*; Kap. 3 *Bionik für Bauwerke*; Kap. 4.5.4 ergänzt; Kap. 5.6.4 *Tensegrity-Verknüpfung der Systeme Tensegrity und Pneu*, Kap. 5.8 *Bewegliche Strukturen*, Kap. 6 *Ideenpotenziale natürlicher Vorbilder und deren Umsetzung in neueren Beispielen von Baukonzepten, Funktionen und Elementen.*

Diese neue Auflage soll Architekten und Bauingenieuren, Designern und Städteplanern sowie Lehrenden und Lernenden auf all den genannten Gebieten verlässliche Informationen anbieten und – vielleicht – auch ein gewisses Lesevergnügen bereiten.

Saarbrücken
im Herbst 2012

Werner Nachtigall
Göran Pohl

Aus dem Vorwort zur 1. Auflage

„Gleich vorab sei's gesagt: Das ist kein Buch, nach dem man ganz direkt bauen und konstruieren kann. Es ist ein Buch, das den Horizont erweitert".

Die Bau-Bionik ist ein Teilgebiet der Bionik. Die klassische Definition lautete:

„Bionik als Wissenschaftsdisziplin befasst sich systematisch mit der technischen Umsetzung und der Anwendung von Konstruktionen, Verfahren und Entwicklungsprinzipien biologischer Systeme".

Baubionik wäre demgemäß unter dem Abschnitt „Konstruktionsbionik", ein wenig auch unter „Verfahrensbionik" einzuordnen. Dabei gilt es freilich, einiges zu beachten.

Zum Ersten muss man bei der Übertragung von Anregungen aus der belebten Welt in die Welt der Technik vorsichtig sein und darf nicht Unmögliches erwarten; eine direkte Kopie führt nie zum Ziel. Greift der Architekt oder der Bauingenieur dagegen eine **Grundidee** der Natur auf – zum Beispiel die der umweltneutralen thermischen Lüftung über Solareffekte, wie es die Termiten vormachen – so kann dies Anregung geben zu verstärktem technisch-biologischen Bearbeiten dieses Aspekts und sein bionisches Umsetzen in die Ingenieurwissenschaften. Nicht mehr, allerdings auch nicht weniger. Man muss sich nur darüber klar sein, dass die Natur keine Blaupausen für die technische Übertragung vorlegt, und dass ihre Konstruktionen und Verfahrensweisen auch nicht immer leicht einzusehen, geschweige denn umzusetzen sind. Aber sie sind vorhanden.

Zum zweiten möchte dieses Buch eine Lanze brechen für die **Analogieforschung**. Die genannten Lüftungssysteme bei den Termiten und im Bereich der Technik sind analoge Systeme. Solche Systeme können sich immer prinzipiell auf zwei Weisen entwickeln. Entweder hat die Natur tatsächlich die entscheidende Anregung gegeben, dann haben sich technischen Konstruktionen unter Einbringung der ingenieurwissenschaftlichen Disziplinen daraus weiterentwickelt. Oder es ist ohne Kenntnis der Natur zu solchen Konstruktionen gekommen, und man stellt a posteriori eine funktionelle Übereinstimmung fest, konstatiert *analoge Konstruktionen*. Dann lässt sich auf dieser Vergleichsbasis weiter aufbauen, die Natur differenzierter betrachten.

Gerade auch unter Einbringung des technischen Know how lassen sich natürliche Konstruktionen oft sehr viel besser verstehen als ohne derartige Randwissenschaften.

Die letztere Überlegung war auch ein wesentlicher Grund dafür, dieses Buch zu verfassen. Es wäre auch dann nicht umsonst geschrieben worden, wenn es lediglich zum **Staunen** anregt über die Konstruktionen der Natur und darüber hinaus den technischen Geist offen hält für eine Verzahnung zwischen Technik und Natur, die sehr viel besser sein könnte als das heute noch üblich ist. Und das ohne jede Naturtümelei, allein aus der Einsicht heraus, dass Natur und Technik nicht notwendigerweise und nicht immer und überall einander wesensfremd sein müssen.

Saarbrücken, im Herbst 2002 Werner Nachtigall

Inhalt

Abbildungsverzeichnis

Technische Biologie und Bionik 1

Bionik betreiben heißt, von der Natur für die Technik lernen. Das kann man in den verschiedenen technischen Fachgebieten unterschiedlich gut. Im Bereich des Baus und der Architektur ist das so eine Sache. Selbstredend kann es für den Bauingenieur und den Architekten interessant, ja faszinierend sein, einmal den Blick über den Zaun zu wagen, mitten hinein in die Reiche der belebten Natur. Man muss sich dabei nur vor einer zu direkten Übertragung hüten. Wenn Anregungen aus der Natur in bautechnisches oder architektonisches Gestalten einfließen sollen, geht das nicht ohne den Zwischenschritt der Abstraktion. Dreistufig ist denn auch die Vorgehensweise in der Bionik: **Erforschen → Abstrahieren → Umsetzen** (Nachtigall 2010). Es wird mehrmals Gelegenheit sein, auf diese Kette hinzuweisen. Zunächst aber sollen einige kennzeichnende Aspekte vorgestellt werden: Wie kommt der Name „Bionik" zustande, gibt es Definitionen, warum steht die Analogieforschung an der Basis?

1.1 Zum Begriff „Bionik"

Unausrottbar ist die Ansicht, „BIONIK" wäre ein Kunstwort, zusammengesetzt aus BIOlogie und TechNIK. Historisch handelt es sich eigentlich um einen eingedeutschten englischen Begriff; „bionics", eine Sache, bei der es um Lebewesen geht. Seit den fünfziger Jahren gibt es diese Bezeichnung, seinerzeit formuliert als man sich darum bemühte, vom Fledermaus-Sonar für die noch unausgereifte Radar-Technologie zu lernen. Doch kann dieser Kunstbegriff stehen bleiben, der so suggestiv ist und im Grunde die Sache ja auch trifft.

In dem Begriff Bionik ist das Verständnis für biologische Konstruktionen und Prozesse impliziert, für die vergleichbare technische Anwendungen, Funktionsweisen oder Abläufe existieren.

Bionik ist nicht die Nachahmung von Natur, weder in materieller, funktionaler, noch in gestalterischer Hinsicht, sondern das Begreifen natürlicher Prinzipien zugunsten des Verständnisses analoger technischer Fragestellungen, für die sich damit optimierte technologische Anwendungen entwickeln lassen. Dabei beinhaltet der Begriff „technologische Anwendungen" alle Anwendungen unserer heutigen Zeit, seien sie bau-, maschinen- oder computertechnologischer Art. Sie betreffen Materialien, Anwendungen, Wirkungsweisen, Gesamtgebilde, Gestaltung oder Management. In der Bionik geht es also darum, den Erfahrungsschatz der Natur zum Nutzen menschlicher Produkte zu erspähen, quasi „Industriespionage" beim erfahrensten Forscher und Entwickler der Erde zu betreiben.

Pioniere auf diesem Gebiet waren in Deutschland Heinrich Hertel und Ingo Rechenberg. Werner Nachtigall hat maßgebliche Forschungen auf dem Gebiet der Technischen Biologie und Bionik unternommen und jahrzehntelang für die Nutzung des „Vorbildes der Natur" in Technik

W. Nachtigall, G. Pohl, *Bau-Bionik*,
DOI 10.1007/978-3-540-88995-3_1, © Springer-Verlag Berlin Heidelberg 2013

und Wirtschaft geworben. Ingenieure und Architekten wie Richard Buckminster Fuller und Frei Otto befassten sich seit den 1950er Jahren mit „Natürlichen Konstruktionen" und entwickelten dabei Bauwerke, die bis in die heutige Zeit nichts von ihrer Faszination eingebüßt haben. Frei Otto hat „Natürliche Konstruktionen" mit dem ästhetischen und funktionalen Ausdruck von Bauten verknüpft, so dass sie logisch, „natürlich" erscheinen, und mit technischer Hilfe ähnliche Aufgaben erfüllen, wie diese in der Natur vorkommen können.

1.2 Historisches und Funktionelle Analogie

Historisch hat sich bionisches Vorgehen aus dem Vergleich funktionsmorphologischer Forschungsergebnisse mit den Anforderungen technischen Konstruierens entwickelt. Dies geschah zunächst reichlich naiv, wie das so zu sein pflegt, wenn sich ein Fachgebiet tastend entwickelt. Leonardo da Vinci, seinerzeit wohl der scharfsinnigste Beobachter das Vogelflugs, hat um 1500 Schlagschwingen entwickelt, die nach dem Prinzip der Schwungfeder-Überlappung eines Vogelflügels funktionieren sollten. Man könnte hier durchaus schon von einer „Funktionellen Analogie" sprechen, wäre nicht die gesamte damalige Flügelkonstruktion sozusagen gegen jede Statik und Aerodynamik ausgelegt gewesen. Hierbei und bei einer Unzahl von „Erfindungen" bis weit ins 20. Jahrhundert hinein hat es sich gerächt, dass man zu sehr auf *Formähnlichkeit* geschaut und *funktionelle Prinzipien* vernachlässigt hat, die in ihrer Abstraktion ja das eigentliche Bindeglied darstellen. Erkenntnistheoretische Ansätze in der Philosophie sprechen jedenfalls von dem „Vor-Bild Natur" und dem „Ab-Bild Technik". W.N. hat diese Aspekte 2010 in einem Buch „Bionik als Wissenschaft" zusammengefasst. Freilich gibt es auch frühe Ansätze dafür, dass das Analogie-Prinzip (Helmcke 1972) ganz selbstverständlich in die Umsetzung mit eingebaut wird. Ein Beispiel ist die Erfindung des Stahlbetons.

Der Pariser Joseph Monier war „horticulteur, paysachiste", hatte also viel mit gärtnerischen Problemen zu tun. Aus dem Ärger, wie teuer und bruchgefährdet steinerne oder tönerne große Pflanztöpfe sind, und aus der Beobachtung, dass die aus einem Opuntienblatt herauswitternde, vernetzte Sklerenchym-Struktur der Blattmasse Festigkeit gibt, entstand 1880 die Idee, Pflanztöpfe in Mehrkomponentenbauweise herzustellen. Ein Drahtkorb – entsprechend dem Sklerenchym-Netz von Pflanzen – gibt Zugfestigkeit und hält gleichzeitig die druckfeste Zementmasse – entsprechend dem Parenchym der Pflanzen – in Form. Die Zementmasse stabilisiert gleichzeitig die Lage des Drahtkorbs.

Die Grundidee dieser Übertragung erscheint als typisch bionisch: Es wird ein Prinzip der Natur abstrahiert; dabei wird nichts sklavisch kopiert. Das Naturprinzip heißt: *Mechanisches Zusammenwirken eines zugfesten Skelerenchym-Netzzylinders mit einer druckfesten Parenchym-Matrix*. Das technische Prinzip heißt demnach: *Mechanisches Zusammenwirken einer sklerenchym-analogen Stahlarmierung mit einer parenchym-analogen Zementmasse*. Aus dieser Analogie hat sich ein völlig neuer Industriezweig entwickelt, der Stahlbeton-Bau. Übrigens lebt der ideenreiche Gärtner in dem Ausdruck „Moniereisen" der Maurerzunft fort.

1.3 Die Form-Funktions-Problematik

Das eben skizzierte Grundkonzept der „Funktionellen Analogien" ging später freilich vielfach verloren. Noch 1905 hat C. Lie seinem mechanisch angetriebenen „Lotsenfisch" (der eine Leine schleppen sollte) die Realform eines Fisches gegeben, mit allen entsprechenden Flossen an den „biologisch richtigen" Stellen. Ein technisch effizientes Schleppgerät aber würde, auch wenn der Fisch das Vorbild war, in wesentlichen Details anders aussehen müssen. Die Form-Funktions-Problematik lässt sich an zwei bekannten Beispielen aufzeigen, dem Sony-Hund und Frei Otto's Baumstützen (1988).

Hinter dem bekannten Sony-Hund, der putzig aussieht, Schwanzwedeln und Pipi machen kann, steht kein bionisches Konzept. Es ist schlicht der technische Nachbau einer Naturform. (Was kein allgemeiner Negativ-Kommentar sein soll; er verkauft sich gut, aber bionisch ist er nicht). Frei Otto's „Baumstützen", wie man sie etwa am Stuttgarter Flughafen und an manchen Autobahnbrücken betrachten kann, sehen *nicht* aus wie Bäume und beinhalten trotzdem ein der „Konstruktion Baum" analoges bionisches Konzept. Ihrem Entwurf voraus gingen Studien von Abzweigungswinkeln, den relativen Dickenverhältnissen und anderen Aspekten von Baumästen. Mitbetrachtet wurden diese bei der Konstruktion solcher Stützen, die eine gegebene Flächenlast mit geringstmöglicher Eigenmasse tragen sollten – die Zielfunktion der zu optimierenden Größe.

1.4 Bionik und Optimierung

Die Entwicklung der genannten „Baumstützen" stellte ein Optimierungsproblem dar. Für die Lösung solcher Probleme gibt es eine weitere bionische Einsatzmöglichkeit, die Evolutionsstrategie. I. Rechenberg und Mitstreiter haben schon in den sechziger Jahren gezeigt, dass man für technische Optimierungen mit Vorteil die Prinzipien der biologischen Evolution übertragen kann, die ja unter Einbeziehung des Zufalls (Mutation, Rekombination) und anschließender Prüfungsverfahren (Selektion) arbeitet. Die Rechenverfahren ihrer „Evolutionsstrategie" (Rechenberg 1973) werden seitdem in zunehmend stärkerem Maße im Bereich der Technik angewandt, insbesondere dann, wenn Theorien für die Anwendung störend komplex sind oder wenn es (noch) gar keine theoretischen Grundlagen für die Optimierung eines bestimmten Systems gibt. Auch C. Mattheck (1993) verwendet für seine Verfahren des „Computer Aided Design" (CAD) und der „Computer Aided Optimization" von Strukturen und Bauteilen (CAO) Prinzipen des Zufalls und der biologischen Optimierung. Anregungen für die Entwicklung dieser sehr erfolgreichen und vielverwendeten Verfahren hatte er aus dem funktionellen Betrachten von Baumgestalten erhalten.

1.5 Von der Zufallsbeobachtung zur Markteinführung

Manchmal rentieren sich Waldspaziergänge mit dem Hund. So auch die täglichen Ausflüge des Schweizer Ingenieurs und Erfinders G. de Mestral. Zur Erfindung des Klettverschlusses beschreibt die Journalistin D. Dumanowsky 1980 im Boston Globe den Ausgang eines solchen Waldspaziergangs im Jahr 1941, nach dem de Mestral und sein Irish Potter voll von Kletten waren: „Es war kaum möglich, sie aus seiner Wollhose und dem Hundefell abzukriegen. Neugierig geworden schaute sich de Mestral eines der Köpfchen unter dem Mikroskop an. In der Vergrößerung zeigten sich Hunderte feiner Haken. So wurde der Grundstein für die Idee des Klettverschlusses gelegt. Mit der Anwendung neuartiger Herstellungstechniken entstand schließlich das Produkt „Velcro". (Der Namen leitet sich von zwei französischen Wörtern ab, „velour" (Wollstoff) und „crochet (Haken))." Kaum auf dem Markt machte der Vertreiber alleine in Amerika einen Jahresgewinn in Höhe eines zweistelligen Millionenbetrags.

Heute ist der Klettverschluss aus dem Alltagsleben nicht mehr wegzudenken. Man sollte aber nicht vergessen, dass zwischen patentfähiger Idee und Markteinführung in der Regel ein dornenreicher Weg liegt. Bei de Mestral hat es an die 20 Jahre gedauert und erst einmal sehr viel Geld gekostet, bevor sich die Sache technisch durchgesetzt und finanziell rentiert hat. Ähnliches Lehrgeld haben W. Barthlott und Ch. Neinhuis (1997) mit ihrem Lotuseffekt bezahlt, zumindest zeitlich. Auch hier hat es von den ersten mikroskopischen Untersuchungen der Noppenstruktur auf dem Lotusblatt bis zum erfolgreichen Fassadenlack „Lotusan", mit dem nun schon Hunderttausende von Häusern versehen worden sind, an die 20 Jahre gedauert.

Bionische Ideen und bionische Produkte sind eben zweierlei. Einen langen Atem, einen guten Patentanwalt und etwas Geld braucht jeder, der sich an so etwas versucht. Erfahrungsgemäß sind gerade in der letzten Zeit interessierte Firmen nicht eben gewillt, viel Geld in die Entwicklung eines naturbasierten Konzepts zu stecken, das für teures Geld patentiert und marktfähig gemacht und dann in ganz wenigen Jahren doch geklaut wird. Eher schon entwickeln sie – auch patentrechtlich ungeschützt – etwas im Verborgenen und werfen es auf den Markt, wo es sich vielleicht 2 Jahre amortisieren kann, bevor billig(er)e Kopien aus China oder sonst woher den Markt überschwemmen.

1.6 Natur und Technik – Antipoden?

W. N. hat, seitdem er in den sechziger Jahren begonnen hat, sich mit Bionik zu befassen, immer zwischen „Technischer Biologie“ und „Bionik im eigentlichen Sinne“ unterschieden und dies auch in zahlreichen Publikationen dargelegt; eine Auswahl steht im Literaturanhang. Im Grunde sind das nur zwei unterschiedliche Sichtweisen, die Natur und Technik verbinden. Beide gehören aber untrennbar zusammen, so wie Bild und Spiegelbild oder Kopf und Zahl einer Münze.

Die **Technische Biologie** erforscht die Konstruktionen, Verfahrensweisen und Evolutionsprinzipien der Natur aus dem Blickwinkel der Technischen Physik und verwandter Disziplinen. Die **Bionik** versucht, diese Grundlagen-Ergebnisse in die Technik zurück zu projizieren und Anregungen zu geben für neuartige, dem Menschen und der Umwelt dienlichere Lösungen.

Wie oben erwähnt, setzt man heute gerne den Begriff „Bionik“ aus den Anfangs- und Endsilben von „Biologie“ und “Technik“ zusammen. Das kann so stehen bleiben, weil es klarstellt, dass die Enden dieser beiden heute noch so stark getrennten Disziplinen zusammenkommen sollten. Wie bereits im Vorwort gesagt, gibt es keinen Grund, Natur und Technik weiter so unterschiedlich zu betrachten wie bisher. Im Gegenteil: Nur wenn wir durch eine sinnvolle Integration die Grenzen überwinden, wenn wir einsehen, dass die biologisch orientierten und die technischen Disziplinen voneinander lernen können, werden wir weiterkommen.

Der Ingenieur sollte nicht mehr wie bisher eine ganze Welt von Konstruktionen, Verfahrensweisen und Entwicklungsprinzipien schlicht nicht zur Kenntnis nehmen, sondern sich des Erfahrungsschatzes der Natur bedienen, wo immer das stimmig und sinnvoll ist.

Der Biologe seinerseits darf sich nicht mehr damit begnügen, Daten anzuhäufen und hinter den Buchrücken der Bibliotheken verschwinden zu lassen. Er sollte sich bemühen, damit auf den konstruierenden Ingenieur zuzugehen und ihm Ergebnisse und Sichtweisen anzubieten, ihn also zu fordern. Dies darf ruhig bis an die Grenzen der Zumutbarkeit gehen: Nur so können wir aus festgefahrenen, scheinbar unabdingbar vorgegebenen Pfaden ausbrechen.

1.7 Klassische Definitionen zur Bionik

Die Disziplin „Bionik“ ist im Bereich der Naturwissenschaft angesiedelt, und der Begriff sollte deshalb naturwissenschaftlich klar definierbar sein. Definitionen spiegeln immer zeitbedingte Sichtweisen wider, präzisieren sich aber im Allgemeinen mit der fortlaufenden Bearbeitung eines Komplexes, wie an den folgenden drei Formulierungen zu sehen ist.

Ab dem Beginn der 70er Jahre hat W.N. bionisches Arbeiten wie folgt definiert:

> Lernen von der Natur für eigenständiges ingenieurmäßiges Gestalten.

Die Natur gibt also Anregungen, die der Ingenieur nicht kopiert (das wäre unwissenschaftlich), sondern in die konstruktive Gestaltung – lege artis seiner Wissenschaft – einbringt. „Die Natur liefert keine Blaupausen für die Technik“ kann man auch sagen und damit den Gesichtspunkt unterstreichen, dass allgemeine Anregungen vielfältigster Art in technisches Gestalten einfließen können, direkte Kopie aber nie zum Ziel führt.

Bei einer Tagung des Vereins Deutscher Ingenieure über „Analyse und Bewertung zukünftiger Technologien, Düsseldorf 1993, die unter dem Motto “Technologie-Analyse „Bionik“ stand, haben sich die anwesenden Technischen Biologen und Bioniker auf den bereits im Vorwort zitierten Satz geeinigt (Neumann 1993):

> Bionik als wissenschaftliche Disziplin befasst sich mit der technischen Umsetzung und Anwendung von Konstruktions-, Verfahrens- und Entwicklungsprinzipien biologischer Systeme.

Bionik ist demnach eine Anwendungsdisziplin. Basis für den Erkenntnisgewinn und für jeden Übertragungsaspekt ist dabei immer das Sosein biologischer Systeme.

In den letzten Jahren hat sich die Einsicht gefestigt, dass die VDI-Definition 1993, die damals aus Gründen der Präzisierung und Abgrenzung sehr eng gewählt worden ist, zu erweitern ist. Insbesondere kommt darin ein wichtiger Grundaspekt der Bionik nicht genügend zum Tragen, nämlich die Technik auch so zu beeinflussen, dass sie Mensch und Umwelt stärker nützt. W.N. hat deshalb die folgende, kurz gefasste Alternative vorgeschlagen:

> Lernen von den Konstruktions-, Verfahrens- und Entwicklungsprinzipien der Natur für eine positive Vernetzung von Mensch, Umwelt und Technik.

Diese Formulierung umfasst dann auch Interaktionen zwischen Umwelteinflüssen und Lebewesen.

Der VDI hat eine Arbeitsgruppe konstituiert, die sich mit solchen Fragen weiter beschäftigt und Normblätter zum bionischen Vorgehen entwickelt. Auch methodisch und definitorisch kommt eine Wissenschaft nie an ein Ende. Die aktuellen Erkenntnisse der aus VDI- Richtlinienarbeit, bei der G. P. mitgearbeitet hat, sind im Kap. 3 erörtert.

1.8 Bionische Disziplinen

Die Gegenstände der Bionik können in den drei Grunddisziplinen der Konstruktionsbionik, Verfahrensbionik und Entwicklungsbionik zusammengefasst werden.

In die *Konstruktionsbionik* einordnen kann man bionische Aspekte der Materialien, Werkstoffe, Prothetik und Robotik.

Zur *Verfahrensbionik* gehören die entsprechenden Gesichtspunkte von Klima und Energetik, dem Bauen und vielleicht auch der architektonischen Gestaltung, der Sensorik und schließlich der Kinematik und Dynamik im Maschinenbau.

Die *Entwicklungs- oder Evolutionsbionik* schließlich umfasst neben Teilen der Neurophysiologie, die oben bereits angedeuteten Aspekte der biologischen Evolution und auch entsprechende Gesichtspunkte von Prozessen sowie Organisations-Verfahren.

Damit ist die Bau- und Architekturbionik in das allgemeine bionische Beziehungsgefüge eingeordnet. Allerdings lassen sich diese Unterdisziplinen nicht streng unter dem Überbegriff der „Verfahrensbionik" halten, wenngleich sie dort ihren Hauptplatz haben, denn Bauen und Gestalten sind Verfahren. Selbstredend greifen sie auch in die Konstruktionsbionik über, wenn es beispielsweise um Bau- und Dämmstoffe geht. Schließlich spielt auch die in der Entwicklungsbionik eine wichtige Rolle, wenn eine Baukonstruktion – was angesichts drastisch komplexerer Bauwerke wie Sporthallen zunehmend geschieht – in immer wieder neuen Varianten von Versuchs-Irrtums-Prozessen im Computer durchgespielt werden muss.

1.9 Bau-Bionik: Grundaspekte

Die Bau-Bionik bietet einerseits keine Verfahren, nach denen man direkt bauen kann. Für Architekten, Bauingenieure und Designer bietet die große Bandbreite natürlicher Entwicklungen andererseits aber besondere Möglichkeiten, neue Ideen zu finden. Die Besonderheit liegt darin, dass die Ideengenerierung für diese Berufsgruppe sowohl abseits der technischen Wege, etwa bei natürlichen Vorbildern liegen kann, als auch zusätzlich zu künstlich-technisch basierten Konzepten führen kann. Im Ergebnis werden häufig beide Vorgehensweisen vermischt. Es wird daher schwer sein, ein reines „bionisches" Bauwerk zu finden. Oft sind nur Teile des Bauwerkes biologisch inspiriert, (also „bionisch"). Sind die *prägenden* Bestandteile eines Gebäudes oder eines Bauteils biologisch inspiriert, so wird dieses insgesamt als „bionisch" bezeichnet.

Architekten, Bauingenieure und Designer verwenden die Forschungsergebnisse der Bionik als Designansatz, das aktive Suchen mit Einbeziehung biologischer Erkenntnisse als

Designmethode oder Designwerkzeug. Bionisches Arbeiten selbst ist methodisch definiert, Bionik ist also eigentlich nicht als Wissenschaftsdisziplin zu sehen.

Freilich, erweitert die Bionik den Horizont und bietet eine unvergleichlich detaillierte Basis für Abstraktionen natürlicher Vorbilder, die da und dort in das schöpferische Gestalten des Bauingenieurs und Architekten einfließen können oder könnten. Kaminbauten von Termiten haben beispielsweise Anregungen gegeben – und tun dies auch weiter und in verstärktem Maße – für solarbetriebene thermische Lüftungssysteme in Europa und Afrika. Berühmt geworden ist das von der Firma Arup gestaltete Lüftungssystem in der East-Gate-Hall in Harare/Simbabwe.

Bei der Übertragung von Anregungen aus der belebten Welt in die Technik muss man – und wir weisen immer wieder daraufhin und greifen hier das Vorwort zur 1. Auflage nochmals auf – freilich vorsichtig sein und darf nichts Unmögliches erwarten. Eine direkte Kopie führt nie zum Ziel. Wird dagegen eine Grundidee der Natur aufgegriffen, beispielsweise eben die umweltneutrale thermische Lüftung über Solareffekte, so kann dies Anregung geben zu verstärktem technisch-biologischen Bearbeiten dieser Aspekte und ihr bionisches Umsetzen in die Ingenieurwissenschaften. Man muss sich eben nur klar sein, dass die Natur keine Blaupausen liefert und dass ihre Konstruktionen und Verfahrensweisen auch nicht immer leicht einzusehen, geschweige denn problemlos umzusetzen sind. Doch sind sie in Vielzahl vorhanden.

Selbstredend kann es nicht schaden, wenn man sich zwischendurch immer wieder an biologisch-technische und technisch-biologische Analogien erinnert. Lüftungssysteme bei den Termiten und im Bereich der Technik sind *Analoge Systeme*. Solche Systeme können sich immer auf prinzipiell zwei Weisen entwickeln. Entweder hat die Natur tatsächlich die entscheidenden Anregungen gegeben. Dann haben sich technische Konstruktionen unter Einbringung der ingenieurwissenschaftlichen Disziplinen daraus weiterentwickelt. Oder man ist ohne Kenntnis der Natur zu solchen Konstruktionen gekommen und stellt a posteriori eine funktionelle Übereinstimmung fest, konstatiert analoge Konstruktionen. Dann lässt sich auf dieser Vergleichsbasis weiter aufbauen. Man kann dann zum Beispiel auch die Natur differenzierter betrachten.

Gerade auch unter Einbringung des technischen Know-how lassen sich natürliche Konstruktionen vielfach besser verstehen als allein unter biologischen Gesichtspunkten. Ein solcherart besseres Verständnis bietet wiederum eine günstigere Übertragungsbasis und so fort.

So kann eine Disziplin von der anderen lernen.

1.10 Natur und Technik als Kontinuum

Alles forscherische Tun bedeutet doch letztlich nichts anderes, als an einem großen Kontinuum zu kratzen, wenn auch an unterschiedlichen Ecken und mit unterschiedlichen Verfahren. Und die natürliche Evolution hat zu phantastischen Konstruktionen, Verfahrensweisen und Entwicklungsprinzipien geführt, lange bevor es den Menschen auf dieser Welt gab. Schließlich hat sie auch zum Menschen mit seinen hirnphysiologischen Verarbeitungskapazitäten geführt. und daraus ist die Technik entstanden, alleine in unseren Gehirnen.

Letztlich ist die Technik also nichts anderes als die Weiterführung der natürlichen Evolution mit anderen Mitteln. Damit ist sie, für uns persönlich, erkenntnistheoretisch nichts „prinzipiell anderes". Wir sehen, von pragmatischen Unterscheidungsnotwendigkeiten abgesehen, keinen triftigen Grund, Natur und Technik so sehr in Gegensatz zu setzen wie das bisher geschehen ist.

Technik und Natur bilden vielmehr Teile eines gesamten Kontinuums. Es gilt einerseits, dieses zu verstehen, andererseits es weiterzuentwickeln und zu nutzen. Bionik ist dafür ein Werkzeug. Nicht das einzige und sicher auch nicht das wichtigste.

Aber für manchen Aspekt das Beste.

2 Bau, Architektur und Bionik

Die Gegenüberstellung von Bauwesen und Biologie führt zu vielerlei – manchmal verblüffenden – Analogien. Sie zeigt zunächst, dass die Grundgesetzlichkeiten in beiden Disziplinen durchaus vergleichbar sind. Deshalb lohnen sich Blicke über den Zaun, und zwar in beide Richtungen.

Darüber hinaus fordern allerdings ökologische, strukturfunktionelle und ästhetische Gesichtspunkte gebieterisch eine Rückbesinnung auf alte Tugenden des Bauwesens. Gemeint ist damit nicht ein naturtümelndes Bauen, sondern eines, das die Natur verstärkt mit einbezieht. Bereits die Architekten des Altertums hatten darauf geachtet, dass ihre Baukörper in die Naturgegebenheiten eingebettet waren, so dass sie beispielsweise mit der vorherrschenden Windrichtung harmonierten (strukturfunktioneller Aspekt) und letztlich einen überzeugenden und harmonischen Eindruck ergaben (bauästhetischer Aspekt). Sogenannte primitive Kulturen beherzigten diese Regeln ebenfalls bis vor kurzem (altiranische Architektur) und noch heute (Teile der ursprünglichen afrikanischen Architektur). Diese ursprünglichen Kulturen sind deshalb interessant, weil ihre Baugestaltung sozusagen „bionisch" ist, nämlich ganz analog der natürlichen Evolution nach Versuchs- und Irrtums-Prinzipien vor sich gegangen ist. Noch im Mittelalter konnte man keine Hochbauten berechnen. Selbst die gotischen Dome sind im Wesentlichen nach dem Versuchs-Irrtums-Prinzip entstanden.

Außerdem bieten sich physikalisch basierte Vergleichsmöglichkeiten zwischen dem Menschen mit seinen technischen Behausungen und Lebewesen und ihren Bauten; Aspekte des Wärmehaushalts, wie sie im Eisbärfell verwirklicht sind, oder solarbetriebene Klimaanlagen, wie sie die Termiten entwickelt haben, gehören in diese Betrachtungskategorie.

2.1 Technische Biologie und Bionik von Bau- und Tragkonstruktionen

Im Folgenden werden Bauformen der Natur und analoge technische Konzepte einander gegenübergestellt, wie sie sich aus historischer, physikalisch-funktioneller oder ökologischer Betrachtung ergeben.

Das analoge Gegenüberstellen wird in verschiedene Abschnitte gegliedert, von kuppelförmigen Knoten-Stab-Tragwerken bis zur Frage, ob man die Waben der Honigbiene denn schon vollständig verstanden habe und ob sie tatsächlich „technisch optimal" seien. Im Rahmen dieser analogen Vergleiche (Nachtigall, Kresling 1992 a, b) hat die Architektin B. Kresling an einigen Stellen Kurz-Zusammenfassungen geschrieben, die in mancherlei Hinsicht durchaus neues Licht auf biologische Bau- und Selbstorganisationsvorgänge werfen könnten. Sie sind hier als Zitate in kursiver Schrift wiedergegeben.

W. Nachtigall, G. Pohl, *Bau-Bionik*,
DOI 10.1007/978-3-540-88995-3_2, © Springer-Verlag Berlin Heidelberg 2013

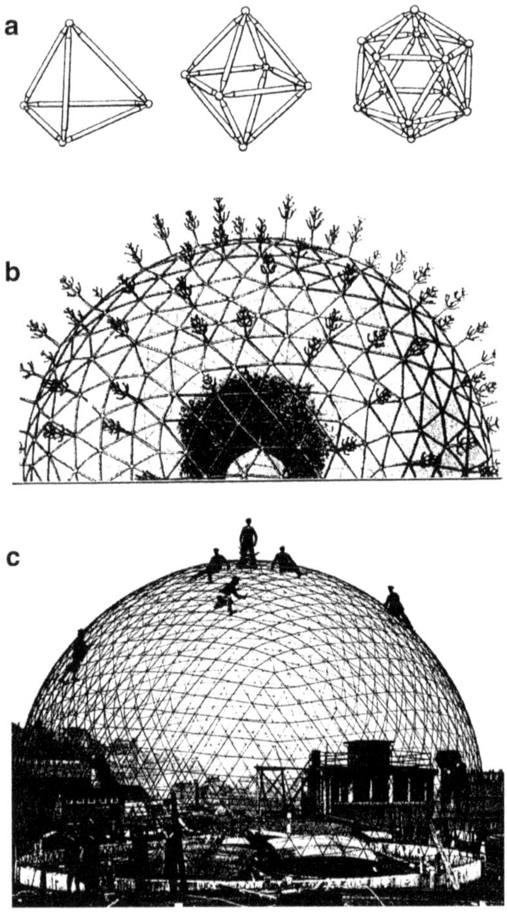

Abb. 2.1 Kuppelförmige Knoten-Stab-Tragwerke in Natur und Technik. **a** Platonische Körper; Stäbe gleicher Länge zum Dreieck geschlossen. **b** Biologisches Kugelnetz mit ungleichen Stablängen: Silikatskelett der Radiolarie *Aulosphaera spec.* (E. Haeckel 1899). **c** Technisches Kugelnetz mit gleichen Stablängen: erstes Planetarium von Zeiss/Jena. (nach Nachtigall, Kresling 1992a)

2.2 Kuppelförmige Knoten-Stab-Tragwerke

Derartige Tragwerke setzen sich aus Stäben (Druck- und Zugstäbe) sowie Knoten (Gelenke) zusammen. Ein optimales Bauwerk arbeitet mit einer möglichst geringen Zahl von Stäben, die im Idealfall dreieckige Netzmaschen bilden und den Kraftfluss so regeln, dass die einzelnen Stäbe biegeentlastet, dass heißt nur Druck und Zug belastet sind.

Grundformen regelmäßiger derartiger Tragwerkskonstruktionen sind die drei Platonischen Körper Tetraeder, Oktaeder und Ikosaeder (Abb. 2.1a). Bei diesen Körpern liegen alle Knoten auf einer gedachten Kugelschale. Jeder Knoten ist umgeben von der gleichen Zahl regelmäßiger Stabdreiecke. Den Knoten eines Tetraeders umgeben drei Stäbe, den des Oktaeders vier Stäbe, den des Ikosaeders fünf Stäbe („Grundfrequenz", „Frequenz eins"). Unterteilte man die somit resultierenden Dreiecke (Abb. 2.1a) weiter, so lägen die dann resultierenden Verbindungselemente allerdings nicht mehr auf dieser Kugelschale, sondern „weiter innen". Sollen sie darauf zu liegen kommen, müssten sie sozusagen von innen darauf „explodiert" werden. Das ist ein Problem bei technischen, halbkugelförmigen Kuppeln.

In solchen Kuppeln umgeben einen Knoten mehrere Stäbe, nämlich fünf oder sechs („höhere Frequenzen"). Man kann auch sagen, die Grunddreiecke werden durch mehrere Maschen unterteilt, und diese werden auf eine Kugelform „explodiert". Analoge biologische Konstruktionen besitzen bis zu sieben knotengebündelte Stäbe (Abb. 2.1b).

Die Kugelform als solche ist selbstredend völlig symmetrisch. Legt man dagegen ein kleinmaschiges Netz darüber, so existieren zwei Arten von Knotenpunkten und damit nur eine reduzierte Zahl von Symmetrieebenen. In der Biologie kommen besonders unregelmäßige Maschen mit einer relativ großen Stabzahl vor. Diese wurden häufig als „Fehler" interpretiert; sie können aber auch darauf hinweisen, dass dynamische Selbstorganisationsprozesse stattgefunden haben und dann durchaus funktionelle mechanische Bedeutung besitzen.

Im Gegensatz zum technischen Kugelnetz, das von vorneherein „starr" angelegt ist (Abb. 2.1c) und sich nicht vergrößert, muss ein „natürliches" Kugelnetz – beispielsweise das von Radiolarien – wachsen. Es oszilliert dabei möglicherweise um einen mittleren Gleichgewichtszustand. Wenn dem so ist, muss es leicht von der Kugelform abweichen und damit ein wenig unregelmäßig und auch instabil sein.

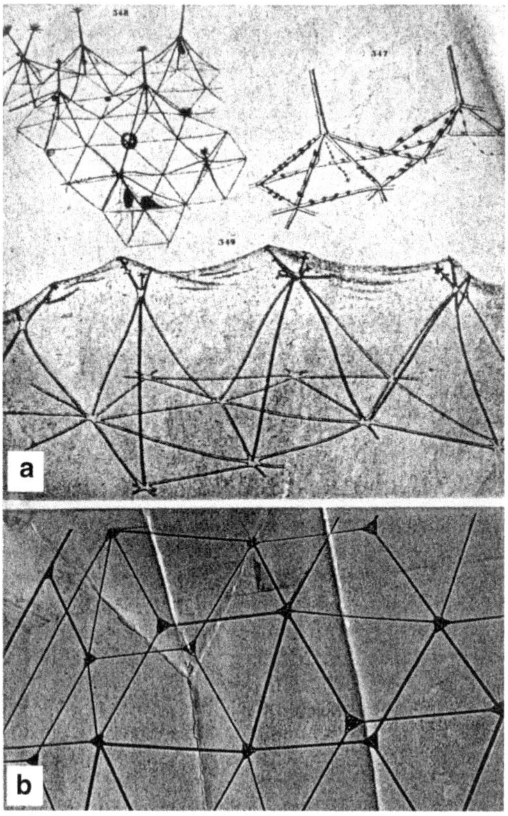

Abb. 2.2 Formen räumlicher Knoten-Stab-Tragwerke in Natur und Technik. **a** Detail des Silikatskeletts der Radiolarie *Sargoscena spec*. (V. Haecker 1908). **b** Frühe dreidimensionale Kuppel (Holz, Metall) nach dem *Sargoscena*-Vorbild, Originalfoto: R. Le Ricolais, ca. 1935. (nach Nachtigall, Kresling 1992a)

2.3 Sonderformen räumlicher Knoten-Stab-Tragwerke

Radiolarien, die kugelförmig aussehen, tragen oft noch eine bis mehrere, nach innen kleiner werdende Hohlkugeln in sich, die früher angelegt worden sind. Im Bauprozess wird jede neue Schale von radialen Streben – Spiculae genannt – abgehängt. Von den Abhängepunkten aus wachsen sich die einzelnen Strahlen entgegen und verschmelzen schließlich zu einem Kugelgebilde. Auch dieses Bauprinzip ist nur mit einem leicht instabilen Knoten-Stab-Tragwerk möglich (Abb. 2.2a). Nach der Verschmelzung wird Stabilität dadurch erreicht, dass das Tragwerk durch starke Verdickung von Stäben und Knoten in eine Art Plattentragwerk übergeht. Damit ist die Ausformung einer Kugelschale abgeschlossen.

Der französische Ingenieur Robert Le Ricolais hat Radiolarienzeichnungen von E. Haeckel und von V. Haecker zum Anlass genommen, Versuchsmodelle für räumliche Tragwerke nach dem Bauprinzip von Radiolarienskeletten herzustellen. Bei seinen ersten Entwürfen hat er mit doppellagigen Netzen von Sechseckmaschen gearbeitet, die von Stab-Pyramiden versteift werden, welche nach oben und unten jeweils aus der mittleren Netzebene herausragen (Abb. 2.2b): eine Art Vortyp, der noch nicht vollständig stabil ist. Später wurden diese Konstruktionen in vielfältiger Weise abgewandelt und zu stabilen Tragwerken weiterentwickelt.

2.4 Selbstspannende Konstruktionen („Tensegrity-Strukturen")

Bereits Le Ricolais hat darauf hingewiesen, dass die Radiolarien nicht reine Stabfachwerke darstellen, sondern statische Mischformen von Stabtragwerk und mittragender Verkleidung. Sich selbst spannende Konstruktionen bezeichnet man im Angelsächsischen als „Tensegrity"-Strukturen (R. B. Fuller), im Französischen als „structures auto-tendantes" (D. G. Emmerich). Sie bestehen aus Bauelementen, die nur auf Zug (Zugdrähte) oder nur auf Druck (frei eingehängte und sich nicht berührende Druckstäbe) aufgebaut sind (Abb. 2.3b). A. Chassagnoux, ein Schüler von Emmerich, weist darauf hin, dass kleinste Unregelmäßigkeiten in der Spannung der Kabel die Konstruktion zum Verwinden bringen. Theoretisch sind in einem räumlichen Gebilde mehrere verschobene Positionen möglich, die von der idealen, das heißt geometrisch definierten Lage eines Gleichgewichtszustandes abweichen. Sie oszillieren sozusagen um ihn.

Analoge biologische Strukturen stellen beispielsweise Meeresradiolarien aus der Gruppe der Acantharia dar (Abb. 2.3a). Auch hier sind Zugelemente mit radialen, druckfesten Stacheln verspannt. Die Stacheln können wachsen. Die äußere Membran bildet in ihrer Gesamtheit das

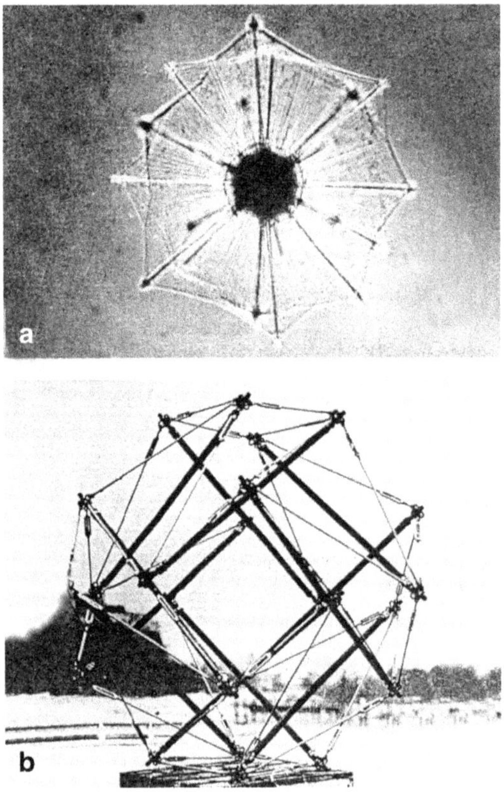

Abb. 2.3 Selbstspannende Konstruktionen („Tensegrity-Strukturen") in Natur und Technik. **a** Meeresradiolarie der Gruppe der Acantharia mit Skelett aus Strontiumsulfat. (Foto: C. Carre). **b** Spanndraht-Druckstab-„Tensegrity"-Struktur von G. Emmerich. (nach Nachtigall, Kresling 1992a)

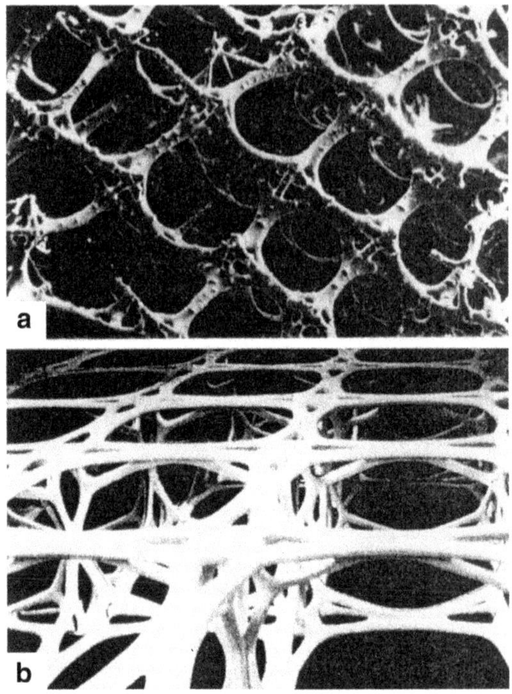

Abb. 2.4 Orthogonale Gitter-Konstruktionen in Natur und Technik. **a** Glasschwamm *Aulocystis spec.* **b** Experimentelles Knoten-Stab-Tragwerk mit steifen Knoten von Frei Otto 1962. (nach Nachtigall, Kresling 1992a)

biologische Analogon zu technischen Zuggliedern. Hierfür dürfte gelten, dass sich die Spannarbeit der „Kabel" automatisch auf die gradlinig wachsenden, nur druckbelasteten Stäbe „einpendelt".

2.5 Orthogonale Gitter-Konstruktionen

Phantastisch regelmäßige und – was die idealisierten einzelnen Achsen anbelangt – in etwa quadratische Gitterstrukturen findet man in den Wänden von röhrenförmigen Glasschwämmen (Abb. 2.4a). Sie bestehen aus Membranen, in die sternförmige Nadeln eingehängt sind. Diese tragen sechs Arme in Richtung der drei Raumachsen, die in diese Richtungen auswachsen können, sich mit anderen Armen treffen und zu den orthogonalen Gitterstrukturen des ausgewachsenen Schwamms verschmelzen. Vor diesem Verschmelzungsprozess verschieben sich die Nadeln oft und orientieren sich immer wieder neu; sie „wandern" im Rhythmus der aktiven Spann- und Entspannbewegungen der Membranen. Sobald sich die Nadelknoten zum Verbund eines orthogonalen Netzes organisiert haben, treten jedoch in den Knotenpunkten Biegespannungen auf. Diese führen dazu, dass sich die Knoten verdicken. Zusätzlich werden weitere Streben ausgebildet, und so versteift sich schließlich das Netz. Sobald das der Fall ist, beginnt die Ausformung der nächsten Schicht. In der Ontogenese des Schwamms wird ein rohrartig geschlossenes orthogonales Raumgitter über das andere angelegt; die äußeren sind die jüngsten.

Orthogonale Gitter zunächst gelenkig verbundener Stäbe sind ja nicht in sich stabil.

Warum arbeitet dann die Natur mit solchen Systemen?

Der Architekt Frei Otto hat ähnliche orthogonale Gitter entworfen (Abb. 2.4b). Hier dürfen die Knoten nicht mehr als Gelenkknoten, sondern müssen als steife Knoten ausgebildet werden, damit das System stabil bleibt. Die Konstruktion wird meist als tragende Decke verwendet, also senkrecht belastet. Da sie eben ist, muss sie in nicht zu großen Abständen beulungssicher unterstützt werden.

Im Gegensatz zu den technischen Bauwerken wird bei den biologischen dort besonders viel – später verhärtendes – Material angelagert, wo Biegespannungen entstehen. Diese werden also funktionell genutzt und durch die von ihnen induzierten Wachstumsprozesse gleichzeitig abgebaut: die Spanntätigkeit durch Membranen ist mitverantwortlich für die Bildung von Druckstäben, an denen das Zugsystem aufgehängt wird. Das lineare Wachsen der Druckstäbe erhöht wiederum die Spannung in den Membranen und ist somit mitverantwortlich für deren Entwicklung.

Bei Organismen, die aus ausgefällten, das heißt zunächst viskosen und dann erhärtenden Materialien Traggerüste bilden, arbeiten zwei Bildungssysteme rückgekoppelt zusammen.

Im Vergleich von Biologie und Technik hat sich bei diesen Bauformen also folgendes ergeben: Die Natur arbeitet offensichtlich nicht nach dem technischen Prinzip vorberechneter, bemessener und stabil verbundener Tragelemente. Da die natürlichen Konstruktionen wachsen müssen, müssen sie mit „präformierten Abweichungen" arbeiten, das heißt leichte Instabilitäten und damit zufällige Schwankungen zulassen. Die Erkenntnis daraus bedeutet: Optimierungen in einem biologischen Bauwerk erzwingt nicht grundsätzlich das Erreichen einer Form mit hochgesteckten Sicherheitsgrenzen. Es wird vielmehr eine gegenüber Schwankungen sensible, jedoch gerade dadurch effiziente Bauform erreicht. Dabei werden die zum Teil durch den Wachstumsprozess selbst hervorgerufenen Spannungen zur Stimulation eben dieses Prozesses genutzt. So ergibt sich eine Vernetzung von Bauprozess, Funktion und spezifischer Belastungsanpassung.

Solche Selbstorganisationsprozesse lassen sich verständlicherweise nicht in den großen Maßstab der Bautechnik rückübertragen. Sie könnten aber beispielsweise zu Versuchsaufbauten für die Fertigung neuartiger Materialien führen. Ingenieure suchen ja auch nach Mitteln, das Tragverhalten eines Bauwerks auf eventuelles Versagen ständig überprüfen zu können oder es gar sich selbst korrigieren zu lassen. Hier könnten Untersuchungen von Mikrooszillationen, wie sie beim Bau der genannten biologischen Konstruktionen auftreten, wertvolle Anregungen geben. Es könnte aber auch durchaus sein, dass der umgekehrte Weg beschritten wird, dass nämlich jemand, der sich in der Technik Kenntnisse über analoge Vorgänge angeeignet hat, a posteriori die natürlichen Vorgänge richtig beschreiben oder überhaupt erst richtig verstehen wird. Das wäre „Technische Biologie" par excellence.

Technische Biologie kann eben auch zu Einsichten führen, die bionisch nicht oder doch nicht unmittelbar nutzbar sind. (Damit wird technisch-biologisches Vorgehen ja nicht entwertet.)

2.6 Plattenkonstruktionen

Abbildung 2.5a zeigt die Grundformen regelmäßiger Körper, die man aus an ihren Kanten verbundenen Platten aufbauen könnte. Es sind die 3 platonischen Körper Tetraeder, Kubus und Dodekaeder. Das Charakteristikum einer stabilen Plattenkonstruktion sind demnach Kanten, die in einem „Y" zusammenlaufen.

Im Jahre 1984 hat der dänische Ingenieur T. Wester gefunden, dass es zwischen den netzförmigen Knoten-Stab-Tragwerken und Platten-Konstruktion enge formale und mechanische Entsprechungen gibt. Es handelt sich um duale Symmetrien. Daher lassen sich die für netzförmige Kuppelbauten erarbeiteten Rechnerprogramme durch Umformulierungen auch bei Platten-Konstruktionen anwenden.

Plattenkonstruktionen kann man so aufbauen, dass Platten an den Kanten gelenkig miteinander verbunden werden. Dadurch werden Scherkräfte (die sie gegeneinander zu verschieben trachten) aufgefangen. Man kann die Kanten als lineare Gelenke (z. B. in Form von Klavierbändern) oder mit Verzahnungen gestalten: Mit einer Y-artigen

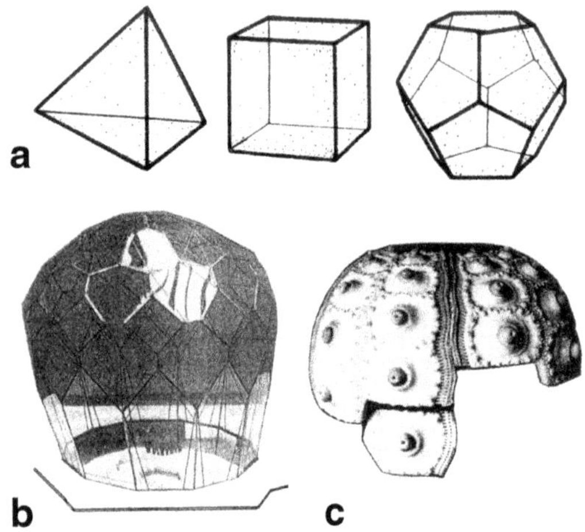

Abb. 2.5 Plattenkonstruktionen in Natur und Technik. **a** Platonische Körper: maximal 3 Platten um 1 Scheitelpunkt. Bei stabilen Plattenkonstruktionen laufen die Kanten in Form eines „Y" zusammen. **b** Projekt für einen Museumsbau. (von T. Wester und K. Hansen 1988). **c** Australischer Seeigel *Phyllacanthus imperialis* aus der Sammlung des MNHN, Paris. (nach Nachtigall, Kresling 1992b)

Konfiguration der Scheitelpunkte der Platten sind auch solche Strukturen stabil – solange sich eben niemals mehr als drei Platten treffen. Kreuzen sich die Gelenklinien von vier Platten (dann in Form eins „X"), so erhält man in der Regel eine faltbare Konstruktion.

Im erstgenannten Fall befindet sich die Gesamtkonstruktion im Gleichgewicht, wenn die Summe aller auftretenden Drehmomente gleich Null ist. Aus solchen Platten kann sich ein Raumtragwerk zusammensetzen; ein Beispiel T. Westers zeigt Abb. 2.5b, nämlich eine Baukonstruktion aus tragenden Glasplatten. Es ist mehr als wahrscheinlich, dass auch viele biologische Konstruktionen, beispielsweise Seeigelschalen, diesem Bauprinzip folgen (Abb. 2.5c). Auch bei ihnen und bei anderen biologischen Schalen berühren sich die einzelnen Platten – mit leicht verzahnten Rändern oder Nähten – jeweils in Y-Form. Bei älteren, total ausgetrockneten Museumsexemplaren von Seeigeln kann man die Platten herausnehmen und wieder einfügen („Zusammenklipsen"); man erreicht dann wieder eine stabile Schale. Der Seeigel scheint dies als Wachstumsprinzip zu integrieren. Neue Wachstumsstreifen bilden sich immer entlang der Plattenränder und bleiben in sich parallel. „Benachbarte Platten wachsen sich sozusagen im rechten Winkel zu ihren Rändern entgegen, wobei in ihnen theoretisch nur tangentiale Scherkräfte auftreten (Wester)".

Ute Philippi, Doktorandin von W. N., hat sich vor einiger Zeit – in Zusammenarbeit mit dem Institut für Baustatik der Universität Stuttgart – im Rahmen des SFB 230 („Natürliche Konstruktionen") mit der FE-Modellierung von Seeigelschalen befasst.

Die Untersuchungen ergaben unter anderem, dass die eigentümlich-„apfelförmige" Schalenform besonders gut an die Zugkräfte der Ambulacralfüßchen angepasst ist und zudem an von außen einwirkende ungerichtete Belastungen. Die Schale zeigt keine Schwachstellen. Wie aber bildet sie sich und wie schafft sie es, bereits beim Bildungsprozess statisch-funktionell zu sein?

Zu dieser Frage kann die obengenannte Plattensichtweise Denkanstöße geben. Auch sie erklärt aber nicht vollständig das Sosein von Seeigelschalen; möglicherweise gehören auch sie zu technischen Mischformen, die man erst versteht, wenn man „rein technische" Gebilde verstanden hat und kombiniert: wahrscheinlich verhält sich der Seeigelpanzer gleichzeitig wie eine Plattenkonstruktion (Scherkräfte) und wie eine Schalenkonstruktion (Biegung induzierende Kräfte). Während des Wachstums ist auch eine solche Konstruktion nicht vollständig stabil, sondern ist Scherkräften unterworfen, welche die Platten ein wenig gegeneinander zu verschieben trachten, sowie „Biegekräften", die über die Fugen hinweg übertragen werden. Diese Kräfte werden aber – wie bei den Glasschwämmen angedeutet – funktionell benutzt: Als Plattenkonstruktion könnte die Seeigelschale die für einen solchen Bautyp zu erwartenden Scherkräfte an den verzahnten Plattenrändern zur Anlagerung von Kalzitkristallen nutzen, als Schalenkonstruktion die durch die nachschiebenden Platten hervorgerufenen Verformungen zum Aufbau eines regelmäßigen Gebäudes. Bei einem solchen Bauprozess könnte die biologische Schale sowohl in Längen- wie in Breitenkreisen wachsen. Damit böte sie eine interessante Lösung für ein schwieriges technisches Problem, nämlich eine Volumenvergrößerung oder -reduzierung, die immer mit Spannungsspitzen in der einen oder anderen Richtung der Oberfläche verbunden ist. Kombiniertes Linearwachstum und Volumenwachstum könnte in der Technik vielleicht für Montageprozesse genutzt werden.

Die Verwendung zweier scheinbar widersprüchlicher Konstruktionsprinzipien in einem biologischen Bauwerk deutet darauf hin, dass diese Form sich nicht in einem statischen, sondern in einem dynamischen Gleichgewichtszustand befindet.

Die zugrundeliegende Modellvorstellung könnte man also wie folgt formulieren:

> Bei bestimmten biologischen Bauprozessen werden Oszillationen genutzt, um in jedem Augenblick einen Gleichgewichtszustand zu erreichen. Die aus diesem dynamischen Prozess resultierende Form enthält die Charakteristika zweier antagonistischer Konstruktionsprinzipien.

Die beiden Autoren des Artikels, aus dem hier zitiert worden ist, haben in vielfältigen Diskussionen beim Ringen um die möglichst „systemangemessene" Sichtweise gemerkt, dass damit ein ganz typisches Charakteristikum beim Vergleich zwischen Biologie und Technik angesprochen worden ist.

Sie fanden in der Quintessenz: „Techniker und Biologen sollten sich Argumente und Gegenargumente wie einen Spielball zuwerfen. Beim fairen Spiel ist das Spielen selbst das wichtigste – beim Ballaustausch zwischen Biologen und Technikern sollte das wechselseitige voneinander Lernen Selbstzweck sein. Ganz allgemein ist bei wissenschaftlichen Ergebnissen ebenso bei technischen Errungenschaften ein Resultat – der Spielausgang – sowieso immer nur vorläufig: das Match ist nie gewonnen, es wird nur immer weiter vertagt: der Weg ist das Ziel".

2.7 Faltkonstruktionen

Aus Papier kann man bekanntlich komplexe Gebilde falten; die japanische Technik des Papierfaltens („Origami") zeigt das. Der japanische Physiker K. Miura hat solche Faltkonstruktionen, die in zahlreichen biologischen Systemen wie Laubbaumblättern, Blütenblättern, faltbaren Insektenflügeln ihr Analogon haben, vielleicht auch in Bienenwaben oder Pflanzenzellen, in neuartiger Weise technisch eingesetzt. Angepeilt wurde und wird die Raumfahrt und ein extremes Leichtbau-Design.

Die bereits beschriebenen Platten und Miura's Faltkonstruktionen kann man vergleichen. In beiden Fällen treten nur tangentiale Scherkräfte in den Falzrändern auf. Eine Fläche lässt sich entlang einer Falte (oder generell gesprochen, entlang der Erzeugungsgeraden eines Zylinders oder Kegelmantels) nicht mehr krümmen. Dies gilt für isotrope dünnwandige Materialien, beispielsweise Papier, aufgrund ihres nichtelastischen Verformungsverhaltens. Das formale Charakteristikum für eine stabile Plattenkonstruktion ist, wie gesagt, die Anordnung von nicht mehr als drei Platten um einen Scheitelpunkt. Die als lineare Gelenke wirkenden Plattenränder bilden dabei eine Y-Falt-Konstruktion. Da sie leicht und dabei steif sein sollen, müssen sie aus ebenen und möglichst dünnwandigen Flächen hergestellt und platzsparend zusammengefaltet werden können.

Bauliche Anwendungen erfordern zum Beispiel eine große Spannweite der Platten eines Faltwerkes oder zusätzliche Eigenschaften wie etwa Wärmedämmung. Hierfür ist der Aufbau von dickeren Faltelementen notwendig, die in der Zusammenfaltbarkeit eingeschränkt sind, aber dennoch das wesentliche Charakteristikum von Faltwerken, d. h. die Lastabtragung in der dritten Dimension, behalten. Aufgrund ihrer komplexen Geometrie sind gefaltete Bauwerke bislang schwer herzustellen. An der Eidgenössischen Hochschule, der EPFL in Lausanne, beschäftigen sich Forscherteams mit der Erstellung von Faltbauten in Holz (Abb. 2.6). Als Resultat von Forschungsergebnissen im LEICHTBAUINSTITUTjena (Abb. 2.7) wurde von dem Architektenteam SteinmetzdeMeyer/Pohl eine Faltkonstruktion für die Neue Messe in Luxemburg entwickelt, die von einer leichten und hochgedämmten Holzkonstruktion getragen wird und – wie bei natürlichen Multifunktionseigenschaften von Blättern beispielsweise – Solarenergie gewinnt und in Teilen lichtdurchlässig ist. Dieser Bau ist

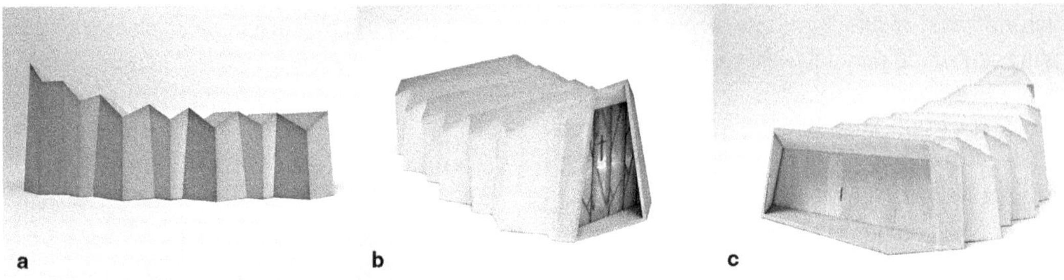

Abb. 2.6 a,b Starres Faltwerk für eine Kapelle in St. Loup, CH, EPFL Lausanne, Schweiz (MFB Architekten) (Pohl Architekten)

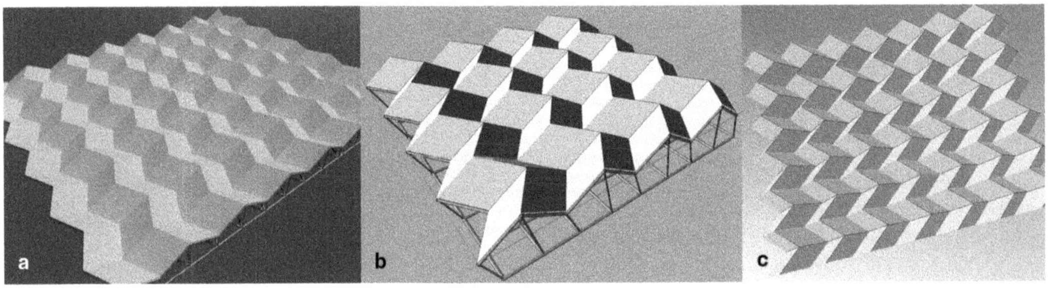

Abb. 2.7 a–c Geometrie- und Faltstudien LEICHTBAUINSTITUTjena, (Abb. J. Pohl, J.- R. Fischer) (Pohl Architekten)

als Null-Emissions-Messehalle geplant und kann die benötigte Energie vorwiegend selbst erzeugen (Abb. 2.8). An der Hochschule für Technik und Wirtschaft des Saarlandes forschen Architekten um G. P. an vergleichbaren Faltkonstruktionen mit der Zielstellung, diese mit einfachen Handwerksmaschinen des Zimmereihandwerks erstellen zu können.

Die formale Charakteristik für solche Anforderungen sind X-förmige Falze, die auch die Rolle von linearen Gelenken übernehmen, eine spiegelsymmetrische Anordnung der Flächen um einen Falz und eine ausschließlich in den Ebenen der Fläche wirkende Belastung.

Wenn das mechanische Verhalten von Faltstrukturen kontrollierbar bleiben soll, werden die Faltflächen am besten so kombiniert, dass Nachbarflächen automatisch antagonistische Bewegungen ausführen und somit wie steife Rahmen funktionieren. Bei einer solchen Konstruktion werden die Flächen dann nur in ihrer eigenen Ebene belastet – was ideal ist –, und Verformungen werden vermieden.

Miura's Vorschlag für den Faltmechanismus von Sonnenkollektoren einer japanischen Raumstation mutet zunächst simpel an, denn er lässt sich mit einem Blatt Papier und einigen Falthinweisen ohne Schwierigkeiten nachvollziehen. Er bietet jedoch auf ganz neuartige und sehr elegante Weise durch eine repetitive Anordnung gefalteter Flächenelemente die technische Möglichkeit, die ganze Konstruktion auf einmal in den drei Raumrichtungen zu öffnen und auch wieder zu einem Faltpaket zusammenzuschieben (beim „klassischen" Falten von Briefen oder Plänen, wie wir es praktizieren, geschieht das in einem zeitlichen Nacheinander). Die Flächen sind als kinematische Ketten zwangsgekoppelt. Im Raum ohne Schwerkraft, in dem die Masse der Faltstruktur selbst keine Rolle mehr spielt, lässt sich eine solche Faltfläche durch einfachen Zug oder Druck entlang zweier Diagonalen pannenfrei auffalten und wieder zusammenfalten.

Jedes System der beiden Scharen von zickzackförmigen Faltlinien dieser Faltstruktur kann als virtuell gekrümmt definiert werden, denn eine gekrümmte Falte zieht die eine angrenzende

Abb. 2.8 Messe Luxembourg, Modell Bahnhof, Pohl Architekten (Pohl Architekten)

Fläche in konkave, die andere aber in konvexe Form. Obwohl im Prinzip als Faltfläche unendlich geringer Dicke entworfen, spielt die tatsächliche Dicke der Flächenelemente in diesen Fällen keine Rolle: Die Falze werden durch Scharniere ersetzt, deren Drehachsen virtuell und nicht unbedingt materiell in der Schnittlinie zweier Ebenen liegen.

Beim fächerförmig gefalteten Feld des Hinterflügels vieler Insekten übertragen gekrümmte Adern eine muskelinduzierte Bewegung der Flügelbasis über die ganze Faltfläche. Durch diese Vorspannung sind die Felder zwangsgekoppelt. Der Flügel kann sich automatisch öffnen, obwohl er in der Faltfläche selbst keine Muskeln hat (!).

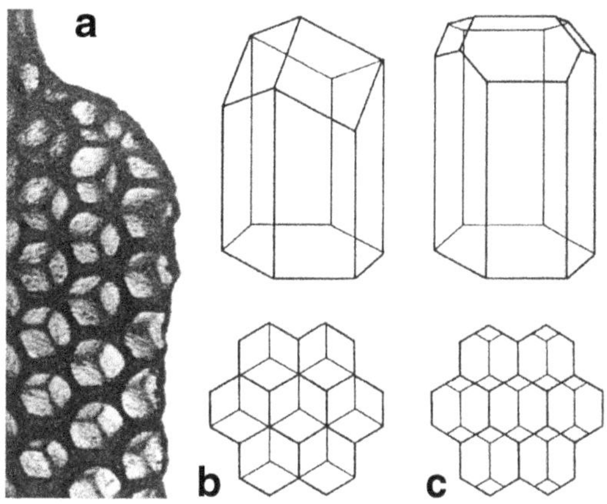

Abb. 2.9 Honigwaben – „technisch" noch zu verbessernde (?) natürliche Optimalstruktur; vgl. den Text. (nach Nachtigall, Kresling 1992b). **a** Original wabe, Ausschnitt. **b,c** Rheombische Dodekaedes

2.8 Waben der Honigbiene – noch ein wenig rätselhaft

Es mag verblüffen, dass man auch Bienenwaben unter dem Gesichtspunkt von Faltstrukturen betrachten kann. Die sechseckigen Bienenwaben (Abb. 2.9a) sind keineswegs von Haus aus stabil. Als eine Gelenkkette mit mehr als drei Gliedern können die Wände weder seitliche Druck- noch Zugkräfte aufnehmen. Beim Bau werden zwei Schichten von zur Horizontalen leicht geneigten Wabenzellen beidseitig um eine gemeinsame senkrechte Mittellamelle angeordnet. Aus Randwülsten von Wachs ausgewalkt, entsteht diese Mittellamelle als rautenförmige Faltenfläche, auf der die Wände der sechseckigen Zellen auf beiden Seiten hochgezogen werden. Diese gewaffelte Mittellamelle versteift jedoch nicht die Wabenstruktur in derselben Weise wie die flache Deckschicht einer technischen Sandwich-Struktur. Geometrisch gesehen besteht diese Faltfläche aus Teilen von rhombischen Dodekaedern (Abb. 2.9b, c), auf deren Eckpunkte die Kanten dreier Flächen abwechselnd Y-förmig (stabile Plattenkonstruktion) und vier Kanten X-förmig (nicht stabile Faltkonstruktion) zulaufen.

Der ungarische Mathematiker Fejes Tóth hat in einem humorvoll betitelten Artikel („What the bees know and what they don't know") eine von den Bienenwaben abweichende Anordnung der Zellen um die Mittelebene beschrieben, die theoretisch 0,35 % Fläche sparen würde. Diese „idealen" Bienenwaben von Fejes Tóth zeigen unter mechanischen Gesichtspunkten mit ihren symmetrisch in Form eines Y aufeinandertreffenden Flächenrändern die Charakteristika einer reinen, das heißt stabilen Plattenkonstruktion. Das bedeutet nun aber, dass ein Wabengebäude, wie es Honigbienen bauen, und das zum Teil als Faltkonstruktion ausgebildet ist, nicht stabil sein kann. Wenn es andererseits aber auch nicht kollabiert, muss das an Mechanismen liegen, die sich aus dem Bauprozess und statischen Bedingungen in der vertikal aufgehängten Position ergeben und die auch mit der vergleichbar sehr großen Nutzlast vereinbar sind. Das perfekte Gleichgewicht folgt allein schon aus der Tatsache, dass die von den Bienen zu feinen Lamellen abgehobelten und polierten Zellwände nicht ausbeulen. Bei einem so plastischen Baumaterial wäre das sofort der Fall, wenn sie auch nur den geringsten Biegekräften ausgesetzt wären. Vermutlich handelt es sich hier um einen dynamischen Gleichgewichtszustand, der sich aus komplexen Symmetrieverhältnissen und bistabilem Ausformen ergibt.

Die Bienenforscher H. Martin und M. Lindauer haben berichtet, dass die Bienen durch Eindellungen bei Hobelbewegungen der Mandibeln und Betasten mit den Fühlern wegen des „aperiodischen Schwingungsverhaltens" Informationen über die Dicke der Wachswände erhalten und sie dann in Feinarbeit entsprechend modellieren können. Dies erscheint jedoch nur dann als möglich, wenn die hervorgerufenen Verformungen sich nicht von jeder Zelle, in der die einzelnen Bienen ganz unabhängig voneinander arbeiten, als sinusoidale Schwingungen störend über das ganze Gebäude verteilen. Modifiziert muss diese Sichtweise wohl durch neuere Ergebnisse werden, nach denen es in der Wabe Stellen gibt, die in Phase schwingen und andere, die gegenphasisch schwingen (vgl. Tautz 2007).

Hier liegt ein schwer zu lösender Widerspruch vor, denn in einem stabilen Bauwerk müsste jede lokale Verformung durch einen Momentenausgleich „aufgefangen" werden, und es müsste erklärt werden, wieso die Bienenwaben bereits im groben „Rohbau" mit den dicken Wänden und Rundwülsten ihre perfekte geometrische, ganz offensichtlich bereits im Gleichgewicht befindliche Form erreicht haben. Weiter müsste die Frage beantwortet werden, warum die Bienen – wenn Materialersparnis nicht der Zweck, sondern das Ergebnis irgendwelcher mechanischer Notwendigkeiten ist – die Zellenwände überhaupt auf ein Minimum reduzieren. Vielleicht gibt gerade das Paradoxon einer Mischform zweier antagonistischer Konstruktionstypen im Gleichgewicht darauf eine Antwort. Aus diesen Überlegungen kann man eine weitere Modellvorstellung abstrahieren:

> Bei biologischen Faltkonstruktionen gibt es keine starren Zwangsführungen. Aus der Elastizität der Strukturen ergeben sich für ortsgebundene Organismen Möglichkeiten der Anpassung an tatsächlich auftretende Belastungen, für sich bewegende Organismen Möglichkeiten der Anpassung an mehrere Funktionen.

Die Überlegungen zeigen sehr deutlich, wie vorsichtig man beim Übertragen technischen Knowhows zum Verständnis biologischer Strukturen vorgehen muss. Die „Konstruktionsabsichten" können durchaus unterschiedlich sein.

Die Biologie mit ihrer Ontogenese, die ja Systeme baut, die auch während des Baus funktionell sein müssen, besitzt hier eine Eigengesetzlichkeit, die man nicht versteht, wenn technische Gesichtspunkte „übergestülpt" werden.

Die Technik kann allerdings ganz wesentlich helfen, Fragestellungen klarzustellen. Biologische Konstruktionstypen und technische Konstruktionstypen sind also mit Vorsicht zu vergleichen. Die Analogieforschung führt hier nicht auf funktionelle Ähnlichkeiten sondern auf funktionelle Differenzen während der Konstruktionsphase. Diese können allerdings nach der Fertigstellung verschwinden, so dass das fertige System dann mit technisch-statischen Aspekten vollständig beschreibbar erscheint.

Die beiden Autoren haben am Ende ihrer Überlegungen Modellvorstellungen formuliert. In Klammern stehen Stichwörter zu bisher gängigen Vorstellungen, die vielleicht neu zu überdenken sind:

1. Biologische Konstruktionen lassen sich nicht „reinen" Konstruktionstypen zuordnen. (*Komplexität?*)
2. Biologische Bauprozesse laufen nach Gesetzen mechanisch antagonistischer Konstruktionsprinzipien simultan ab. (*Kompromisslösungen?*)
3. Bei biologischen Bauprozessen können stabile Formen nur angenähert werden. Eine biologische Konstruktion ist daher immer nur unter ganz bestimmten Belastungsbedingungen effizient. (*Instabilität?*)
4. In der Ontogenese werden zeitlich nacheinander und bereits „vorgreifend" Teilprobleme gelöst, die jeweils die Rahmenbedingungen der nächstfolgenden Entwicklungsstufe festlegen. (*Form-Funktions-Anpassungen?*)

Verfolgt man die für einzelne Konstruktionstypen modellhaft formulierten Gedankengänge konsequent weiter, so ergibt sich die *„verallgemeinerte Modellvorstellung einer biologischen Konstruktion als eines mindestens bivariaten Systems mit mechanischen Rückkopplungen"*.

Das hieße, dass ein biologischer Organismus sowohl seine Organisation als auch seine mechanische Effizienz nicht ausschließlich genetisch vorgegebenen und gesteuerten Prozessen verdankt, sondern zu wesentlichen Teilen auch der Fähigkeit, durch die Nutzung physikalischer Vorgänge in allen Wachstumsstadien einen dynamischen Gleichgewichtszustand zu erreichen.

2.9 Sind Tensegrity-Strukturen von fundamentaler cytomechanischer Bedeutung?

Fragen der Zellbiomechanik sind zugunsten der Zellchemie und -genetik lange Zeit – man möchte fast sagen sträflich – vernachlässigt worden. D. Ingber fasst das Cytoskelett (Abb. 2.10a) als Tensegrity-Struktur auf. Solche Strukturen sind im vorhergehenden Abschnitt beschrieben worden. Sie bestehen aus einem kontinuierlichen System miteinander verbundener zugbeanspruchbarer Elemente (Modell: Gummibänder), die mit einem diskontinuierlichen System druckbeanspruchbarer Elemente (Modell: Alu-Streben) mechanisch zusammenspielen und sich, abhängig von den äußeren und inneren Kräfteverhältnissen, jeweils in spezifischen Lagen stabilisieren. Ingber fasst nun die Mikrofilamente des Cytoskeletts als Zugpartner, die Mikrotubuli (und ganz allgemein unter Druck gesetzte Kompartimente) als Druckpartner auf, während die Intermediärfilamente als „Spannungsversteifer" (mechanische Integratoren) gesehen werden, insbesondere in der Region der Kernhülle (Abb. 2.10b, c). Über interzelluläre Junktion-Komplexe und basale Adhäsionskomplexe zur extrazellulären Matrix stehen die Cytoskelette der Einzelzellen miteinander und mit der „Außenwelt" in Verbindung und formen, auch in mechanischer Hinsicht, ein Kontinuum. Kräfte, die auf die extrazelluläre Matrix wirken, sollten deshalb bis tief in die Zelle hineingeleitet werden.

Deshalb wird Tensegrity auch als die architektonische Basis einer zellulären Mechanotransduktion gesehen. Wenn dadurch mechanische Energie auf molekulare Transduktoren geleitet wird und dies biochemische Prozesse, insbesondere an der Zellwand, zur Folge hat, könnten über dieses Modell auch grundlegende Fragen der mechanochemischen Transduktion und der „Zellantwort" auf Reize angegangen werden. Fragen der Entstehung belebter Strukturen (an porösen Tonmaterialien), der Evolution von einfachsten Lebensformen oder auch von Säugern (die Proteinhülle von Viren ist tensegrity-strukturiert; den langen Hals einer Giraffe kann man

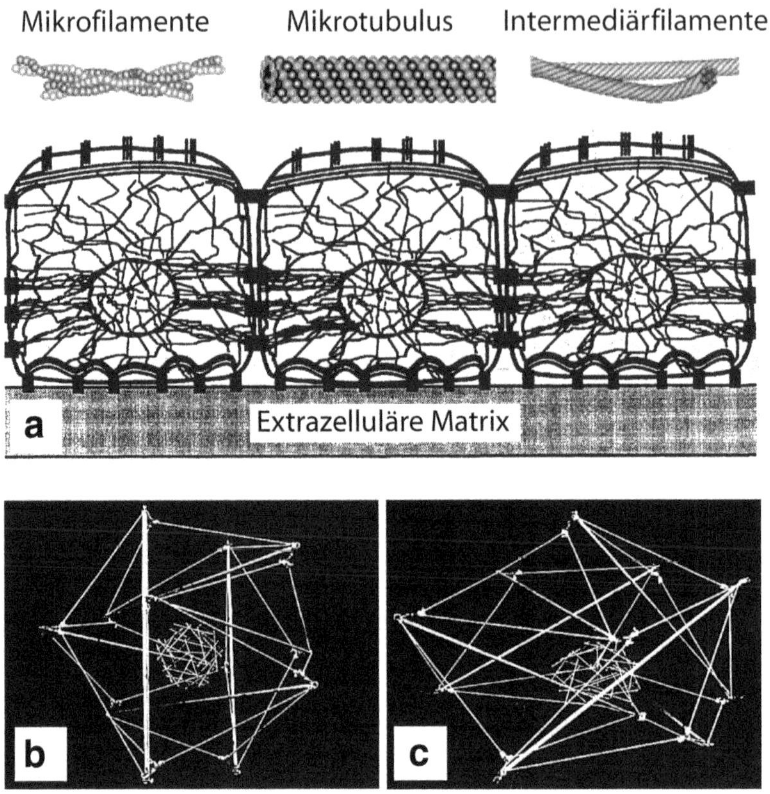

Abb. 2.10 Tensegrity und das Cytoskelett. **a** Schema des Cytoskeletts, bestehend im Prinzip aus den drei darübergezeichneten Elementen, und seiner Erstreckung durch drei Zellen mit interzellulären Junktions-Komplexen und fokalen Adhäsionskomplexen zur extrazellulären Matrix. **b** Ein zweistufiges, „freischwebendes" Tensegrity-Modell, das auch die Cytoskelett-Kernhülle modelliert, gebaut aus druckbelasteten Alu-Streben und zugbelasteten Bändern. Verbindungsbänder zwischen der „großen" und der „kleinen" Stufe schwarz und deshalb bei schwarzem Hintergrund nicht sichtbar. **c** Das Modell nach B flacht sich ab und verschiebt die „kleine Stufe" basad, wenn es auf eine feste Unterlage gelegt wird. (nach Ingber 1997, 1998)

als vorgespannte Tensegrity-Struktur verstehen) stellen sich damit in neuem Licht dar:

Das Tensegrity-Konzept ist größenunabhängig. Die Evolution könnte es auch deshalb bevorzugt haben, weil es mit einem Minimum an Materialaufwand hohe Stabilität erreicht, seine stabilen Zustände aber mit kleinen internen Änderungen dramatisch verstellen kann.

3 Bionik für Bauwerke

Die Funktionalität und Ästhetik natürlicher Formen und Konstruktionen entdeckte unsere technologisch geprägte Wirtschaftswelt erst in jüngster Zeit. Dabei haben Menschen die Funktionsprinzipien der Natur in allen Kulturen schon immer intuitiv genutzt: Speicherung des Wassers mit dem Anlegen von Terrassenfeldern, Nutzung des Windes zur Trennung der Spreu vom Weizen, oder natürliche Klimatisierung von Wohngebäuden durch Erdhäuser mit Aufwindkühlung in heißen Regionen. In der Natur ist darüber hinaus Funktion zumeist eng mit einer signalaussendenden Erscheinungsform verknüpft. Erfolg durch Attraktion (z. B. bei Blumen, die durch Attraktion Insekten anlocken und somit einen Bestäubungserfolg erzielen) ist dort immanent.

> …trotzdem bauen wir immer noch die widernatürlichen Gebäude vergangener Epochen. Unsere Zeit verlangt leichtere, energiesparendere, mobile, anpassungsfähige, kurz gesagt natürliche Häuser….Dies führt folgerichtig zur Weiterentwicklung des Leichtbaus, des Bauens von Zellen, Schalen, Segeln und luftgetragenen Membranen (Frei Otto).

Was lehrt die Natur über Gestaltung und Funktion? Natürliche Lebensformen zeichnen sich dadurch aus, dass Bauteile und Funktionsgruppen der Natur multifunktional für unterschiedlichste Anforderungen konzipiert sind: Hüllen, Wärmen, Klimatisieren, Energiegewinnung, Tragen, Verpacken, Entfalten, Transportieren, Fortbewegen, Wachsen. Das sind nur einige der Aufgaben, welche von der Natur in unzähligen Beispielen und Varianten erfüllt werden. Diese „technischen" Entwicklungen des Lebens sind Antworten auf Gesetze von Physik und Chemie, auf die Notwendigkeit von Wachstum und Fortpflanzung, Reaktion und Nutzung. Die Natur hat dabei Produkte geschaffen und optimiert, deren Marktreife erprobt und das „Profil" des Produkts marketinggerecht für seine Nische geschärft und gestaltet. Die Ergebnisse der Entwicklungskette stünden in einem Handlungsratgeber oder Beispielbuch für erfolgreiches Management, wenn die Natur eines solchen bedürfte.

Auch Architekten haben es bei ihren Aufgaben mit einer der Natur vergleichbaren Anforderungsvielfalt zu tun, stehen jedoch vor den Schwierigkeiten der schöpferischen Umsetzung. Hemmnisse ergeben sich aus Materialien, die lediglich *einen* Zweck erfüllen können (entweder Tragen oder Ableiten) bis zu Bestellern von Gebäuden, deren Anforderungen („nur schön") auf eben dieser Beschränkung stehen bleiben. Integrativ zu entwerfen bedeutet das Implizieren der gesamten Vielfalt des Anforderungsspektrums innerhalb der Entwürfe mit komplex agierenden Materialien. Dies beinhaltet im Bereich Architektur auch die Erfüllung ästhetischer Empfindungen als soziale Verpflichtung für die Gestaltung unserer Umwelt.

W. Nachtigall, G. Pohl, *Bau-Bionik*,
DOI 10.1007/978-3-540-88995-3_3,

3.1 Architektur und Bionik in der Sichtweise der Architekten, Bauingenieure und Gestalter

Architektur muss den Menschen dienen. Alle Bauten haben – mit Ausnahme vielleicht von Monumenten – einen funktionalen Zweck zu erfüllen, und Monumente erfüllen immerhin den Zweck des Erinnerns. Demzufolge ist jedem Bauwerk eine soziale Aufgabe übertragen. Sie erfüllen es mehr oder weniger gut, sei es in Betracht der zu erbringenden Funktion oder auch in ihrer Gestalt. Wesentlich für die Betrachtung des Themas „Gestaltung" dürfte sein: Wie ist die Wirkung in Bezug auf den Betrachter? Welche Aufgabe kommt der künstlich herbeigeführten Gestalt unserer Umwelt zu? Welche Folgen entstehen aus einer vernachlässigten Gestaltung und welches Selbstverständnis implantiert eine derartige Unterlassung?

Allein durch die globale Veränderung der Städte entstehen aufgrund fehlenden sozialen Bewusstseins „Simcity"-Realitäten ohne Gesicht und Aufenthaltsqualität, mit programmiertem Gewaltpotential und fragwürdiger Nachhaltigkeit. Globale Veränderung macht auch vor der gestalteten Umwelt nicht halt. Die globale Veränderung der Städte und damit deren Gestaltgebung ist nicht nur eine ökonomische, soziale, städtebauliche, sondern vor allem auch eine kulturelle Herausforderung. In seinem Fazit „Aus der Krise zur Innovation" stellt der Architekturtheoretiker Philipp Oswalt heraus:

> Gerade die Auseinandersetzung mit der Krise der schrumpfenden Städte ist ein Impuls zur Entwicklung neuer Konzepte und Modelle. Ganz ähnlich war die Ausgangslage der klassischen Moderne.

In der klassischen Moderne ging es nicht nur um die Entwicklung neuer Architektur- und Städtebaumodelle und -typologien, sondern um ein zukunftweisendes Verständnis der Gestaltung und um „letztendlich ein neues Gesellschaftsmodell". Um ein ebensolches neues Gesellschaftsmodell geht es aber auch im Ansatz der Bionik: Technik wird nicht dem Selbstzweck überlassen, sondern muss sich in einen Kreislauf einbinden lassen, bei dem Effizienz von Energienutzung und Materialeinsatz so selbstverständlich ist, wie die Natur es uns lehrt.

Nun wäre es zu kurz gegriffen, den Bezug auf die Vorbilder der Natur nur auf die Gestalt unserer Bauwerke zu reduzieren. Bionik bedeutet nicht Gestaltgebung, der man eine quasi natürliche Abstammung ansehen kann – etwa durch abgerundete Formen („Biomorphic"). Bionik impliziert die konstruktive und funktionale Kette der bereits formulierten „Abstraktion, Übertragung und Anwendung von Erkenntnissen" aus der Biologie in technische Anwendungen und bewirkt im Resultat eben auch eine Gestalt, die hieraus entspringt.

Wie sind nun menschliche Bauten im Verhältnis zu natürlichen Bauten zu sehen? Der Mensch ist gewohnt, sich seine Umgebung bedarfsgerecht anzupassen. Insofern unterscheidet er sich noch nicht von anderen Lebewesen, die wie der Biber ganze Seen künstlich errichten oder wie die Termiten komplexe künstliche Gebäude mit Klimafunktion aufbauen. Was den Menschen von diesen Wesen unterscheidet, ist neben vielen anderen Aspekten die bewusste Errichtung und die bewusste Weiterentwicklung seiner Produkte. Ein herausragendes Produkt seiner Schaffenskraft ist auf jeden Fall der Bau von Häusern, die Entwicklung von Architektur. Der Mensch errichtet Bauwerke, die einer ganzen Reihe bewusst ausgewählter Zwecke zu dienen haben. Sie erfüllen dessen Bedürfnis nach Schutz vor Witterung, nach Schutz vor Feinden und nach Geborgenheit. Seine Behausungen bieten als Kommunikationsorte Räume zum Treffen und als Schutzort Rückzugsmöglichkeiten. Der Mensch hat darüber hinaus für weitere Zwecke Behausungen eingerichtet: Zum Zweck einer gemeinsamen Tätigkeit, zum Zweck der Erholung, des Vergnügens, der Lagerung von Vorräten, der Anbetung seines Gottes und aus vielen weiteren Anlässen. Die differenzierte Gestaltung dieser Räumlichkeiten ist ein künstlerischer Schöpfungsakt, der nur dem Menschen gelingt. Er nutzt hierzu seine Fähigkeit zur Entwicklung von Technologien. Technologien und ihre Produkte wurden vom Menschen zunächst entwickelt, um die körperlichen Unzulänglichkeiten auszugleichen: Speere und Steinäxte wurden zur Jagd benötigt, da der Mensch nicht schnell genug ist, oder um sich zur Wehr zu setzen, da er nicht stark genug ist. Mangels eines wirksamen Fells gegen Kälte besann sich der Mensch auf die Verwendung von zunächst erbeuteten Hüllen aus dem Tierreich. Später begann er für die erwünschten Funktionen des Wärme- und Feuchteschutzes Stoffe selbst herzustellen. Er verwendete künstliche Materialien für eine zweite Haut – als Fell-Ersatz – und für eine dritte Haut, seine Behausung. Mit seinem technischen Fortschritt in der Ausbildung der dritten Haut steht der Mensch aber gerade am Anfang dessen, was die Natur vorexerziert, nämlich multifunktionale Materialien energie- und baustoffschonend einzusetzen.

Es werden heute immer noch Häuser geplant und gebaut, die sich von den natürlichen Bedürfnissen entfernen: statt vor Sonneneinstrahlung zu schützen, heizen sie sich zu stark auf, statt Wärme im Winter zu konservieren und trotzdem einen Luftaustausch zu ermöglichen, können viele nur das eine oder andere. Natürliche Bauvorbilder sind hier in allen Belangen „intelligenter“. Sie vereinen mehrere Funktionen in einer Bauweise. Gerade in der multifunktionalen Wirkweise wird die Bionik viele Anregungen und Funktionsvorbilder liefern können, damit moderne Gebäudehülle zukünftig viele Funktionen in sich vereinen: je nach Bedarf beispielsweise Schützen, Wärmen und Licht-Weiterleiten wie ein Eisbärenfell. Dabei werden die Hüllen Energie gewinnen und Stoffe weiterleiten ähnlich wie dies Blätter tun, dazu stabil sein und wachsen können wie die Haut eines Elefanten.

„Neue Konzepte und Modelle“, von denen Oswalt schrieb, sind auch darin zu erkennen, dass die Technik nicht nur ihrem eigenen Fortschritt glaubt, sondern in der Bionik die Ideenvielfalt der Natur wiederentdeckt hat. Die Gestaltung wiederum erschließt ein enormes technisches und künstlerisches Spektrum und nicht zuletzt auch den Bezug auf die Vorbilder aus der Natur.

3.2 Geschichtliche Hintergründe und Ursprung des Bauens

Die Natur bietet ein unerschöpfliches Arsenal an Beispielen für „lebende Strukturen“, die in Funktion und Gestaltung an Architektur erinnern. Diese haben die Architekten nicht erst heute, sondern bereits in den vergangenen Jahrhunderten inspiriert. Bereits von Brunelleschi (1377–1446), dem berühmten Architekten, Baumeister und Künstler der Renaissance, wird berichtet, er habe sich bei der Gestaltung der Kuppel von Santa Maria del Fiore in Florenz von der Form eines Hühnereis inspirieren lassen. Leonardo da Vinci (1452–1519) wird quasi selbstverständlich unterstellt, er habe die Natur untersucht und sei auf diesem analytischen Wege zu seinen Inspirationen gelangt.

Zu Beginn des 20. Jh. ahmten die Bauten des Jugendstils die Natur mit floralen Mustern und geschwungenen Baukörpern nach. Künstler und Architekten ließen sich von Publikationen durch den Jenaer Biologen Ernst Haeckel inspirieren. Haeckel hatte mit seinen Untersuchungen und Veröffentlichungen beabsichtigt, die Evolutionstheorie Darwins argumentativ abzusichern. Er hat hierbei keine eigentliche Funktionsmorphologie entwickelt, sondern eher in der Abfolge der Ornamentik den Variationsstil der Natur wie ein Kunsthistoriker aufgezeigt. Damals aufsehenerregende Bücher Haeckels wie „Kunstformen der Natur“ (1899–1904) und „Kunstformen des Meeres“, die, ins Englische übersetzt, einen globalen Einfluss bis nach Amerika hatten („art forms in nature“), sind heute in der Originalausgabe gesuchte Raritäten. Beispiel für die Umsetzung der „natürlichen“ Kunstformen und die Orientierung am Ornament ist das Eingangstor der Pariser Weltausstellung 1900 von René Binet, das einem Radiolarenskelett nachempfunden ist. Diesen, aus der verklärten Naturromantik herrührenden Ansatz, der vereinzelt in der Literatur als sogenannte „bionische Baukunst“ erklärt wird und sich oberflächlich auf Ornamentik und Formalismus bezieht, haben Architekten heute überwunden. Sie verstehen zunehmend die Komplexität natürlicher Strukturen als funktionale Inspirationsquelle.

Aus den USA ist Buckminster Fuller einer der bekanntesten Ingenieure, der sich bereits in den 1950er Jahren mit biologischen Wirkungsmechanismen befasst hat. Fullers bekannteste Markenzeichen waren die geodätischen Kuppeln, die er unter anderem anlässlich der Weltausstellung 1976 in Montreal errichtete. Sie erinnern in ihrer filigranen, materialminimierten Bauweise an Skelette einzelliger Strahlentierchen, den Radio-

Abb. 3.1 Planetarium Jena, 1924–1925, Entwurf: W. Bauersfeld, Dyckerhoff und Widmann. (Abb. Uni Jena, Planetarium Jena)

larien, welche schon Haeckel untersucht hatte. Eine weitere Kuppel, sozusagen Vorläufer und Inspiration für Fullers Leichtbauentwicklungen, entstand als Gebäude für ein Planetarium der Firma Carl Zeiss bereits 1924–1925 in Jena am ehemaligen Wirkungsort Haeckels (Abb. 3.1). Das dreiläufige Raumstabwerk wurde anschließend mit Beton ausgegossen.

3.3 Definitionen und Methoden zu Bionik für Bauwerke

In Veröffentlichungen kursieren unterschiedliche Bionik- und Bau-Bionik-Definitionen, welche oft zutreffen, manchmal aber auch zu herben Missverständnissen führen. Unter anderem aus diesem Grund haben sich beim VDI – Verein Deutscher Ingenieure – Richtlinienausschüsse konstituiert, welche die verwendeten Begriffe beschrieben haben. Diese und weitergehende Definitionen, wie die des Begriffes „Bau-Bionik" sind nachfolgend festgehalten. Es werden auch verschiedene Methoden angewandt, von denen die wichtigsten zu nennen sind.

3.3.1 Definitionen des VDI

Der VDI befasst sich in seiner für die Definition von Standards wichtigen Gremienarbeit seit einiger Zeit auch mit Bionik. Aktuell entstehen VDI-Richtlinien, von denen die ersten in den Jahren 2010/2011 erschienen sind. Die Rahmenrichtlinie Bionik VDI RL 6220 und die VDI RL 6226 Architektur, Ingenieurbau, Industriedesign, bei deren Erarbeitung G. P. beteiligt war, und deren Vorsitz er bei VDI 6226 inne hatte, definieren Bionik als **„Verbindung von Biologie und Technik"**.

Das Ziel der Bionik ist nach den VDI-Definitionen die **Abstraktion, Übertragung und Anwendung von Erkenntnissen aus der Biologie in technische Anwendungen**.

Dies erfolgt nach der VDI-Definition durch interdisziplinäre Zusammenarbeit.

3.3.2 Methoden der Bionik

Als Methoden des bionischen Arbeitens für Bauwerke hat die Wissenschaft heute zwei Ansätze herauskristallisiert, die sich in ihrer Ausgangsbasis unterscheiden, sowie eine dritte, die eine Kombination darstellt.

Eine dieser Methoden betrachtet die Entwicklungsrichtung von der Biologie aus: Aus Erkenntnissen der Biologischen Forschung werden technische Entwicklungen angeregt, sozusagen angeschoben („**Biology Push**").

Die andere Methode ist von einer technischen Aufgabenstellung gesteuert, die in der Biologie nach Lösungsansätzen sucht, also quasi den biologischen Lösungsansatz herauszieht, um mit dieser Hilfe ein meist bereits bestehendes technisches Produkt zu verbessern („**Technology Pull**").

Darüber hinaus muss in dem in dieser Veröffentlichung diskutierten Zusammenhang die dritte Methode herausgehoben werden. Sie verwendet bereits weiterführende Erkenntnisse. Die an einem sehr schnellen Erkenntnisgewinn orientierte Bau- und Architekturbranche kann sich nicht leisten, vor Erstellung jedes einzelnen Bauwerkes Einzelforschungen anzugehen. Sie ist, anders als die auf die Ergebniskette Forschung → Entwicklung → Serienproduktion ausgelegte Industrie, auf das Erbauen immer neuer Prototypen ausgelegt. Dafür nutzt sie eine ständig wechselnde Kombination tausender Material- und Funktionslösungen zum Zwecke immer neuer Gestaltungsideen. Übertragen auf die Bionik bedeutet dies, dass sich für die Bau- und Architekturbranche als günstig erwiesen hat, einen morphologischen Kasten von bereits „vorerforschten" biologischen und analogen technischen Wirkmechanismen anzuwenden. Die Auswertung dessen ist die methodische Vorgehensweise des „**Pool Research**".

W. N. hat in seinem erkenntnistheoretisch ausgelegten Buch „ Bionik als Wissenschaft (2010)" die folgenden Kennzeichnungen verwendet.

„Biology Push": „Eine Entdeckung der Biologie steht am Anfang" („Was könnte man mit einem bestimmten biologischen Befund in der Technik anfangen?" (S. 196, 197).

„Technology Pull": „Eine Problemstellung der Technik steht am Anfang" („Welche Befunde aus der belebten Welt könnten bei einem technischen Problem weiterhelfen?" (S. 198, 199).

„Pool Research": „Informationspool". Füllung des biologischen Datenreservoirs, aus dem man sich bei technischen Problemstellungen bedienen kann" (S. 156).

Diese Kennzeichnungen sind auch bei W. N. und A. Wisser (2012) übernommen. Die drei hier gewählten Kurzbezeichnungen implementieren als griffige Schlagworte genau diese Kennzeichnungen.

3.3.3 Biology Push und Technology Pull als Methoden der Bionik

Die Entwicklungsprozesse des bionischen Arbeitens können demnach entweder von der Biologie angeschoben werden, oder von einem technischen Produkt gefordert werden. Als „Biology Push" („Bottom Up" also von „unten" (Biologie) nach „oben" (Technik)) oder „Technology Pull" („Top Down", also von „oben" (Technik) nach „unten" (Biologie)) werden diese beiden Prozesse bezeichnet.

Diese beiden gegenläufigen Ansätze bedeuten folglich, dass bei „Biology Push" die biologischen Erkenntnisse Grundlage sind, und aus ihnen heraus die Entwicklung neuer technischer Produkte generiert wird. Die Entwicklungsrichtung verläuft also von der Erkenntnis der Biologie in die Idee und in die Entwicklung eines technischen Produktes.

Bei „Technology Pull" erhält ein bestehendes technisches Produkt durch Übertragung und Anwendung biologischer Prinzipien verbesserte und neue Eigenschaften. Somit verläuft die Entwicklungsrichtung in dieser Variante von der

Anforderung der Technik in die Biologie – etwa mit der Frage „gibt es vergleichbare biologische Lösungsansätze?“ Daraufhin wird in der belebten Natur nach „Ideen“ gesucht, die ihrerseits der Technologie einen Schub geben kann und zu neuen oder verbesserten Produkten führt.

3.3.4 Pool Research als Methode des bionischen Arbeitens von Architekten, Bauingenieuren und Industriedesignern

Diese dritte Methode beinhaltet das Sammeln von Grundlagenerkenntnissen aus der Biologie zum Zweck des besseren Verständnisses biologischer Funktionsweisen und mit dem Ziel der technischen Anwendung, ohne jedoch die finale Anwendung sofort thematisieren zu müssen. In den Diskussionen um die VDI-Richtlinienerstellung VDI 6226 wurde dazu festgehalten:

> Der Entwurf und die Entwicklung von Lösungen in der Architektur, im Bauwesen und im Industriedesign folgt einer nicht vorherbestimmbaren Kombination aus rationalen und subjektiven Aspekten, die neben technischen, sozialen, ästhetischen, hygienischen, rechtlichen, finanziellen auch andere Ursachen haben. Biologische Vorbilder binden an verschiedenen Stellen in diesen Prozess ein, wodurch sich Architektur, Bauwesen und Industriedesign deutlich von den meisten anderen technischen Disziplinen mit eher unidirektionaler Ausrichtung unterscheidet.

Insofern passt diese Methode weder in die Definition der einen oder der anderen der beiden bisher angesprochenen Arbeitsweisen. Bionik wird in den Bau- und Design-Fachbereichen nicht als eigenständige Disziplin angesehen, sondern als **Kreativwerkzeug**. Die Erkenntnisse werden sowohl abstrahiert, als auch en detail beschrieben. Frei Otto hat in Zusammenarbeit mit Biologen, beispielsweise dem Botaniker Johann-Gerhard Helmcke oder dem Zoologen Werner Nachtigall und weiteren Experten die funktionellen Grundlagen natürlicher Formen und Konstruktionsweisen zu verstehen versucht und hat dabei aufgezeigt, wie wesentlich derartige Basisergebnisse für die weitere, oft viel später erfolgende Entwicklung biologisch inspirierter Bauwerke sein können. Im Gegensatz zu den Methoden „Biology Push“ und „Technology Pull“ liegt der Methode „Pool Research“ nicht zwingend sofort ein Abstraktions- und Umsetzungsinteresse zugrunde. Vielmehr ist gerade der Erkenntnisgewinn der Kern des Handelns. Dieser kann mittelbar oder unmittelbar eine technische Umsetzung nach sich ziehen oder in der Summe dazu führen, dass ein Anwendungspotential entdeckt wird.

Die Vorgehensweise bei „Pool Research“ kann in verschiedenen Zweigen erfolgen. Eine Möglichkeit besteht darin, dass eine vertiefende Untersuchung eines biologischen Vorbildes, also eine Fragestellung aus dem Pool heraus gewonnen werden kann, um damit irgendwann eine bionische Entwicklung anzuschieben. Oft entsteht also erst in der verknüpften Erkenntnis von Funktionen der Biologie eine treibende Inspiration, manchmal erst Jahre später, nämlich dann, wenn die technischen Fragestellungen „herangereift“ sind.

Häufig werden bei der Methodik „Pool Research“ den Erkenntnissen der biologischen Funktionsweisen bereits analoge technische Funktionen gegenübergestellt. Hieraus ergeben sich in einer tabellarischen Auflistung von (sowohl technischen, als auch vergleichbaren biologischen) Beispielen und Funktionsdetaillierungen sog. morphologische Kästen, die ausgewertet werden und zu neuen „bionischen“ Lösungen führen können.

„Pool Research“ ist somit auch eine Strategie der Verkürzung von Entwicklungszeiten. Die mittels „Pool Research“ gewonnenen Erkenntnisse sind für Architekten, Ingenieure und Industriedesigner von Interesse, die damit Ideen auf breiter Basis generieren und Realisierungsoptionen durchspielen können (Abb. 3.2).

Das Forschungsprojekt „BioSkin“ des AIT, Austrian Institute of Technology, erforschte unter der Leitung von S. Gosztonyi in einer Grundlagenstudie die Potentiale der Bionik zum „Haus der Zukunft“. In Abschn. 6.29 sind die Forschungspotenziale für bionisch inspirierte effiziente Fassadentechnologien beschrieben. In Abschn. 6.30 wird die Tageslichtnutzung thematisiert sowie die Verschattung am Beispiel der Rippenform von Kakteen. Diese Vorgehensweise

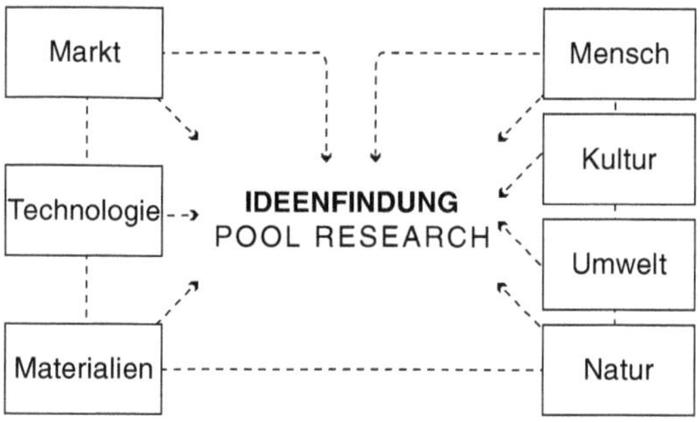

Abb. 3.2 Pool Research analog VDI Richtlinie 6226. (Abb. Pohl Architekten)

der Grundlagenermittlung aus natürlichen Beispielen ist ein guter Beleg für die in der Architektur besonders essenzielle Methodik „Pool Research".

3.3.5 ELiSE

ELiSE (Evolutionary Light Structure Engineering) ist eine Methode zur Entwicklung von optimierten Leichtbaustrukturen.

Am Alfred Wegener Institut in Bremerhaven wurde ein Verfahren entwickelt, das eine systematische und effektive Entwicklung von formoptimierten Geometrien auf der Grundlage von Untersuchungen an Planktonschalen insbesondere Diatomeen-Skeletten ermöglicht. Die Planktonschalen werden mit Hilfe verschiedener Suchverfahren identifiziert, nach biomechanischen Untersuchungen und Finite- Elemente- (FE) Simulationsrechnungen bewertet, abstrahiert und mit Hilfe von Methoden wie parametrische Optimierung oder genetische Algorithmen an den technischen Lastfall sowie Fertigungsrestriktionen angepasst.

Im Verfahren ELiSE wird dabei auf einzigartige Sammlungen von Proben und Dauerpräparaten (u. a. Hustedt-Arbeitsplatz für Diatomeenforschung), sowie eine 3D-Datenbank aus konkreten, voroptimierten Leichtbaustrukturen (parametrische CAD-Modelle und mikroskopische Daten) zurückgegriffen. Unterstützt wird die technische Umsetzung durch Grundlagenforschung in den Bereichen Evolution, Biomechanik, Diatomeen-Taxonomie und genetische Algorithmen.

Dadurch gelingt eine funktionsoptimierte Ableitung völlig neuer, vielfältiger Strukturen und Geometrien für technische Leichtbauentwicklungen. Das ELiSE-Verfahren wird für die Bereiche Automobilbau, Luft- und Raumfahrt, Medizintechnik, Offshore-Strukturen und Tragwerke im Bauingenieurwesen, Industriegehäuse und für Gebrauchsgegenstände eingesetzt (Abb. 3.3).

3.3.6 Technische Biologie, in der Definition des VDI

Neben dem Begriff „Bionik" wird in der Literatur oft der Begriff „Technische Biologie" verwendet. VDI 6220 führt in Kap. 5.3. „Technische Biologie" aus, dass dieser von Werner Nachtigall als komplementärer Begriff zur Bionik eingeführt wurde. Die Technische Biologie beinhaltet die Analyse von Form-Struktur-Funktion-Zusammenhängen lebender Organismen mit Hilfe methodischer Ansätze aus der Physik und der Ingenieurwissenschaften. „Technische Biologie" ist somit der Ausgangspunkt vieler bionischer Forschungsprojekte, da sie ein vertieftes Verständnis der Funktionsweise der biologischen Vorbilder auf quantitativer Ebene erlaubt und damit eine Umsetzung in technische Anwendungen in geeigneter Weise anstoßen kann. Technische Biologie ist nach W. N. eine unabdingbare Facette der Grundlagenforschung, denn „wo nichts erforscht wird, gibt es nichts zu übertragen" (W. N. 2010, p. 198).

3.4 Bau-Bionik

Bau-Bionik ist eine Unterdisziplin der Bionik und betrifft die bauschaffenden Bereiche der Architektur und des Bauingenieurwesens. Vom Wesen der Bau-Bionik und von den Methoden her ist Bau-Bionik auch auf Industriedesign anwendbar.

Bau-Bionik verwendet die Bionik als Kreativitätswerkzeug.

Bau-Bionik verknüpft die klassische Definition der Bionik mit der Analogieforschung und mit der Technischen Biologie.

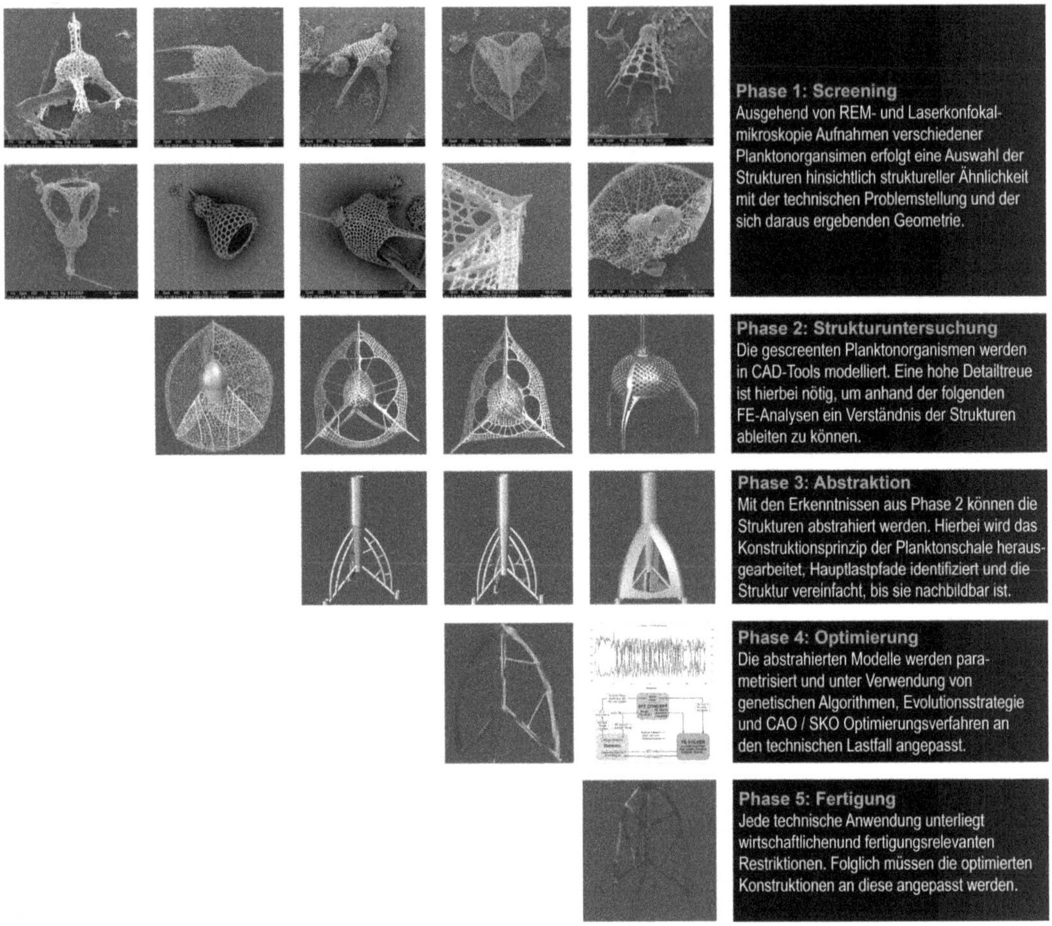

Abb. 3.3 Phasen des Evolutionary Light Structure Engineering „ELiSE". **Von oben nach unten** Screening, Strukturuntersuchung, Abstraktion, Optimierung und Fertigung am Beispiel eines Mastes für Offshore-Strukturen. (Abb. Pohl Architekten nach VDI Richtlinie 6226)

Bau-Bionik verwendet neben den „klassischen" Methoden des „Biology Push" und des „Technology Pull" insbesondere die Methodik „Pool Research".

3.5 Klassifizierung der Bau-Bionik

In der VDI Richtlinie 6220 wird dann von einem bionischen Produkt gesprochen, wenn dieses die drei Kriterien erfüllt:

1. Biologisches Vorbild,
2. Abstraktion vom biologischen Vorbild,
3. Anwendung der Abstraktion.

Die VDI-Definition beinhaltet, dass alle drei Kriterien erfüllt sein müssen. Bestehen nur eine oder zwei Übereinstimmungen mit den Kriterien, wird nicht von „bionisch" gesprochen.

In seinem erkenntnistheoretischen Buch „Bionik als Wissenschaft" hat W. N. (2010) diese Verfahrensweise im Untertitel gekennzeichnet: "Erkennen → Abstrahieren → Umsetzen".

Schwierig wird eine Definition immer im Zusammenhang mit komplexen Produkten, an deren Entwicklung mehrere Erkenntnislinien, darunter auch aus dem Bereich der Bionik, beteiligt waren. Aufgrund der Dimension der Produkte von Architekten und Bauingenieuren und, damit verbunden, der hochgradig komplexen Zusammenhänge, dürfte eine lupenreine Klassifizierung nach diesem Vorbild des VDI schwer fallen. Gänzlich biologisch inspirierte Häuser wird

Abb. 3.4 Eingangsgebäude der Weltausstellung in Paris 1900, Georges Binet. (Abb. Christian Hamm, IMARE)

es wohl nie geben. Dennoch kann nach dem Grad der Inspiration, der Abstraktion und der technischen Umsetzung unterschieden werden und darüber hinaus kann der Stellenwert der Bionik für das Entstehen des Gebäudes herausgestrichen werden. Auch in technischen Produkten anderer Industriezweige spricht man dann von einem bionischen Produkt, wenn die hervorstechenden Eigenschaften bionisch sind.

Die nachfolgende **Klassifizierung für Bauwerke** ist auf der Grundlage einer Auseinandersetzung mit den Entwicklungslinien und dem Grad der biologischen Inspiration von Architektur zu verstehen. Sie erleichtert das Verständnis von Bau-Bionik. Diese Klassifizierung der Bau-Bionik stellt auch Strömungen des Architekturverständnisses dar. Zum besseren Verständnis der Bau-Bionik wird unterschieden in:

natur-ähnlich: naturähnliche Bau-Skulpturen
natur-analog: Bauweisen mit Analogien zur Natur
integrativ: bionische Prinzipien als Bestandteile der Architektur.

3.5.1 Natur-ähnlich: naturähnliche Bau-Skulpturen

Auch heute spielen in der Architektur sog. Landmarks eine große Rolle, besonders dann, wenn ein Bauwerk als besonderer Attraktor aufgestellt werden soll. Als gebaute Ausrufezeichen können Bauwerke dann genutzt werden, wenn sie sich von dem gewohnten Bild gebauter Umwelt absetzen, wenn sie also anders sind als die geübte Erfahrung es uns beigebracht hat: ein Haus hat eckig zu sein, mit Fenstern und Satteldach – allenfalls mit Flachdach.

Skulpturen, die in „Ansehung" der Natur entstanden sind, folgen dem (Abb. 3.4) der Natur als direktes Abbild oder als plastische Interpretation natürlicher Formen entwickelt. Beispiele beginnen bei gestalterischen Ausschmückungen in der Casa Milà von Antonio Gaudi und gelangen bis zum TGV-Bahnhof in Lyon-Satolas von Santiago Calatrava (Abb. 3.5) und Metropol Parasol für Sevilla von Jürgen Mayer H. (Abb. 3.6).

Besonders Santiago Calatrava, der moderne und geniale spanische Ingenieur und Architekt, überzeichnet die Tragelemente und inszeniert Gebäude wie von der Natur ersonnene Skulpturen, die dem Zweck der Funktion wie der Schönheit gleichermaßen dienen.

3.5.2 Natur-analog: Bauweisen mit Analogien zur Natur

J. G. Helmcke als Biologe und Frei Otto als Architekt haben in den 1950er und 1960er Jahren darüber diskutiert, ob Ähnlichkeiten zwischen lebenden und gebauten Strukturen zufällig sind oder ob den lebenden Strukturen Gesetzmäßigkeiten zugrunde liegen, die mit gebauten Strukturen vergleichbar sind. Mit einem Sonderforschungsbereich SFB 64 „Weitgespannte Flächentragwerke“ wurden in den Jahren 1970–1985 unter der Leitung von Frei Otto Untersuchungen an natürlichen Strukturen durchgeführt, die international hohe Anerkennung fanden. Diese Forschung befasste sich unter anderem mit Netzen in Natur und Technik, Pneus in der lebenden Natur und Technik sowie mit Biologie und Bauen. Ab 1984 bis 1995 folgte mit dem Sonderforschungsbereich SFB 230 „Natürliche Konstruktionen“ ein auf Architektur, Städtebau, Baukonstruktion und Gestaltung ausgelegtes Forschungsprogramm. Hierin wurden Selbstbildungsprozesse, Selbstorganisation in allen Bereichen der unbelebten und belebten Natur und der Technik, auch im Haus- und Siedlungsbau betrachtet. Selbstoptimierung, Gestalt finden, Gestalt entstehen lassen in Technik und Kunst wurden ebenso erforscht wie Verhaltensmechanismen bei Tieren und Menschen in Bezug auf Haus und Stadt und das Ästhetische natürlicher und technischer Konstruktionen. Zum damaligen Verständnis über Bionik schreibt Frei Otto im SFB 230: „Zur Straffung des Themas wurde die Bionik, also das Nutzen lebender Konstruktionen als Technisches Vorbild, nicht in das ursprüngliche Programm aufgenommen. Natur erkennen war uns wichtiger als Natur nutzen.“ Selbstredend ließ sich dieser exkludierende

Abb. 3.5 TGV-Bahnhof in Lyon-Satolas, Architekt Santiago Calatrava. (Abb. Ernst Haeckel Haus der Uni Jena)

Ansatz nicht durchhalten. Das Studium der Natur wirkte und wirkt zwangsläufig auf bauliches Gestalten zurück.

Die Ergebnisse der Forschungsarbeiten von SFB 64 und SFB 230 haben viele Architekten und Ingenieure bis heute beeinflusst, natürliche Strukturen zu untersuchen und Erkenntnisse für ihr Schaffen zu gewinnen. Sie haben die Themen der Leichtbauweise entdeckt und entschlüsseln Zug um Zug die Geheimnisse natürlicher Minimalbauten. In dem modernen Streben nach energiesparenden und materialeffizienten Bauten wird die Besinnung auf Ergebnisse der Forschung über natürliche Konstruktionen immer essentieller (Abb. 3.7).

Abb. 3.6 Metropol Parasol, Architekt Jürgen Mayer H. (Abb. K. Köhler)

Abb. 3.7 Olympiastadion München, Architekten Günther Behnisch und Partner. (Abb. G. Pohl)

3.5.3 Natur-integrativ: Bionische Prinzipien als Bestandteile der Architektur

Es geht hier um die Integration bionischer Prinzipien in architektonische Strukturen. Integrativ begriffene „Konstruktive Architektur" macht das reale Wirken der Kräfte in Abhängigkeit von den verwendeten Materialien sichtbar.

Der Zusammenhang mit der Natur wird an einem Beispiel deutlich. Untersucht man die Kraftwirkungslinie im Schnitt durch einen Oberschenkelknochen, so erkennt man an dem Verlauf der Knochenbälkchen und an der Dichte der Spongiosa die materielle Reaktion auf diese äußeren Anforderungen. Die inneren Spannungszustände führen zu einer Umverlagerung des Materials und zu einer konstruktions- und lastoptimierten Masseanordnung. Vergleichbare Konstruktionsansätze führen in der Architektur unter anderem zu Minimalflächen, zu Schalen- und Pneukonstruktionen. In der Natur übernehmen die Bausysteme dabei nie nur eine Funktion, sondern erfüllen eine Vielzahl verschiedener Anforderungen gleichzeitig. Außenhäute übernehmen Lastabtragungs-, Stoffwechsel- und Attraktionsaufgaben, gelegentlich auch die Abwehr von Feinden (Beispiel: Seeigelschale).

In der Architektur können Überlegungen über komplexe Bausysteme der Natur zu effektiven und nachhaltigen Gebäuden führen, die auch dort eine Vielzahl von Aufgaben zu übernehmen haben: Tragwirkung, Feuchteausgleich, Akustik und Schalldämmung, Wärmedämmung, strömungsgünstige Form für die inneren Luftströmungen, strömungsgünstige Form für äußere Luftströmungen, Volumenreduzierung, Materialoptimierung bzw. -minimierung und zudem die Aufgabe der adäquaten Gestaltung. Eine Gebäudefassade etwa kann diesen Zielkomplex mit Hilfe ausgeklügelter Material- und Funktionskomponenten erreichen, etwa mit einer filigranen, aufwandsminimierten Konstruktion und der physikalischen Umsetzung als Aufwindfassade, kombiniert mit Speicher- und Kühlmassen im Gebäude.

3.6 Potenziale der Bau-Bionik

Die Baubionik kann mit Rückgriff auf das Ideenreservoir der Natur eine große Chance bieten, technische Produkte besser zu entwickeln.

Nicht immer wird der Blick auf die natürlichen Vorbilder von Erfolg gekrönt sein. Aber das Unterlassen der Betrachtung eines möglichen Erkenntnisgewinns aus der Baubionik führt von vornherein zu einer reduzierten Palette an möglichen Lösungen.

3.6.1 Anforderungen an moderne Gebäude; moderne Architektur unter Nutzung bionischer Erkenntnisse

Die Anforderungen an moderne Gebäude sind wie bereits vor hunderten von Jahren von der technischen Fortentwicklung, aktuell von dem Streben nach effizientem Umgang mit unseren Ressourcen geprägt. Dabei ist zu beobachten, dass das Internet die Verbreitung von „neuen" Materialien und Konstruktionen für immer neue Produkte beschleunigt. Die Angebotsvielfalt ist unüberschaubar geworden. Dies geschieht nicht immer zum Vorteil der Bauaufgabe. Die Elemente der immer häufiger anzutreffenden technischen Verbundmaterialien sind meist untrennbar miteinander verbunden. Die Natur geht hier andere Wege. Ihre Verbundmaterialien lösen sich nach dem Absterben der Kreatur wieder in ihre Einzelteile auf. Andere technische Arbeitsweisen ähneln dagegen manchmal in erstaunlichem Maße der biologischen Genetik: unsere Computertechnologie ermöglicht beispielsweise „genetische Entwurfsprozesse". Auf breiter Front entstehen Analogien zu biologischen Funktionsweisen, biomorphe Architektur und bionisch entwickelte Detaillösungen, die in Baukonstruktionen aufgenommen werden. Dabei kann nicht oft genug wiederholt werden, dass es dem Ergebnis des Bauobjektes egal ist, auf welche Weise es zustande gekommen ist, ob bionisch oder nicht. In der gekonnten Kombination aller Kreativitätswerkzeuge und im Wissen um Technologie und Praxis liegt das Geheimnis guter Bauwerke.

3.6.1.1 Energieeffizienz, Materialeffizienz, Funktionalität

Der Übergang der von Frei Otto als „Natürliche Konstruktionen" bezeichneten Leichtbauweisen in integrative Bauweisen ist gleitend. Je komplexer die Erfüllung mehrerer Anforderungen in einem Bauelement, Bauteil oder Gebäude ist, desto mehr kann man von „Integrativen bionischen Prinzipien" sprechen. Die Notwendigkeit zum Verständnis der komplexen Wirkungsweisen führt oft wieder zur Betrachtung einzelner Aspekte zurück, womit die Erklärung der Funktion besser gelingt.

In der Natur bedeutet Materialeffizienz den effektiven Umgang mit „teuer zu erkaufenden" Stoffwechselprodukten. Die Natur hat besonders effektive und leichte Schalen- und Faltkonstruktionen entwickelt, Elemente, die wachsen können und dennoch stabil sind, deren Potential es für die technische Anwendung auszuloten gilt. Natürli-

Abb. 3.8 Schalenkonstruktion des Seeeigels *Echinus esculentus* als Ideengeber für eine effektive Konstruktionsweise. (Abb. G. Pohl)

Abb. 3.9 Bionisch entwickelte Stahlbauteile, sog. Knochenstreben, der Eisschnelllaufhalle in Erfurt. (Pohl Architekten, Abb. C. Bansini)

che Konstruktionen haben Bauweisen sowohl im Pflanzen- als auch im Tierreich herausgebildet, die in Form von Faltwerk- und Schalenkonstruktionen einerseits effizient und formstabil mit den verfügbaren Rohstoffen umgehen, statisch optimiert und in vielerlei Hinsicht multifunktional sind und sich andererseits durch Wachstumsprozesse aufbauen und vergrößern lassen. Beispiele sind Schalenkonstruktionen von Muscheln, Seeigeln usw., aber auch Faltkonstruktionen von Flächentragwerken bei Blättern: u. a. Hainbuche, Palmenarten.

Nach Studien natürlicher Wuchs- und Optimierungsformen wurden die Erkenntnisse der Knochenmineralisierung und lastoptimierter Faserverläufe in Bäumen abstrahiert umgesetzt, wobei bei der Eisschnelllaufhalle in Erfurt (Architekten: Julia und Göran Pohl) druckbelastete Stahlstreben, sog. Knochenstreben, ausgebildet wurden. Als Koppelglieder sind sie Bestandteile des Tragwerkes, welches aus mehreren räumlich verkoppelten bogenförmigen Rahmen mit Unter- und Überspannung besteht. Die Überspannung wird jeweils mit den „Knochenstreben" auf dem statisch erforderlichen Abstand gehalten.

Weitere Ideengeber waren natürliche Schalenformen, wie die des Seeigels (Abb. 3.8). Die bei der Seeigelschale zu erkennenden Verstärkungsrippen werden in der technischen Schale von einzelnen Tragelementen gebildet. Genau genommen handelt es sich bei der Konstruktion der Eishalle um eine schalenartige Trägerkonstruktion, die im räumlichen Verbund aus bogenförmigen 2-Gelenk-Rahmen besteht, welche eine Spannweite von 83 m aufweisen und an den Enden radial angeordnet sind. Die so entstehende Großschale überspannt mit etwa 20.000 m^2 die Fläche eines gesamten Fußballstadions (Abb. 3.9).

Der Konstruktion der „Knochenstreben" gingen direkte Parallelstudien an Knochen- und Baumwuchs-Strukturen voraus, in deren Ergebnis die Erkenntnisse aus dem Aufbau natürlicher Strukturen abstrahiert wurden. Die technische Übertragung erfolgte auf der Basis der Aufgabenstellung, nämlich mit einfachen, industriell gefertigten und handelsüblich verfügbaren Halbzeugen (T-Profilen) und möglichst ohne Materialverschwendung kostengünstige Leichtbauprofile herzustellen. Diese Leichtbauprofile sind wie ihre natürlichen „Vorbilder" optimiert, das heißt, ihrem Einsatzzweck bestmöglich angepasst.

Vergleiche der Schale eines Seeigels mit der schalenartig aufgebauten Bogen-Rahmenkonstruktion der Eisschnelllaufhalle in Erfurt lassen sowohl die Unterschiede als auch die Ähnlichkeiten erkennen (Abb. 3.10).

Auf dem Bild der Seeigelschale sind deutlich die Rippen zu erkennen. Die Ähnlichkeiten zwischen beiden Bauweisen ergeben sich in dem räumlichen Zusammenschluss von Rippen, wodurch bei beiden Konstruktionen in der dritten Dimension eine Schalenkonstruktion entsteht (wiewohl die Einzelrippen der Eisschnelllaufhalle in Erfurt aus bogenförmigen Zweigelenkrahmen bestehen). Der Unterschied besteht darin, dass die Rippenverstärkungen der Seeigelschale einen kraft- und formschlüssigen Verbund mit der Schalenhülle ausbilden. Bei der Eisschnelllaufhalle hingegen ist die Konstruktion noch weiter aufgelöst und die Schalenhülle ist nicht formschlüssig mit den Rippen verbunden. Der kraftschlüssige Verbund ist nur soweit hergestellt, als

Abb. 3.10 Vergleichsansichten. *links* Innenansicht der Eisschnelllaufhalle in Erfurt, Pohl Architekten. *rechts* *Echinus esculentus*, von innen gesehen. (Abb. G. Pohl)

äußere Lasten von der Hülle in das Tragwerk weitergeleitet werden, vermeidet aber ansonsten Zwängungsspannungen (die bei der Seeigelschale in der Theorie auftreten können, wegen der geringen Dimension ihrer Konstruktion jedoch einen unbedeutenden Einfluss auf die Gesamtschale haben dürften).

Das aufgeführte Beispiel der Druckstreben-Konstruktion bei der Eisschnelllaufhalle in Erfurt zeigt, wie durch Analyse natürlicher Effizienzstrategien eine Optimierung und technische Umsetzung mit dem „alten" Werkstoff Stahl erreicht werden kann. Die Limitierung der Konstruktion besteht meist in den Fragen der kosteneffizienten Verwendung von Halbzeugen, um derartige aufgelöste Strukturen zu realisieren und in den Fragen von Materialität und Materialkosten. Weder ein Einzelstab in Form eines stranggepressten Profils noch ein massiver Holzdruckstab anstelle der aufgelösten Stahldruckstreben hätte das Ablösen der Raumhülle von der Tragstruktur zu erbringen vermocht. Die Erlebbarkeit der Bauelemente „Druckbogen" und „Hülle" und damit die Nachvollziehbarkeit der Tragstruktur ist durch Überwindung vermeintlich technischer Zwänge – mit Hilfe der Erkenntnis natürlicher Optimierungsmechanismen – erreicht worden.

3.6.1.2 Lebenszyklus

In der Natur spielt der Lebenszyklus eine beherrschende Rolle, werden doch die gewachsenen Strukturen entweder von neuen Lebensformen besetzt oder zerfallen in Grundelemente, aus denen neues Leben entsteht. Forscher entwickeln derzeit im Wissenschaftsgebiet der Bionik Materialien und Bauteile, die sich in einen Kreislauf einbinden lassen, wie dies die Natur vormacht. Hierbei stehen wir aber noch ganz am Anfang.

3.6.1.3 Materialeffizientes Bauen mit „alten" und „neuen" Werkstoffen

Oft gehen die grundlegenden Ideen für eine Optimierung von Leichtbaukonstruktionen auf Bauweisen der Natur zurück. Natürliche Bauten reagieren ebenso auf innere wie äußere Einflussfaktoren und ihre Gestaltung wird von diesen ebenso beeinflusst, wie das bei technischen, menschengemachten Gebäuden der Fall ist.

Leichte Materialien für Hüllkonstruktionen, welche hohe Dämmwirkung, hohen Lichtdurchlass und gute Lichtstreuung besitzen, kommen im Aufbau der Systematik des Eisbärenfells nahe. Das Fell des Eisbären erfüllt den Zweck der Dämmung und der Weiterleitung und gleichmäßigen Streuung von Lichtstrahlen auf den dunkel pigmentierten Untergrund der Haut. Die Haare sind dabei mit parallel orientierten Glasröhrchen vergleichbar, welche Dämmung und Lichtleitung gleichsam erfüllen.

Das in Abb. 3.11 gezeigte Beispiel eines Fassadenaufbaus mit mehrschichtigem PFFE-Glas und zwischengelagertem Glasgespinst erfüllt ähnliche Zwecke wie das Eisbärenfell, jedoch auf die technische Anforderung adaptiert und ohne den pigmentierten Untergrund. Das Gespinst besteht im Gegensatz zum Eisbärenfell aus einer watteartigen, nicht parallel orientierten Anordnung von dünnen Glasfäden, die das Licht

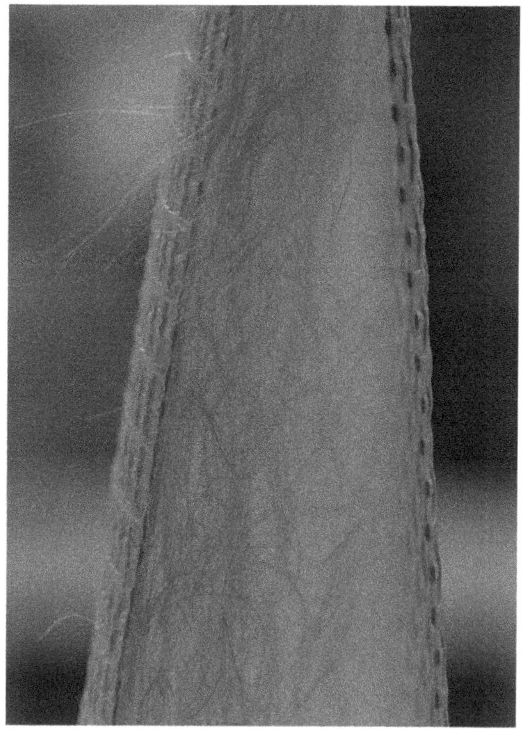

Abb. 3.11 Fassadenaufbau mit mehrschichtigem PFFE-Glas und zwischengelagertem Glasgespinst. *links* Terminal EF in Erfurt, Aufwindfassade mit transluzenter Hülle, Pohl Architekten. *rechts* Detailaufbau des Glasfasergespinstes beim Terminal EF in Erfurt. (Pohl Architekten)

streuen, statt es direkt zu leiten und die aber auch – wie das Eisbärenfell – eine wärmedämmende Wirkung besitzen.

Diese Bauweise wurde für eine Fassadenkonstruktion am Gebäude „Terminal EF" in Erfurt eingesetzt. Sie unterstützt im Sommer die Gebäudekühlung, wärmt im Winter und sorgt ganzjährig für blendfreie Computer-Arbeitsplätze. Diese Gebäudehülle umschließt einen Erschließungs- und Kommunikationsbereich. Der Wärmedämmwert ist mit 1,1 W/(m²K) mit bis dahin (Ende 1990er Jahre) üblichen Glasfassaden vergleichbar (s. Abschn. 6.37).

3.6.2 Potenziale natur-integrativer Bauweisen

Natur-integrative Systeme verbinden technisch oder auf anderen Lösungswegen gewonnene Erkenntnisse mit solchen, die auf der Grundlage natürlicher Vorbilder entstanden sind.

3.6.2.1 Biomorph? Ein Forschungspotenzial für Architekten und Ingenieure

Die zeitgenössische Architektur orientiert sich heute wieder stark an schalenartigen und biomorphen Strukturen. Die Formensprache der Architekten und Ingenieure, entwickelt mit Hilfe generischer Verfahren als Nurbs-Modelle mittels Computer-Softwaretechnologie, ist in der traditionellen Bautechnologie nur sehr kostenintensiv umzusetzen. Gegenwärtige Bausysteme und Bautechnologien können mit den modernen Planungstools der Planer nur schwer mithalten und den resultierenden Anforderungen nur schwer gerecht werden. Beispiele für den computergesteuerten Fertigungsprozess in Holz liefert das Centre Pompidou in Metz von Shigeru Ban (Abb. 3.12).

Hohe Produktionszusatzkosten, aufwändige Montageaufwendungen für Hilfskonstruktionen und hohe Errichtungskosten absorbieren bei schalenartigen und biomorphen Konstruktions-

Abb. 3.12 Centre Pompidou in Metz, im Aufbau, Arch.: Shigeru Ban. (Abb. G. Pohl)

weisen die zweifellos realisierbaren Materialeinsparungspotenziale und übersteigen dann sogar – trotz dieser Einsparungen – die Gesamtaufwendungen im Vergleich zu herkömmlichen Bauweisen. Dies nimmt ein Forschungsansatz BOWOOSS (bionic optimized wood shells with sustainability; bionisch optimierte Holzschalenkonstruktionen mit Nachhaltigkeitspotenzial) zum Anlass, den die HTW des Saarlandes und die Bauhaus-Universität Weimar gemeinsam initiiert haben. Die numerische Übersetzung der Ergebnisse von komplexen 3D-Strukturen in Holzbauweise auf die Fertigung geschieht computerbasiert (CIM) direkt auf Grundlage eines Optimierungsergebnisses. Holzbaufirmen, die mit derartigen 3D-Daten umgehen können, arbeiten bereits mit Spezialisten für die Produktionstechnologie zusammen. Die Entwicklung neuer Füge-Details und eine flexible Modularität sollen in logischer Folge materialgerecht entwickelt und in Symbiose mit Kompositlösungen die gewünschten nachhaltigen Ergebnisse erbringen. Ein im Ergebnis vergleichbarer Optimierungs- und Komplexansatz ist in der Natur bei Schalenkonstruktionen zu erkennen und soll modelliert und als Potenzial zur technischen Ableitung untersucht werden.

3.6.2.2 Hierarchische Strukturen als Optimierungsstrategie

Die Optimierungsstrategien der Schalenaufbauten von Kleinstlebewesen hat bereits das Team um Frei Otto im SFB 230 fasziniert. Im Vordergrund standen Analysen zur Formentstehung der Diatomeenschalen. Ausdrücklich ausgeschlossen wurden Mutmaßungen über deren Funktion sowie eine direkte Umsetzung in die Technik. Neue wissenschaftliche Arbeiten deuten aber auf klare mechanische Anforderungen für Diatomeen und damit auch auf die Optimierung mechanischer Leistungsmerkmale hin.

Planktontech, ein virtuelles Institut der Helmholtz-Gesellschaft, befasst sich mit den Grundlagen und Prinzipien der Optimierung von Leichtbaustrukturen bei marinen Kleinstlebewesen, dem Plankton. Im Fokus der Forschungen stehen die Schalen von Kieselalgen und Radiolarien

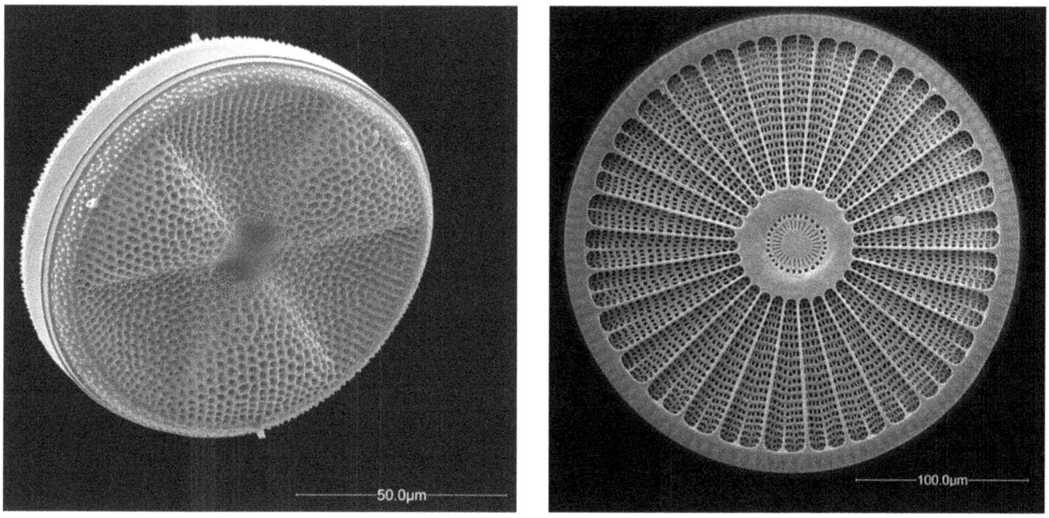

Abb. 3.13 Diatomeen. *links Actinoptychus. rechts Arachnoidiscus*. (Abb. Alfred Wegener Institut Bremerhaven)

(Abb. 3.13), die sich durch eine hohe Festigkeit bei gleichzeitig geringem Materialeinsatz auszeichnen. Mit Hilfe moderner mikroskopischer Verfahren sollen die Schalen analysiert, in 3D-Daten übertragen und mit verschiedenen Berechnungs- und Optimierungsverfahren bearbeitet werden. So können sowohl die biomechanischen Eigenschaften der Meeresorganismen als auch Prinzipien der Evolution erforscht werden.

Die 3D-Daten sollen auch für industrielle Anwendungen im Bereich der Leichtbauweisen genutzt werden (Abb. 3.14). Ein Schwerpunkt liegt dabei in der Kombination von Leichtbaustrukturen mit Verbundstoffen zur Entwicklung neuer Produkte in zahlreichen Branchen, darunter Architektur, Automobilbau (→ Felgen) und Medizintechnik. Zu diesem Zweck hat C. Hamm ELiSE (Evolutionary Light Structure Engineering, s. Abschn. 3.7.2) entwickelt, ein Verfahren, welches nach Strukturelementen und neuen Formen für den technischen Leichtbau sucht und diese in Form von FEM-berechneten Grundformen in einer 3D-Datenbank zur Verfügung stellt.

Zu den Mitgliedern von PlanktonTech zählen neben dem Alfred-Wegener-Institut in Bremerhaven auch die Harvard University, die Rutgers University, die Universitäten Kiel und Freiburg, die TU Berlin, das Institut für Textil- und Verfahrenstechnik Denkendorf und das Leichtbauinstitut Jena, die Forschungs-Abteilung von Pohl Architekten.

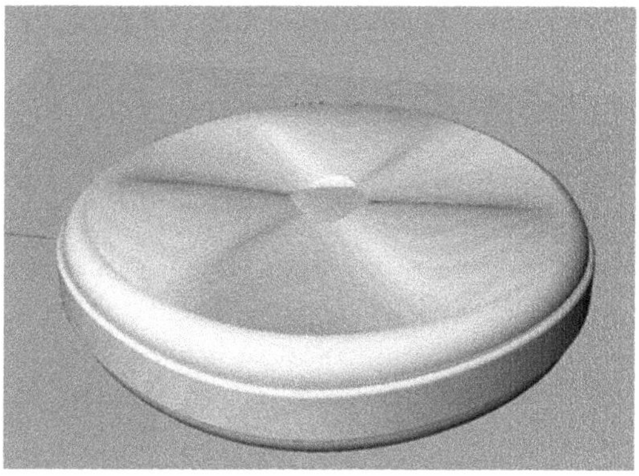

Abb. 3.14 3D-Analyse, Form-Nachgestaltung von *Actinoptychus* zur Untersuchung verschiedener Belastungssituationen. (Abb. Leichtbauinstitut Jena)

Messungen der Festigkeit von Diatomeen, die im Rahmen der Forschungen von Planktontech durchgeführt worden sind, haben gezeigt, dass erhebliche Kräfte aufgebracht werden müssen, um deren biomineralisierten Panzer aufzubrechen. Durch die Anwendung von FEM-Berechnungen an Diatomeenstrukturen konnten Rückschlüsse auf die Materialeigenschaften der Schalen gezogen werden. Das Silikat hält sehr hohe Druck- und Zugspannungen aus und hat einen ähnlichen Elastizitätsmodul wie massive Knochen. Außerdem zeigten sich außerordentlich günstige Spannungsverläufe innerhalb der Silikatstrukturen. Wichtig scheint dabei die Kom-

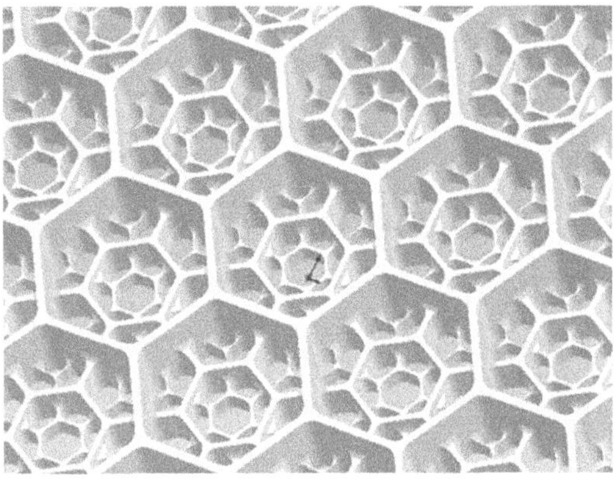

Abb. 3.15 Struktur einer Diatomeenschale, idealtypisch. (Abb. Alfred-Wegener-Institut für Polar- und Meeresforschung Bremerhaven)

Abb. 3.16 Bahnhofsdach in Luxemburg-Cessange, 2. Preis Pohl Architekten mit SteinmetzdeMeyer und Knippers Helbig Ingenieure. (Abb. rendertaxi/Pohl Architekten)

plexität der Schalenstrukturen zu sein: die Vereinfachung der Schalengeometrie bei gleichem Materialeinsatz führte zu wesentlich geringeren Festigkeiten.

Aufgabe von Planktontech ist es auch, Übertragungspotentiale auf Strukturen für Trag- und Hüllsysteme von Gebäuden zu entdecken. Üblicherweise lassen sich Erkenntnisse aus der Biologie nicht ohne weiteres in technische Dimensionen übertragen. Die Leichtbauschalen bilden hier allerdings eine Ausnahme, da Flächendruck und Materialquerschnitt beide mit dem Quadrat des Längenmaßstabes skalieren. Nach Hamm et al. 2009 kann eine Diatomeenschale beispielsweise um einen Faktor von 10^6 vergrößert werden, ohne dass sich die relativen Dimensionierungen wesentlich verändern müssen (Abb. 3.15).

Auch die Funktionen der Schalen können im Wesentlichen auf die Faktoren mechanische Festigkeit und Leichtbau, oft in Kombination mit Permeabilität, konzentriert werden.

Schon länger ist bekannt, dass sich die Entstehung der Kieselalgenschalen in speziellen Vesikeln, den „silica deposition vesicles" (SDV), abspielt. Diese Vesikel bilden eine Hohlform, in der die Silikatfällung stattfindet. Wie allerdings die Bildung der SDV gesteuert wird, ist noch weitgehend ungeklärt.

Kieselalgen erzielen mit einem Minimum an Material ein Maximum an Stabilität und haben somit die gleiche Zielsetzung wie moderne Leichtbaukonstruktionen. Diesem Ansatz wird bei verschiedenen Anwendungen für Fassaden- und Dachstrukturen nachgegangen.

Nach der Fetttröpfchen-Hypothese von Helmcke (vgl. Abschn. 5.1.1) bildet die Diatomee im Prozess ihrer Schalenausformung Fetttröpfchen an der Oberfläche, deren Zwischenräume mit flüssiger Kieselsäure aufgefüllt die Schalenform mit den typischen Öffnungen ausbildet. Ganz logisch erscheint diese in Wissenschaftskreisen seinerzeit diskutierte Hypothese aber vor dem Hintergrund der bekannten Formenvielfalt und der identischen Ausbildung einer Spezies nicht.

Der Dachaufbau bei dem Bahnhofsdach in Luxemburg-Cessange (Preisträger eines internationalen Wettbewerbs zum Neubau des Europa-Bahnhofs Luxemburg-Cessange, Pohl Architekten mit SteinmetzdeMeyer und Knippers Helbig Ingenieure, vgl. Abschn. 6.26) erfolgte nach dem Vorbild der Diatomeenschalen (Abb. 3.16). Die Verfeinerungsschritte der Tragstruktur sind hierarchisch, ausgehend vom Primärtragwerk hin zum stützenden Sekundärtragsystem, und der Tertiärstruktur, welche als netzartige Dachstruktur in Dreiecksnetzen das Glasdach ausbildet. Als Grundraster wurde ein Sechseck-Modul gewählt, das die Hauptspannweiten von 15,0 m bis 21,0 m abbildet. Die Tragstruktur besteht aus geschweißten Stahlrohrprofilen. Das Sekundärtragwerk ist ebenfalls in Sechseck-Module aufgeteilt und räumlich zu einer Kuppel geformt, so dass es vorrangig als druckbeanspruchte Schalenstruktur

Abb. 3.17 Studien zu einer Verkleidung eines Wasserturmes in Chemnitz mit hierarchischen Fassadenelementen in Faserverbund-Leichtbauweise, Pohl Architekten. (Abb. N. Feth)

trägt. Hierauf lagert die Dreicks-Stabnetzstruktur im 1,5–2,25 m-Raster, welche die Sekundärkonstruktion teppichartig überfließt und die Verglasung trägt.

Als Ansätze für die Umsetzung von hierarchischen Strukturen, wie sie bei Radiolarien vorkommen, entstehen im Rahmen der Zusammenarbeit mit dem Forschungsinstitut „Planktontech" am ITV Denkendorf Testreihen für CFK-Sechseckstrukturen, mit deren Hilfe die hierarchischen Silikataufbauten von Diatomeenschalen nachempfunden und Testaufbauten für Fassaden und Dachelemente generiert werden. Ein Einsatz für einen hierarchischen Fassadenaufbau ist für die Verkleidung eines Wasserturmes in Chemnitz geplant (Abb. 3.17).

Die multiachsial wandelbaren Dächer für die Freilichtspiele in Feuchtwangen (Ent-

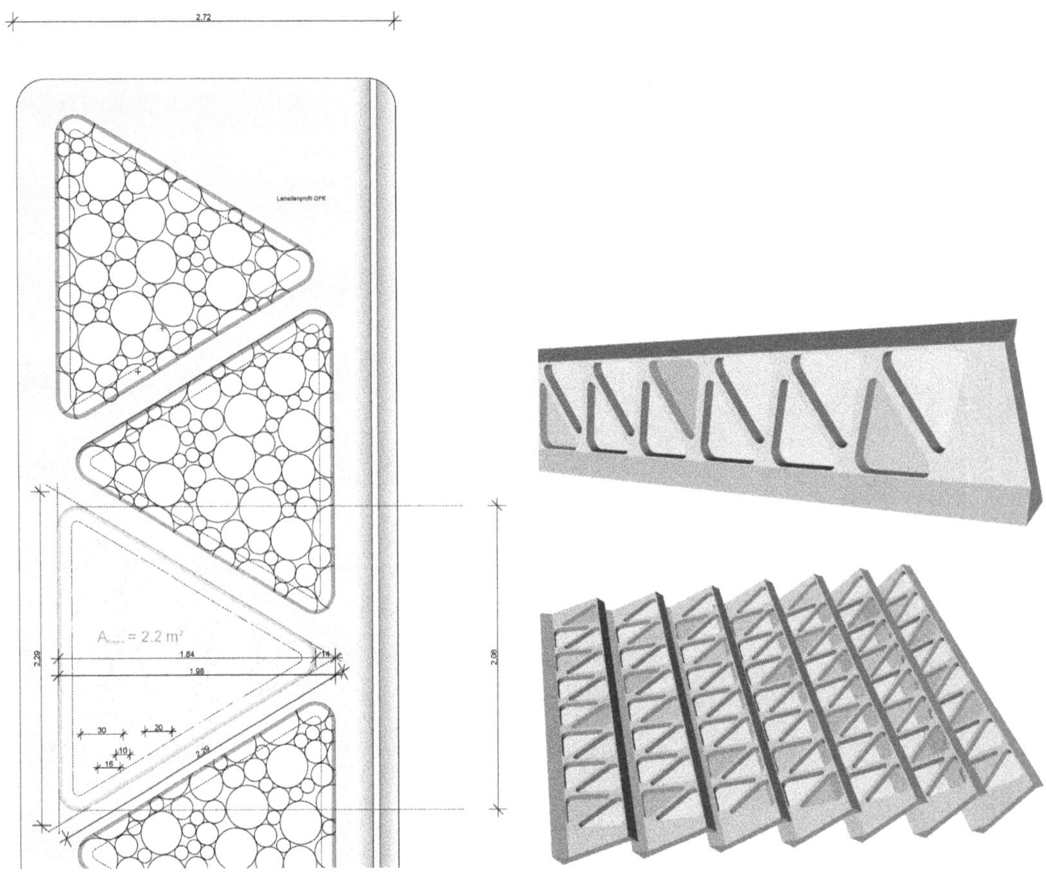

Abb. 3.18 Dachstruktur der Freilichtbühne Feuchtwangen, Pohl Architekten. *links* Hierarchische Unterteilung der Rippenstruktur mit porenartig gekammerten Elementen. *rechts* Die Elemente zeigen eine Gestaltungsvariante mit verschieden eingefärbten Glaselementen, welche bei der endgültigen Planung verworfen wurde, da damit das Bühnenbild der Schauspielstätte hätte farblich beeinträchtigt werden können. (Abb. Pohl Architekten)

wurf: Julia und Göran Pohl, Abb. 3.18) befinden sich als GFK-Baustruktur in der Testphase (vgl. Abschn. 6.53). Für die lamellenartigen GFK-Flügel mit 18,0 m Länge und 2,6 m Breite sind in dreiecksförmigen Aussparungen Nebentragstrukturen aus Glasfaser integriert. Die hierarchische Strukturierung ist auch hier eine Weiterentwicklung des Schalenprinzips der Diatomeen, mit Ansätzen der industriellen Bauteil-Elementierung zugunsten einfacher Umsetzung.

Die Ausformung der Stützen für die Dachstruktur (s. Abschn. 6.52) trägt die Optimierungszüge, welche in analoger Herangehensweise bereits bei der Eishalle in Erfurt umgesetzt worden sind. Die Astgabelungen sind wie Zwiesel von Baumvergabelungen umgesetzt. Für die neue Struktur werden allerdings geschweißte Stahlhohlprofile verwendet, die in ihrer Dimensionierung auf die Belastungsspitzen ausgerichtet sind.

3.6.3 Evolutives Design und evolutionärer Städtebau

Die Möglichkeiten moderner Computertechnologie führen zu Auswahlszenarien, die der natürlichen Evolution in gewisser Weise ähnlich sein können. Am Institut für Computerbasiertes Entwerfen, ICD der Universität Stuttgart, erforscht Achim Menges mit seinen Mitarbeitern die Möglichkeiten rechnergestützter Algorithmen für evolutives Design (Abschn. 6.23) und Evolutionären Städtebau (Abschn. 6.27). In Zusammenarbeit mit dem Institut für Tragkonstruktion und

Konstruktives Entwerfen, ITKE der Universität Stuttgart, geleitet von Jan Knippers, werden die baulichen Strukturen auf ihre ingenieurtechnische Funktion, ihr Tragverhalten und – in besonderen Fällen – ihre Beweglichkeit hin untersucht und optimiert. Aus dieser Zusammenarbeit heraus entwickeln sich faszinierende bionisch inspirierte Bauwerke und Baustrukturen.

3.7 Artverwandte Verfahren und Sichtweisen zur Bau-Bionik

Bau-Bionik wendet sich an Architekten und Bauingenieure. Die dort vorwiegend verwendeten Methoden wurden in den vorhergehenden Kapiteln erörtert. Daneben existieren weitere Verfahren und Sichtweisen, die ähnliche Wege beschreiten und in diesem Zusammenhang nicht unerwähnt bleiben sollen.

3.7.1 Scionic® – Industriedesign und Bionik

An der University for Arts and Industrial Design in Linz wird unter der Leitung von Axel Thallemer eine Verknüpfung von induktiver Inspiration mit Industriedesign und Serienproduktion gelehrt. Nach Thallemer fokusiert Scionic® „auf heuristische Inspirationen aus der Natur, virtuelle Modellbildung und iterative Optimierung, sowie empirische Verifikation der Gestaltfindung. In (natur-)wissenschaftlicher Grundlagenforschung“ entstehen Produkte „im Zusammenspiel ästhetischer, technologischer, wirtschaftlicher und psychologischer Faktoren“.

Der theoretische Überbau wurde in: Thallemer, A. Reese, J. „Visual Permutations“ und Thallemer, A. „Scionic“ präzisiert.

Das an Industriedesign adressierte Ausbildungsprogramm der University for Arts and Industrial Design in Linz beschreibt Scionic® als Zusammenwirken der von Thallemer beschriebenen Faktoren. „In Abgrenzung dieser Auffassung von dem mittlerweile schon negativ besetzten Begriff „Design“ wird dafür der Neologismus Scionic® *) propagiert. Dies referenziert auf die fundamentale Wissensdatenbank der Natur wie auf Zeichen im Sinne von Syntax, Semantik und Semiotik.“ So sollen Produkte entstehen, die virtueller oder realer Natur sind, mobil oder immobil.

3.7.2 Verfahren der Strukturoptimierung und Selbstorganisation

Besonders am Karlsruher Institut für Technologie KIT wurden von Claus Mattheck Verfahren entwickelt, welche die Strukturoptimierung nach biologischem Vorbild zum Ziel haben. Das KIT untersucht am Institut für Materialforschung Strategien der Natur zur Strukturoptimierung und das Potenzial dieser Erkenntnisse für die Umsetzung in der Technik.

Die Natur optimiert nicht grundsätzlich alle ihre Bauweisen. Je nach Verfügbarkeit von Nährstoffen, Energie und Baumaterialien haben sich entweder Strukturen entwickelt, die wenig Optimum nachweisen lassen, oder aber solche, die äußerst sparsam mit den zur Verfügung stehenden Ressourcen umgehen. Es wurde die sog. SKO-Methode entwickelt (Soft Kill Option). Diese Methode simuliert die Mineralisation im Knochen, wobei hochbelastete Bereiche versteift und niedrig belastete Bereiche entfernt werden. Auf technische Strukturen angewandt, führt die SKO-Strategie zu einer optimalen Materialausnutzung und somit zum Leichtbau. Die Methode SKO ist für Tragstrukturen effektiv und erzielt bei definierter Belastung dieser Strukturen Bereiche, die mit zusätzlichem Material verstärkt werden und solche, die Material einsparen. Auf diese Weise lassen sich technisch sehr leistungsfähige und leichte Bauweisen entwickeln, die ihre Anwendung vorwiegend im Maschinenbau und Fahrzeugbau finden.

Eine weitere, im Prinzip einfache und damit vielseitig anwendbare Methode ist die „Methode der Zugdreiecke“. Dies ist ein graphisches Verfahren zur Erstellung kraftflussgerechter Konturen. Die Methode der „Zugdreiecke“ ist eine grafische Methode zur Ausrundung von Materialübergängen bei Gabelungen oder Abbiegungen. Sie beschreibt mit Hilfe einfacher

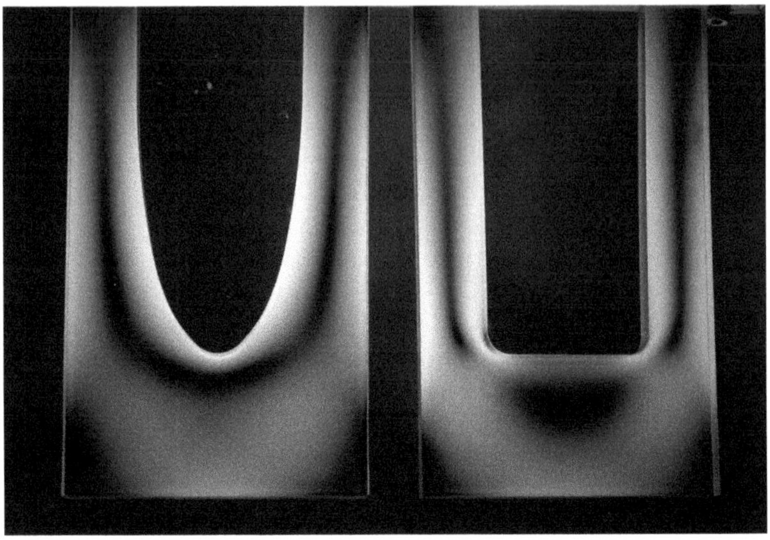

Abb. 3.19 Visualisierung von Spannungsverläufen bei Materialübergängen von einem dicken in zwei dünne Stahlbauteile. *links* Spannungsoptimierte Konstruktion, nach der „Methode der Zugdreiecke" entwickelt. *rechts* Übliche Ausführung mit gerade angesetzten Elementen und ausgerundeten Ecken, Modell: KIT. (Abb. G. Pohl)

geometrischer Definitionen spannungsarme Abzweigungen, welche den üblichen Konstruktionsmethoden einfacher Ausrundungen überlegen sind. Die so erhaltene Modellkontur wird dazu genutzt, in schubdominierten Bereichen, wie Kerben und Querschnittsübergängen, einen mechanisch günstigen Kraftflussverlauf zu bewirken (Abb. 3.19). Weicht die Bauteilgestalt von diesem Verlauf ab, kann durch lokale Konturvergrößerung, also „Wachsen", die Kerbspannung reduziert oder durch Konturverkleinerung (also „Schrumpfen") Gewicht und Material eingespart werden.

In Abschn. 6.21 findet sich eine nähere Erklärung zur Methode SKO und zu ihrer Anwendung. In Abschn. 6.22 wird die von Frank Mirtsch entwickelte Methode der Selbstorganisation vorgestellt, mit deren Hilfe beulstabilisierte Bleche hergestellt werden können.

Natürliche Funktionen und Verfahren als Vorbilder für das Bauen

4

4.1 Eisbär und Hochgebirgspflanzen – transparente Isolationsmaterialien

Die beiden Beispiele stecken den Rahmen ab, der sich über vielerlei derartige biologische Anpassungen spannt. Das gut untersuchte Eisbärfell ist ausführlich behandelt.

4.1.1 Das Eisbärfell als solar betriebene Wärmepumpe und transparentes Isoliermaterial

Querbeziehungen zwischen thermischen Solaranlagen und den Fellen von Polartieren sind von Grojean und Koautoren schon 1980 gezogen worden. Elektroingenieure und Materialwissenschaftler haben einen Vergleich mit den damals bekannten Daten vorgelegt.

Auf der einen Seite standen solare Paneele, Glashäuser, Doppel-Paneel-Konverter und selektive Absorber, auf der anderen Seite Felle von homöothermen Tieren. Für den idealen solaren Wärmekonverter formulierten die Autoren fünf Anforderungen:

1 größtmögliche Energieaufnahme,
2, 3, 4 minimale Verluste durch Konduktion, Konvektion und Radiation,
5 relative Unabhängigkeit vom Einstrahlungswinkel der Sonnenstrahlen.

Beim Eisbärenhaar beschreiben sie den eigenartigen, total reflektierenden inneren Zentralzylinder und die Insertion der Haare in eine dunkle Schicht der Oberhaut sowie die Isolationseigenschaften der Felle. Daraus leiten sie das Modell eines idealen Absorbers ab, bestehend aus zufällig gepackten Anordnungen etwa paralleler Zylinder mit rauen Innenzylindern, die insgesamt als Lichtleiter fungieren. Hierfür berechnen sie bei Sonneneinstrahlung eine mittleren Wärmefluss von 210 W m^{-2}.

Detaillierte Untersuchungen zu diesem Problemkreis, wie sie im folgenden referiert werden, wurden aber erst von dem Berliner Physikochemiker H. Tributsch und seiner Arbeitsgruppe durchgeführt. In diesen Arbeiten haben sich erstaunliche Analogien herausgestellt zwischen dem modernen Bau- und Funktionsstoff TIM (Transparentes Isolationsmaterial, auch als TWD (Transparente Wärmedämmung) bezeichnet) und dem Fell des Eis- oder Polarbären. Die Erforschung des Eisbärfells und die Entwicklung von TIM liefen zwar im Wesentlichen auf getrennten Schienen, doch erlaubt einerseits die Anwendung der TIM-Prinzipien auf das Eisbärfell ein besseres Verständnis dieser biologischen Konstruktion (Gesichtspunkt der „Technischen Biologie"), und die Eigenheiten des Fells konnten andererseits Anregungen für weiteres technisches Gestalten geben (Gesichtspunkt der „Bionik").

Prinzip der Wärmepumpe Wärmepumpen entsprechen dem inversen Prinzip des Carnotschen Kreisprozesses. Unter Einspeisung von Arbeit wird für Heizzwecke eine Wärmemenge zur

W. Nachtigall, G. Pohl, *Bau-Bionik*,
DOI 10.1007/978-3-540-88995-3_4, © Springer-Verlag Berlin Heidelberg 2013

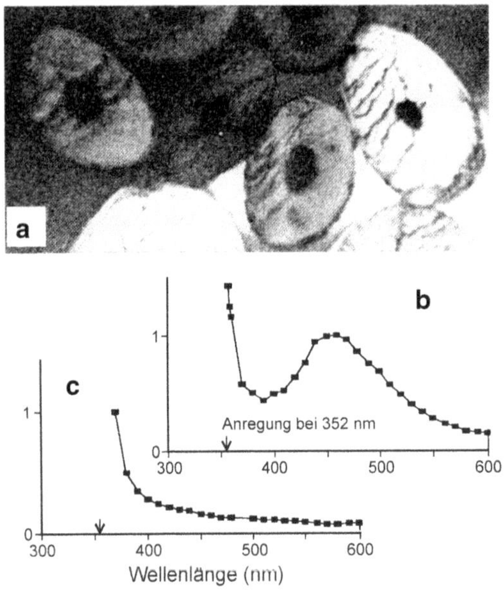

Abb. 4.1 Eisbärhaar und Lumineszenz. **a** Querschnitt durch die weißen Haare eines Eisbären. **b, c** Laser-induzierte ($\lambda = 352$ nm) Lumineszenz beim Haar eines Eisbären (**b**); keine merkliche Lumineszenz beim Haar eines weißen Ponnies (**c**). (Nach Tributsch et al. 1990)

Verfügung gestellt, die weitaus größer sein kann als die geleistete Arbeit, weil zur gleichen Zeit einem Reservoir tieferer Temperaturen Wärme entzogen wird. Die Güteziffer der Wärmepumpe entspricht dem reziproken Wert des thermischen Wirkungsgrades des Carnotschen Kreisprozesses. In diesem Sinne ist auch das Eisbärfell eine Wärmepumpe, denn es konzentriert Wärme aus dem Reservoir der Sonnenstrahlung auf der Haut des Tieres.

Das Eisbärhaar: Morphologie und Strahlungseffekte Die Haare sind weiß und besitzen einen zentralen Markzylinder. Abbildung 4.1a zeigt Querschnitte durch derartige Haare; der Markzylinder ist als dunkles Scheibchen sichtbar. Weiße Haare anderer Tiere, beispielsweise eines Schimmels, sind eher offene, dünnwandige Zylinder ohne derartige zentrale Strukturen.

Der Zentralzylinder enthält Strukturen, die das Licht streuen („Streuzentren“, Abb. 4.3a). Zusammen mit der Totalreflexion an der äußeren Struktur ist das Haar deshalb in der Lage, wie ein Lichtleiter zu wirken. Außerdem kann es durch Lumineszenzerscheinungen kurzwelliges Licht in längerwelliges umwandeln. Regt man mit einem kurzwelligen ($\lambda = 352$ nm) UV-Laser an, so findet man ein breites Lumineszenzmaximum im Haar des Eisbärfells um etwa 450 nm, während, im Vergleich, das Haar eines weißen Ponnies keine derartigen Erscheinungen zeigt. (Abb. 4.1b, c). Streuung, Totalreflexion und Lumineszenz sind offensichtlich Grundfunktionen dieses Haares.

Das Eisbärhaar als Lichtfalle und solar betriebene Wärmepumpe Die hier verwendeten Formelansätze sind in Abb. 4.2 zusammengestellt.

Würde der Prozess des Lichteinfangens nur auf Streuung beruhen, so wäre (bei einem Brechungsindex von Luft gleich 1) der thermodynamische Grenzfaktor KS gleich $Ks = bn^2$ (Gl. 1) (ß geometrischer Faktor; ß = 4 für dreidimensionales Lichteinfangen; n Konzentrationsfaktor).

Da der Brechungsfaktor des Haars größer als der der Luft ist, kann diffuse Strahlung ohne Frequenzänderung im Haar konzentriert werden. Der maximale Konzentrationsfaktor KS ist in diesem Falle 9,72.

Anders stellt sich die Situation bei Frequenzverschiebung in Folge von Lumineszenzerscheinungen dar (vgl. Abb. 4.1b). Das Haar kann hochfrequentes UV-Licht aufnehmen und durch Lumineszenz entstandenes Licht niederer Frequenz weiterleiten. Auf diese Weise kann auch ein Anteil niederfrequenter Wärmestrahlung entstehen, die letztlich an der Haarbasis auf die schwarze Haut geleitet wird; dort wird die Wärme absorbiert. Der Wärmefluss Q_S ist in diesem Fall mit der auftreffenden Strahlung Q_a durch die Frequenzverschiebung $\nu_e \rightarrow \nu_a$ verknüpft (2).(Indizes: ν_a Frequenz des absorbierten Lichts, ν_e Frequenz des emittierten Lichts). Bei diffuser Lichteinstrahlung auf der Erdoberfläche ist der höchstmögliche Konzentrationsfaktor K_f durch die Beziehung (3) gegeben (T_r Temperatur der absorbierten Strahlung, T_S Temperatur der emittierten Strahlung).

$$K_s = \beta n^2 \quad (1)$$

$$Q_s = \frac{Q_a(\nu_e - \nu_a)}{\nu_a} \quad (2)$$

$$K_f = \left(\frac{\nu_e}{\nu_a}\right)^3 \left\{\exp\left[\frac{-h(\nu_a - \nu_e)}{kT_s}\right] - \exp\left(\frac{-h\nu_a}{kT_r}\right)\right\}^{-1} \quad (3)$$

$$K_f^a = (1 - \eta_a) K_f \quad (4)$$

$$T(\nu, L_\nu) = \frac{h\nu}{k}\left(\log\frac{2h\nu}{3} c^2 L_\nu + 1\right)^{-1} \quad (5)$$

$$T_s = \frac{k_p T_a + k_s T_b + S}{k_s - k_p} \quad (6)$$

$$q_s = \left(\frac{k_s}{k_p + k_s}\right)\left(k_p T_b - k_p T_a - S\right) \quad (7)$$

$$\eta = \tau\alpha \frac{q_p^* - q_s}{S} = \frac{\tau\alpha}{1 + \frac{k_p}{k_s}} \quad (8)$$

Abb. 4.2 Kennzeichnende Gleichungen, die zur Formulierung der Wirkung des Eisbärhaars als Lichtfalle und Wärmepumpe und des Eisbärfells als transparentes Isolationsmaterials benutzt werden können. Definitionen der Kenngrößen im Text. (Basierend auf Tributsch et al. 1990)

Bei genügend großer Frequenzverschiebung $\Delta\nu$ in der Größenordnung von 10^{14} s^{-1}, wie sie das Eisbärhaar aufweist, können thermodynamische Konzentrationsquotienten von mehreren Größenordnungen erwartet werden. Gl. (3) berücksichtigt aber nur die reine Thermodynamik der solaren Energieumwandlung. Unter Realbedingungen ist mit einem Wirkungsgrad η_a zu rechnen, der den Netto-Leistungsfluss mit dem Brutto-Fluss durch solare Einstrahlung verbindet. Es ergibt sich die Gl. (4).

Bereits eine kleine Frequenzverschiebung zieht relativ hohe Konzentrationsfaktoren nach sich; in dieser Hinsicht hat das Eisbärhaar im Vergleich mit anderen weißen Haaren ein Maximum erreicht (Abb. 4.1b im Vergleich mit c).

Es ist günstig, wenn man statt mit Strahlungskenngrößen mit den der Strahlung zugeordneten Temperaturkenngrößen rechnet; man kann dann

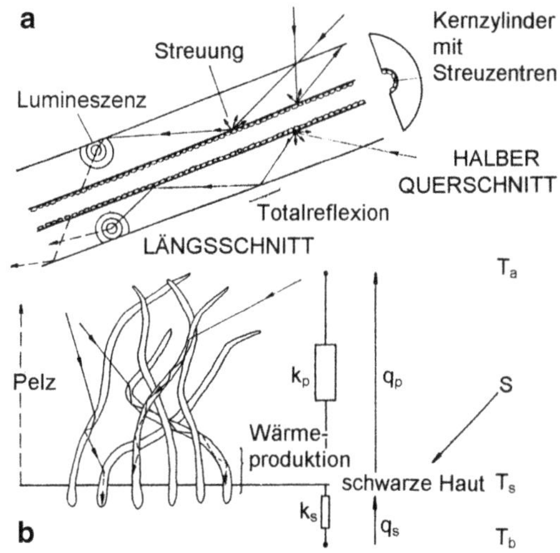

Abb. 4.3 Funktionen des Eisbärhaars. **a** Das Eisbärhaar als Lichtfalle; Mechanismen: Streuung, Lumineszenz und Totalreflexion. **b** Das Fell des Eisbären als Transparentes Isolationsmaterial (*k* reziproke Wärmewiderstände, *q* Wärmeflüsse (Pfeile in positiver Richtung), *T* Temperaturen, *S* gemittelte Strahlungsleistung, bezogen auf die Absorption durch die schwarze Haut und Umwandlung in Wärme. Suffixe: *p* Fell, *s* Haut und Fettschicht, *b* Körper, *a* Umgebung). (Nach Tributsch et al. 1990)

Strahlungsflüsse so rechnen, wie man Wärmeflüsse in einem Temperaturgradienten rechnet.

Die Temperatur der solaren Strahlung hängt stark von der Frequenz ν, aber nur geringfügig von der Irradianz Lν ab: Gl. (5). Systeme, welche die Strahlungsenergie der Sonne in Wärme umwandeln, können wirkungsgradmäßig ungünstiger oder günstiger sein. Ungünstiger sind sie, wenn sie eine hohe Irradianz und eine geringe Apertur benutzen. Günstiger sind sie, wenn sie mit hoher Apertur arbeiten und dafür sorgen, dass eine Frequenzverschiebung einen Radianzanstieg kompensiert. Dafür ist eine minimale Frequenzverschiebung von 5×10^{13} s^{-1} bis 10^{14} s^{-1} nötig, und das Emissionsband soll im Vergleich zum Absorptionsband nicht zu klein sein. Beide Bedingungen erfüllt das Haar des Eisbären.

Man kann seine Wirkungsweise deshalb wie folgt zusammenfassen (Abb. 4.3a). Die Einkopplung des größten Teils des Lichtes in das Haar des Eisbären erfolgt durch Streuprozesse am Kernzylinder. Dieser Einkoppelprozess kann nicht mit höherer Effizienz erfolgen als mit $K_s = 9{,}72$, doch hat dies den Vorteil, dass das Streulicht das Eisbärhaar weiß erscheinen lässt: biologisch günstig in einer weißen Umgebung. Hätte die Natur den weit effizienteren lumineszenten Einkoppelprozess benutzt, würde das Fell ungünstigerweise in einer anderen Farbe erscheinen. Nachdem das Licht einmal eingekoppelt ist, verwendet die Natur allerdings Lumineszenz als effizientes optisches Prinzip. Da das Haar zylindrisch gebaut ist, bleibt das Licht durch Totalreflexion an der äußeren Hülle im Haar, ohne dass es von dort zurückgestreut wird (was bei einer planaren Oberfläche stärker der Fall wäre). Das ist eine Voraussetzung für Lumineszenz-Effekte, da diese zusätzliche Streuung nicht tolerieren. Im Vergleich mit anderen weißen Haaren sind Eisbärhaare an der Basis klar stärker lumineszent.

Durch zwei wichtige Modifikationen in Richtung auf ein Lumineszenztor und ein breiteres Lumineszenzband haben die Haare des Eisbären den Charakter von Wärmepumpen bekommen: Die Strahlung wird in die Basalregion des Haars geleitet, dort in Wärme umgewandelt und von der (dunklen) Haut aufgenommen. An der total reflektierenden Außenhülle wird blaues Licht und UV nahe Strahlung effizient in Lumineszenzlicht umgewandelt und eingefangen.

Die hier referierte Sichtweise ist in der Literatur kontrovers diskutiert worden; Koon (1998) meldet Kritik an. Er hat Messungen unterschiedlicher Autoren, darunter die hier referierten, verglichen und mit eigenen Messungen in Beziehung gesetzt (Abb. 4.4). In dieser Abbildung ist der Ordinatenkennwert definiert als $-10 \log (I/I_0)$ mit I_0 Intensität des einfallenden Lichts und I Intensität des transmittierten Lichts. Demnach wäre für ein typisches 2-cm-Haar des Eisbären mit einer Abschwächung der Lichtintensität von bis zu 20 Größenordnungen (!) zu rechnen. Der Autor gibt einige Randbedingungen an, unter denen trotz des immensen Verlustes (2 dB mm^{-1} im Sichtbaren und etwa 10 dB mm^{-1} im UV), der offenbar durch Absorption an der „Innenseite der Außenhülle des Haars" geschieht, die Lichtleiter-Hypothese greifen könnte. Für Details und eine kritische Abwägung der unterschiedlichen Ergebnisse muss auf die Originalarbeiten verwiesen werden.

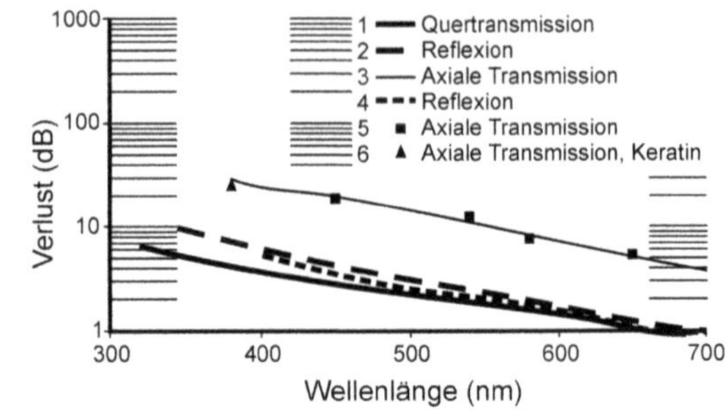

Abb. 4.4 Optische Verluste bei der Lichtleitung in Haaren des Fells von Eisbären, berechnet nach unterschiedlichen Autoren, vgl. den Text. *1-2* Haar (nach Tributsch et al. 1990), *3* axiale Lichtleitung (nach Tributsch et al. 1990), *4* Reflexion an der Felloberfläche (nach Grojean et al. 1980), *5* axiale Lichtleitung im Einzelhaar (nach Koon 1998), standardisiert auf ein 2,3 mm langes Haar, *6* axialer Verlust im Keratin (nach Bendit, Ross 1961), standardisiert wie 5. Kurven, jeweils standardisiert auf 90, 80, 40 und 82 %, bei 700 nm. (Nach Koon 1998)

Das Eisbärfell als Transparentes Isolationsmaterial In ihrer Gesamtheit bilden die Haare das Fell, und dieses schließt eine Vielzahl von luftgefüllten Zwischenräumen ein. Es ist lichtdurchlässig, hält aber wegen der Isolationswirkung der Lufteinschlüsse die Wärme zurück, wirkt also als transparentes Isolationsmaterial.

Die Technik hat eine Reihe solcher Materialien entwickelt, so dass die zugrundeliegenden theoretischen Konzepte mit dem Eisbärfell verglichen werden können. In vereinfachter Form gilt folgendes (vgl. Abb. 4.5):

Wenn man in die Wärmeflussgleichung $q_p = q_s + S$ (mit $q_s = k_s (T_b - T_s)$ und $q_p = k_p (T_s - T_a)$) nach q_s auflöst, erhält man die Gln. (6) und (7). Sobald der Strahlungsterm S größer ist als das Produkt $k_p (T_b - T_a)$, verläuft der Wärmefluss in den Körper hinein. Mit dem lichtstrahlungsinduzierten Wärmefluss q_p^* und der Wärmedurchlässigkeit τ für das Fell und für den Haut-Absorbtionskoeffizienten a ergibt sich die Gleichung für den Wirkungsgrad der Nutzung der solaren Strahlungsleistung (8).

Somit kann man feststellen, dass ein Anstieg der Lichtdurchlässigkeit des Pelzes (τ) durch kombinierte Streuungs- und Lumineszenzeffekte in den Haaren ebenso wie eine Optimierung der Wärmeabsorption durch die schwarze Haut (a) die Strahlungsaufnahme erhöht haben und

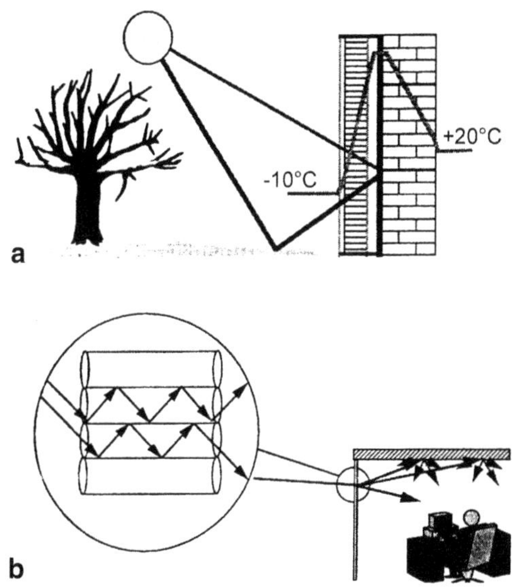

Wärmedurchgangskoeffizient	$k = 0{,}7\ W\ m^2\ K^{-1}$
Transmissionsgrad des sichtbaren Lichts	$\tau = 65\ \%$
Gesamtenergiedurchlass	$g = 65\ \%$
Flächenbezogener Nettoenergiegewinn pro Heizsaison	$90 > \Delta W < 120\ kWh\ m^{-2}$
Flächenbezogener Nettoenergieverlust einer opaken Wand pro Heizsaison	$-25 > \Delta W^* < -30\ kWh\ m^{-2}$
Flächenbezogene Energieeinsparung pro Heizsaison $\Delta W^{**} = \Delta W - \Delta W^*$	$115 > \Delta W^{**} < 150\ kWh\ m^{-2}$

c

Abb. 4.5 Transluzide Wärmedämmung (TWD) und typische Kenngrößen. **a**, **b** Kapilux-H-Panel. Produkt Okkalux Kapillarglas GmbH. **c** Kennwerte einer typischen TWD-Konstruktion. Randbedingungen: Wärmeleitwert lTWD=0,1 W m^{-1} K^{-1}, Bautiefe 10 cm, beidseitig verglast, Südfassade, Schweizer Mittelland, Mauer hinter dem TWD-Element 30 cm Kalksandstein. K-Wert opake Wand 0,33 W m^{-2} K^{-1}. (**a**, **b** nach Okkalux aus Herzog 1996, **c** nach Rüegg und Völlmin)

dass eine geringe Wärmeleitfähigkeit des (trockenen) Fells (k_p) und eine vergleichsweise hohe Wärmeleitfähigkeit durch Haut und periphere Gewebe (k_s) durch Verhinderung eines großen Wärmverlusts und Bevorzugung einer großen Wärmeaufnahme in die gleiche Richtung wirken. Das eigentümliche Lichtfangsystem des Eisbärpelzes kann man also als Kompromiss verstehen zwischen der biologischen Notwendigkeit, einen weißen Pelz zu entwickeln und dem physikalischen Vorteil eines „Aberntens" des verfügbaren Lichts.

Technologiepotenzial des natürlichen Systems Wegen seiner natürlichen, weißen Umgebung und der Tatsache, dass er aufgrund seines langen und dichten Fells und seiner gewaltigen Körpergröße auch bei geringen Umgebungstemperaturen kaum in ein Energiedefizit kommt, kann der Eisbär die Wärmefang-Eigenschaften seines Fells nicht maximieren. Er nutzt sie vielmehr in unterschiedlicher physiologischer Weise, unter anderem wahrscheinlich auch zur Orientierung (hier nicht betrachtet).

Die Technik könnte damit zwei Prinzipien übernehmen: Zum einen die Evolution neuartiger TIM's, die nicht nur direktes, sondern auch gestreutes, diffuses Licht aufnehmen und letztlich in längerwellige Wärmestrahlen umwandeln und absorbieren lassen. Zum anderen die allgemeine Einsicht, dass – im Gegensatz zur Technik – in der Natur stets Gesamtsysteme optimiert werden (der Eisbär als Teil einer wärmetechnischen Gesamtwelt), nie Einzelelemente. So könnte es sein, dass die Einbeziehung anderer Effekte (beispielsweise Strömungsdukte zur automatischen Wärmeumwälzung) zu TIM's geringeren thermodynamischen Wirkungsgrads aber größerer gebäudetechnischer Gesamteffizienz führen.

4.1.2 Transparentes Isolationsmaterial in der Technik

Unseres Wissens hat das Eisbärfell nicht direkt Pate gestanden bei der Entwicklung von TIM-Materialien, doch war bei deren Entwicklung die Analogie bekannt. Frühere TIM-Materialien waren aus Kunststoffrohren gefertigt, die aber thermolabil waren; Heutige bestehen aus sehr dünnen, parallel geschichteten Glasröhrchen. Sonnenstrahlung durchläuft die parallelen Röhrchen unter Totalreflexion, trifft auf eine schwarze Absorberwand, die sich erwärmt und die Wärme dann gepuffert an die dahinter liegenden Räume abgibt. Durch den isolierenden Luftgehalt des Systems kann die Wärme nicht exzessiv nach außen entweichen (Abb. 4.5a). Beim Kapilux-H Paneel sind die Röhren im Mittel 3,5 mm dick und beidseitig durch ein Glaspaneel abgedeckt, so dass sie verschmutzungssicher sind. Fehlt die Absorberwand, so wird das Licht tief in den Raum gestreut und damit die Tiefenausleuchtung verbessert (Abb. 4.5b). Der k-Wert des genannten Paneels beträgt 0,8 W m^{-2} K^{-1} bei einem Gesamtenergietransmissionsgrad von 80 %.

Wandkonstruktionen mit transparenter Wärmedämmung (TWD) funktionieren nach dem Prinzip, dass die TWD-Flächeneinheit über eine Heizperiode mehr Wärme gewinnt als durch eine gleichgroße Normalwand entweicht (Abb. 4.5c). Sie wirken opak; ihr Transmissionsgrad ist nur etwa 65 %. Dagegen sind gleichgut gedämmte Fenster (3-fach Wärmeschutzverglasung mit Kryptonfüllung) mit gleichem k-Wert zu 65–70 % transparent, aber ihr Gesamtenergiedurchlass beträgt nur 40 %, bei den TWD-Konstruktionen dagegen an die 65 %. *„Dämmwirkung und Solarenergieertrag sind gegenläufig"*.

Von einer Strahlungsleistung von beispielsweise 500 W m^{-2} an einem Sonnentag gehen 30 % durch Reflexion und Wärmeverluste verloren. Von der wirksamen Wärmeleistung im Absorber (330 W m^{-2}) verteilen sich bei symmetrischer Konstruktion je etwa die Hälfte (160 W m^{-2}) auf die opake Wand und das TWD-Material. Insbesondere in der Nacht und bei unbewölktem Himmel gibt die warme TWD-Wand viel Wärme nach außen ab, die bilanzmäßig abzuziehen ist. Es bleiben die genannten und in Abb. 4.5c als Mittelwerte angegebenen Energieeinsparungen.

Trotzdem gewinnt diese technische Umsetzung des Eisbärprinzips immer mehr Freunde. Einer der Pioniere war der Münchner Architekt Thomas Herzog mit seiner Jugendbildungsstätte Kloster Windberg. Aus zwei Pilot-Messprojekten von A. Kerchberger an der Universität Stuttgart ergab sich an einem Einfamilienhaus in Ormalingen/Basel Land mit 31 qm aktiver TWD-Fläche ein positiver Gesamtenergieertrag pro Heizsaison (vgl. die Kennzeichnungen in Abb. 4.5c und deren Legende) von 113,7 kWh m^{-2}. Beim Bergrestaurant Hundviller Höhe auf 1306 m ergab

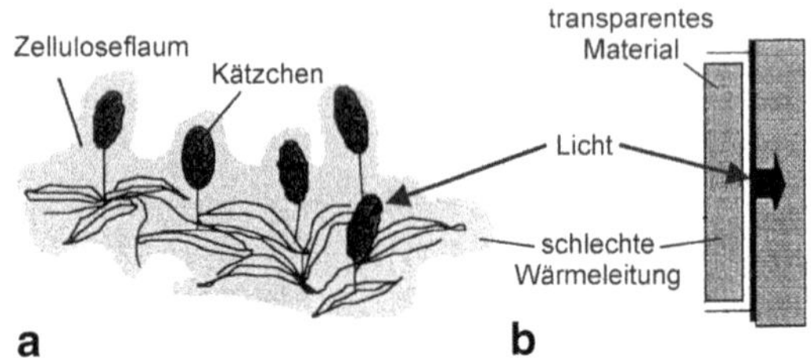

Abb. 4.6 Transparente Wärmedämmung. **a** Bei der arktischen Weide, *Salix arctica*. **b** Technisches transparentes Isolationsmaterial. (Nach Tributsch 2001)

sich mit einer Fläche von 42 qm bei den dortigen Randbedingungen eine positive Energiebilanz pro Heizperiode von 138 kWh m^{-2}. Verwendet wurden in beiden Fällen Okkalux-TWD-Materialien. Energiebilanzen dieser Art sind, abgesehen von der Bauweise, stark auch vom Standort abhängig. Im höher gelegenen Davos beträgt die flächenbezogene Energieeinsparung etwa das Doppelte in Vergleich zu Stuttgart, auf den Shedland-Inseln etwa das Eineinhalbfache.

Auf dem Weg durch das TWD-Material wird das sichtbare Licht stark gebrochen und gestreut. Durch Kombination mit lichtleitenden Elementen kann man eine gezielte Streuung des Lichts – beispielsweise zur blendfreien Bürobeleuchtung bis weit an die Hinterwand mit Tageslicht – und gleichzeitig den erwünschten positiven Wärmeeffekt erreichen. Dazu sind bereits zahlreiche Konzepte entwickelt und verwirklicht worden.

Weniger bekannt ist, dass auch Pflanzen transparente Wärmedämmungen ausgebildet haben, beispielsweise die arktische Weide, *Salix arctica*. Dies ist eine Kriechweide, die sich nur wenig über den Boden erhebt. Ihre Kätzchen tragen einen haarig-filzigen Mantel und werden so gegen Kälte geschützt. Zusätzlich überzieht sich die gesamte Pflanze mit einem Zelluloseflaum „wie mit einem Teppich" (Abb. 4.6a). Die Wärmestrahlen der Sonne heizen die Pflanzenoberfläche auf; wegen der im Zelluloseflaum eingeschlossenen Luft kann die Wärme aber schlecht entweichen. Das System wirkt also ganz analog zu technischen transparenten Isolationsmaterialien (Abb. 4.6b).

4.2 Termiten- und Ameisenbauten – Solare Klimatisierung

Zur Wärmedämmung isolieren wir Häuser üblicherweise rundum in gleicher Weise. Tiere machen das anders; sie isolieren von Körperteil zu Körperteil unterschiedlich. Eine Tundra-Gans „trägt auf ihrem Körper rund 25.000 Federn. Alleine 20.000 davon sind auf Kopf und Nacken konzentriert, wo sich Gehirn und Nervensystem befinden. Die Federn schützen die Gans gegen große Kälte, vor allem während des Flugs, oder bei arktischen Stürmen". Hier wird deutlich, dass Isolierung und der Grad ihrer Perfektion in der Natur speziell auf den Bedarf zugeschnitten ist. „Auch in der Architektur wären intelligente Lösungen zum Wärmedämmen zu schaffen" (H. Tributsch). Ein gut untersuchtes Beispiel für „adaptives Isolieren" ist der Termitenbau.

4.2.1 Klimaregelung im geschlossenen Termitenbau und bei Ameisen

Der klassische Stich aus dem Jahr 1781 von Abb. 4.7a zeigt einen vollständigen und einen der Länge nach aufgeschnittenen Termitenbau, wahrscheinlich einer Art der Gattung *Macrotermes*. Wie erkennbar ist die relative Schichtdicke (Dicke, bezogen auf den Durchmesser) des mörtelartigen Baus sehr hoch, damit auch die Wärmekapazität. Über die Wärmeleitfähigkeit des Materials ist nichts Sicheres bekannt, doch ist aus der porösen Struktur zu abstrahieren, dass sie nicht sehr groß ist, sicher beispielsweise nicht die von Beton erreicht. Es ist anzunehmen, dass die Termiten ein Prinzip benutzen, dessen sich auch der Töpfervogel (Abb. 4.13e) bedient, zumindest dann, wenn die Bauten teilweise im Baumschatten stehen: Noch bevor die Hauptwärme nach innen diffundiert ist, wird die Außenwand bereits abgeschattet, so dass sich der Wärmefluss langsam wieder umkehrt.

Ähnlich wie dieses „Standortprinzip" wirkt auch das „Ausrichtungsprinzip" der Kompasstermite *Amitermes meridionalis*. Kompasstermiten bauen ihre großen, schmalen Bauten mit der Schmalkante in Nordsüd-Richtung auf (Abb. 4.7b, c). Die Breitseite absorbiert also die Wärmestrahlung der Morgen- und der Abendsonne, was wegen der beträchtlichen Nachtauskühlung in ariden Regionen günstig sein kann. Wenn die Sonne am höchsten steht, bestrahlt sie aber nur die Schmalkante. Die Wärmeaufnahme des Baus ist der bestrahlten Fläche und in etwa dem Sinus des Winkels zwischen Sonne und Längsmedian proportional.

Für geschlossene Termitenbauten ist solar oder durch Stoffwechselwärme betriebene Zirkulation und „Porenlüftung" infolge des teildurchlässigen Materials typisch. Der Schweizer Biologe M. Lüscher hat bereits vor längerer Zeit den Klimahaushalt in Termitenbauten untersucht. Die afrikanische Termite *Macrotermes bellicosus* baut unterschiedliche Anlagen, die Elfenbeinküsten-Rasse geschlossene mit langen, unter der Oberfläche verlaufenden und von porösem Material bedeckten Dukten, die Uganda-Rasse unten offene, aber oben in breiten Blindsäcken geschlossene Bauten; über den Blindsäcken befindet sich ebenfalls poröses Material (Abb. 4.8a). Durch Sonneneinstrahlung und Stoffwechselwärme wird ein Luftkreislauf im Bauinneren induziert, dessen Richtung von der Tageszeit und der Besonnung abhängt.

Kühle und feuchte Luft wird beispielsweise über den Keller 1) in das Nest 2) mit der Königinnenkammer 3) hochgesaugt, sammelt sich in einem oben gelegenen Dom 4) und führt über die Außenröhren 5) und 6) in den Keller zurück. Während der Passage zwischen 5) und 6) kann CO_2 aus- und O_2 eindiffundieren. Die Verläufe der Temperatur- und der Gaskonzentrationskurven (Abb. 4.8b) spiegeln die insgesamt günstigen Effekte wieder.

Bei Ameisen, die auch in unseren Breiten recht hohe Bauten fertigen können – die Große Rote Waldameise etwa Meterhohe – stellt sich die Solarausrichtung etwas anders dar. Hier geht es eher darum, Sonnenwärme einzufangen. Das Nest befindet sich in der Erde unter dem Hügel und erstreckt sich auch ein wenig in den Hügel hinein. Die bestrahlte Fläche unter dem Hügel würde nur die Sonnenstrahlen a (Einschaltbild in Abb. 4.9a) nutzen, mit Hügel zusätzlich die

Abb. 4.7 Termitenbauten. **a** Alter Stich, linker Bau (wahrscheinlich von *Macrotermes* spec.) aufgeschnitten. **b, c** Nord-Süd-Ausrichtung von Bauten der Kompasstermite, *Amitermes meridionalis.* (**a** nach Henry Smeathman 1781, **b, c** nach v. Frisch 1974, verändert und ergänzt)

Sonnenstrahlen b. Die Nutzung ist am günstigsten, wenn die Hügelneigung in etwa senkrecht zu demjenigen Sonnenstand steht, der im Frühjahr den (ansonsten meist im Halbschatten stehenden) Nestern am besten zugutekommt. Dies ist überschlagsmäßig der Fall.

Bei Wintergärten versucht man ein ähnliches Prinzip (Abb. 4.9b): Im Frühjahr soll zur Verringerung von Reflexionsverlusten die der Sonne zugewandte Scheibe etwa senkrecht zum mittleren Einfallswinkel der Sonnenstrahlen stehen.

Ameisen verwenden auch die folgende eigenartige Methode, um im Frühjahr die Nesttemperatur hochzufahren. Sie schwärmen auf die Hügelseiten aus, lassen sich von den Sonnenstrahlen aufheizen, verschwinden im Bau und geben dort ihre Wärme ab („Elementarwärmespeicherung und -wärmetransport"). Improvisierte Wärmespeicheranlagen kann man sich nach diesem Prinzip in kleinen Gewächshäusern aufbauen. Hier lassen sich einschichtig angeordnete, wassergefüllte Altglas- oder Kunststoffflaschen als elementare Wärmespeicher einsetzen (Abb. 4.9c).

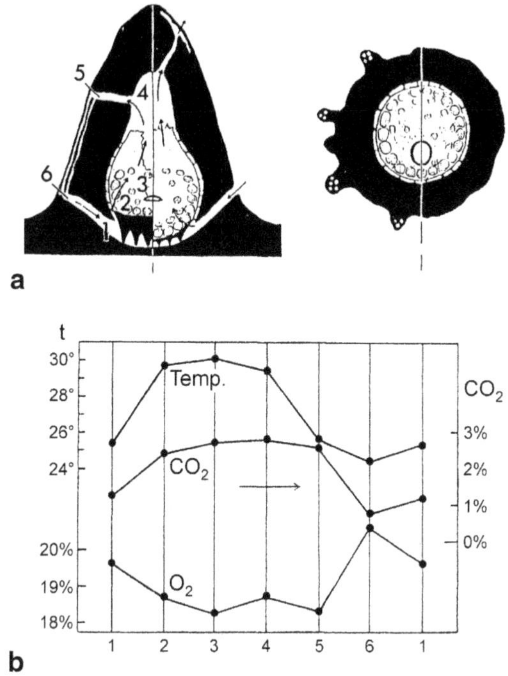

Abb. 4.8 Bau und Regulierungsvorgänge im Bau der Termite *Macrotermes bellicosus*. **a** Längs- und Querschnitt der Elfenbeinküsten-Rasse (*linke Hälfte*) und der Uganda-Rasse (*rechte Hälfte*). **b** Temperatur- und Gaskonzentrationsverlauf beim Zirkulieren im Elfenbeinküsten-Bau. Die Zahlen in A und B entsprechen sich. (Nach Lüscher 1955)

4.2.2 Solarkamine bei Termitenbauten und Gebäuden

Energiebilanz von Gebäuden Abbildung 4.10 zeigt in Form eines Säulendiagramms die Anteile unterschiedlicher Gebäudeteile am Wärmeverlust für unsere Breiten. Wie erkennbar stellt die Lüftung einen Löwenanteil dar. Dieser beträgt bei konventionellen Häusern im Durchschnitt etwa 27 %. Bei Niederenergiehäusern liegt er bei 47 % (wegen der relativ geringeren Bedeutung der anderen Anteile am Wärmeverlust). Es rentiert sich also, auf Lüftungseffekte großes Augenmerk zu richten.

Lüftungskanäle an Termitenbauten und ihre technologische Übertragung Manche Termitenarten, so Vertreter der Gattung *Macrotermes*, setzen ihren Bauten kaminartige Konstruktionen auf (Abb. 4.11a), die sich bei direkter Sonneneinstrahlung stark erwärmen. Ähnlich wirken die flachhochgereckten Bauten der Kompasstermiten (Abb. 4.7b, c), deren Oberteile von kaminartigen

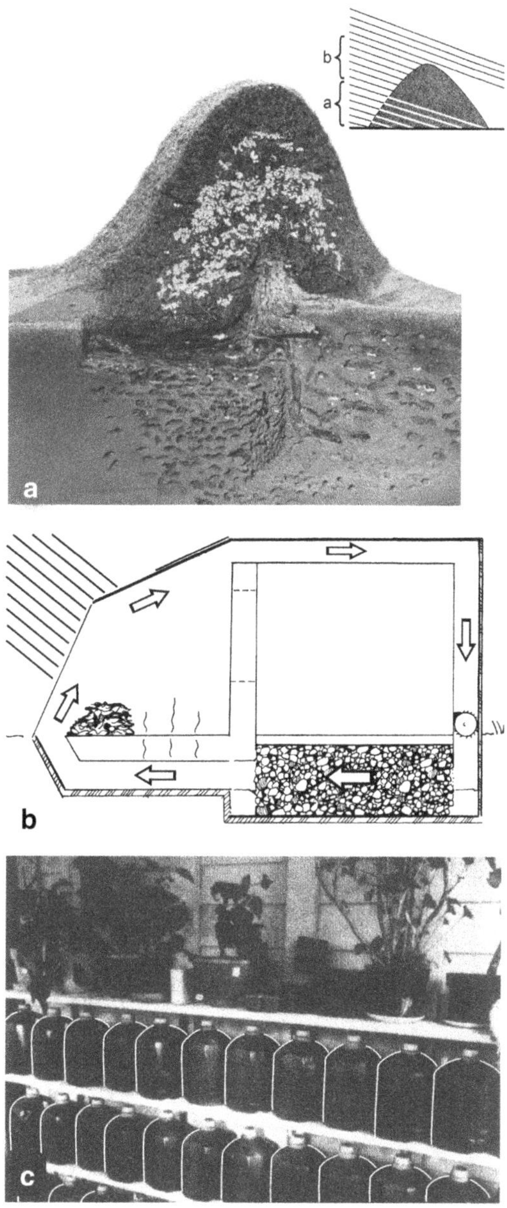

Abb. 4.9 Nutzung von Wärmestrahlung nach dem „Prinzip Ameisenbau“. **a** Bau der Kleinen Roten Waldameise, *Formica polyctena*, aufgeschnitten. Einschaltbild: Strahlungsnutzung; vgl. den Text. **b** Prinzip Optimalneigung Wintergartenfenster und Steinspeicher. **c** Wassergefüllte Abfallflaschen als Speichermasse. (**a** nach v. Frisch 1974, basierend auf einen Diorama des Naturhistorischen Museums der TU Braunschweig, **b**, **c** nach Yanda, Fisher 1983)

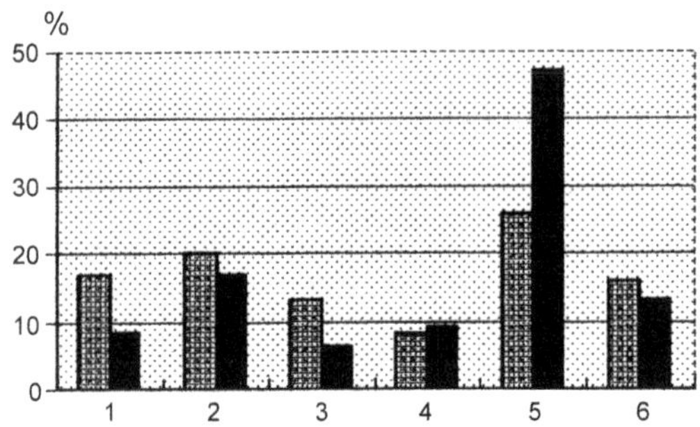

Abb. 4.10 Energieverluste bei Häusern. *1* Mauer, *2* Fenster, *3* Dach, *4* Keller, *5* Lüftung, *6* Heizung. Graue Säulen: Standardhaus. Schwarze Säulen: Niederenergiehaus. (Nach Bundesminister für Wirtschaft 1996)

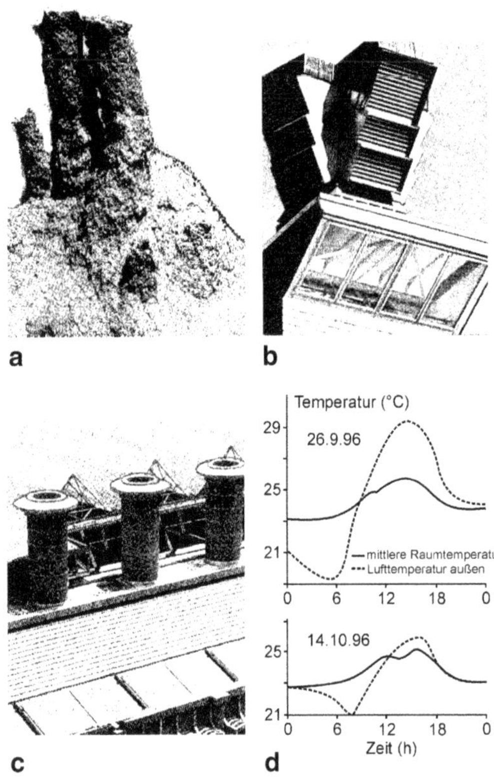

Abb. 4.11 „Termiten-Lüftungssysteme". **a** „Kamine" am Bau der Termite *Macrotermes spec*, Avash-Nationalpark, Abessinien. **b** Analoge Lüftungskamine am Bau der Maschinenbau-Fakultät der Universität Leicester, England. **c** Analoge Lüftungskamine an einem Bürogebäude in Harare, Simbabwe. **d** Temperatur-Tagesgänge im Bürogebäude nach C; vgl. den Text. (**a** nach einem Foto von A. Sielmann, verändert, **b** nach Spiegel 1994, verändert, **d** nach F. Smith aus ARUP-Journal 1997, verändert)

Dukten durchzogen sind. Wenn die dort erhitzte Luft aufsteigt, entsteht ein Unterdruck, der kühlere Luft aus der Basis nachzieht. Die Basis kann in Kontakt mit Grundwasser stehen, gelegentlich über mehr als ein Dutzend Meter lange Gänge. Kompasstermiten können die Innentemperatur im Stockbereich auf 31 °C konstant halten, auch wenn die Außentemperaturen zwischen 3 und 42 °C schwanken. Bei extremen Außenbedingungen müssen sie allerdings den Kaminquerschnitt verändern; sie tun das durch Anlagerungen und Abtragung von Baumaterial.

Nach diesem Vorbild wurde beispielsweise an der Universität in Leicester/England ein Fakultätsgebäude thermoreguliert. Der aufgesetzte Klimaturm (Abb. 4.11b) ist 13 m hoch und aus Ziegeln gemauert. Das Low-Tech-System funktioniert allerdings nur durch ein High-Tech-Steuersystem, das die Luftzufuhr reguliert, ähnlich wie das ja auch die Termiten tun. Das System ist weiter unten näher beschrieben.

In Eastgate, Harare/Simbabwe, wurde ein großes Bürogebäude mit Lüftungselementen nach dem Termitenprinzip errichtet. Der Architekt Mike Pearce sollte ein Gebäude errichten, in dem es sich ohne energieaufwendiges Air-Conditioning leben lässt und das praktisch keine Heizung braucht. Er löste das Problem in Zusammenarbeit mit dem Klimaingenieur Ove Arup mit Luftschächten, die im Gebäude ein zusammenhängendes System bilden, das doppelte Decken und Fußböden sowie doppelte Wände einbezieht.

Aus dem Atrium wird kühle Luft in dieses System geblasen, das durch Fußleisten-Schlitze in die Einzelräume gelangt. Erwärmte Luftmassen werden zentral aus insgesamt 48 Kaminen (Abb. 4.11c) nach Art der Termiten passiv, allein durch die Wirkung der solar erhitzten und aufsteigenden Kaminluft, abgesaugt. Die Wärme wird im Beton gespeichert und steht nachts und am frühen Morgen zur Verfügung: Die etwa 1500 m über dem Meeresspiegel liegende Stadt Harare erreicht nachts Temperaturen, die nur wenig über dem Gefrierpunkt liegen.

Durch die bionische Konzeption konnten 10 % der Baukosten eingespart werden; das ganze

Gebäude kostete nur 36 Mio. Dollar. Der monatliche Stromverbrauch liegt knapp 50 % unter dem vergleichbarer Gebäude in dieser Stadt. Die mittlere Tagestemperatur in diesem Gebäude liegt bei angenehmen 23 bis 25 °C. Ohne das Nachblasen kühler Luft steigt sie allerdings auf 35 °C. Die Abb. 4.10 zeigt Vergleichskurven für Temperatur-Tagesgänge. Am 26.9.96 war ein heißer Tag mit einer Tagestemperaturdifferenz von etwa 10 °C; die vorausgehende Nacht war kühl. Der Kühlungseffekt betrug 4,5 °C. Dem 14.10.96 ging eine warme Nacht (um 20 °C) voraus; die Tagestemperaturdifferenz war mit 5 °C klein. Der Kühleffekt betrug aber immerhin 2 °C. Wie erwähnt funktioniert das Ganze aber nur durch Ventilatoreneinsatz. Doch ist auch da die Bilanz günstig. Die relative Leistung beträgt 9,1 kW/a m^2. Sechs andere, ähnliche, aber nicht natürlich belüftete Gebäude in Harare brauchten zwischen 11 und 18,9 derartige Einheiten, so dass im Vergleich zwischen 17 % und 52 % an elektrischer Leistung eingespart werden konnte.

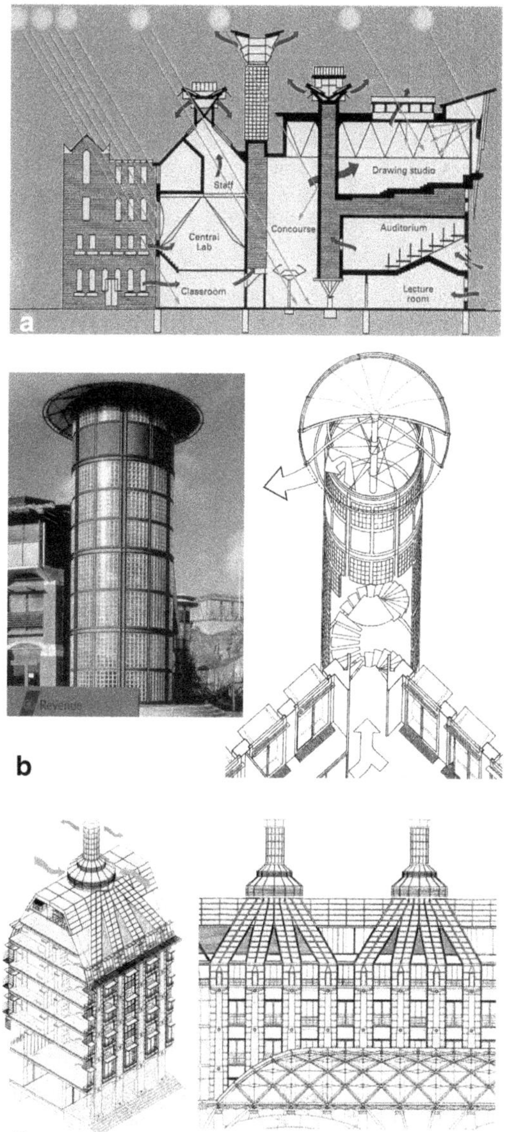

Abb. 4.12 Lüftungen nach dem „Termitenkamin-Prinzip“ an Gebäuden in England, 90er Jahre, jeweils unter Beteiligung von Ove Arup & Partner. **a** Kombinierte „natürliche Belichtung“ und „natürliche Belüftung“, Queens Building, University Leicester, England. Short und Ford, London 1981–1993. **b** Inland Revenue Center Nottingham, England. Michael Hopkins & Partners 1992–1995. **c** Neues Parlamentsgebäude Westminster, England. Michael Hopkins & Partners, London, ab 1992. (Nach Herzog (Ed.) 1996)

4.2.3 Das Termitenprinzip bei Gebäuden

Weitere technische Beispiele für „Termitenlüftung“ zeigt Abb. 4.12, und zwar sind es drei Beispiele für den Einbezug solarbetriebener, termiten-analoger „thermischer Kamine“. Bei allen war das Ingenieurbüro Arup & Partner beteiligt. Die Gebäude stehen in England und stammen aus der ersten Hälfte der 90er Jahre.

Bereits einen Klassiker, dessen Konzept seinerzeit durch die Presse ging, stellt das oben bereits andiskutierte Queens Building der Universität Leicester dar (Abb. 4.12a). Mit 10.000 m^2 Grundfläche beherbergt es die Fakultät für Maschinen- und Anlagenbau. Es kombiniert eine fast vollständige natürliche Belichtung mit einer „natürlichen“ Belüftung über Querlüftung mit Kamineffekt. Die Lüftungskamine mit ihren ausladenden Haubenaufsätzen (vgl. Abb. 4.11b) sind insgesamt 17 m hoch und geben dem Gebäude einen charakteristischen architektonischen Aspekt.

Der Neubau des Amts für Staatsausgaben in Nottingham (Abb. 4.12b) verfügt über einen großen solaren Lüftungskamin, der gleichzeitig als Stiegenhaus benutzt wird. Tageslicht kann

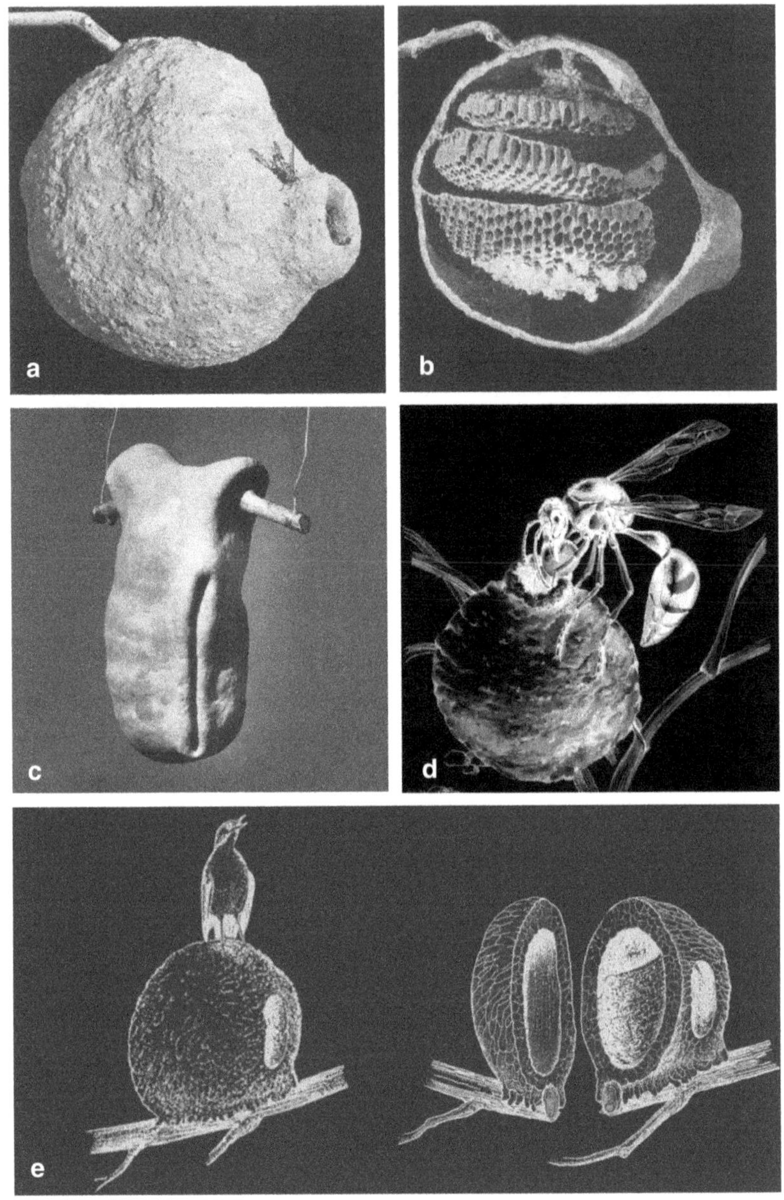

Abb. 4.13 Lehm- und Mörtelnester. **a** Mörtelwespe *Polybia emacinata*. **b** wie **a**, aufgeschnitten. **c** Mörtelwespe *Polybia singularis*. **d** Pillenwespe *Eumenes spec*. **e** Töpfervogel Furnarius rufus. (**a**, **c**, **e** nach v. Frisch 1974, **d** nach Freude 1982, verändert)

weit einstrahlen; die inneren Fußböden sind nicht verkleidet und dienen als Wärmespeicher und Lichtreflektoren. Zusatzheizung erfolgt über das Fernwärmenetz; der Gesamtenergieverbrauch soll unter 110 kWh m^{-2} liegen.

Der Entwurf für das neue Parlamentsgebäude, Westminster, London (Abb. 4.12c) sah nicht weniger als 14 hochaufragende thermische Kamine vor, zu denen jeweils Lüftungsschächte in den Außenmauern konvergieren. Diese führen Frischluft zu und saugen verbrauchte Luft ab, wofür sie ein Wärmerad benutzen (Teilabbildung 4.12c, links). Die Fußbodenstrukturierung erfolgt nach demselben Prinzip wie bei (b) geschildert. Zur Kühlung wird Grundwasser eingesetzt. Der Energiebedarf soll sehr gering sein, etwa 90 kWh m^{-2}.

Thomas Herzog hat als Herausgeber des instruktiven Buchs „Solar energy in architecture and urban planning" eine Reihe weiterer Beispiele unterschiedlichster Art für solarangetriebene Klimatisierung gegeben.

4.3 Lehm- und Erdbauten – ursprüngliche Materialien

Über Termitenbauten und deren Baumaterial wurde im vorhergehenden Abschnitt ausführlich berichtet. In kleinerem Maßstab gibt es noch zahlreiche andere Behausungen von Tieren, die ähnliche Bausubstanzen verwenden.

4.3.1 Ton- und Mörtelnester

Tonnester, wie sie etwa manche Schwalben bauen, sind stets eine Mischung aus Lehm und Faserbestandteilen, letztlich also Adobe. Als tierische Mörtel kann man Tonbestandteile bezeichnen, die mit einem Speichelsekret durchknetet werden. Derartige Insektennester zeigt Abb. 4.13a–d.

Die Mörtelwespe *Polybia emacinata* umkleidet ihre hängenden Waben mit einer etwa kugelförmigen Mörtelhülle, deren Durchmesser-Dicken-Verhältnis etwa 30:1 beträgt. Das Gebilde trägt einen abgerundeten, seitlichen Ausgang. Anders die Mörtelwespe *Polybia singularis*. Sie fertigt sehr dickwandige „Keramiknester", die etwa 30 cm lang sind und knapp 1,5 kg wiegen. Die Wabenträger sind durchgehende Böden, die mit den Seitwänden verbacken werden. In der Mitte tragen sie ein Aufsteig-Loch, und der seitliche Eingang ist längsgeschlitzt. Nester dieser Art werden steinhart. Einheimische Pillenwespen der Gattung *Eumenes* bauen etwa fingernagelgroße, urnenförmige Nester in Form der „Aufbaukeramik" (wie sie Töpfer zur Herstellung größer Gefäße benutzen), in die sie Beute eintragen, die dann mit einem Ei beschickt wird. Die Larve entwickelt sich in dieser klimatisierten und mechanisch schützenden Tonhülle.

Besonders eindrucksvoll ist das Nest des Südamerikanischen Töpfervogels, *Furnarius rufus*. Die Gattung trägt ihren Namen „*Furnarius*" nach der Backofenform ihrer Nester (*furnus:* Backofen), auf die in der Einführung zu diesem Großabschnitt bereits hingewiesen worden ist. Sie werden aus Adobe gebaut, Lehm, vermischt mit Pflanzenteilen. Zur Herstellung eines 5–10 kg schweren Nests verbacken die Vögel etwa 2000 Lehmklumpen zwischen 2 und 5 g. Durch eine innere Scheidewand trennen sie einen Vorraum vom eigentlichen Brutraum ab. Der Durchmesser beträgt etwa 25 cm, und die Wände sind sehr dick; das Durchmesser-Wanddicken-Verhältnis beträgt hier bis zu 7,5:1.Entsprechend groß ist die Wärmekapazität des Nestes. Wenn am frühen Nachmittag die äußere Hülle stark aufgeheizt ist und die Wärme „nach innen kriecht", könnte die äußere Wand schon beschattet werden und damit Wärme wieder abgeben. Dieses Prinzip wird auch bei sehr dicken Adobebauten, beispielsweise der Pueblo-Indianer Nordamerikas, angewandt.

Weniger auffällig als Töpfervögel gehen beispielsweise überwinternde Biber mit der Wärme um. Sie verschmieren die Höhle von innen mit feuchtem Lehm, der gefriert und damit, ähnlich wie der Eisiglu der Eskimos, brauchbar isoliert. Der nicht gefrierende, gestaute Wasserteich enthält viel Wärme und wird dann auch als Wärmespeicher genutzt. Auch der Schnee, der einen Biberbau im Hochwinter einhüllt, enthält viel Lufträume und wirkt deshalb wärmedämmend.

Biber legen sich eng zusammen und reduzieren damit die wärmeabstrahlende Oberfläche. Die einzige Wärmequelle bleibt ihr Fettvorrat, der langsam verbrannt wird. Alle anderen Effekte versuchen, die Wärmeabgabe aus dem Bau heraus möglichst klein zu halten.

4.3.2 Bauen mit Adobe

Adobe – durch Zuschlagstoffe verstärkter Lehm – hat Vorteile und Nachteile. Wo verfügbar, wurde dieser Baustoff von frühen Kulturen durchwegs benutzt, und das seit Urzeiten. So waren die ersten neolithischen Häuser in der Euphrat-Tigris-Mündungsregion, ca. 8500 v. Chr., dickwandige Lehm-Rundbauten mit integrierten Lehm-Spitzdächern (Abb. 4.14a). In Trockenregionen kann man daraus mehrstöckige Gebäude bauen. Die bescheidene Zugfestigkeit wird durch eingebrachte Äste etc. verbessert, die herausragen und auch als Gerüst für die nach Regenfällen immer nötige Nachbearbeitung der Oberfläche dienen können (Abb. 4.14b). Auch kegel- oder paraboloidartige Rundbauten lassen sich damit

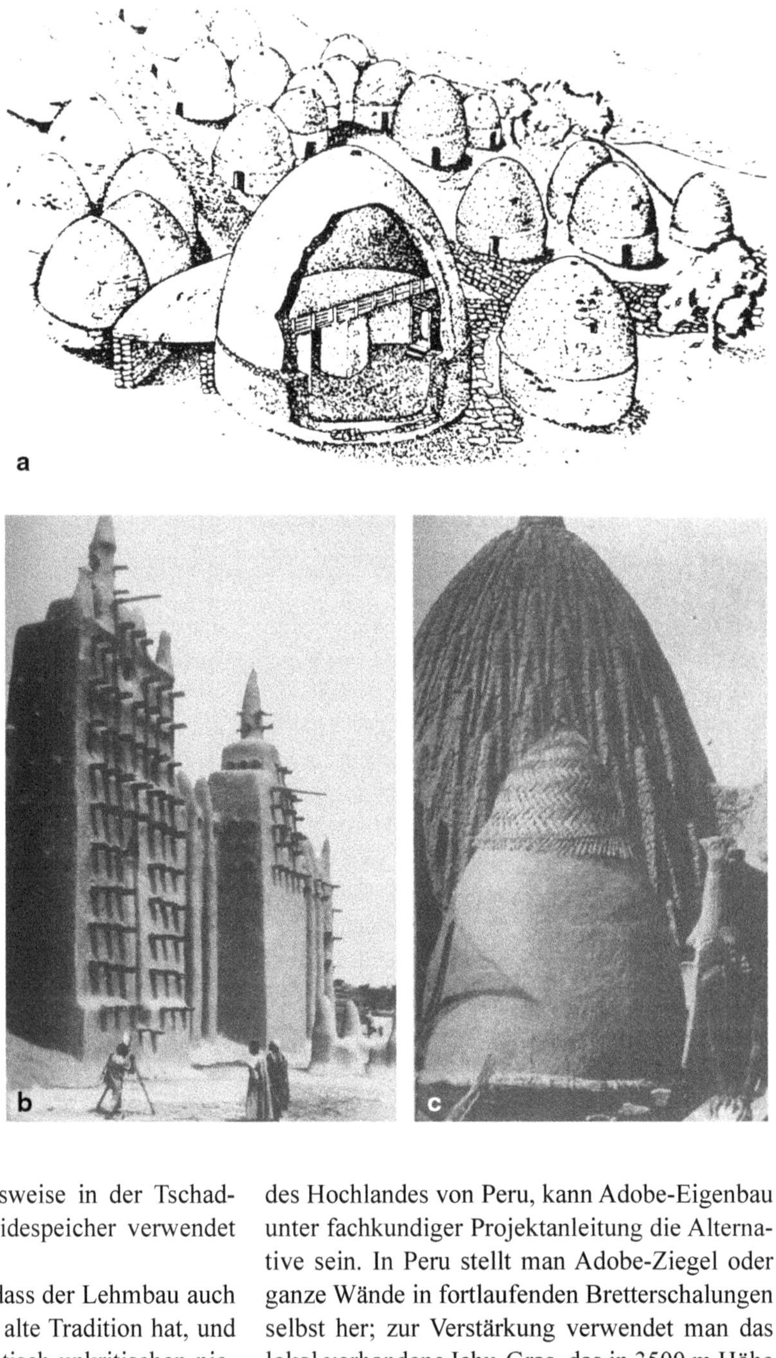

Abb. 4.14 Adobe Bauten. **a** Neolithische Rund-Lehmbauten, Euphrat-Tigris-Mündung, ca. 8500 v. Chr. **b** Moschee Mopti, Mali Westafrika. **c** Getreidespeicher, Musgu, Tschad/Westafrika. (**a** nach Müller-Karpe aus Brandt 1980, **b**, **c** nach Brandt 1980)

fertigen, wie sie beispielsweise in der Tschad-Region Afrikas als Getreidespeicher verwendet werden (Abb. 4.14c).

Es ist wenig bekannt, dass der Lehmbau auch in unseren Regionen eine alte Tradition hat, und zwar nicht nur mit baustatisch unkritischen niederen Bauten. An der Lahn existieren vier- und fünfgeschossige Lehmhäuser aus dem Mittelalter mit meterdicken Wänden, die allerdings verkleidet sind und deshalb nicht auffallen.

Wo Lehm und Arbeitskraft verfügbar, die Bevölkerung aber arm ist, beispielsweise im Gebiet des Hochlandes von Peru, kann Adobe-Eigenbau unter fachkundiger Projektanleitung die Alternative sein. In Peru stellt man Adobe-Ziegel oder ganze Wände in fortlaufenden Bretterschalungen selbst her; zur Verstärkung verwendet man das lokal vorhandene Ichu-Gras, das in 3500 m Höhe wächst. Aus Gründen der Erdbebensicherheit baut man, zur Erhöhungen des Scherwiderstand zwischen den einzelnen Lagen, Holz- oder Metallzapfen, auch Bambus – mit ein oder platziert Steine an den Trennflächen, die bei Verschiebetendenzen zusätzliche Reibung erzeugen.

Abb. 4.15 Balkrishna Doshi in Ahmedabad, Indien. **a** Längsschnitte. **b** Fertige Geflechte. **c** Fast fertige Beschichtung mit Lehm. **d** Lehmziegelverbackung der Geflechte. **e** Innenteil. (Nach Balkrishna Doshi 1995)

Lehrprojekte, die für die Verarbeitung einheimischen Materials Interesse und für die im Selbstbau erreichte Leistung Stolz erwecken, wurden vielfach durchgeführt, beispielsweise von Volker Hartkopf in Peru oder Balkrishna Doshi in Indien. Das letztere Projekt ist in Abb. 4.15 gekennzeichnet. „Das Gebäude sollte die totale Integration von Form, umbautem Raum, Struktur und einfacher Bautechnologie demonstrieren. Die Leute, die es gebaut hatten waren so begeistert von dieser Konstruktionstechnik, von der Gebäudeform und der Art und Weise, wie man ganz einfach und „natürlich“ Änderungen anbringen konnte, dass sie das Gefühl hatten, ihre eigenen alten Riten von Pithora Bava weiterzuführen“.

Wie sehr die Bewohner eines Adobe-Baus durch Selbstgestaltung, Ausbessern, An- und Umbauen Einfluss auf ihr Gebäude nehmen können zeigt die Abb. 4.16. Es handelt sich um das Haus einer größeren Familie aus Mali. Die beiden Aufnahmen sind in den Jahren 1993 und 2001 gemacht worden.

Bauklimatische Eigenheiten von Adobe Die auch aus statischen Gründen nötigen hohen Wanddicken lassen das hohe Wärmespeichervermögen des Adobe-Materials zur Geltung

Abb. 4.16 Veränderung eines Adobe-Baus innerhalb von 8 Jahren. Menschen und Textilien (Behänge) durch Bildbearbeitung entfernt. (Originalfotos: Peter Menzel/Agentur Focus, Material World; www.menzelphoto.com)

kommen. Bis sich die dicken Wände unter der Tropensonne aufgeheizt haben wird es Abend, so dass die Räume tagsüber kühl bleiben.

In den relativ kühlen Nächten wird dann Wärme nach innen abgegeben, was erwünscht ist. Die von den Bewohnern ausgeatmete und transpirierte Feuchtigkeit wird von den trockeneren Innenwänden aufgenommen und diffundiert nach außen, wo sie an der Oberfläche verdunstet.

Das Material ist durch hohe Druckfestigkeit, aber relativ geringe Zug- und Scherfestigkeit gekennzeichnet. Zur Kompensation der Letzteren werden längergliedrige Beischlagstoffe wie beispielsweise Äste, Zweigstücke, Halme aber auch Bambusteile beigefügt. Neuerdings finden auch technische Teile wie Kunststoffelemente und Metalldrähte und -pflöcke Verwendung. Wegen ihres relativ starken Wassergehalts schirmen solche Bauten im Übrigen auch gut gegen elektrische Störfelder ab.

Abbildung 4.17 zeigt zwei traditionelle Lehm-Moscheen aus der Niger-Region in Afrika, eine relativ dünnwandige mit ausgeprägter Außenskulpturierung, die architektonische Gestaltungsmöglichkeit demonstrierend (a), und eine sehr eigentümliche, dickwandige, die wohl die bauphysikalischen Adobe-Eigenschaften besonders zum Tragen kommen lässt (b).

Adobe-Architektur wird oft mit ausgesprochen gezielter Luftführung zur Kühlung und

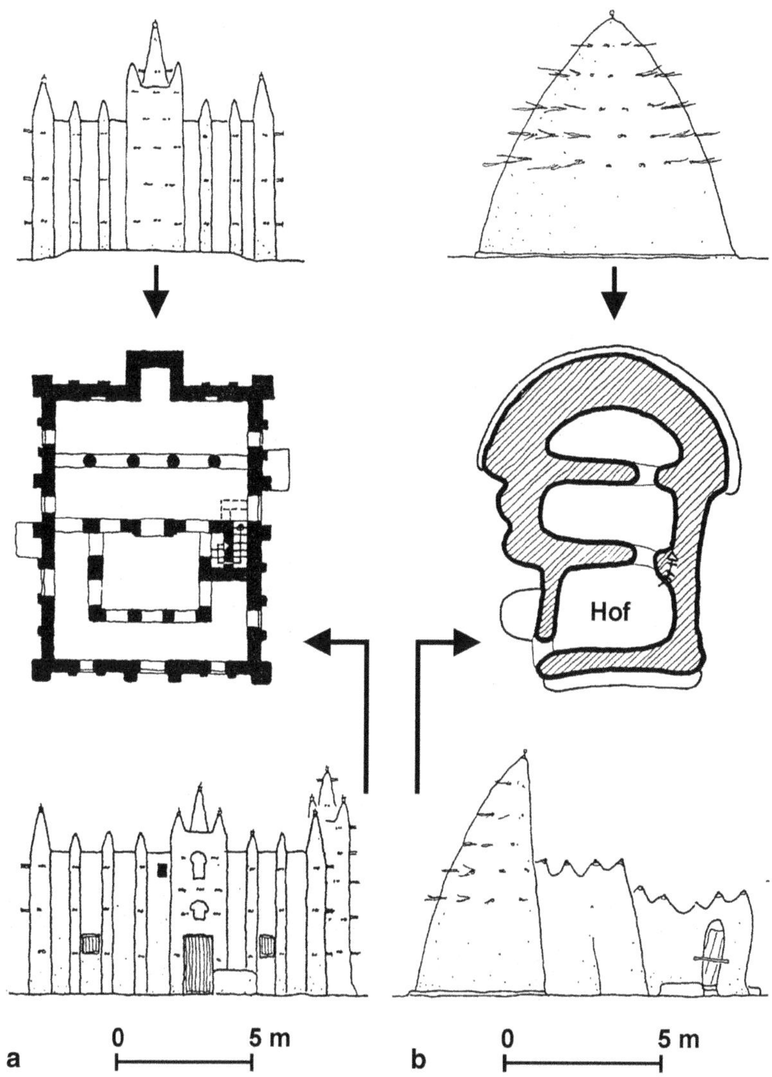

Abb. 4.17 Zwei traditionelle Lehm-Moscheen aus der Niger-Region, Afrika. **a** Sirétaga Basariconta 1937. Fläche 91 m^2, Turmhöhe 8 m. **b** Conea. Unkonventionelle, dickwandige, einer „Vollplastik" ähnliche Architektur, Ende 19. Jh. Großer Khaya Baum im Hof. Innenwandabtrennung durch Stützwände. Fläche 52 m^2, Turmhöhe 7 m. (Nach Gruner 1990)

Klimatisierung kombiniert. Man kommt so zu thermisch wirksamen Adobebauten, wie sie beispielsweise in Abb. 4.18a, b dargestellt sind. Imponierend ist die relativ niedere, nur wenig schwankende Innen-Lufttemperatur im Verhältnis zur Außen-Lufttemperatur und erst recht zur Temperatur der Dachoberfläche (c).

Adobe-Bauten können hart werden wie Beton. Aufgrund ihrer Zusammensetzung und Mikrostrukturierung wirken sie aber bau- und klimabiologisch völlig anders. Dies zeigt Abb. 4.19 mit Temperaturregistrierungen für die Region von Kairo. Die innere Lufttemperatur bleibt bei Adobe-Material im Komfortbereich dieser Breiten, bei Beton dagegen keineswegs.

Typische Fragen und Antworten zum Adobe-Bau Unter der im Literaturanhang genannten Webseite „Adobe-Fragen" wurde ein Fragen-Antwort-Katalog zum Adobe-Bau veröffentlicht, der Informationen gibt zu Fragen, die immer wieder gestellt werden.

Was bedeutet Adobe? Das Wort kommt aus dem Arabischen (Atob: schmierig-klebriger Boden oder Atubah: Lehmziegel). Das Wort bedeutet sowohl Lehmboden wie Lehmziegel, Lehmpflaster und Gebäude aus Lehmziegeln oder verstrichenem Lehm mit Inhaltsstoffen und beschreibt schließlich einen Architekturstil.

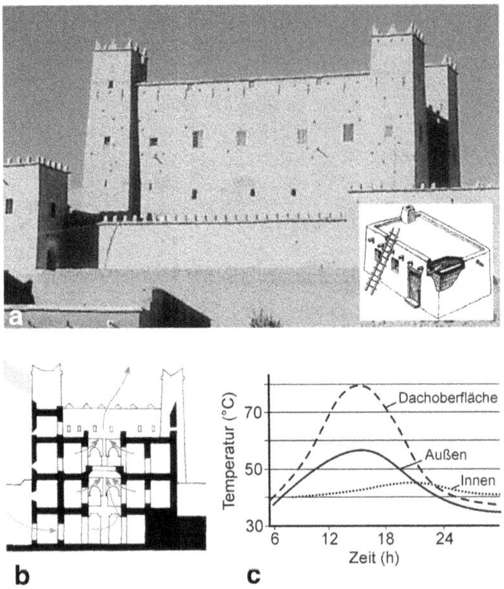

Abb. 4.18 Thermisch wirksame Adobe-Bauten. **a** Kasbah, Draa-Tal, Marokko. Einschaltbild: Pueblo-Bau, Südwesten USA. **b** Wärmeabsorption in dicken Wänden und Zwangslüftung von **a**. **c** Typische Temperaturgänge in einem Adobe-Bau. (Nach Behling, Behling 1996)

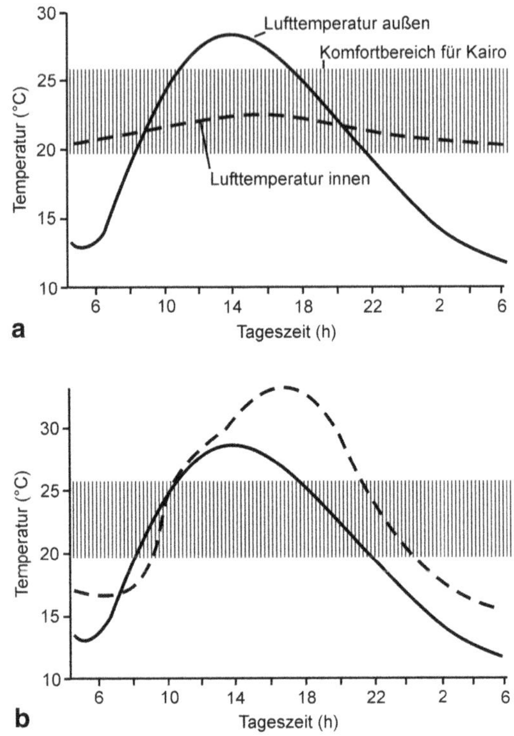

Abb. 4.19 Temperatur-Tageszeit-Verläufe für Bauten mit „dicken Wänden". **a** Lehmziegelgewölbe (Adobe). **b** Vorfabriziertes, gleichartiges Beton-Testmodell. (Nach Messungen von Hassan Fathy in Kairo, aus Behling, Behling 1996)

Kann man Adobe nur in regenarmen Klimaregionen verwenden? Nein; sie eignen sich zwar besonders dafür, sind aber in allen Ländern der Erde verbreitet, wobei man Erdarchitektur dazu rechnen kann. Nicht das Material, sondern die Bauweise ist regionaltypisch.

Was sind Lehmziegel? Mit Beischlagstoffen vermischter Lehm wird in einfache Holzformen gestrichen und von der Sonne getrocknet, was im sonnigen Trockenklima etwa eine Woche dauert.

Muss man Adobe-Ziegeln Stroh beimischen und eignen sich alle Lehm- oder Bodenarten? Es eignen sich alle, wobei der eigentliche Lehm als Bindematerial wirkt, dessen Anteil klassischerweise (gemessen an 150 Jahre alten Adobe-Bauten) bei bis zu 32 % liegt. Strohbeigabe verbessert die Zugfestigkeit.

Vertragen Adobe-Bauten Regen? Im Prinzip wenig. Vertikale Flächen in Regionen mit bis zu 60 cm Regen pro Jahr und Quadratmeter erodieren nur mit einem guten Zentimeter pro 10 Jahre, horizontale Oberflächen schneller (5–8 cm pro Jahr). Diese müssen jährlich überarbeitet oder durch Auflagen geschützt werden.

Ist Adobe ein guter Isolator? Die Wärmedurchgangseigenschaften sind nicht besonders gut, wohl aber die Wärmespeichereigenschaften („Schwungradeffekt"). In einem Adobe-Bau entspricht die momentane mittlere Innentemperatur in etwa dem Mittel zwischen den hohen Tages- und tiefen Nachttemperaturen vor einigen Tagen. („Wärmeverschiebungseffekt"). Wenn die Außentemperatur in einer 24-Stunden-Periode um 15 bis 30° schwankt, betragen die Schwankungen der Innentemperatur nur eine wenige Grad. Wenn während einiger Tage die Tagestemperatur 45 °C, die Nachttemperatur 30 °C beträgt, würde sich die Innentemperatur auf 37 °C einstellen: ein hoher Komfortfaktor, der große Änderungen der Außentemperaturen herunter dämpft.

Abb. 4.20 Teil einer Tropenhospital-Anlage, Gewölbekonstruktion aus gebrannten Lateritsteinen. (Foto: Lippsmeier + Partner)

Kann man Adobe-Außenwände wasserdicht machen? Ja, beispielsweise mit einer Zementauflage. Der Nachteil: Die Auflage verhindert Wasserdampfdurchtritt. Oder durch Auftragung feuchter, antrocknender Erde. Naturnahe Beschichtungen werden zurzeit erforscht.

Warum wird Adobe so wenig benutzt? Wohl deshalb, weil dieses Baumaterial ein Arme-Leute-Image hat. In Neu-Mexiko gibt es auf der anderen Seite teure Adobe-Bauten für die Reichen, die ihrerseits zum Statussymbol geworden sind. Das lässt hoffen: In den USA werden Adobe-Bauten speziell in Tucson und Albuquerque kommerziell hergestellt; es gibt insgesamt 0,2 Mio. derartige Gebäude, davon 97 % im Südwesten.

Seit wann werden Adobe-Bauten gefertigt? Adobe ist in allen Weltregionen und Klimaten seit alters her benutzt worden. Jericho datiert zurück auf 8300 v. Chr., Gebäude im Irak bis um 8000 v. Chr., die ersten Lehmziegelbauten im Iran stammen von 5600 v. Chr., in Peru und Ecuador von 3400 v. Chr. In Nordamerika sind die ältesten kontinuierlich bewohnten Adobe-Bauten Jahrhunderte alt. Im 16. Jh. waren die Waldbestände in Deutschland zurückgegangen, weil Holz stark verheizt und als Baumaterial benutzt worden ist. Aus dieser Zeit stammen Anordnungen, Gebäude aus Erdsubstanz zu bauen um Holz einzusparen. Aus ähnlichen Gründen geschah dies auch im 18. und 19. Jh., sogar in den Zeiten nach den Weltkriegen. Seit 1970 ist in Deutschland eine derartige Strukturierung für öffentliche Bauten nicht mehr zulässig.

Kleine Tropenhospitäler aus Adobe Adobe-Bauten müssen, wie auch die Wohnbauten, den besonderen Bedingungen der Tropen angepasst sein. Die kritiklose Übernahme von „Schwerpunkt-Krankenanstalten“ in Ballungsgebieten nach den Vorbildern der Industrienationen kann insbesondere im ländlichen Bereich keine Alternative sein. Für die Basisversorgung, auch die der städtischen Slumbevölkerung, werden dezentralisierte „Basisgesundheitseinrichtungen“ geplant, die auf die jeweiligen Bedürfnisse (Besuchsverhalten, Kochgewohnheiten, Frequentierung einzelner Funktionseinheiten) eingehen müssen. „Der Entscheidungsprozess über Konstruktion und Baumaterialien wird durch einen Katalog von Auswahlkriterien bestimmt, der sämtliche lokalen Kapazitäten im Hinblick auf Lebensdauer, Unterhaltung, Kosten, Deviseneinsparung usw. berücksichtigt“. Das Institut für Tropenbau/Starnberg hat dazu Studien vorgelegt und für bestimmte tropische Bereiche tonnenartige Strukturen vorgesehen. Diese können aus Adobe oder anderem Material geformt sein. Abbildung 4.20 zeigt ein von der EU finanziertes 120-Betten-Krankenhaus in Kaedi/Mauretanien, das 1988 in Betrieb genommen wurde. Bei der Konstruktion handelt es sich um Gewölbekonstruktionen aus gebrannten Lateritsteinen und Fundamenten aus Natursteinen.

Wasserabweisende Haut für Lehmziegel Lehmziegel oder verschmierte Adobe-Oberflächen neigen nach Wasseraufnahme über Regengüsse und nachfolgender Austrocknung zu

Rissbildung und altern somit, was besonders in semiariden Regionen ein Problem darstellt.

An der Technischen Universität in Melbourne wurde eine silikonhaltige Emulsion entwickelt, die etwa ein Zentimeter tief in die Adobe-Oberfläche eindringt und sich dort mit dem Material verbindet. Es entsteht eine Festschicht, welche die Wasseraufnahme um 99 % behindert. Die Emulsion arbeitet auf Wasserbasis und ist preisgünstig und umweltfreundlich. Lehmhäuser in Port Moresby, Papua Neu Guinea, wurden damit versuchsweise behandelt.

Selbstbau „mit Lehm, Holz und Stroh" Da niedere Lehmbauten statisch unkritisch sind, eignen sie sich für Selbstbaugruppen und -gemeinschaften, die in den letzten Jahren zunehmend Beachtung finden. So entstand in der Saarbrücker Köllertalstraße eine Kleinsiedlung mit 14 Wohneinheiten und einem Gemeinschaftshaus. Ein tragendes Holzskelett wurde von Langzeitarbeitslosen und Sozialhilfeempfängern im Rahmen eines Beschäftigungsprogramms mit einer Mischung aus Stroh und Lehm beschickt. Nach einer unbezahlten Arbeitsleistung von jeweils 400 bis 600 Stunden konnten sie in die Kleinhäuser einziehen. Die Verbindung von Arbeiten, Qualifikation, sozialer Integration und Wohnungsbau schafft eine besondere Motivation und Arbeitsleistung, welche die der üblichen Beschäftigungsmaßnahmen weit übersteigt.

4.3.3 Erdmaterial und Wohnen in Erdbauten

Verdichtete Erde ist ein anderes altes Baumaterial, das seit etwa 7000 v. Chr. in der Indusregion von Pakistan verwendet wird, auch in der Großen Mauer von China. Im Jahre 1937 wurde in Deutschland ein 5-stöckiges Hotel aus diesem Material gebaut, kürzlich auch in Australien. Während der großen Depression wurden in Amerika Tausende solcher Erdhäuser gebaut, überall im Land. Auffallend viele Erdbauten soll es noch in Frankreich geben. Es heißt, dass heute 15 % der französischen Bevölkerung in Adobe- oder Erdstrukturhäusern lebt (was wir nicht so recht glauben können).

Erdmaterial-Wände sind 45 bis 90 cm dick. Sie haben exzellente wärmetechnische Eigenschaften und benötigen nicht unbedingt eine zusätzliche Isolation. Sie sind feuerfest und halten lange. Man kann Erdmaterial in Holzverstrahlungen stampfen oder über Pumpen mit hohem Druck einschießen. Die letztere Technik hat der Architekt D. Easton im Napa Valley in Amerika entwickelt. Obwohl solche Struktur nachgewiesenermaßen über Jahrhunderte halten können, wird in Amerika ein 5- bis 10-prozentiger Zementanteil vorgeschrieben, was die Sache verteuert aber nicht verbessert.

Zahlreiche höhlenbauende Tiere, deren Wohnbauten weiter oben schon beschrieben worden sind, weiter eine große Reihe von staatenbildenden oder solitären Insekten wie Ameisen und andere Hautflügler, dazu eine unübersehbare Vielzahl von kleineren Wirbeltieren und Wirbellosen bauen Gänge, Höhlen und Behausungen in der Erde. Sie nutzen die relativ gleichbleibende Erdtemperatur, die im Sommer kühlt, im Winter wärmt und die klimatisierende Erdfeuchte. In der regionalen Bauweise ist es insbesondere bei Hanglagen Tradition, die Kellergeschosse nach hinten, in die Erde hinein zu verlagern, so dass sie im Sommer kühl und feucht gehalten werden. Architekten greifen diese lokalen Traditionen heute verstärkt wieder auf. Abbildung 4.21 kennzeichnet kombinierte Sonnen-, Lüftungs- und Erdtemperaturnutzung für ein „Haus am Hang", wie es der Architekt H. H. Parson im österreichischen Altrans verwirklicht hat:

> Dieses Haus für eine Künstlerin ist in drei unterschiedliche Zonen aufgeteilt, die nach einfachsten geometrischen Prinzipien geordnet sind: Im Eingangsbereich befindet sich ein eingeschossiger Ausstellungsraum, dahinter ein hohes Glashaus als zentrale Lichtquelle, Wärmespeicher und Wärmepuffer, und noch weiter hinten in drei unterirdischen Ebenen die diversen Wohnräume. Die Wirkung der Räume beruht vor allem auf der Qualität des eindringenden Tageslichts und den Blickbeziehungen nach außen und innen – aber auch aus dem Bewusstsein, eine „kultivierte Höhle" vorzufinden, welche die Sehnsucht nach Zurückgezogenheit und Schutz befriedigt.

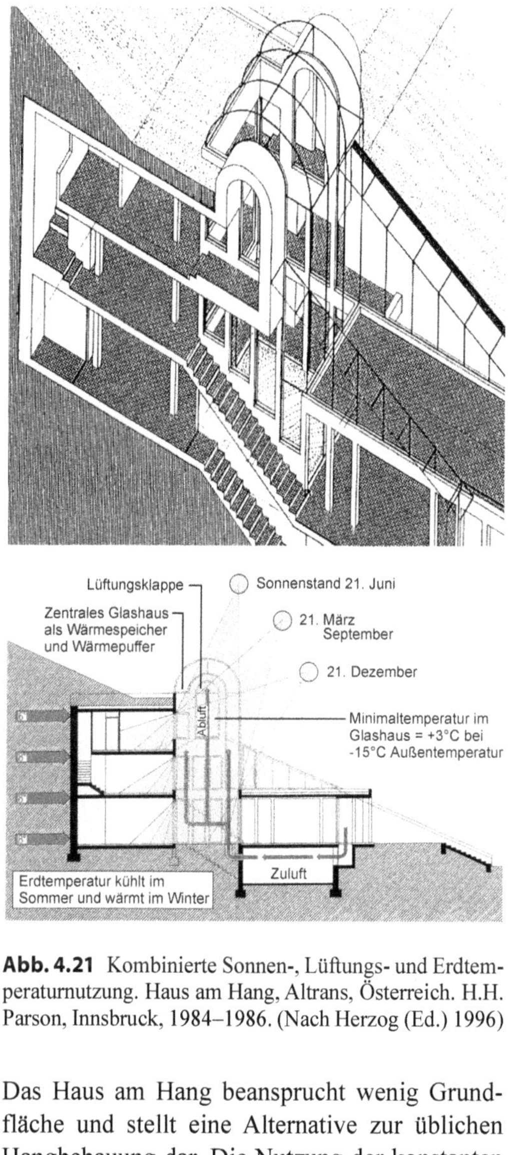

Abb. 4.21 Kombinierte Sonnen-, Lüftungs- und Erdtemperaturnutzung. Haus am Hang, Altrans, Österreich. H.H. Parson, Innsbruck, 1984–1986. (Nach Herzog (Ed.) 1996)

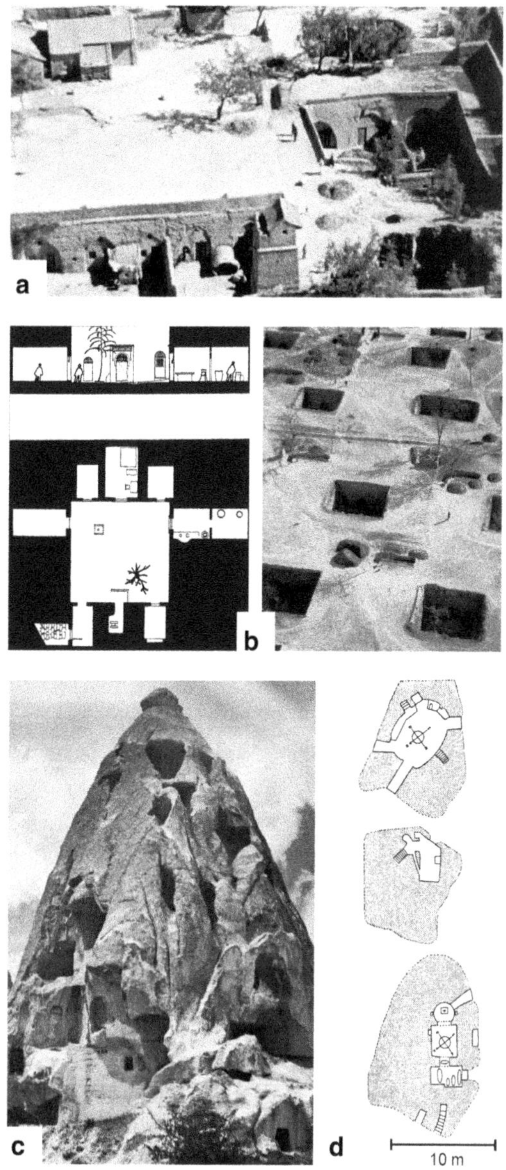

Abb. 4.22 Löß- und Tuffwohnungen. **a** Dorf bei Luoyang, nördliches China. **b** Dungkwan, China. **c** Wohnkegel bei Göreme, Türkei. **d** Räume in einem Wohnkegel, „Simeon der Stylit", 5. Jh. n. Chr. (**a**, **c**, **d** nach Rudofski 1993, **b** nach Behling, Behling 1996)

Das Haus am Hang beansprucht wenig Grundfläche und stellt eine Alternative zur üblichen Hangbebauung dar. Die Nutzung der konstanten Erdtemperatur von 8 °C ab 1,5 m Tiefe bewirkt im Winter eine Herabsetzung der Heizleistung und im Sommer eine Abkühlung des Hauses. Die Wärmedämmung der Wände zum Erdreich erfolgt stellenweise durch 8 cm dicke, wassersichere und geschlossenporige Dämmplatten.

Erdwohnungen in Löß und Tuffgestein mit seinen bekannten baubiologisch positiven Eigenschaften finden sich überall auf der Welt, wo es aride, winddurchtoste Gebiete gibt oder wo einfach entsprechende Lößschichten anstehen. So im nördlichen China, in der Türkei bei Göreme (die berühmten Erdpyramiden), in Südfrankreich im Loiretal. In den nordchinesischen Steppen sind relativ kleine, meist etwa quadratische Höfe eingesenkt, und von der Basis aus sind Wohnräume in das Lößgestein gegraben (Abb. 4.22a, b). Verwitterungskegel in Göreme und anderswo (Abb. 4.22c, d) sind von treppenverbundenen Wohnräumen auf verschiedenen Etagen durchzogen.

In früheren Zeiten waren Höhlenwohnungen wegen der verfügbaren Arbeitskraft sehr billig. Ihre Kosten überstiegen nicht 1/5 der Kosten für übliche Backstein- oder Holzhäuser. Wegen der guten Isolationsfähigkeit des Löß (kalkverbackene feinste Silicatbestandteile mit einem durchgehenden, feinen Hohlraumsystem) kann es in den nordchinesischen Erdwohnungen im Sommer 8 °C bis 15 °C kühler und im Winter (ohne Zusatzheizung!) bis zu 10 °C wärmer sein als im Äußeren. Da die Sonne in die Höfe schräg eintritt, sind die nach Süden ausgerichteten Höhlen traditionell die besten; sie werden, wie sich das gehört, dem Familienoberhaupt vorbehalten. Das Wohnen in Erd- und Lößräumen („Troglodytismus") kann demnach sehr komfortabel sein, auch wenn die Häuser aus dem Tuffbereich herausgehauen sind und dann freistehen, wie im ursprünglichen Les Baux-de-Provence.

Abb. 4.23 Konstruktion aus 6 m hohem „Riesenschilfrohr" (wohl *Arundo donax*) in der Euphratregion: Baubeginn und fertiggestelltes Gebäude. (Nach Rudofski 1993)

4.4 Bauen mit Röhricht und Bambus – wiederentdeckte Traditionen

Bauten aus derartigen Materialien gehören zu den ältesten Behausungs-Konstruktionen der Menschheit. In Ostasien wird Bambus wegen seiner außergewöhnlichen mechanischen Eigenschaften bis heute massiv genutzt. Er lässt sich auch gut mit modernen technischen Materialien kombinieren.

4.4.1 Ursprüngliche Schilf-Bauten

Säulenartig eng zusammengebundene, steife Schilfbündel können vielseitig verwendet werden. Man kann daraus Boote bauen (Titicacasee), oder sie zum Abstützen von Hausdächern verwenden (Zweistromland). Von den erstaunlichen statischen Eigenschaften des Schilfs oder ähnlicher Vertreter der ausgedehnten Flussvegetation gibt Abb. 4.23 einen Eindruck. Hier werden tragende Bögen aus, wie es in der Literatur heißt „Riesenschilfrohr" gefertigt; gemeint ist wahrscheinlich das Pfahlrohr, *Arundo donax*, das über 6 m hoch wird, und dessen biomechanische Eigenschaften ganz frappierend sind, wie Freiburger Untersuchungen des Biophysikers H.-C. Spatz und des Botanikers T. Speck gezeigt haben.

4.4.2 Bambus als modernes Baumaterial

Ein vor allem in Südostasien und in Südamerika weit verbreitetes Baumaterial ist der Bambus, ein Gras, das es mit zahlreichen Arten in den unterschiedlichsten Größen und Ausprägungen gibt.

Über Bambus als Baumaterial gibt es eine ausgedehnte Literatur. Eine gute Zusammenfassung findet sich in dem IL- Bericht des Instituts für leichte Flächentragwerke Nr. 31 von 1985. In dem faszinierend illustrierten Band „Grow your own house" (Vitra Design-Museum, 2000), in dem vor allem auch die Bambus-Architektur von Simón Vélez einbezogen ist (Abb. 4.24a), wird auch der Zeri-Pavillon der EXPO 2000 in Hannover ausführlich beschrieben, eine der schönsten Bambusstrukturen die je gebaut worden sind. Die Abb. 4.24b, c zeigen zwei Ausschnitte

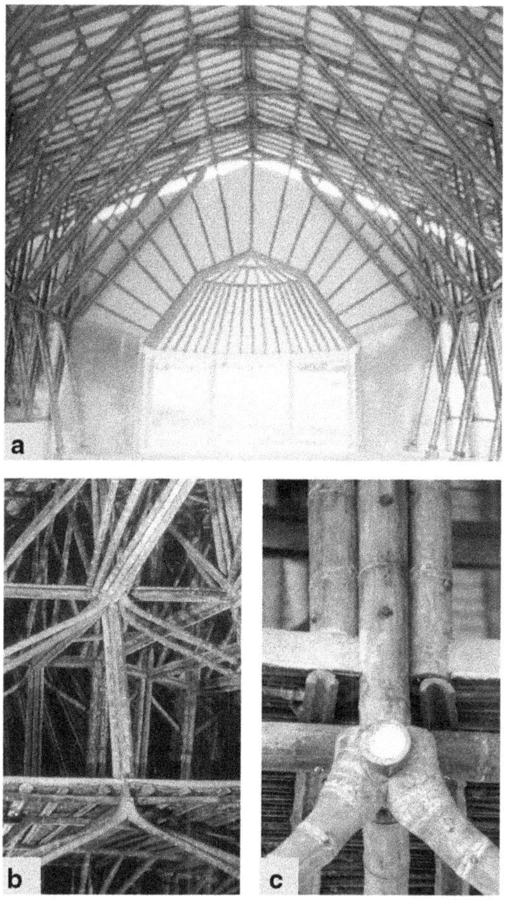

Abb. 4.24 Haus in Arbelaez von Simón Vélez, 1998. **a** Wohnraum; X. Londonio. **b** Ausschnitt aus dem Prototypen für den EXPO-Pavillon (EXPO 2000) der in Manizales, Columbien, aufgebaut worden ist; Teil der vernetzten Bambus-Struktur. Simón Vélez 1999. **c** Ein Knotenpunkt von **b**, unter Verwendung von Schaft-Wurzel-Übergängen von Bambus. (Fotos: **a** Xemena Londonio, **b**, **c** Zeri Foundation und Vitra Design Museum, aus Anonymus (2000)

seines Prototypen. Wie Bambusstreben in moderne Wohnarchitektur integrierbar sind (dort, wo Bambus vorhanden ist und wo die traditionelle Bambusbauweise noch nicht ausgestorben ist) zeigt beispielsweise der Blick in einen hohen Wohnraum (Abb. 4.24a).

Bambus und Lehm, zwei natürliche Baustoffe, können gut auch kombiniert werden. Es resultiert ein Zweikomponentenmaterial, eine Art „Spannbeton", in dem die Bambusstäbe die Rolle der zugfesten Bewehrung und die Lehmausfüllung die Rolle der druckfesten Matrix übernimmt (Abb. 4.25). Natürlich ist das nichts für unsere Breiten, von Experimental-Baukonstruktionen abgesehen.

Damit wird bionisches Überlegen sozusagen wieder auf die Basis zurückgeführt. Der Ausgang war die im Versuchs-Irrtums-Prozess gewachsene ursprüngliche Architektur.

4.5 Einbindung der Windkraft – Tierbauten und ursprüngliche Baukulturen als Analoga

Die Ausrichtung von Tierbauten zu Wind- oder Wasserströmungen ist ein überlebenswichtiges Naturprinzip. Die Klimatisierung und die ökologische Effizienz solcher Bauten wird im Allgemeinen nicht durch aktive Stoffwechselleistung bewerkstelligt – wobei die Anforderungen rasch die Leistungsgrenzen überschreiten würden – sondern durch passive Nutzung von Umweltkräften. Dies gilt häufig auch für die Ausrichtung ursprünglicher Bauten des Menschen, und das scheint uns das elegantere Prinzip zu sein: nicht arbeiten, sondern arbeiten lassen.

4.5.1 Nutzung des Bernoulli-Prinzips in Tierbauten und Bauten

Das Prinzip und Beispiele aus Biologie und Technik In einer Düse wird bekanntlich Unterdruck erzeugt (Zerstäuber-Prinzip, Prinzip der Wasserstrahlpumpe). Nach Bernoulli ist in einem horizontal gelagerten durchströmten System der Gesamtdruck, die Summe aus Wanddruck und Staudruck, konstant: $p_{ges} = p + q = const$ (p Wanddruck, $q = ½\rho v^2$ Staudruck, ρ Dichte des Fluids, v Strömungsgeschwindigkeit des Fluids).

Verengt sich eine derartige durchströmte Röhre, so muss infolge des Kontinuitätsgesetzes die Strömungsgeschwindigkeit und damit der Staudruck an der Engstelle steigen, folglich sinkt der Wanddruck im Verhältnis zum Außendruck und es kann an dieser Stelle Fluid aus dem Bereich des Außenfluids angesaugt werden.

Stufen in einem durchströmten System wirken wie „halbe Düsen". Pierwürmer der Gattung *Are-*

Abb. 4.25 Bambus-Lehm-Haus, Provinz Caldas, Columbien. Zwei Stockwerke, 60 m² Wohnfläche, 5000 Dollar. **a** Übersicht (Hintergrund weggenommen). **b** Ausfachen der Bambusstruktur mit Lehm. (Fotos: G. van Delft und Zeri Fundation und Vitra Design Museum aus Anonymus 2000, **a** verändert)

nicola bauen ihre U-förmigen Röhren so, dass der eine Ausgang auf dem niederen, der andere auf dem höheren Plateau eines Sandribbels im Flachwasser liegt. Strömung, die senkrecht zur Ribbellinie verläuft, erzeugt damit an der höher gelegenen Stelle einen Unterdruck, der Frischwasser durch die Röhre saugt, womit der Wurm seinen Sauerstoffbedarf deckt. Bei Schräganströmung des Ribbels verringert sich der Effekt nach dem Sinusgesetz.

Bekannte Beispiele finden sich bei grabenden Wirbeltieren. Präriehunde, *Cynomys ludovicianus*, fertigen ihre im Prinzip ebenfalls U-förmig ausgebildeten Röhrenbauten so, dass sie das Aushubmaterial stets an einem der beiden Ausgänge in Form eines „Vesuvkegels" anhäufen; die gegenüberliegende Öffnung wird plattgetreten. Präriewinde durchlüften den Bau nach dem Bernoulli-Prinzip; das durchströmende Fluid tritt am Vesuvkegel aus. Da der Vesuvkegel drehrund ist, ist dieser Durchströmungseffekt unabhängig von der Windrichtung. S. Vogel und Koautoren von der Duke-University, Durham, haben den Effekt an Modellen gemessen, die einen Präriehundbau etwa in 1/10 natürlicher Größe simulierten. Das zeitliche Durchflussvolumen ist nach einem Einschwingvorgang in weiten Grenzen proportional der Windgeschwindigkeit. Umgerechnet auf den natürlichen Bau von etwa 20 m Länge ergibt sich, dass bereits kleine Windgeschwindigkeiten große Effekte haben; ein Wind von 0,4 m s^{-1} Geschwindigkeit durchlüftet den gesamten Bau in 10 min; für 1,2 m s^{-1} beträgt die Austauschzeit nur 5 min (Abb. 4.26a, rechte Abszisse).

Ohne eine solche Zwangslüftung unter Nutzung des Bernoulli-Prinzips wäre ein Leben in derartigen Bauten nicht möglich, und damit würde auch das gesamte Ökosystem der nordamerikanischen Prärien anders aussehen.

Wie J. Olszewski und S. Skozen gezeigt haben, wird auch das verzweigte Gangsystem von Maulwürfen, *Talpa europaea* (Abb. 4.26b) zwangsbelüftet. Die Durchströmgeschwindigkeit folgt Schwankungen der Windgeschwindigkeit (Abb. 4.26c). Inwieweit hier poröse Maulwurfshügel und die unterschiedliche Höhe der Bauausgänge im Zusammenklang mit den lokalen Windverhältnissen eine Rolle spielen, ist nicht so detailliert geklärt worden wie im Falle des Präriehund-Baus, doch ist die Nutzung des Bernoulli-Prinzips beim Maulwurfs-Bau nachgewiesen.

Das gleiche Prinzip wurde im alten Iran (und heute noch in vielen nordafrikanischen Regionen) zur Zwangslüftung von Zisternen benutzt. Wenn der Wind über Kuppelbauten strömt, an deren höchsten Stelle ein Loch ist, wird nach Bernoulli Luft abgesaugt, die verdunstetes Zisternenwasser enthält. Da 1 g verdunstendes Wasser bei 20 °C Lufttemperatur 2,3 kJ an Wärmeenergie abführen kann, wird das Zisternenwasser auf diese Weise effektiv gekühlt. Dachreiter können den Effekt verstärken; sie sind nicht nur

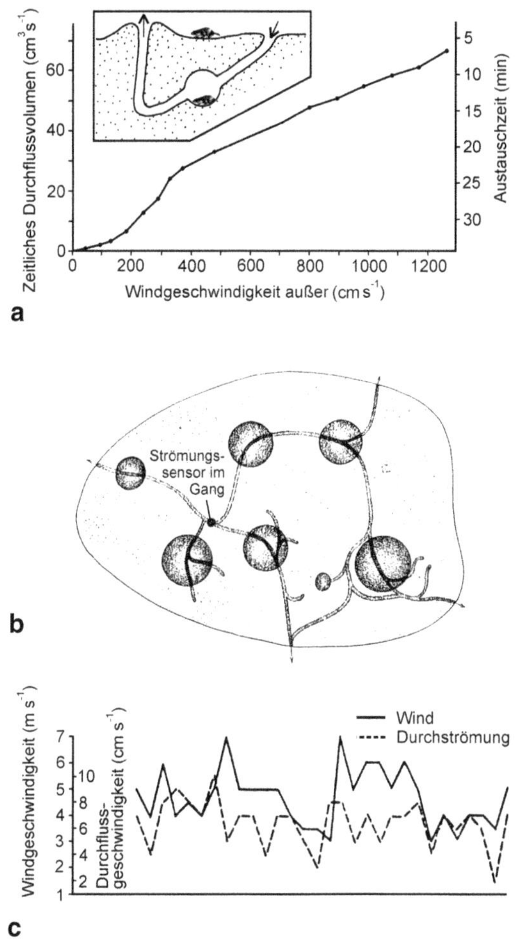

Abb. 4.26 Passive Bautenlüftungen. **a** Präriehund, *Cynomys ludovicianus*. Die linke Abszisse bezieht sich auf ein 2-m-Modell, die rechte ist umgerechnet auf einen 20 m langen Bau und gilt für 10 % der Abzissen-Windgeschwindigkeiten. **b** Maulwurf, *Talpa europaea*. Fragment einer Wiese (4,5 × 2,5 m) mit Gangsystemen, aufgeworfenen Hügeln und Lage des Messfühlers. **c** Beispiel für die Zuordnung von Windgeschwindigkeit in 2 m Bodenabstand und Durchströmung, angezeigt von der Messsonde in **b**. (**a** nach Vogel et al. 1973, **b**, **c** nach Olszewski, Skozen 1965)

Zier-Aufsätze (vgl. Abb. 4.28c und Einschaltbild in Abb. 4.31b).

Der Architekt Thomas Herzog hat eine Zwangslüftung nach dem Bernoulli-Prinzip für sein „Design-Center“ in Linz/Oberösterreich vorgesehen (Abb. 4.27). Die gewölbte Hallenkontur erzeugt mit der gegenläufigen Wölbung an der Unterseite eines aufgesetzten langgezogenen „Profils“ einen Düseneffekt, welcher der Entlüftung dient. Konzepte dieser Art sind in den nächsten Abschnitten näher erläutert.

Wie D. Gruner schreibt, sind Lüftungsvorrichtungen (Botso: Dyon fu) im Hausbau des südlichen Niger-Binnendeltas häufig. Im Moscheebau sind sie dagegen nur in Djenné gefunden worden. „Es handelt sich um Öffnungen in kleinen Erhebungen der Dachterrasse; sie wirken wie Maulwurfshügel (Abb. 4.28a). Unter ihnen verbergen sich sphärische Topfformen, die einen Schacht zum Innenraum offen halten. Sie sind regelmäßig in langen Reihen angeordnet und können mit einem erdenen Deckel verschlossen werden“. Ob die ebenfalls mit Deckel verschließbaren „Dach-Mirabs“ auf der Dachterrasse dieser Moscheen (Abb. 4.28b) in ähnlicher Weise wirken, geht aus der Literatur nicht hervor.

Selbst bei der Restaurierung alter orientalischer Gebäude besinnt man sich bei Kuppeln wieder auf die mögliche Wirksamkeit von Bernoulli-Effekten.

Bei der Wiederherstellung der historischen türkischen Bäder auf Rhodos hat man der Tatsache, dass man heute in Bädern keine wasserdampfgeschwängert-dumpfe Atmosphäre mehr schätzt, in einfacher Weise Rechnung getragen: Aus den Kuppeln wurden die früher eingebauten Glasbausteine (Abb. 4.28c, Einschaltbild) entfernt. Die Stellen wirken nun über den Bernoulli-Effekt als windbetriebene Lüftungslöcher.

Lüftung durch Umströmung auch bei Termitenbauten Im Serengeti-Nationalpark, Tansania, haben Feldforschungen gezeigt, dass diese Bauten – ähnlich wie die oben geschilderten Präriehund-Bauten – Bernoulli- bzw. Venturi-Effekte zur Durchströmung benutzen. Termiten dieser Art bauen Bauten mit Öffnungen. Kleinere Bauten (Abb. 4.29a) besitzen nur zwei davon, etwas Größere (Abb. 4.29b) besitzen zusätzlich noch Nebenöffnungen, Großbauten (nicht abgebildet) haben bis zu zwölf Öffnungen.

Die Öffnungen sind, wie a, b zeigt, unterschiedlich geformt und stehen auch auf unterschiedlicher Höhe. Messungen haben beachtliche Durchströmungen ergeben, die auf Bernoulli-Effekte zurückzuführen sind (Abb. 4.29c). Dazu können periodische Effekte von Wirbeln kom-

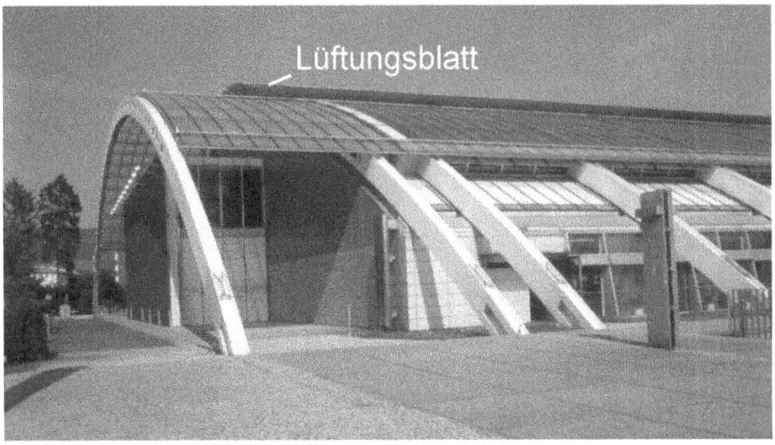

Abb. 4.27 „Design-Center" in Linz, Oberösterreich. Architekt Thomas Herzog + Partner 1988–1994. (Foto: Nachtigall)

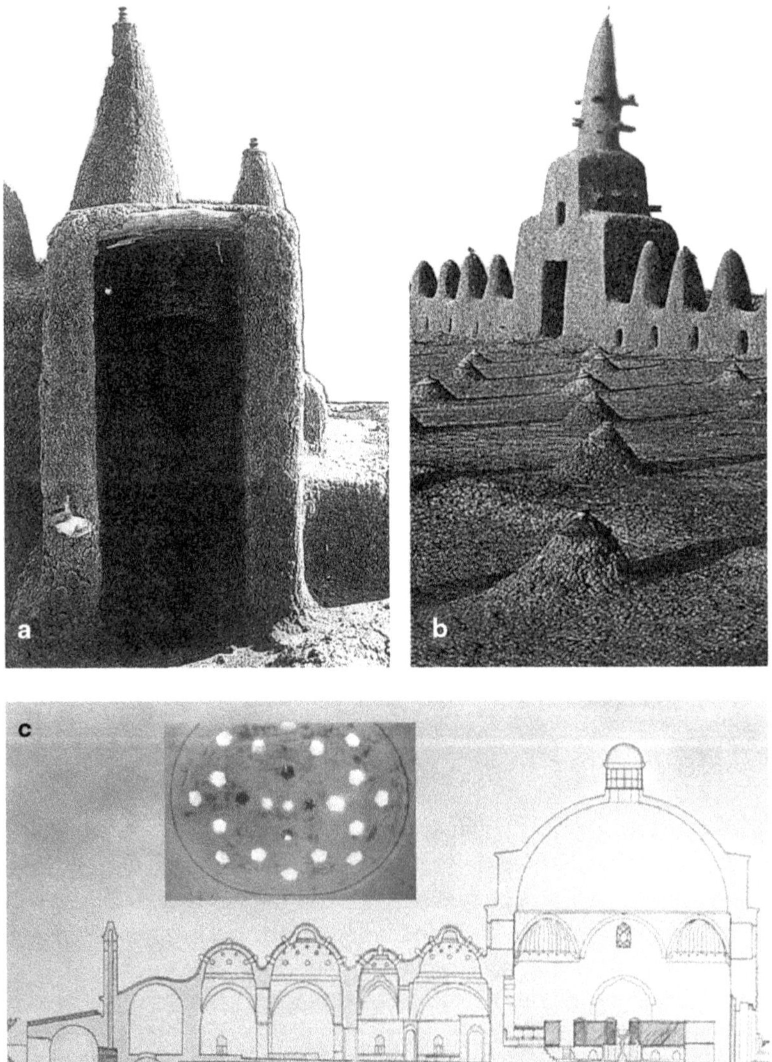

Abb. 4.28 Lüftungsvorrichtungen in der Lehm- und Bäderarchitektur. **a** „Dyon fu" an der Moschee von Djenné/Niger. **b** „Dachmirabs" auf der Dachterrasse einer Moschee am Niger. **c** Restaurierung des historischen türkischen Bades auf Rhodos, Griechenland. Einschaltbild: Eine Kuppel mit entfernten Glasbausteinen, von innen gesehen. (**a**, **b** nach Gruner 1990, **c** nach Paraskephopulu et al., Rhodos, 1992–1994. (aus Herzog (Ed.) 1996))

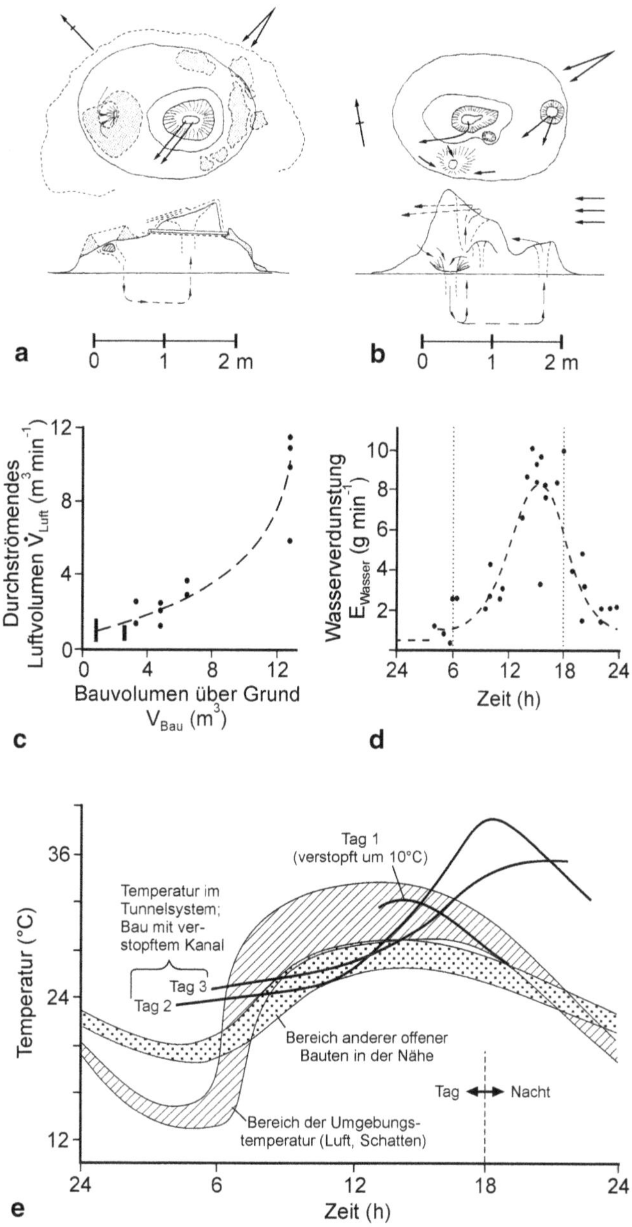

Abb. 4.29 Zur Dokumentation von Bernoulli-, Feuchtigkeits- und Temperatureffekten bei Bauten der Termite *Macrotermes subhyalinus* im Serengeti-Nationalpark. **a, b** Zwei kleinere Bauten mit zwei beziehungsweise vier charakteristisch geformten Öffnungen und Angaben der Wind- und der Durchströmungsrichtung. **c** Abhängigkeit des durchströmenden Luftvolumens von der Baugröße und der Zahl der Öffnungen. **d** Verdunstete Wassermasse, abhängig von der Tageszeit. **e** Temperatur in einem Bau mit verstopften Tunnelsystemen im Vergleich mit ähnlichen, benachbarten Bauten (mit offenen Systemen) und mit der Umgebungstemperatur. Umzeichnung; Messpunkte weggelassen. (Nach Weir 1973, verändert)

men, die sich an den hochragenden Ein- und Ausgängen bilden. Für die Luftgeschwindigkeiten im Bau wurden maximal 2,7 m min^{-1} bestimmt, üblicherweise aber weniger als 1 m min^{-1}, im Durchschnitt nur 0,12 m min^{-1}.

Die offenen Tunnel klimatisieren zwar den Bau, haben aber keine direkte Verbindung zur eigentlichen Nestregion. Auch kleine Durchbrüche nach außen oder zum luftfördernden System werden von den Termiten rasch geschlossen.

Die erhöhten Öffnungen können weiter aufgebaut werden und dann den Charakter von Kaminen erhalten, in denen Heißluft hochsteigt. Beobachtungen haben gezeigt, dass solche Kamine bei freibesonnten Bauten häufig sind, bei Bauten der gleichen Arten, die im Schatten stehen, jedoch kaum gebaut werden. Bionische Anregungen, die von solchen Kaminen ausgehen, sind oben bereits geschildert worden. Diese Strömungen klimatisieren gleichzeitig den Bau, denn sie lassen Wasser, das aus der Umgebung nachdiffundiert, intern verdunsten, wobei sich ein mehr oder minder stark ausgeprägter Tagesgang ergibt (Abb. 4.29d): Das Maximum liegt erwartungsgemäß in der heißesten Tageszeit, wo aber auch verstärkt Windböen auftreten.

Wie Abb. 4.29e zeigt, ist die Innentemperatur in den Tunnelsystemen im Vergleich zur Außentemperatur ausgeglichener; ihr Tagesgang zeigt keine so großen Schwankungen; insbesondere werden Hitze- und Kältespitzen vermieden. Verstopft man das Tunnelsystem, so ergibt sich nach Abb. 4.29e ein Temperaturstau gegen Tagesende, der gefährlich hohe Werte erreichen kann.

Die Nutzung des Venturi-Effekts bei diesen Termiten erweist sich also als überraschend effektiv, zweifellos nicht weniger ausgeprägt als bei den Präriehund-Bauten.

Auch die Sekundäreffekte wie Kühlung und Feuchtigkeitsanreicherung sind beachtlich; ein kleinerer Bau verdunstet im Jahr nicht weniger als 2 Kubikmeter Wasser, ein größerer 25. Der offene *Macrotermes*-Bau ist also ebenfalls ein System, das – unter sozialer Kontrolle der Bewohner – einen gewissen Grad von homöostatischer Regelung von Umweltvariablen ermöglicht, wie Feuchtigkeit, Gaszusammensetzung, Temperatur, Wachstumsmöglichkeiten für Mikroorganismen.

Da das Wasser mineralhaltig ist, scheiden sich Mineralien in den Gängen ab und kommen langfristig durch Umbauvorgänge an die Oberfläche. Kleine, mittlere und größere Bauten können in einem Jahr im Mittel 7, 26 und 92 g Kalzium- und Magnesiumkarbonate deponieren, was beachtliche ökologische Effekte hat.

Luftstromsensoren und das Reparatur- und Bauverhalten von Termiten P. E. Howse hat das Nestbauvehalten der Termiten *Zootermopsis angusticollis* und *Z. nevadensis* studiert, insbesondere die Art, wie sie kleine Beschädigungen (Öffnungen) reparieren. Sie benutzen dazu Fäkalien oder Holzpartikel, die sie mit einem wässrigen Sekret aus der Anusregion zusammenkleben. Dabei zeigen sie eine extrem hohe Empfindlichkeit gegen auch kleinste Luftbewegungen, deren Geschwindigkeit im Bereich von Promillen derjenigen Geschwindigkeit liegt, die in normalen geschlossenen Räumen auftreten (!). Die Sensoren liegen in den Antennen. Möglicherweise stellen sich, wenn die Erdbauten von *Macrotermes*-Termiten in Konstruktion sind, mehrminder zufällig Luftströmungen ein, welche die Tiere bemerken, worauf sie so bauen, dass diese Strömungen erhalten bleiben und sich verstärken.

Windinduzierte Ventilation auch bei Ameisenbauten Blattschneiderameisen der Art *Atta vollenweideri* bauen große, bis zu 6 m tiefe Nester, die bis zu fünf Millionen Individuen beherbergen. Im Zuge des Koloniewachstums werden dabei etwa 15 m^3 Erde angehäuft und mehr als 1000 unterirdische Kammern angelegt. In den Kammern kultiviert die Kolonie auf eingetragenen Blättern Pilze, deren Fruchtkörper die Ameisen abernten. Sowohl die Ameisen als auch die Pilzgärten benötigen eine hohe O_2-Zufuhr und eine sichere CO_2-Abfuhr. Da die flügellosen Ameisen, anders als beispielsweise fächelnde Honigbienen, ihr Nest nicht aktiv belüften können, ist die Kolonie auf eine passive Nestbelüftung angewiesen.

Für eine passive Belüftung können thermische Effekte (Konvektion), wie sie für Termitenbauten beschrieben wurden genutzt werden, und Wind unterstützend wirken. Wegen der relativ niedrigen Toleranztemperatur der Pilzgärten (Schädigungen bei Temperaturen über 30 °C) sind thermische Lüftungen für Blattschneiderameisen nur begrenzt, d. h. nur während der Wintermonate nutzbar.

Kleineidam et al. (2001) fanden durch gleichzeitige Strömungsmessungen in einigen der über 100 Nestöffnungen eine klare Trennung zwischen Ein- und Ausströmöffnungen (Abb. 4.30a). Einströmöffnungen wurden an der Peripherie des 1 Meter hohen Nesthügels gefunden, während Ausstromöffnungen im oberen, zentralen Teil lokalisiert waren. Die Funktion einer Nestöffnung als Ein- oder als Ausströmöffnung war unabhängig von der Windrichtung. Die Strömungsgeschwindigkeit in den Nestöffnungen korrelierte jedoch stark mit der über dem Nest gemessenen Wind-

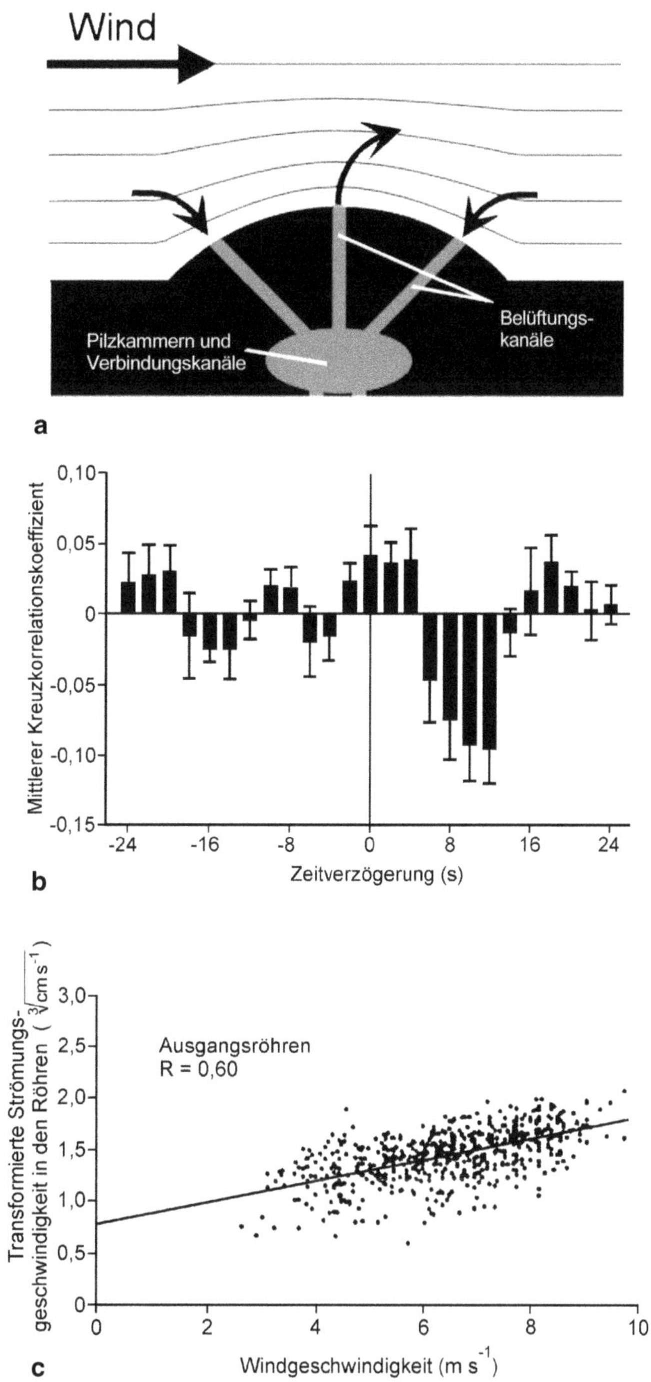

Abb. 4.30 Windinduzierte Durchströmung in Nestern der Blattschneideameise *Atta vollenweideri*. **a** Schema. **b** Zeitverschiebung zwischen Aus- und Einstrom bei sehr geringer Windgeschwindigkeit (v_{Wind}=0,7 m s^{-1}, Verzögerungszeit 12 s). Positive Abszissenwerte bedeuten, dass ein Windstoß in den Ausgangsröhren eher merkbar wird als in den Eingangsröhren. **c** Mit zunehmender Windgeschwindigkeit steigt die (hier transformiert angegebene) Geschwindigkeit in den Ausgangsröhren; in den Eingangsröhren ist die Steigung gleich, die Streuung etwas größer. (Nach Kleineidam et al. 2001)

geschwindigkeit (Abb. 4.30b). Eine zeitliche Analyse der Strömungsverhältnisse bei wechselnden Windverhältnissen (Windböen) zeigte bei ansteigender Strömung in den Ausströmöffnungen einen verzögerten Einstrom von Frischluft an der Peripherie. Der verzögerte Einstrom war abhängig von der absoluten Windgeschwindigkeit. Bei hohen, niederen und sehr niederen

Windgeschwindigkeiten wurden Verzögerungen um 2 s, 7 s und 12 s gemessen.

Diese Daten sind der erste Nachweis einer windinduzierten Nestbelüftung von Ameisenbauten und unterstützen die von Kleineidam et al. aufgestellte Hypothese, dass die Belüftung von Nestern der Blattschneiderameise durch eine Sogwirkung (Bernoulli-Effekt) an den Ausstromöffnungen bewerkstelligt wird. Der Unterdruck an den Ausströmöffnungen kann zum einen durch unterschiedliche Windgeschwindigkeiten zwischen Peripherie und Zenit des Nesthügels zustande kommen, womit dem Nesthügel eine besondere Bedeutung zukommt. Er kann aber auch lokal entstehen, nämlich durch Scherspannungen („viscous entrainment") an den Ausströmöffnungen.

Scherspannungen treten zwischen einer raschen Strömung (Wind) und einem mehr oder minder stagnierenden Fluid (Luft im Tunnelsystem) auf und führen ebenfalls zu einem lokalen Druckunterschied an den Nestöffnungen. Die Form der Nestöffnung hat in diesem Fall besonderen Einfluss auf die Nutzung von Scherspannungen, wobei scharfe Kanten und viele Kleine anstelle einer großen Öffnung die Druckunterschiede erhöhen, wie Vogel et al. 1973 gezeigt haben. Tatsächlich formen die Blattschneiderameisen ihre Nestöffnungen im zentralen Bereich des Hügels entsprechend, jedoch konnte der Beitrag von Scherspannungen zur Belüftung ihrer Nester bislang noch nicht erfasst werden.

Blattschneiderameisen schließen etwa 90 % der Nesteingänge im Herbst und diese bleiben über den Winter geschlossen. Da im Winter Temperaturunterschiede zwischen dem Nestinneren und der Außenluft eine Belüftung durch thermische Konvektion begünstigen, wird dieses Prinzip vermutlich von den Ameisen genutzt, während sie sich im Sommer auf die oben genannten Windeffekte verlassen müssen.

Von Holzameisen, *Formica polyctena*, sind Mechanismen bekannt geworden, mit denen diese Ameisen auf Überhitzung ihrer Nester reagieren. Verglichen wurden künstliche Haufen aus Nestmaterial und natürliche Bauten. Bei innerer Aufheizung (Heizelement von 20 W) steigt die Temperatur auf über 35 °C. Die Ameisen vermindern dann die Höhe der Nestkuppel, vergrößern ihre Öffnungen und ihre internen Hohlräume, verlagern die Puppen peripher und stellen die Arbeiterinnen von Energie-Produktion auf Energie-Verbrauch um.

4.5.2 Klimaangemessene Bauweisen in ursprünglichen Kulturen und in der Moderne

Ursprüngliche Kulturen haben ihre Bauten mehr durch zufälliges Herumprobieren entwickelt, also letztlich nach einer evolutionsbionischen Strategie. Was sie damit erreicht haben ist beachtlich und kann auch als Vergleichsbasis für die Weiterentwicklung moderner Ansätze dienen.

Ursprüngliche Kulturen und biologische Evolution In ursprünglichen Kulturen – bis vor nicht allzu langer Zeit noch als „Primitivkulturen" bezeichnet – verliefen wohl alle technologischen Entwicklungen nach dem Versuchs-Irrtums-Prinzip. Damit sind sie, wie erwähnt, prinzipiell ähnlich der Evolution im natürlichen Bereich. Natürliche Konstruktionen und technische Konstruktionen dieser Art sind deshalb ohne weiteres bionisch vergleichbar. Es hat sich das gehalten, was nach langwierigem „Herumspielen", nach Prozessen des Veränderns, Verwerfens und Wiederveränderns, Bestand hatte.

Im vorliegenden Fall geht es um die möglichst effiziente Nutzung von Wind, Erdfeuchtigkeit und Erdkühle zur Gebäudeklimatisierung. Bereits die oben angeführte Nutzung des Bernoulli-Prinzips durch Präriehunde impliziert eine solche Mehrfachnutzung. Durch die Zwangsdurchströmung des Erdbaus wird kühle und feuchtigkeitsangereicherte Luft aus dem porösen Gangsystem angesaugt, damit wird beispielsweise eingetragenes, strohtrockenes Material angefeuchtet. Es kann dann durch Verdunstungskälte helfen, den Bau zu klimatisieren, kann aber auch zur Deckung des Wasserbedarfs vom Präriehund gefressen werden.

Ein besonders ausgeklügeltes System zur passiven Klimatisierung, das den an früher Technik interessierten Reisenden fasziniert, hat sich im

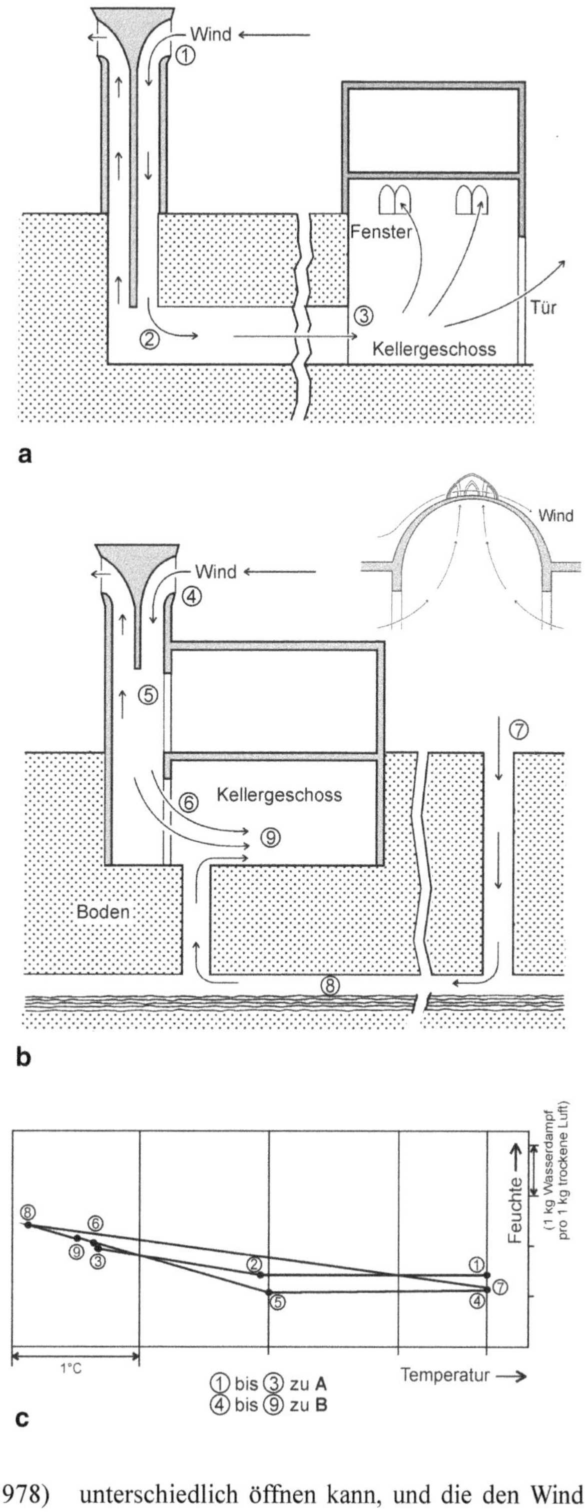

Abb. 4.31 Lüftung und Kühlung in der Alt-iranischen Architektur. **a** Tagesbetrieb mit Wind über Windturm und unterirdischem Druck-Dukt. **b** Tagesbetrieb mit Windturm und unterirdischem Sog-Dukt. **c** Prinzipielle Temperatur-Feuchtigkeits-Verläufe für **a** und **b**; vgl. den Text. (Nach Bahadori 1978)

Alten Iran herausgebildet. M. Bahadori (1978) hat darüber berichtet; eine Reihe von Details sind in Abb. 4.31 zusammengestellt.

Benutzt werden hohe Windtürme aus Adobe-Material, deren obere Fensterabdeckung man unterschiedlich öffnen kann, und die den Wind nach dem Staudruck-Prinzip auffangen und nach unten leiten. Dort durchläuft die Strömung beispielsweise einen Erdtunnel und mündet dann ins Kellergeschoss, von wo aus sie durch regulierbare Fenster und Türen wieder austritt. Im unteren, kühleren Teil des Windturms (der auch noch längere Zeit die Nachtkühle hält) wird die warm eintretende Luft ((1) in Abb. 4.31a)) konvektiv gekühlt (2). In die unterirdischen Dukte sickert Feuchtigkeit ein, die zum Teil die Luftfeuchtigkeit anhebt (3), zum Teil verdunstet und die Luft evaporativ kühlt (ebenfalls 3). Damit kommt es zu dem angegebenen Kennlinienverlauf in dem Temperatur-Feuchtigkeits-Diagramm der Abb. 4.31c. In der Nacht kann sich die Strömung umkehren, weil sich die Luft an den nun warmen Innenwänden des Windturms erwärmt und aufsteigt; kühle Nachtluft wird dann durch Fenster und Türen nachgezogen.

Ein anderes System der Windnutzung kombiniert die genannten Effekte mit angesaugter Luft, die eine Zeit lang an Grundwasser führenden Schichten entlangströmt (Abb. 4.31b). Die einströmende (4) und konvektiv gekühlte (5) Luft mischt sich bei (6) mit der angesaugten (7) und feuchtigkeitsangereicherten (8) Luft, wodurch es auch hier zu kombinierter konvektiver und evaporativer Kühlung kommt (9). Auch dieser Verlauf ist in Abb. 4.31c eingezeichnet. Die im Windturm aufsteigende Luft zieht während der ersten Nachthälfte aus (8) ebenfalls stark wasserdampfangereicherte Luft hoch.

Evaporative Kühlung bedarf immer einer Fluidströmung, welche die Feuchtigkeitsgrenzschicht an wasserführenden Stellen wegnimmt. Dazu wurde im Alten Iran auch das Bernoulli-Prinzip eingesetzt.

An langgestreckten Tonnendächern entsteht an der Oberkante ein Unterdruck, der heiße Luft über oben gelegene Öffnungen absaugen kann. Das System funktioniert am besten, wenn die Strömung senkrecht zur Dachlängsrichtung verläuft, sonst nach einer Sinusabhängigkeit, ganz ähnlich wie beim Pierwurm. Kuppeldächer funktionieren nach dem „Vulkankegel-Prinzip“ windrichtungsunabhängig, ähnlich wie beim Präriehund. Aufsätze an der höchsten Stelle der Kuppel (Dachreiter) können, wie erwähnt, nicht nur künstlerische, sondern durchaus auch strömungsfunktionelle Bedeutung haben (Einschaltbild in Abb. 4.31b).

Auch in der ursprünglichen Architektur Afrikas wird Klimatisierung durch Windnutzung großgeschrieben. So haben die Rundhütten mancher Krals, in Linien angelegt, Vorzugsrichtungen, die den Wind teils nach dem Bernoulli-, teils nach dem Staudruck-Prinzip führen. L. Ilg hat dazu Details zusammengestellt. Ausgeklügeltere Bauten erinnern in ihrer klimabionischen Raffinesse an die hochentwickelten Konstruktionen des Alten Iran (Abb. 4.32a). Allein schon die Ausrichtung alter Städte zu vorgegebenen Windrichtungen war wohl überlegt, wie aus einem Lageplan der Stadt Karthum/Ägypten, etwa 2000 v. Chr., hervorgeht (Abb. 4.32b).

Im Versuchs-Irrtums-Prozess sind auch die hochinteressanten Windschirme der Kanakensiedlungen in Neukaledonien entstanden. Der Architekt Renzo Piano hat bei seinem Bau des Kanaken-Kulturzentrums Nouméa diese löffelartigen, aus Holzträgerstrukturen und Geflechten bestehenden „Windschirme“ mit einbezogen und ihre Funktionen durch Windkanalversuche untersuchen lassen. Es ergab sich, dass sie angeschlossene langgestreckte Räume effektiv durchlüften, ob der Wind nun in die konkave oder konvexe Seite des „Windfängers“ einfällt (Abb. 4.32d). Die ursprünglichen Bewohner haben damit ihre großen Versammlungshäuser belüftet; der moderne Architekt hat nach dem gleichen Prinzip seine Museumsräume „kostenlos“ belüftet.

Natürliche Lüftung und Klimatisierung, beispielsweise eines Bürogebäudes, ist nachgewiesenermaßen gesundheitsmäßig deutlich günstiger als maschinelle Belüftung oder gar Vollklimatisierung. Dies hat J. Röben in einer SBS-Studie (SBS: „Sick-Building-Syndrom“) herausgefunden. Klagten beispielsweise in einem vollklimatisierten Gebäude 40 % der dort Tätigen über Halsbeschwerden, waren es in einem natürlich belüfteten nur 15 %. Auffällig sind ähnliche Ergebnisse auch bei Augenreizungen, Kopfschmerzen und Erschöpfung, während die Werte für Erkältungen interessanterweise etwa gleich sind (Abb. 4.32e).

Natürliche „Quelllüftung“ (über einen Abluftkanal, versteckt in einem hohen Turm) hat der Architekt D. Boswelt bereits gegen Ende des 19. Jh. für das House of Commons in London vorgesehen. Der Parlaments-Saal wurde von 46 luftfressenden Gaslaternen beleuchtet, deren Abgase auf diese Weise zwangsentlüftet wurden. Eine

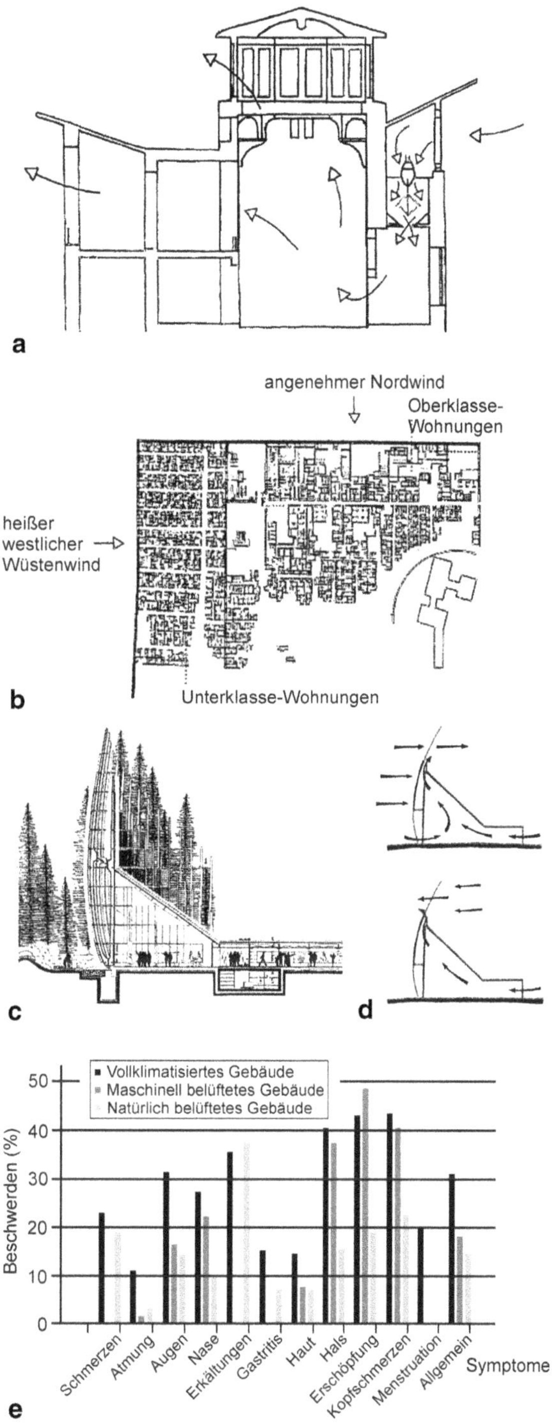

Abb. 4.32 „Natürliche" Gebäudebelüftung. **a** Bauform Nordafrikas. **b** Stadtplan Karthum, 2000 v. Chr. **c** Windfänger im Kanaken-Kulturzentrum Nouméa, Neukaledonien von Renzo Piano, 1993. **d** Die Gebäudelüftung nach C ist unabhängig von der Windrichtung. **e** Sick-Building-Syndrom-Studie von J. Röben. (**a**, **b**, **e** nach Ilg 1998, **c**, **d** nach Piano 1997)

ähnliche Lüftung war bereits von Wallot für den ursprünglichen Reichstag in Berlin vorgesehen. Sie wurde von dem umweltbewussten Architekten des neuen Reichstags, Sir Norman Foster, im Prinzip übernommen und verbessert. Auch hier spielt im Übrigen der Bernoulli-Effekt bei der Umströmung der Reichstagskuppel eine gewisse Rolle.

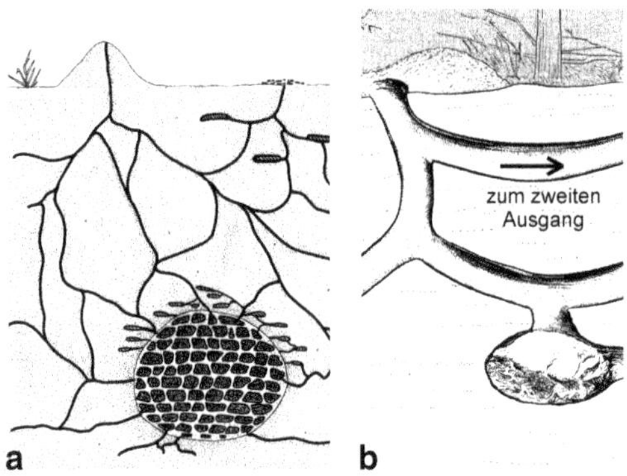

Abb. 4.33 Weitere Tierbauten mit möglicher Zwangsdurchströmung. **a** Bodentermite, *Hodotermes mosambicus*. **b** Dachs, *Meles meles*. (Nach v. Frisch 1974)

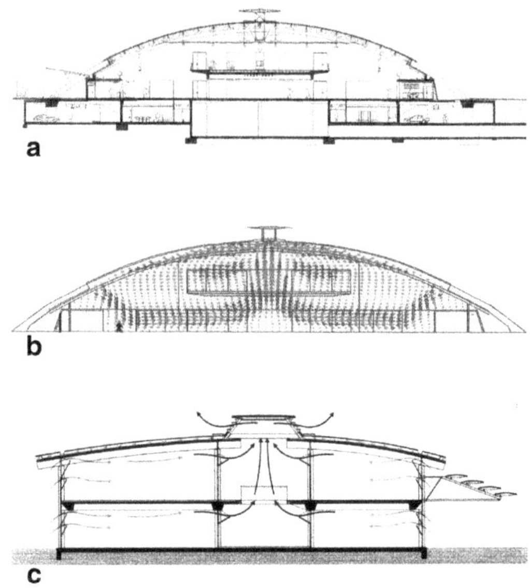

Abb. 4.34 Venturi-Zwangslüftung an der Oberseite von Tonnenbauten. **a** „Design-Center" (Ausstellungs- und Kongressgebäude), Linz. Thomas Herzog + Partner 1986–1994. **b** Luftströme in A mit „zentraler Thermik"; Ausströmung und Venturiwegführung nicht gezeichnet. **c** Lycée Albert Camus, Fréjus, France. Foster & Partners, London 1991–1993. (Nach Herzog (Ed.) 1996)

Weiteres zum Bernoulli-Prinzip und Übergang zum Staudruck-Prinzip Zwei weitere Tierbauten, die mit großer Sicherheit das Ventuprinzip zur Lüftung nutzen, sind in Abb. 4.33 dargestellt.

Bodentermiten der Art *Hodotermes mosambicus* leben mit ihrem von außen unsichtbaren Bau zur Gänze im Boden, doch reichen „Lüftungskegel" nach Art der Präriehund-Vesuvkegel darüber hinaus (Abb. 4.33a). Auch der heimische Dachs, *Meles meles*, hat bei seinem Bau stets mindestens zwei Ausgänge, die meist auf unterschiedlicher Höhe liegen und zumeist auch unterschiedliche Mündungsstruktur haben, beispielsweise unter einem Baum herauskommen oder frei im Gelände liegen. Zwangslüftung ist auch hier anzunehmen, doch unseres Wissens nicht nachgewiesen (Abb. 4.33b).

Eine effektive Nutzung des Venturi-Prinzips hat das Architektbüro Thomas Herzog + Partner für die „Design-Halle" in Linz (Abb. 4.27) vorgesehen.

Abbildung 4.34a, b zeigt dazu einen Querschnitt und ein Strömungsdiagramm. Ähnliche Lüftungsprinzipien wurden beispielsweise auch in Frankreich konzipiert, so am Lycée Albert Camus, Fréjus, France, wo Foster & Partners eine klimatisierte Mädchenschule gebaut haben (Abb. 4.34c).

Im Prinzip ganz ähnlich wie die alten Iraner die Nutzung des Bernoulli-Prinzips und die im nächsten Abschnitt detaillierter beschriebene Staudrucknutzung kombiniert haben, hat Thomas Herzog für seine Halle 26 für die Deutsche Messe AG (Industriemesse Hannover und später EXPO 2000) „natürliche Belüftungsanteile" kombiniert. Abbildung 4.35 erklärt Einzelheiten. An den höchsten Stellen wurden wiederum, wie bereits bei der Linzer „Design-Halle", langgestreckte Venturi-Flügel angebracht, welche die Luft heraussaugen. Die durchbrochenen, gegenüberliegenden Schrägwände wirken nun aber zusätzlich als Winddruck-Fänger nach dem Staudruckprinzip.

Insgesamt ergibt sich eine sehr effektive Zwangslüftung, die bei den großen Glasflächen auch nötig ist.

4.5.3 Nutzung des Staudruck-Prinzips in Tierbauten und Bauten

Die in einem Kubikmeter Luft der Masse m, die mit der Geschwindigkeit v strömt, enthaltene kinetische Energie beträgt $\frac{1}{2}$ $(m_{1m^3 Luft})$ v^2. Man

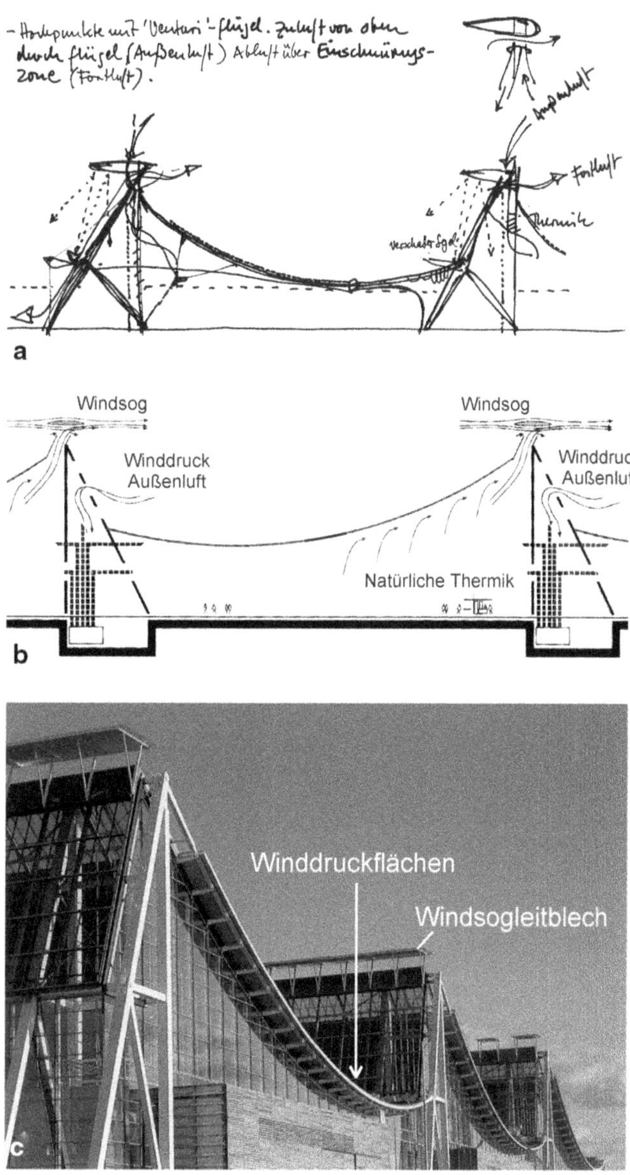

Abb. 4.35 „Natürliche" Belüftungsanteile der Halle 26 für die Deutsche Messe AG, Industriemesse Hannover 1996, später EXPO 2000, Thomas Herzog. **a** Konzeptskizze, Juni 1994. **b** Funktionsschema, August 1994. Lüftungsanteile nach A eingezeichnet, Rest (natürliche und mechanische Zu- und Abluft) weggelassen. **c** Teil des fertiggestellten Bauwerks, April 1996. (Nach Herzog (Ed.) 1996, verändert)

kann auch sagen, die auf die Volumeneinheit V bezogene Energie beträgt ½ ρ v^2 (ρ = m/V = Luftdichte). Strömt das betrachtete Luftvolumen gegen eine senkrechte Wand und wird dabei auf v = 0 abgebremst, so manifestiert sich seine kinetische Energie im Auftreten eines Staudrucks |q| = |½ ρ v^2|. Dieser kann unterschiedliche Effekte haben, beispielsweise ein aufgestautes Luftvolumen in Bewegung setzen oder weiterbewegen. Das gleiche gilt für Wasserströmungen.

Eine Durchströmungsanlage nach dem Staudruckprinzip, die den orientalischen Bag-dir-Einrichtungen ganz erstaunlich ähnelt, haben südamerikanische Köcherfliegenlarven (Hydropsychidae) entwickelt (vgl. Abb. 4.36a mit 4.39a).

Diese Larven bauen eine gewölbte Gangstruktur mit vorragenden „Staudruckfängern", in deren unteren, U-förmigen Schenkel ein äußerst feingesponnenes Netz angebracht wird (Maschenweite nur etwa 3 × 20 µm). Vor dem

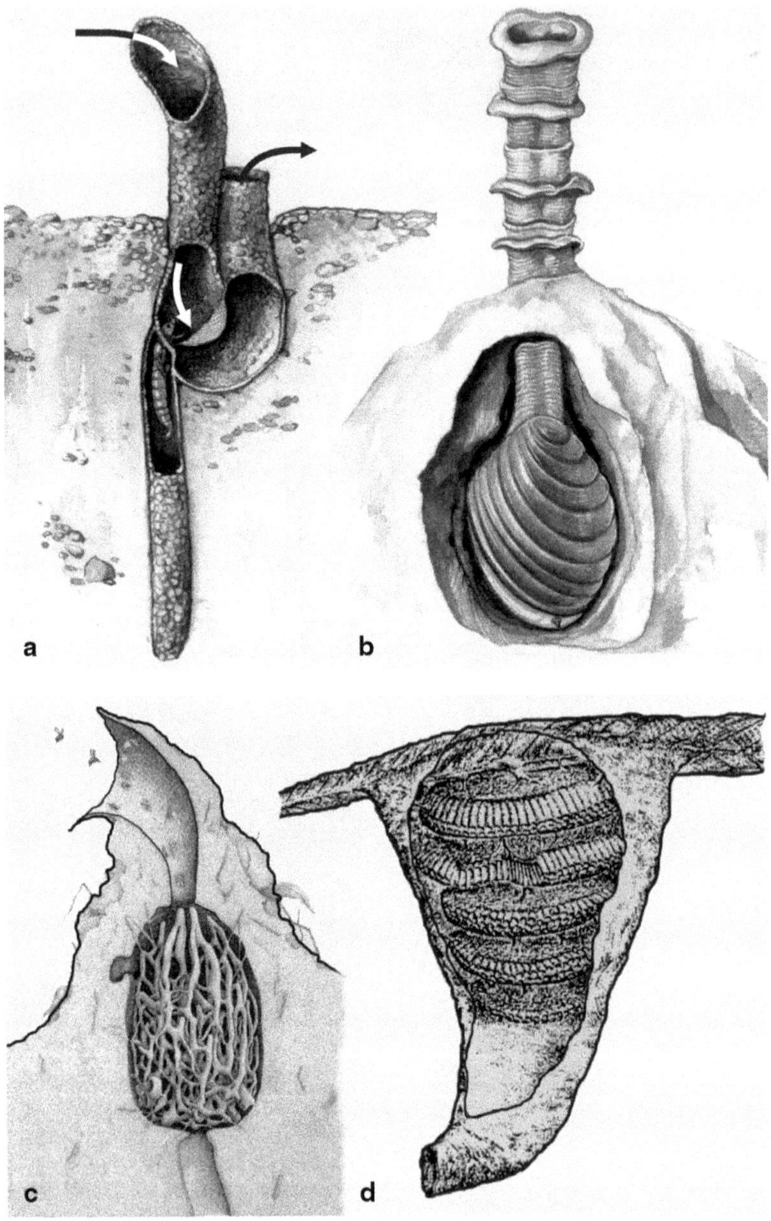

Abb. 4.36 Nachgewiesene und mögliche Staudruck-Strömungsfänger bei Tieren. **a** Larve einer südamerikanischen Köcherfliege (Hydropsychidae). **b** Rauchfangmuschel, *Clavagella spec.*, kombinierte Ein- und Ausstromöffnung. **c** Bau der Stachellosen Biene *Trigona testacea*. **d** Hängebau der Wespe *Angiopolybia pallens*. (**a**, **b** nach Freude 1982, **c** nach Michener 1974 aus Camazine et al. 2001, verändert, **d** nach Jeanne 1975 aus Camazine et al. 2001, verändert)

Netz mündet auch der Wohngang der etwa 2 cm langen Larve. Bei dieser strömungsbetriebenen Durchströmungs-Reuse dürfte auch der Bernoulli-Effekt eine Rolle spielen, doch ist dies messtechnisch nicht nachgewiesen.

Rauchfangmuscheln der Gattung *Clavagella* ätzen sich eine Wohnhöhle ins Kalkgestein und schieben ihre parallel angeordneten Ein- und Ausströmröhren weit ins freie Wasser. Sie werden mit Kalk umkleidet und beim Wachstum der Muschel stückweise verlängert. Ob die dadurch entstehenden dachartigen Vorkragungen insbesondere in der Mündungsregion (Abb. 4.36b) eine strömungsmechanische Funktion haben, ist anzunehmen, aber im Detail nicht nachgewiesen. Gleiches gilt für die „windfängerartigen" Eingänge der Bauten der stachelosen Biene *Trigona testacea* (Abb. 4.36c) und der Wespe *Angiopolybia pallens* (Abb. 4.36d).

Bei (b) bis (d) könnten auch Bau-Porösitäten die Rolle von Ausgängen übernehmen.

Lüftungs- und Klimatisierungsprinzipien werden in der Regel kombiniert eingesetzt, so beispielsweise die Nutzung von Erdkühle und -feuchte und das Venturi-Prinzip. Dies wird an der Bauweise eines Gartenpavillons in Isfahan aus der zweiten Hälfte des 17. Jh. (Abb. 4.37a) ebenso klar wie aus italienischen Bauten. Der italienische Renaissancebaumeister Palladio hat seine Rotunde bei Vicenza im Jahr 1566 ganz ähnlich konzipiert (Abb. 4.37b). Er war auch fasziniert von der Nutzung der kühlen und feuchten Luft unterirdischer Grotten und hat beispielsweise bei den Costozza-Villen bei Vicenza darauf zurückgegriffen (Abb. 4.37c).

Luftfänger nach dem Staudruck-Verfahren, im Prinzip vielleicht ähnlich arbeitend wie die „Windfänger" Renzo Pianos in Nouméa (s. Abb. 4.32c, d) sind sicher auch die langgezogen vorspringenden Dachkonstruktionen der Toradja im tropischen Regenwald Südsulavesis (Abb. 4.38), doch sind uns dazu keine Messungen bekannt.

Eine ausgedehnte Nutzung des Staudruck-Prinzips wie es bei den altpersischen Windfang-Türmen beschrieben worden und in Abb. 4.34a, b eingezeichnet ist, findet sich als „Badghir-Ventilation" beispielsweise im Zweistromland oder im Alten Pakistan weit verbreitet.

Behling und Behling (1996) schreiben dazu: „In den Gebäuden sind oft ausgeklügelte Technologien zur Ventilation zu finden. In Haiderabad, Pakistan, kommen die kühlen Winde meist aus derselben Richtung. Deshalb sind die Gebäude mit gewaltigen Windfängen ausgestattet, die den Luftstrom in die Räume leiten (Abb. 4.39a). Viele traditionelle Häuser in Bagdad verfügen über einen Badghir, der den Luftstrom aus Nordwesten aufnimmt. Ein Badghir ist eine Art Rauchfang in der Hauswand, der bis zum höchsten Punkt der Dachbrüstung aufragt. Ein Badghir ist dann besonders effektiv, wenn er mit weiten Öffnungen diagonal zur vorherrschenden Windrichtung in die Wand eingebaut wird. Sobald die Luft aufgenommen wird, nimmt sie in dem kühlen Kanal an Feuchtigkeit zu, kühlt ab und sinkt. Ein Beispiel für ein Klimatisierungssystem in seiner ausgefeiltesten und energieeffizientesten Form. Um zu funktionieren sind für diese Techniken starke Temperaturschwankungen erforderlich.

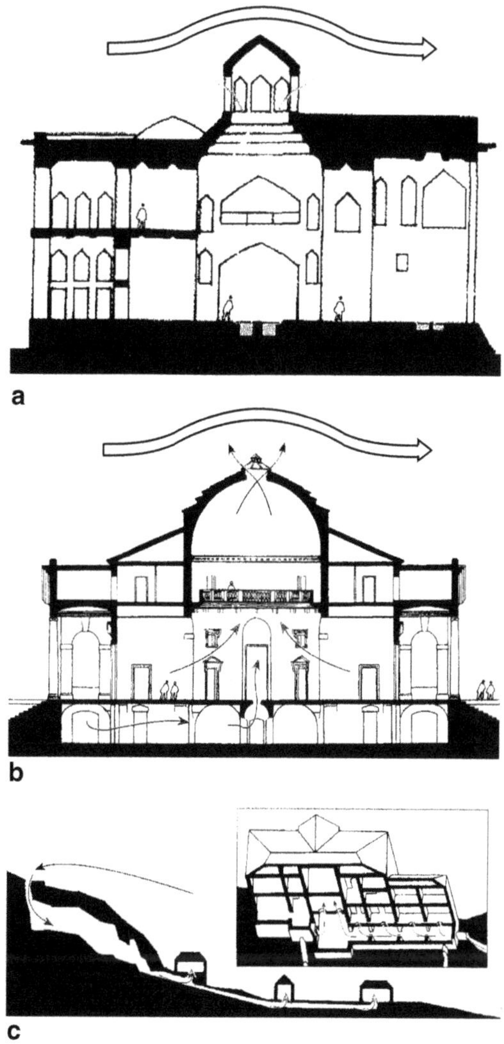

Abb. 4.37 Nutzung der Erdkühle und -feuchte, teils unter Zwangslüftung nach dem Venturiprinzip. **a** Gartenpavillon Hashtbihishd, Isfahan, 1669–1670. **b** Villa Rotunde bei Vicenza, Palladio 1566. **c** Costozza-Villen bei Vicenza mit „Höhlenkühlung", Palladio, 16. Jh. (Nach Behling/Behling 1996)

Die Luft steigt in einer zentralen, turmartigen Anlage wieder hoch, heizt sich dabei auf und verlässt das Gebäude über Luken (Abb. 4.39b). Auch schachtartige Höfe wirken im Prinzip in gleicher Weise wie ein Luftkanal. Wie die Einzeichnung in Abb. 4.39c zeigt, kann die Temperaturdiffe-

Abb. 4.38 Windfang-Häuser der Toradja im Tropischen Regenwald, Palawa, Südsulavesi. (Nach Behling/Behling 1996)

renz zwischen Kellergeschoss und Dachfläche 20 °C ausmachen (!).

In Haiderabad Sindh, westliches Pakistan, prägten diese „Klimaanlagen“ die Dachlandschaft. Die Kamine belüften jeweils nur ein einziges Zimmer und reichen bis zum Kellergeschoss. Voraussetzung für ihre Effektivität ist eine festgelegte Hauptwindrichtung. „Die Herkunft dieser effektiven Badghir-Anlagen ist unbekannt, doch weiß man, dass sie seit mindestens 500 Jahren in Gebrauch sind.“ (Praktischerweise dienen diese stockwerkverbindenden Kanäle auch als „internes Telefon“.)

4.5.4 Beispiel Lüftung und Klimatisierung: Einbindung bionischer Anregungen in den bauphysikalisch-architektonischen Planungsprozess

Die Möglichkeiten der technischen Nutzung von Umweltkräften sind immens; am Beispiel der Lüftung und Klimatisierung wurde die Nutzungsvielfalt in Tierbauten und in der klassischen und modernen Architektur aufgezeigt. Was ist zu beachten, wenn bionische Anregungen in den Gestaltungsprozess des Architekten und Bauingenieurs mit einfließen sollen? Sicherlich können solche Blicke auf die belebte Welt nicht zu direkten Kopien führen; letztendlich fallen sie

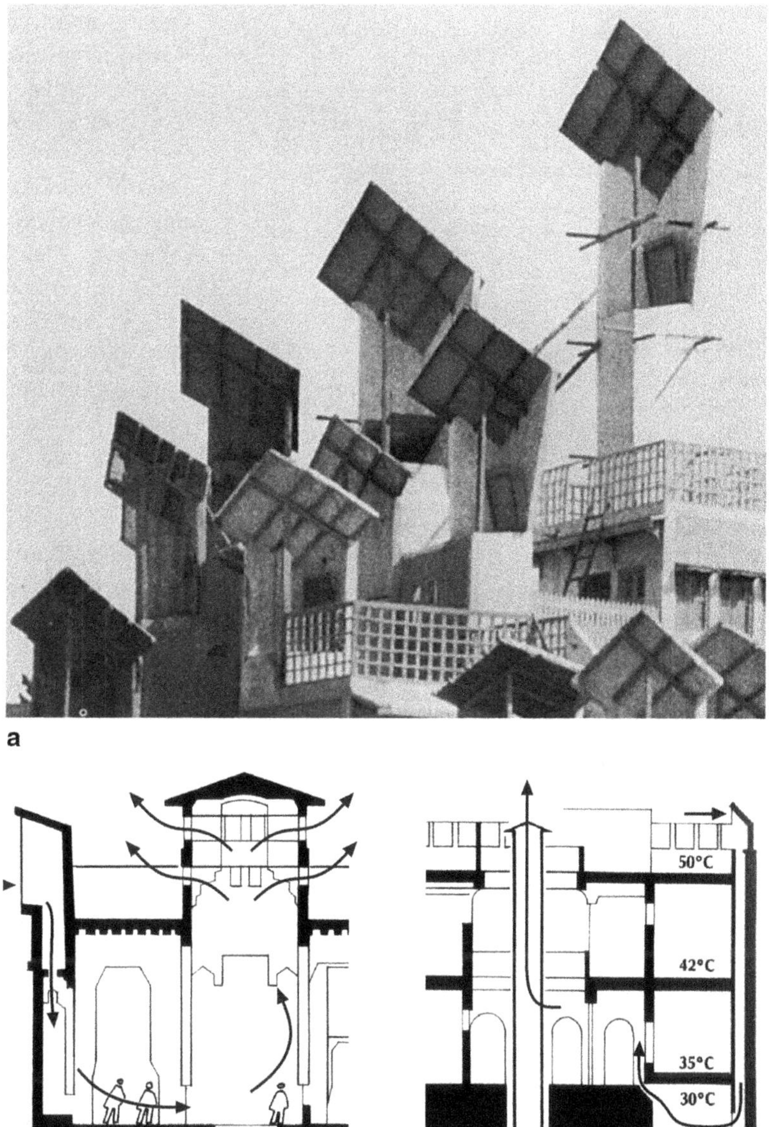

Abb. 4.39 Das Badghir-Ventilationsprinzip. **a** Windfänge („Badghir") auf den Gebäuden des alten Haiderabad, Pakistan. **b** Gebäude ohne Hof. **c** Gebäude mit Hof. (Nach Behling/Behling 1996, verändert)

auch aus der Konstruktionskette wieder heraus; der fertige Bau sieht nicht notwendigerweise „natürlich" aus, nur weil natürliche Analogien bei seiner Konzeption mitbedacht worden sind. Aspekte dieser Art werden im zweiten Teil dieses Buchs an vielen ausgeführten und geplanten Bauten aufgezeigt. Doch sollen themenbezogene Gesichtspunkte hier schon einmal beispielhaft einbezogen werden.

4.5.4.1 Weiterentwicklung von Doppelfassaden in Verbindung mit Lüftungs- und Lichtleitsystemen

In einem kartesischen Diagramm der Temperatur in Abhängigkeit von der relativen Luftfeuchte kann man einen zentralen Bereich als „menschliche Behaglichkeitszone" festlegen (s. Abb. 4.40). In den dieser Zone anschließenden

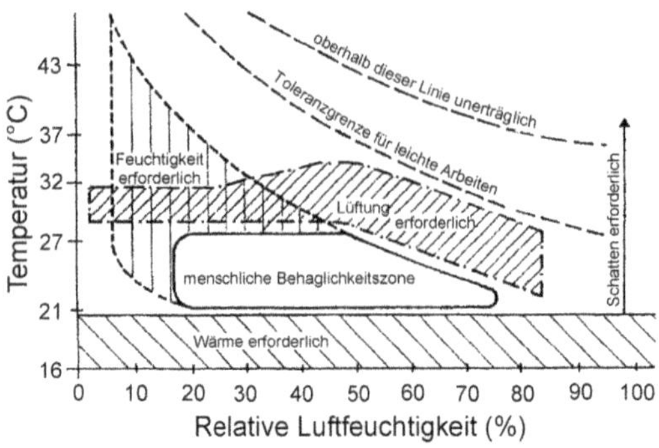

Abb. 4.40 Behaglichkeitszone des Menschen in Abhängigkeit von Temperatur, Luftfeuchtigkeit und Lüftung. (Nach Oligmüller 2001)

Bereichen lässt sich die Situation durch Feuchtigkeitszufuhr, Lüftung und Schattenspendung dem Idealbereich annähern. Je nach Topographie und Klimazone wird man für die Gebäudeplanung die eine oder die andere Facette verstärkt berücksichtigen.

Als mehrfach funktionelles System bietet sich die transparente Wärmedämmung an. Die Temperatur kann man durch bauökologische Maßnahmen beeinflussen, Feuchtigkeit und Lüftung beispielsweise durch Luftzufuhr über Erddukte nach dem Präriehundbau-Prinzip, Schattenspendung nach dem Lichtschwert-Prinzip, das sein Vorbild im Ast- und Blattwerk eines Baums hat.

Dazu schreibt der Bochumer Architekt D. Oligmüller: „Der Wunsch, auch höhergeschossige Bauten natürlich zu be- und entlüften, hat sich bis heute nur teilweise erfüllt. Schwachpunkte sind nach wie vor:

1. die unzureichende Trennung zwischen Be- und Entlüftung,
2. die starke Überhitzung bei durchgehenden Lufträumen und dadurch bedingt,
3. eine sehr hohe Zulufttemperatur, eine stark abgekühlte Ablufttemperatur und
4. Zugerscheinungen beim Lüften im Winter,
5. aufwändige Abschottungen zur Erfüllung der schalltechnischen und brandschutztechnischen Anforderungen."

Bei Fassaden können zwei Bauweisen genannt werden, die für mehrfunktionale Systeme eine exzellente Ausgangsbasis bieten:

1. eine Fassadenkonstruktion, die den Zwischenraumkorridor auch nutzbar macht (praktisch eine mehrgeschossige Wintergarten- oder Verandenkonstruktion),
2. eine Aufwindfassade, die abschließbar ist und in diesem Fall Wärme im Pufferraum speichert, beziehungsweise im geöffneten Zustand den Wärmehaushalt des Gebäudes positiv beeinflusst und eine sommerliche Überhitzung verhindert.

Beide Lösungen können so kombiniert werden, dass ihre Zuluft über das Erdreich entweder vorgekühlt oder vorgewärmt, je nach Jahreszeit, erhalten bleibt. Eine zusätzliche Vorwärmung im Winter könnte durch passive Nutzung der Sonnenenergie in der Form erfolgen, dass eine thermohydraulische Steuerung den Luftstrom im Falle starker Sonneneinstrahlung über eine Pufferzone lenkt.

Für die Knobelsdorffschule in Berlin haben Schüler in Eigenleistungen einen Erdkanal zu ihrer Werkstatt errichtet, der durch eine Außenluftvorwärmung bzw. Außenluftkühlung die klimatischen Verhältnisse in diesem Raum wesentlich verbessert hat. So wird zum Beispiel die Innenraumtemperatur im Sommer von ca. 29 °C auf 24 °C abgesenkt.

Das Bürogebäude der Kreisverwaltung Bad Segeberg war umzugestalten, weil durch die starke Lärm- und Abgasbelastung der unmittelbar angrenzenden B 206 die Arbeitsbedingungen in den einzelnen Büroräumen nicht mehr vertretbar waren. Aus konstruktiven Gründen schied der Einbau einer Vollklimatisierung aus, so dass schon der Abbruch erwogen wurde. Die Münchner Architekten F. und W. Lichtblau haben ein Belüftungssystem über Erdkanäle vorgeschlagen. Wegen der schlechten Luftqualität in der Gebäudeumgebung wurde dieser Kanal bis zu einem naheliegenden Park geführt. Zur Aufrechterhaltung eines kontinuierlichen Luftstroms wird dieser motorisch unterstützt. Die vorgehängte Fassade dient gleichzeitig als Schallschutz und als Verteilerraum für die Luftzuführung des Erdkanals.

Zu den Pionieren der hier besprochenen Lüftungs-Wärmeübertragungssysteme gehören auch die amerikanischen Architekten B. Yanda und R. Fisher, die bereits 1980 einen generellen Entwurf für ein sommer- und wintertaugliches Haus mit derartigen Einrichtungen gegeben haben (Abb. 4.43).

Abb. 4.41 Terminal EF – Technologiezentrum in Erfurt, Pohl Architekten (Abb. G. Pohl)

Mit ähnlichen Übertragungssystemen von Lüftung und solaren Gewinnen ist von Pohl Architekten in den 1990er Jahren ein Technologiezentrum in Erfurt entwickelt und bis 2002 verwirklicht worden (Abb. 4.41). Im Rahmen eines von der EU getragenen Forschungsprojektes „SOLARBAU-Monitor" wurde das Gebäude Bestandteil eines Pilotforschungsauftrags. Die bionisch inspirierten Systeme thermisch aktivierter Gebäude- und Erdmassen sowie Puffer- und Aufwindfassaden wurden auf ihre Praktikabilität und Nutzerakzeptanz hin untersucht. Somit ist dies eines der frühen Projekte in Europa, welches die konkreten Wirkungsweisen der komplexen Lüftungssysteme nach biologischem Vorbild unter Verwendung von Erdkollektorspeichern und Aktivierung von Bauteilmassenkühlung bzw. -erwärmung erprobt hat. Im Rahmen der Monitoring-Phase wurde die Wirksamkeit der getroffenen Maßnahmen bestätigt. Gleichzeitig konnten die Planer wichtige Erkenntnisse für spätere Projekte gewinnen. Eine Kurzdarstellung findet sich in Abschn. 6.37. Die Bauweise fand Eingang in die einschlägige Fachliteratur, besonders zu klimaeffizienter Gebäudetechnologie (vgl. Voss/Löhnert 2006, Bürogebäude mit Zukunft, FIZ Karlsruhe. Bohne 2004, Ökologische Gebäudetechnik, Kohlhammer).

Auch für die hochaktuelle Thematik „Bauen im Bestand" sind die biologischen Funktionsweisen der Temperierung interessante Ideengeber. In Abschn. 6.38 befindet sich eine kompakte Darstellung über ein altes Ziegelbauwerk, welches komplett restauriert wurde und eine neue Nutzung fand. Pohl Architekten haben in das ehemalige

Abb. 4.42 Klimapuffer im Konrad-Zuse-Medienzentrum in Weimar, Pohl Architekten (Abb. M. Miltzow)

Brauereigebäude in Weimar die Hörsaal- und Studionutzungen der Fakultät Medien und das Uni-Rechenzentrum der Bauhaus-Universität Weimar eingebaut. Die Gebäudemassen werden durch ein ausgeklügeltes Lüftungssystem quer durch das Bauwerk aktiviert und mit vorgesetzter Aufwind-Pufferfassade kombiniert. Das Konzept funktioniert unter intelligenter Nutzung der vorhandenen massiven Wände im Untergeschoß, eines vor die bestehende Massivfassade gestellten verglasten Klimapuffers und wahlweise Schaltung von Zu- oder Abluftöffnungen von in Luv oder Lee angeordneten Ventilierungsöffnungen.

Die Umsetzung biologisch inspirierter Technologien in Bauten im Bestand ist eine der größten Herausforderungen der Zukunft (Abb. 4.42).

Abb. 4.43 Genereller Entwurf eines Hauses für 38° n. Br. mit exogener Wärme- und Kühlenutzung. (Nach Yanda/Fisher 1983)

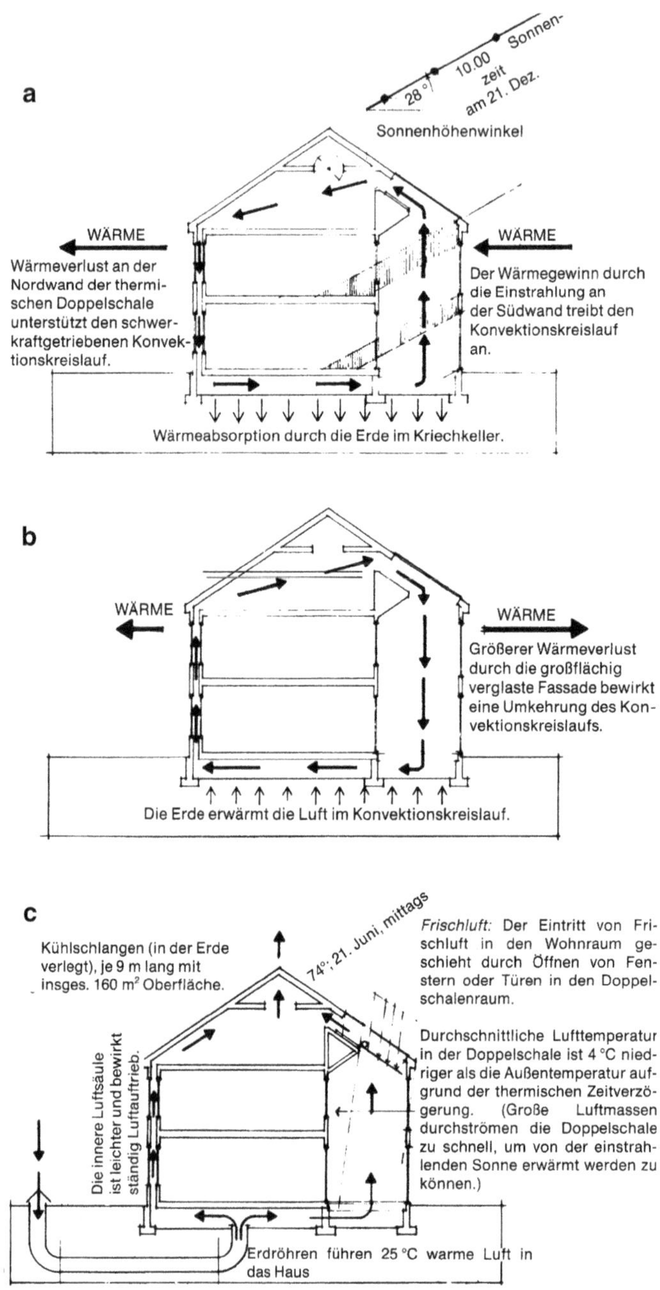

4.5.4.2 Das transparente Lichtschwert

Transparente Verschattung spielt heute bei der Nutzung des Tageslichtes eine bedeutende Rolle.

Die Wirkung transparenter Lichtschwerter beruht darauf, dass Verschattungselemente gestaffelt sind und keine geschlossenen Flächen bilden. Das Ast- und Blattwerk eines Baumes dient hierzu als Vorbild.

Die Reflektion innerhalb dieser blattartigen Lamellen führt zu einem wesentlich transparenteren Schatten, der auch bei diffuser Strahlung, immerhin 60 % des Jahreszustandes in unseren Breitengraden, zu keiner starken Verschattung in

Fensternähe unterhalb des Lichtschwertes führt. Lichtschwerter spielen spätestens seit Le Corbusier, der ein Konstruktionselement des Daches seiner Kapelle Notre-Dame-Du-Haut in Ronchamp, Frankreich (1950–1955) als Lichtschwert gestaltet und damit eine einmalige innere Lichtführung erreicht hat, eine Rolle zur Lichtlenkung und Verschattung.

4.6 Selbstorganisationsprinzipien

Prinzipien der Selbstorganisation spielen in der belebten Welt etwa beim Aufbau von Membran- oder Wegestrukturen eine Rolle. Auch die Technik nutzt solche Prinzipien, beispielsweise in der Werkstoffkunde. Im architektonischen Bereich wird oft das Beispiel sich selbst herausbildender Wegenetze genannt.

4.6.1 Selbstorganisation in der Natur

Durch weitgehende Nutzung der Selbstorganisation vermeidet die Natur zwei Sackgassen, welche die Entwicklung des Lebens entscheidend beeinträchtigt, wenn nicht unmöglich gemacht hätten:

1. *Das Problem der komplexen aktiven Steuerung und Regelung*
   Statt beispielsweise jeden Baustein einer Membran oder eines zellulären Untersystems aktiv „an die richtige Stelle" einzufügen und funktionsfähig zu machen – was bereits für die kleinste Einheit einen geradezu unendlich komplexen Regelungsaufwand bedeutete – schafft sie Randbedingungen, unter denen sich die Baueinheit „von selbst" organisiert.
2. *Das Problem der Energiebereitstellung*
   Statt „aktiv" Stoffwechselenergie einzusetzen – was die Stoffwechselleistung, zu der ein Organismus fähig ist, rasch überschreiten würde –, nutzt die Natur, womöglich, „passiv" in der Umwelt bereitstehende Energie, um die sich selbstorganisierenden Strukturen und Systeme energetisch zu finanzieren.

Beispiele dafür finden sich praktisch bei jeder Lebensform und bei jeder Lebensfunktion, vom Bereich der molekularen Mechanismen bis hin zur globalen Ökologie. Pars pro toto sei die Strukturierung der biologischen Einheitsmembran (Zellmembran, Plasmamembran) betrachtet.

Diese Membran besteht aus Lipid- und Proteinmolekülen und weist eine in der gesamten belebten Welt einheitliche Grundstruktur und damit auch Dicke auf („Doppelmembran" mit einer Dicke von etwa 45 Å). Sie besteht aus Lipidmolekülen langgestreckter Form, meist Phospholipiden, mit einem hydrophilen (wasserlösliche „Kopfgruppe") und einem hydrophoben Ende (fettlösliche „Schwanzgruppe") und aus in den Lipidschichten eingebauten Proteinmolekülen.

Kommen Lipidmoleküle in wässriger Umgebung zusammen, lagern sie sich gleichgerichtet zu einer monomolekularen Schicht aneinander, in der die eine Seite hydrophil, die andere hydrophob ist. Werden darüber hinaus Lipidmoleküle angeboten, bildet sich am Zellrand „von selbst" eine Lipid-Doppelschicht. Die lipophilen Seiten dieser Schichten liegen in deren Mitte aufeinander. In dieser Doppelschicht „schwimmen" langgestreckt geknäuelte Membranproteine, die beiderseits aus der Lipid-Doppelschicht herausragen, Poren bilden können und beispielsweise für den Ionentransport durch die Membran und damit für den Aufbau einer Membranspannung zuständig sind: Grundfunktionen des Lebens.

Abbildung 4.44 zeigt ein Blockdiagramm der biologischen Einheitsmembran. Mit ihr werden zelluläre Strukturen gegeneinander abgegrenzt, so dass Kompartimente entstehen, in denen – in enger Nachbarschaft – unterschiedliche Lebensvorgänge ablaufen können. Dieses Grundprinzip der belebten Welt beruht im Wesentlichen auf energetisch „fremdfinanzierter" Selbstorganisation.

4.6.2 Selbstorganisation im Siedlungswesen

Luftbilder von „natürlich gewachsenen" orientalischen Städten hinterlassen häufig den Eindruck des Chaotischen oder doch zumindest Zufälligen. Dabei darf aber nicht übersehen werden, dass die zwischenliegende Struktur enger Gassen – das

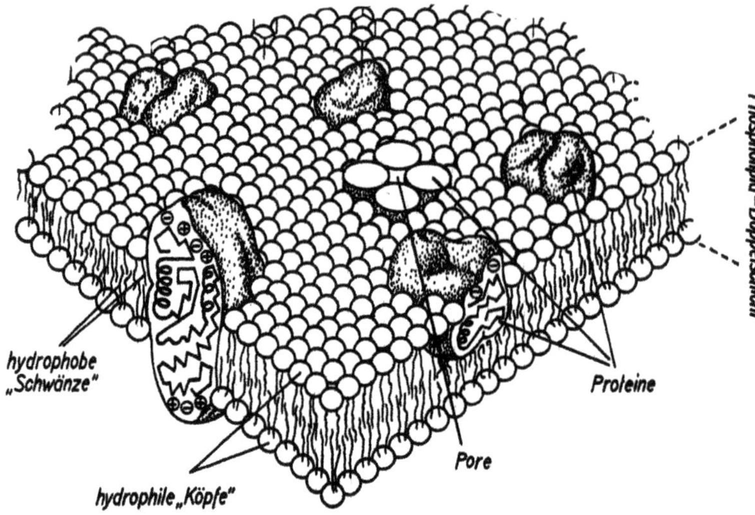

Abb. 4.44 Blockdiagramm der biologischen Einheitsmembran. (Nach Penzlin 1991)

versorgende Wegenetz – zentraler Topos ist, um dem und an dem sich die Anlagen nach und nach entwickelt und erweitert, verändert und adaptiert haben.

Da für solch alte Städte keine erkennbare Stadtplanung und architektonische Vorgabe existiert, haben sie sich über die Jahrhunderte in komplexer Selbstorganisation entwickelt (Abb. 4.45) Dabei sind die Längen, Winkelungen, die Anordnung von kleinen und größeren Freilassungen (Plätzen) die Lage der Gehöfte zu den Wegen etc. alles andere als unfunktionell. Im Nachhinein stellen sich derartige Anlagen so dar, dass sie auf gegebenem Raum eine möglichst große Zahl mehr oder minder genormter aber doch individueller und verschiedenartig bewertbarer Wohneinheiten unterbringen, die zwar unterschiedlich gut, aber letztlich doch gut genug erreichbar und versorgbar sind.

Damit sind diese in einem langen Selbstorganisationsprozess entstandenen Wegenetze analog entsprechender Netze in der Natur (Abb. 4.46). Auf Blättern beispielsweise dient das sich immer weiter verzweigende, vielfach unter Zufallskriterien ausgeformte, aber letztlich hochfunktionelle Adernnetzwerk dazu, die einzelnen Zellkomplexe möglichst gleich gut zu versorgen und/oder abzustützen. Computersimulationen haben zu diesen Analogien erstaunliche Details zutage gebracht. Darüber kann an dieser Stelle nur einiges Allgemeine kurz gesagt werden.

Abbildung 4.45 zeigt „zufällige" Gebäudeanordnungen in Siedlungsstrukturen des alten Afrika, aus Äthiopien, der Niger-Region und den Städten Sansibar und Marrakesch. Im Vergleich dazu zeigt Abb. 4.46 mehr oder minder „natürliche" Netz- und Verbindungsstrukturen, bei denen Selbstbildungs Vorgänge essentiell sind. S. Becker et al. (1994) haben sich darüber Gedanken gemacht. Sie finden, dass man „Wegenetze" in Natur und Technik unter dem Gesichtspunkt der fraktalen Geometrie vergleichen kann und schreiben dazu:

> Charakteristisch für diese Fraktale ist ihr hierarchischer Aufbau. Die Grundstruktur taucht auf den verschiedenen Maßstabsebenen immer wieder auf. Diese räumliche Hierarchie folgt einem strengen inneren Ordnungsprinzip, einer hyperbolischen Massenverteilung, die in der fraktalen Dimension ihren Ausdruck findet. Fraktale Eigenschaften sind nicht an regelmäßige Erzeugungsvorschriften gebunden. Durch die Integration von Zufallsprozessen können auch tintenklecksartige Strukturen erzeugt werden. Numerische Algorithmen erlauben es, auch in solchen Strukturen die fraktalen Eigenschaften zu untersuchen und die Fraktaldimension zu bestimmen. Mit derartigen Methoden wurden mehr als zwanzig Ballungsräume untersucht.
> In allen Fällen wies die Siedlungsfläche fraktale Eigenschaften auf. Demnach folgen diese Siedlungskörper trotz ihrer irregulären Morphologie

Abb. 4.45 „Zufällige" Siedlungsstrukturen im Alten Afrika. **a** Sokota, Äthiopien. **b** Ein Dorf in Äthiopien. **c** Hara, Äthiopien. **d** Labbezanga, Niger. **e** Ursprüngliches Sansibar. **f** Ursprüngliches Marrakesch. (**a–d** nach Schaur, IL-Bericht 39, 1991, **e**, **f** nach Rudofski 1993)

einem räumlichen Ordnungsprinzip. Überraschenderweise folgen Siedlungskörper damit einem Strukturgesetz, welches auch in der belebten und unbelebten Natur beobachtet wird; etwa bei Ablagerungen auf Materialoberflächen oder bei Blattadersystemen.
Die Analyse der zeitlichen Entwicklung von Siedlungsräumen gestattet es, Aufschlüsse über die Siedlungsdynamik selbst zu erhalten. So deuten gleichbleibende fraktale Dimensionswerte, wie sie in einigen Fällen beobachtet wurden, auf ein allometrisches Wachstumsprinzip hin, wie es in biologischen Systemen beobachtet wird. Die Ergebnisse weisen auch auf sozioökonomische Selbstorganisationsprozesse hin, welche die Entstehung fraktaler Stadtstrukturen begünstigen.

Die Autoren ziehen daraus Konsequenzen für Planung und Stadtentwicklung und verneinen, „dass Planung irrelevant wird, da die Siedlungsentwicklung nach Gesetzmäßigkeiten verläuft, die sich weitgehend der Planung entziehen":

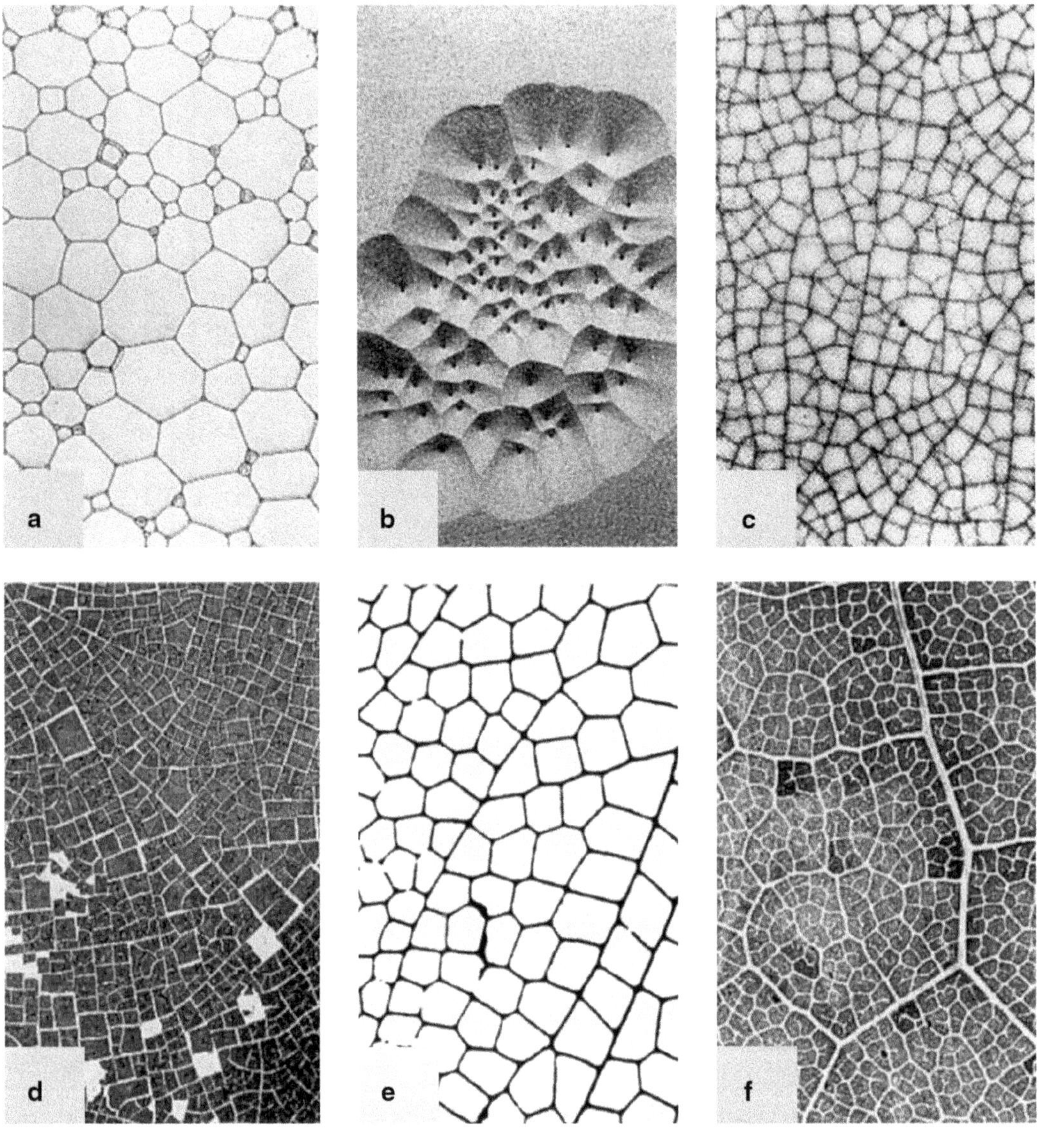

Abb. 4.46 Netz- und Verbindungsstrukturen unter Beteiligung von Selbstbildungsvorgängen. **a** Seifenblasenschicht zwischen zwei Glasplatten. **b** Sand-Auslaufmodell einer äthiopischen Siedlung (Sokota). **c** Rissstruktur in Porzellan. **d** Riss- und Trockenstruktur einer Gelatineschicht. **e** Spreite eines Libellenflügels. **f** Spreite eines Ahornblatts. (Nach Becker et al. 1994)

Selbstorganisationsprozesse können vielmehr im großen Maßstab durch Steuerungsstrukturen beeinflusst werden. Daraus ergibt sich eine Vielfalt neuerer städtebaulicher Themen, von denen die wichtigsten sind:

1. der Umgang mit dem Rand,
2. die Schaffung von Identität und
3. die Notwendigkeit der Fugenbildung.

Das Verständnis von Selbstorganisationsprozessen für frühe, „ungeplante" Stadtarchitektur führt somit rasch hinein in praktische Fragestellungen der planerischen Stadtentwicklung für die Zukunft. Für nähere Ergebnisse dieser am Städtebaulichen Institut der Universität Stuttgart (K. Humpert) durchgeführten Untersuchungen wird auf die zusammenfassende Arbeit von Becker et al. verwiesen.

4.7 Solarnutzung – Vielfalt der Möglichkeiten in Natur und Technik

Tiere und Pflanzen haben eine immense Menge von Nutzungsmöglichkeiten für die solare Einstrahlung entwickelt. Sie sind von grundlegender Bedeutung für das Funktionieren der belebten Welt. Trotz beachtlicher Ansätze, gerade in den letzten Jahren, steht die technische Nutzung der Sonnenenergie – ob im großtechnischen oder im kleinen Maßstab – im Vergleich damit erst in den Startlöchern. Ein sorgfältiges Zur-Kenntnis-Nehmen der Analogien im biologischen Bereich, tatsächlich vorhandener und evolutiv hochentwickelter biologischer Strukturen und Funktionen, kann da nicht falsch sein. In der Tat wäre beispielsweise die Entwicklung folienartiger „Organischer Solarzellen" nach dem Beispiel des grünen Blattes von ausschlaggebender Bedeutung. Man könnte damit großflächig Fassaden verkleiden, auch „grüne Fenster" konstruieren.

4.7.1 Die Sonne als Energiespender

Abgesehen von der Geothermie und der mondinduzierten Gezeitenbewegung ist die Sonne tatsächlich der einzige nachhaltige Energiespender, der Lebewesen dieser Erde zur Verfügung steht – sei es auf direkte Weise, über die Strahlung, auf indirekte Weise über photosynthetisierende Pflanzen oder auf indirekte Weise über den (letztlich sonneninduzierten) Wind. Norbert Kaiser hat in einem Beitrag „Maximen für solares Bauen" die solaren Energieflüsse zusammengestellt (Abb. 4.47).

Er unterscheidet demnach:

1. direkte, emissionsfreie Nutzung,
2. einfach umgewandelte, emissionsfreie Nutzung,
3. mehrfach umgewandelte, emissionsbehaftete, aber CO_2-neutrale Nutzung,
4. mehrfach umgewandelte, emissionsbehaftete, aber treibhausrelevante Nutzung.

Von der letztgenannten Nutzung abgesehen, die fossile Treibstoffe unter CO_2-Freisetzung verbrennt, sind alle Nutzungsarten ökologisch unproblematisch. Technologien dazu stehen teils seit längerer Zeit bereit, teils sind sie, da physikalisch prinzipiell einfach, bedarfsweise rasch entwickelbar, teils steht ihre praktische Nutzung (vor allem eine solare Wasserstofftechnologie auf der Basis einer „künstlichen Photosynthese") momentan noch in den Sternen. Der Weg dahin ist beschritten worden, allerdings mit völlig ungenügender gesellschaftspolitischer Unterstützung.

Wie die Abb. 4.48a und b zeigen, bedeutet der Weg vom vorsolaren ins solare Zeitalter den konsequenten Verzicht auf die – freilich auch solar erzeugten – fossilen Zwischenspeicher. Die Zusammensetzung des Energieverbrauchs (Abb. 4.48c) in den letzten 150 Jahren zeigt, dass die Muskelarbeit bereits um die Wende zum 20. Jh., die Nutzung der im Holz gespeicherten Energie durch Verbrennung erst in der ausklingenden Nachkriegszeit relativ zum Gesamtbudget bedeutungslos geworden ist. Im Jahr 2000 beginnt die Kohleverbrennung gerade sich abzuflachen, während die Nutzung von Erdöl, Erdgas und Nuklearenergie weltweit steil zunimmt. Erst seit den 80er Jahren kann man von einer merkbaren Solarnutzung sprechen, die in all ihren Facetten zurzeit kaum mehr als einen 10%-igen Anteil hat. Die Probleme ihrer Nutzung sind bekannt, insbesondere die Energiezwischenspeicherung, doch im Detail lösbar, wenn auch mit unkonventionellen Methoden. Gerade hier gilt das oben Gesagte, was die staatliche finanzielle Unterstützung anbelangt.

In einzelnen Fällen weit gediehen, von der Allgemeinheit aber immer noch stark unterschätzt ist die solare Klimatisierung von Gebäuden. Die heute noch üblichen Klimatisierungsverfahren fressen einen großen Teil der den Haushalten zur Verfügung stehenden Energie. Dieser könnte in erster Linie mit relativ unaufwändigen Verfahren – die ihre Bedeutung allerdings erst durch allgemeine Anwendung bekämen – dramatisch reduziert werden.

4.7.2 Vom biologischen Umgang mit der Sonnenstrahlung

H. Tributsch, Strahlungsbiophysiker und Physikochemiker, hat sich Gedanken darüber gemacht,

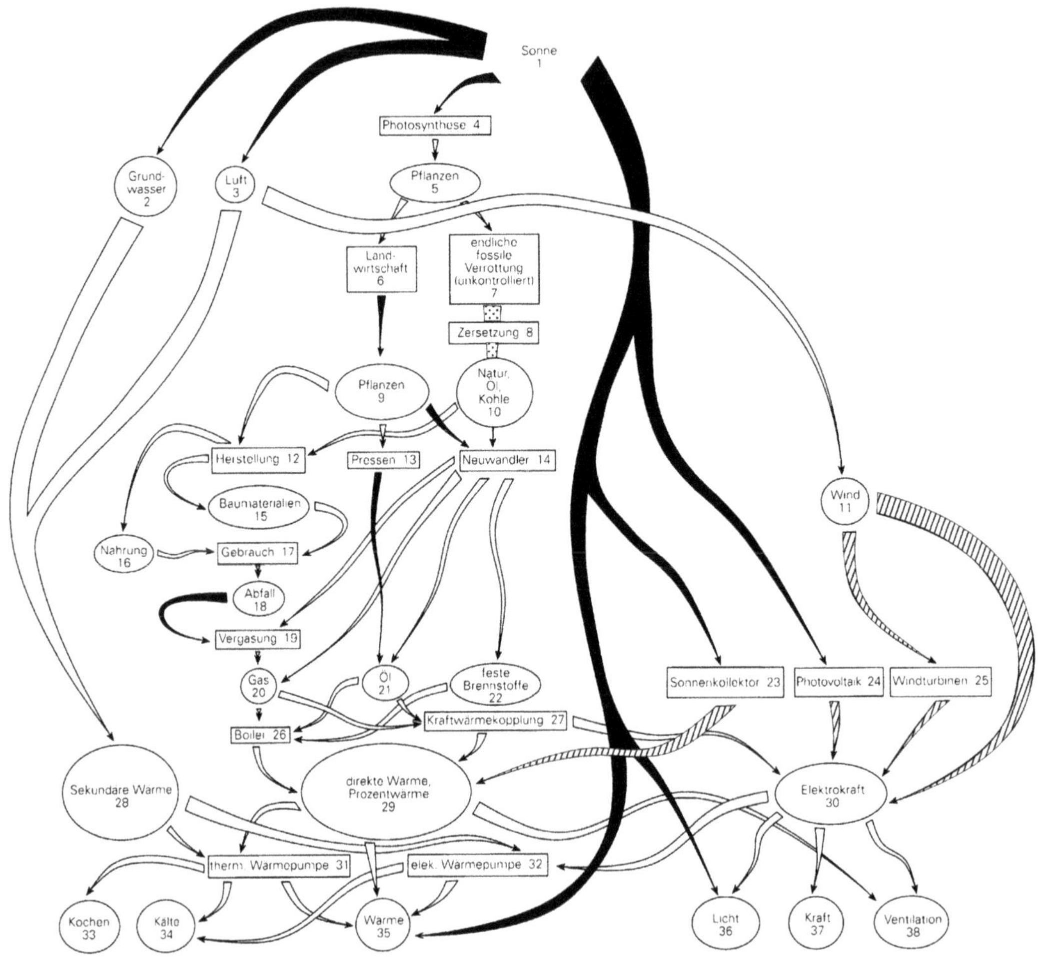

Abb. 4.47 Die Sonne ist – auf unterschiedlichen, direkten und indirekten, ein- und mehrstufigen, Kurzzeit- und Langzeitwegen – letztlich die einzige Energiequelle, die auch dem Menschen zur Verfügung steht. *Große schwarze Pfeile:* Direkte Nutzung (emissionsfrei). *Gestrichelte Pfeile*: einfach (physikalisch) umgewandelte Nutzung (emissionsfrei). *Kleine schwarze Pfeile:* mehrfach (biologisch/physikalisch) umgewandelte Nutzung von nachwachsenden Rohstoffen (Verbrennungsemission; CO_2-neutral wegen kurzfristiger Absorptionszyklen). *Grobpunktierter Pfeil*: mehrfach (biologisch/physikalisch) umgewandelte Nutzung von endlichen Rohstoffen (Verbrennungsemission; treibhausrelevant). (Nach Kaiser aus Herzog (Ed.) 1996))

wie die vorindustriellen Architekturen und die Lebewesen mit der Sonnenstrahlung umgegangen sind bzw. umgehen. Er hat beobachtet, dass skandinavische Häuser, die häufig bunt bemalt werden, im Süden immer heller werden und in den „heißesten" Südgebieten weiß sind. Offensichtlich soll damit stärkere Sonneneinstrahlung stärker reflektiert werden, so dass es nicht zur Überhitzung kommt. Häuser sind „Immobilien"; mobile Tiere benutzen aber ebenfalls den Effekt der „angepassten Farbgebung". So können viele Echsen ihre Oberflächenfarbe der Lichteinstrahlung anpassen.

Ein Iguana von den Fidschi-Inseln wird zum Beispiel umso heller, je heißer die Sonne scheint und je wärmer er selbst wird. Schwarze Käfer in der Namib-Wüste überziehen sich bei großer Hitze mit einem Wachsfilm, den sie aus Drüsen absondern. Damit reflektieren sie zusätzlich 40 % des Sonnenlichts und kühlen deutlich ab.

Ähnlich agiert auch die Vogelwelt, doch gibt es Ausnahmen. So existieren auch schwarze Vögel

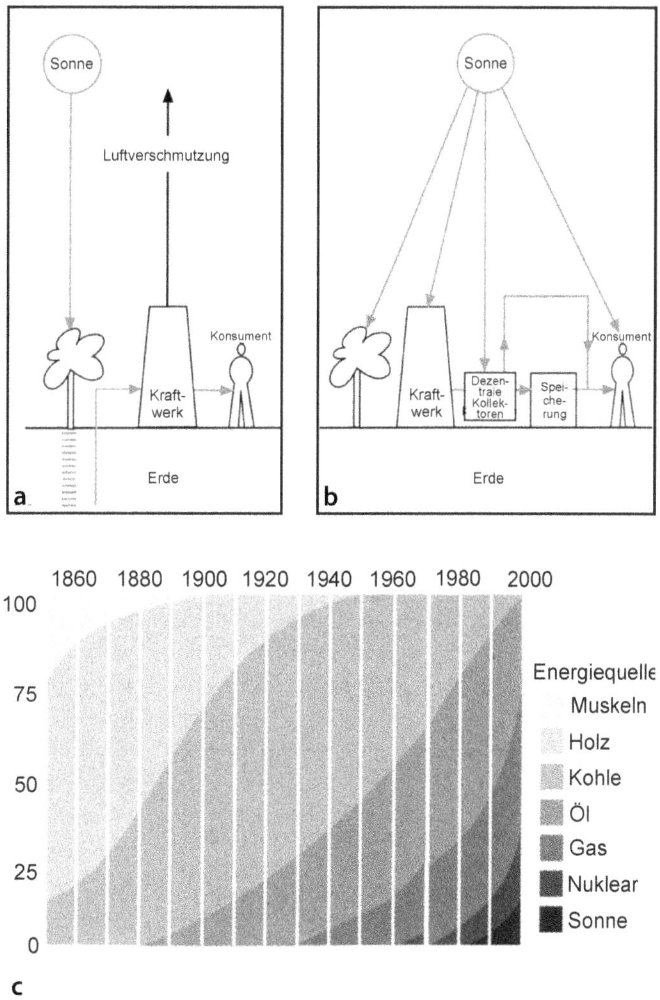

Abb. 4.48 Sonnenenergie und Energieverbrauch. **a** Vorsolares Zeitalter. **b** Solarzeitalter. **c** Zusammensetzung des Energiebedarfs in den letzten 150 Jahren. (Nach Kaiser aus Behling/Behling 1996)

in heißen Regionen, beispielsweise im Jemen ein Schwarzstorch, in Westafrika ein Austernfischer. Unter der Voraussetzung, dass das Federnkleid gut wärmeisolierend wirkt, heizen sich die schwarzen Federn zwar auf, doch wird die Wärme beispielsweise durch den Fahrtwind beim Flug leicht konvektiv abgeführt.

Vorteile ergeben sich dann, wenn sich ein schwarzer Vogel im Schatten aufhält. Wegen der Umkehrbarkeit von Strahlungsaufnahme und Abgabe strahlt er über ein schwarzes Gefieder dann stärker Wärme ab als ein weißer Vogel. Vielleicht ist das der Grund, warum Beduinen und andere Wüstenstämme häufig schwarz gekleidet sind.

Wie sehr Wärmestrahlung eine Rolle spielen kann, folgt auch aus der Beobachtung, dass sich Rehe im Sommer gerne an Waldrändern aufhalten und zwar an der sonnenabgewandten Seite. Da das Himmelsgewölbe dort relativ kälter ist, strahlt der Waldrand viel Wärme ab, und es ist dort im Durchschnitt zwei bis drei Grad kühler als im Waldinneren.

Diesen Effekt haben traditionelle Architekten aus wärmeren Regionen gerne genutzt. Sie bauten die Veranda so, dass man von ihr zur Zeit der Mittagshitze ebenfalls den von der Sonne abgewandten Himmel sah. Man musste also einen baumfreien Rasen vor der Veranda haben, dann war die Veranda richtig temperiert.

Warum können Möwen ihre Eier in der vollen Sonne liegen lassen ohne dass sie überhitzen? Bei der Möwe *Larus heermanii* wurde in den Schalen ein Farbstoff nachgewiesen, der 42 % der Wärmestrahlen (nahes und mittleres Infrarot) reflektiert. In der vollen Sonne heizen sich die Eier nur auf 30 °C auf, ohne den schützenden

Farbstoff würden sie 45 °C bis 50 °C heiß, und damit würde der Embryo absterben. Warum nicht weiße Fassadenfarben mit ähnlichen Reflexionseigenschaften konzipieren? Vorstellbar wären nach Tributsch auch schwarze Gebäude in der Wüste, die nur gut isoliert sein müssten. „Ein Schaf auf der Weide verliert durch Wärmeabstrahlung ebenso viel Wärme wie durch Wärmeableitung. Die Strahlungsgesetze zu beachten wäre ein Vorteil für unsere Architektur, traditionelle Baumeister haben dies auch durch Erfahrung zu nutzen gelernt."

Dies ist richtig und gehört zu dem Erfahrungsschatz im Umgang mit Sonne und Wind, Erdwärme und Erdfeuchte, Licht und Schatten, Wasserreichtum und Wasserarmut und was es alles gibt. Man kann von „kumulativen Effekten" sprechen. Es wird somit nötig sein, nicht nur Solareffekte einzeln und in allen Details zu studieren, sondern sie und andere bauökologisch wichtige Effekte fallweise auch passend zusammenzuführen. H. Tributsch sieht hier ein breites Betätigungsfeld, allein schon was die solaren Gesichtspunkte anbelangt:

> Auch die Bauingenieure zukünftiger Solarhäuser werden nebeneinander zahlreiche Energietechniken anwenden müssen, um eine hohe Perfektion und optimale Lebensbedingungen zu erzielen. Dies ist für die Technologie keine ungewöhnliche Entwicklung. Denken wir nur daran, wie viele Einzeltechniken bereits unser Auto oder ein Flugzeug beinhaltet. Auch für die Solarenergienutzung müssen wir, um eine hohe Perfektion zu erzielen, zahlreiche Techniken parallel entwickeln und sie synergetisch optimal zusammenarbeiten lassen.

Moderne Architekten besinnen sich langsam wieder sowohl auf die (einfachen) physikalischen Grundlagen, andererseits auf den Erfahrungsschatz der in sog. primitiven Bauten steckt, in solchen also, die sich – analog der natürlichen Evolution – in einem Versuchs-Irrtums-Feld ohne den einflussnehmenden Spezialisten entwickelt haben.

4.7.3 Makroskopische solarbetriebene Energiesysteme

In ihrer „bilanzmäßigen" Einfachheit ist die Photosynthese der grünen Pflanzen zweifellos das faszinierendste solare Energiesystem, vielleicht auch das mit dem größten Technologiepotential für eine zukünftige Energiewirtschaft. Doch gibt es auch andere, makroskopische – der Techniker würde sagen „direkte" – Möglichkeiten der Sonnenenergienutzung.

H. Tributsch hat auch diese in seine zusammenfassenden Überlegungen einbezogen. Wärme- und Kälteerzeugung gehören ebenso dazu wie Lichtsammlung, Wechselwirkung zwischen Lichtauffall und Oberfläche. Dazu kommt noch das auch von den Blattpflanzen weidlich genutzte Prinzip der solaren Verdunstung. In Abb. 4.49 sind die wichtigsten Prinzipien zusammengestellt.

Wärme, Kälte Da der Wärmehaushalt in Biologie wie Technik einen erheblichen Teil des gesamten Energieumsatzes eines Systems ausmacht, ist auf einen geschickten Umgang mit Wärme und Kälte besonders zu achten. Darauf lag in der biologischen Entwicklung ein hoher Selektionsdruck. Die Technik hat diesen Gesichtspunkt – wegen weitaus zu geringer Energiepreise – oft vernachlässigt, wird aber im künftigen Zeitalter der Energieknappheit hier alle nur denkbaren Mechanismen nutzen müssen.

In der Natur haben kleine und große Tiere unterschiedliche Wärme- und Kälteschutzstrategien entwickelt, wie nach der bekannten Bergmann´schen Regel ohne weiteres verständlich ist: das (Wärme produzierende) Volumen eines Tiers ist der dritten Potenz der Körperlänge proportional, die (wärmeaustauschende) Oberfläche nur der zweiten. Arktische Tiere sollten deshalb groß und dick sein und damit eine relativ dicke isolierende Fellschicht entwickeln können, Wüstentiere dagegen im Vergleich zum Volumen große wärmeaustauschende Oberflächen entwickeln. Die Ohren des Wüstenfuchses sind denn auch relativ sehr viel größer als die des Polarfuchses. Die wärmedämmenden Eigenschaften von Pelzen und Gefiedern mit ihren eingeschlossenen Lufthohlräumen sind ad hoc regulierbar und können auch (durch Fellersatz oder Mauser) jahreszeitlich variieren. Es gibt zahlreiche Wärmeaustauscher-Einrichtungen bei Wasser- und Landtieren.

Einrichtungen für die solare Wärmegewinnung erwärmen Wasser in strahlungsabsorbie-

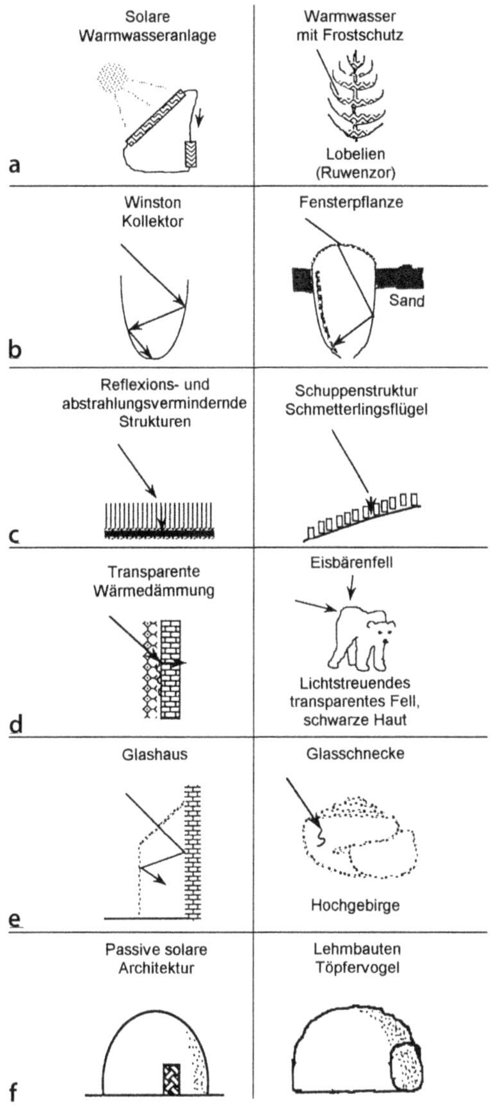

Abb. 4.49 Sechs Beispiele für makroskopische, solar betriebene Energiesysteme in Natur und Technik. **a** Solare Warmwassernutzung. **b** Lichtsammlung. **c** Reflexions-Streulicht-Optimierung. **d** Transparente Wärmedämmung. **e** Treibhauseffekt. **f** Temperaturkontrolle über massive Lehmwände. (Nach Tributsch 1995, verändert)

renden Kollektoren. Dieses kann man in einen Zwischenspeicher füllen und erst in der kühlen Nacht zirkulieren lassen. Im Hochgebirge des Ruvenzori/Uganda arbeiten hochwachsende Lobelien nach einem analogen Prinzip. Regenwasser sammelt sich in den Blattzwickeln und wird mit abgegebenem Gefrierschutzmittel angereichert. Dadurch kann Frost – die Nächte werden etwa $-15\,°C$ kalt – den Lobelien nichts anhaben (Abb. 4.49a).

Lichtsammlung, Tageslichtsysteme Maximale Lichtausbeute (und damit auch Ausbeute an längerwelligen IR-Strahlen) lässt sich wegen der beschränkten Apertur nicht mit Linsen erreichen, sondern am besten mit innenverspiegelten, paraboloiden Trichtern (Winston-Kollektoren, Abb. 4.49b). Deren Lichtausbeutung ist proportional dem Quadrat des Brechungsindex des darin enthaltenen Materials. Ein besonderer Vorteil: die reflektierenden Flächen müssen nicht der Sonne nachgeführt werden. Analoge biologische Lichtleitersysteme finden sich zum Beispiel in den Ommatidien von Krebsaugen oder auch bei Pflanzenkeimlingen, die Licht nach dem Prinzip der Totalreflektion bis in die feinsten Wurzelspitzen leiten können.

In H. Tributschs Labor wurde die kleine südafrikanische Fensterpflanze *Fritia pulchra* nach Lichtleiterprinzipien untersucht. Sie ist kolbenähnlich gebaut, so wie der Winston-Reflektor (Abb. 4.49b), trägt direkt oben ein lichttransparentes Fenster („Fensterpflanzen“) und lebt in ihrer Heimat im Boden vergraben; nur das Fenster wölbt sich über die Erdoberfläche. In der Form ist die Pflanze fast identisch mit dem komplex zu berechnenden Winston-Kollektor (Abb. 4.49a). Ähnlich gebaut sind auch die Arten der Gattung *Fenestraria* (Abb. 4.50). Das Kuppelfenster sorgt für eine Lichtsammlung unabhängig vom Sonnenstand. Das in die Tiefe geleitete Licht wird über die randständigen photosynthetisierenden Zellen genutzt. Wärme heizt dagegen nur die großvolumigen, wasserhaltigen Fensterzellen auf und wird rasch wieder abgestrahlt („Wasser-Wärmefilter“). Durch Intensitätsschwächung bei der Lichtleitung erreicht das in die Tiefe strahlende Licht gerade die für die Photosynthese richtige Intensität. Da die photosynthetisierenden Zellen außen sitzen, profitieren sie von einem weiteren Kühlungsprinzip (Erdkühle).

Während unsere moderne Wüstenarchitektur dem Klima nur sehr wenig angepasst ist und mit großen Kühlleistungen arbeiten muss, zeigt das

Abb. 4.50 Fensterpflanze *Fenestraria spec.* mit lichtdurchlässigem „Fenster", mit Lichtleiter-Optik von oben angestrahlt. (Foto: Nachtigall)

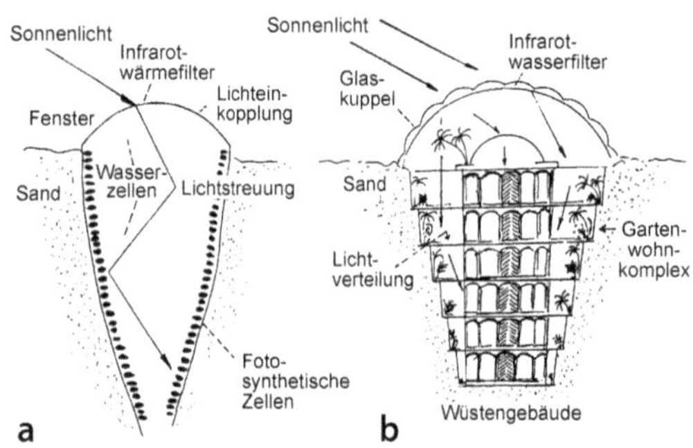

Abb. 4.51 Vorbild der Fensterpflanze *Fritia pulchra*. **a** Baukonzept der Fensterpflanze. **b** Vorschlag für ein Wüstengebäude. (Nach Tributsch 1995)

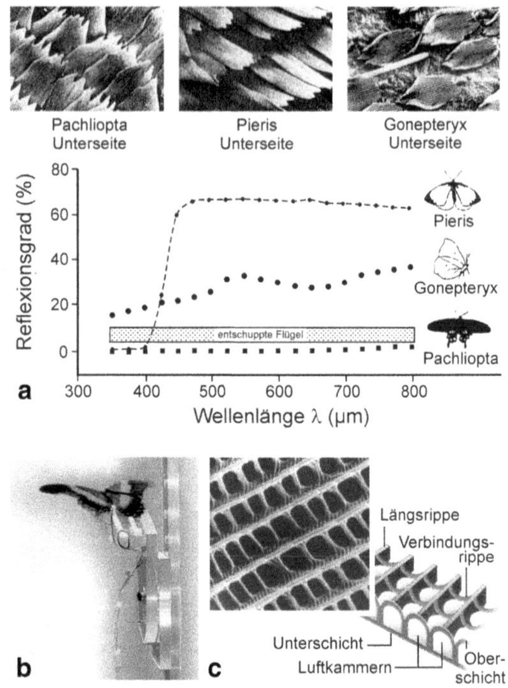

Abb. 4.52 Schmetterlingsflügel als Vorbilder aus der Natur. **a** Spektraler Reflexionsgrad und Flügelschuppung je einer Art von drei Schmetterlingsgattungen: *Pieris brassicae*, *Gonepteryx rhamni*, *Pachliopta aristolochiae*. **b** Versuchsaufbau zur Strahlungsabsorbtion für die Kühlung von Computerchips durch Mikrostrukturierung nach Art von Schmetterlingsschuppen. **c** Schuppenstruktur bei einem Schmetterling unbekannter Art (REM) und bei dem Tropischen Ritterfalter *Papilio palinurus*. (**a** nach Schmitz 1994, **b**, **c** nach Helmcke o. J. und nach Wong 1998)

Vorbild der Fensterpflanze, wie man klimatisch autarke, wüstenangepasste Architektur besser machen könnte.

Ein Vorschlag des Autors ist in Abb. 4.51b skizziert. Die Wohnhäuser sollten demnach in die Tiefe gebaut werden, „überdeckt von einer Glaskuppel mit einem wärmeabsorbierenden Wasserfilter. Wie bei der Fensterpflanze sollte das Licht durch Streuung in die Tiefe geleitet werden, wo es Wohnräume, aber auch Gärten erreicht, die von der Kühle des Bodens profitieren."

„Intelligente" Oberflächenstrukturen Der Iguana *Brachylophus vitiensis* von den Fidschi-Inseln wirkt am frühen Morgen bei niederer Temperatur dunkel und absorbiert damit möglichst viel Sonnenwärme. Mit steigendem Sonnenstand wird der Iguana immer hell-grüner; die „intelligente" Außenhaut schützt ihn dann vor zu starker Strahlung. Pflanzen drehen ihre Blätter dem Sonnenstand nach oder stellen sie mit der Breitseite in Nord-Süd-Richtung (Nutzung der Frühsonne: „Kompass-Pflanzen", in unseren Breiten beispielsweise durch den Stachel-Lattich, *Lactuca serriola*). Unsere Haut enthält Schweißdrüsen, welche die Oberfläche bei Überhitzungsgefahr durch Verdunstungskälte kühlen.

Manche Schmetterlinge sammeln über ihre Flügel solare Energie (Abb. 4.52c). So kann der große Tagfalter *Ornithoptera priamus poseidon* aus Neu-Guinea bei starker Sonneneinstrahlung im Rumpf Temperaturen bis zu 61 °C erreichen, wie Experimente gezeigt haben (er wird den rasch ablaufenden Aufheizprozess entsprechend früh abbrechen). Nach Abschneiden der Flügel sinkt die experimentell induzierte Rumpftemperatur auf etwa 50 °C. Solche Flügel sind also, wie weiter unten näher ausgeführt wird, solare Energiesammler.

Fragen der transparenten Wärmedämmung in Technik und Biologie (Abb. 4.49d) sind weiter oben behandelt worden. Über Wintergarten- und Treibhauseffekte (selbst Glasschnecken, die im Hochgebirge leben, nutzen diese) existiert eine reichhaltige Literatur. Massive Adobe-Strukturen, wie sie sowohl die Pueblos mit ihren dicken Lehmbauten als auch Töpfervögel und Töpferwespen zeigen (Abb. 4.49f), halten das Innere auch bei sehr unterschiedlichen Tag-Nacht-Temperaturverteilungen gleichmäßig temperiert (Wärmespeichervermögen, verzögerte Wärmeabgabe, ebenfalls oben beschrieben).

4.7.4 Schmetterlingsflügel als Solarfänger

Die im submikroskopischen Maßstab sehr grazil gebauten Schuppen auf Schmetterlingsflügeln (Abb. 4.52c) sind multifunktionelle Einrichtungen. Sie erhöhen durch veränderte Fluidreibung und Duktbildung den aerodynamischen Auftrieb um etwa 10 %, ermöglichen nach dem Prinzip der Farben dünner Blättchen und anderen physikalischen Prinzipien Schillerfarben, die bei der Geschlechterfindung eine Rolle spielen und dienen der Thermoregulation. Die Oberflächenstrukturen bewegen sich im Mikro- bis Nanobereich, werden in Form der Einzelschuppen durch „digitalisierte Selbstbildungsprozesse" geformt und können in ihrer Multifunktionalität Anregungen für entsprechende technische Oberflächenausformungen geben.

Schmetterlinge brauchen für das Funktionieren ihres Muskelmotors eine Thoraxinnentemperatur von etwa 40 °C. Des Morgens stellen sich viele Arten mit schräggeklappten Flügeln so zur Sonne, dass die Flügeloberflächen das Sonnenlicht ideal auf den Thorax reflektieren. Spezielle, polsterartige Thoraxschuppen verhindern, dass die aufgenommene Wärme rasch entweicht. Eine Reihe von Flügeladern ist von Hämolymphe durchströmt. Diese wird somit über die exponierten Flügel direkt aufgeheizt, strömt in den Rumpf und wärmt ihn zusätzlich auf.

Unterschiedliche Arten sind mit durchaus unterschiedlichem Reflexions- und Absorptionsvermögen ihrer Flügel ausgestattet, was man zu ihrer Lebensweise korrelieren kann. Abbildung 4.52a zeigt das spektrale Reflexions- und Absorptionsvermögen von Vertretern der drei Gattungen *Pieris* (Weißlinge, weiß), *Gonepteryx* (Zitronenfalter, gelb) und *Pachliopta* (trop. Osterluzeifalter, dunkel), und zwar von unveränderten Flügeln und von entschuppten Flügeln. Zugeordnet ist die jeweilige Form der Schuppen. Das Reflexionsvermögen ist verständlicherweise am höchsten beim weißen *Pieris* und am geringsten beim dunklen *Pachliopta.* Unbeschuppte Flügel haben aber übereinstimmend ein sehr geringes Reflexionsvermögen von einigen wenigen Prozent. In etwa gegenläufig ist das spektrale Absorptionsvermögen der Flügel (am größten beim intakten *Pachliopta,* bei intakten Flügeln stets höher als bei entschuppten) und das spektrale Durchlässigkeitsvermögen (am geringsten beim dunklen *Pachliopta,* bei intakten Flügeln stets geringer als bei entschuppten).

Pachliopta legt die Flügel zusammen und absorbiert Wärmestrahlung mit seinen schwarz beschuppten Unterseiten; auch im Zwischenraum zwischen den zusammengelegten Flügeln erwärmt sich die Luft. *Pieris* und der bereits im zeitigen Frühjahr aktive *Gonepteryx* spreizen die Flügel dagegen unter einen mittleren Winkel und reflektieren mit ihren Oberseiten Sonnenlicht auf den Thorax.

Strahlungseffekte sind umkehrbar. So könnte bei großer Körperhitze über die genannten Strukturen auch Wärme abgestrahlt werden. Am tropischen Tagfalter *Papilio palinurus,* der mit einem Absorptionsvermögen von etwa 80 % Sonnenstrahlung aufnimmt, wurde die Wärmebilanz von T.J. Wong vom Institut für Maschinenbau der Tufts Universität Medford, USA, gemessen (Abb. 4.52b). Eine Oberflächenstrukturierung nach Art der gegitterten, durch Längs- und Querrippen gegliederten Schuppen dieses Schmetter-

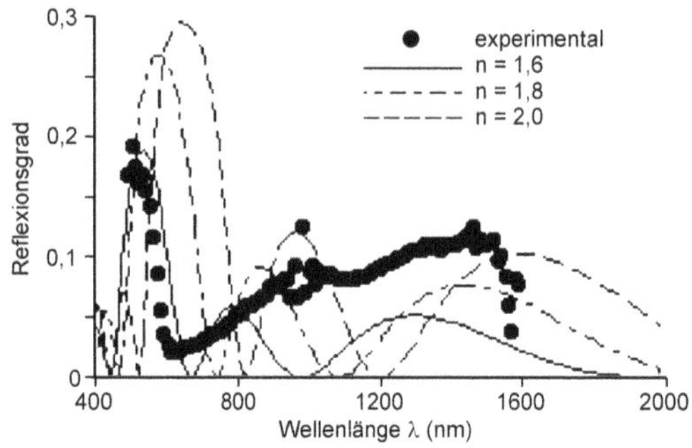

Abb. 4.53 Spektrale Reflektivität von beschuppten Flügeln des Schmetterlings *Papilio blumei*, eines tropischen Tagfalters mit grün-schillernden Flügelbanden. (Comp. Biomech. Lab., Tufts University, Medford MA 1999)

lings könnte der Oberfläche von elektronischen Chips aufgeprägt werden, die während der Arbeitssituation leicht überhitzen. Es wäre auch daran zu denken, durch eine entsprechende Mikroprägung die Wärmeabstrahlung beispielsweise von Alu-Verkleidungsplatten zu verbessern. Sie würden sich damit – in Umkehrung des Schmetterlingsprinzips – selbst kühlen. Dabei scheinen die Feinheiten der submikroskopischen Strukturen wesentlich zu sein. Die tropischen Falter *Papilio palinurus* und *Urania fulgens* unterscheiden sich in der Schuppenmorphologie nur in kleinen geometrischen Eigenheiten. Die „Chitinzäune" der erstgenannten Art sind ungefähr ein Viertel der Wellenlänge der typischen Farbe auseinander, was zu Interferenzerscheinungen führt, die letztendlich die Strahlungsenergie innerhalb dieser Schichten „vernichten", das heißt die Schichten aufheizen. Bei der zweitgenannten Art sind die Abstände etwas größer, so dass viel mehr Strahlung reflektiert wird und damit für die Direktaufheizung verloren geht. Auch diese Aspekte lassen sich zur Computerchip- oder Verkleidungsplattenkühlung umkehren.

Wie Abb. 4.53 zeigt, ist bei Schmetterlingsschuppen der theoretische Verlauf des Reflektionsgrads über die Wellenlänge abhängig vom Brechungsindex n. Experimentelle Daten stehen mit der Rechnung in Übereinstimmung für Wellenlängen bis etwa 800 nm und einem gängigen Brechungsindex von etwa 1,6. In bestimmten Grenzen kann man also das spektrale Reflektionsvermögen von Dünnschicht-Strukturen bereits mit numerischen Programmen vorhersagen.

Wie effektiv derartige Systeme arbeiten, haben Schmitz und Tributsch an gespannt getrockneten Faltern gezeigt, die mit Hilfe eines Strahlungsgeräts mit 0,1 W cm^{-2} bestrahlt worden sind. Insbesondere interessant sind Alpenfalter, die in Hochgebirgsbiotopen vorkommen. Flügel des Alpenapollos, *Parnassius phoebus*, absorbieren stark: 87 % bei 350 nm (Ultraviolettbereich) und noch 28 % bei 800 nm (Infrarotbereich). Entschuppt man den Flügel, so betragen die Werte noch 38 % bei 350 nm, 3 % bei 800 nm. Dabei erreicht das Präparat des Alpenapollo Thoraxtemperaturen von 59 °C, im basalen Flügelbereich noch 56 °C. Schneidet man die Flügel ab, so erreicht das Rumpfpräparat nur eine um 10 bis 11 Grad niedrigere Thoraxtemperatur. Die Flügel dienen also als Aufheizer, und ihre Fähigkeit als Solarabsorber ist drei- bis siebenmal größer (!), wenn sie Schuppen besitzen. Die getrockneten Falter waren in natürlicher „Sonnungsposition" gespannt.

4.7.5 Adaptive Solarnutzung

Die Nutzung solarer Energie wird in der Natur neben stationären Formen, beispielsweise im Blattwerk von Bäumen, auch im Zusammenhang mit adaptiven Systemen ermöglicht. Das Beispiel der Sonnenblume, die sich im Tagesverlauf nach dem Sonnenstand dreht, ist wohl Bekannteste. Aber auch weniger bekannte natürliche Systeme wie das Einfangen des natürlichen Lichtes in einigen Seeschwämmen zeigt eine Solarnutzung unter Implementierung von Lichtlenkungselementen. Mittlerweile wird versucht, verschiedene natürliche Systeme technisch umzusetzen, wobei Forscher des AIT, Austrian Institute of Technology, eine Vorreiterrolle spielen, indem sie mit der Methodik Pool Research natürliche Funktionsbeispiele analysieren um diese im zweiten Schritt – abstrahiert für Aufgaben in Fassadenentwicklungen – zur Verfügung stellen zu können. In Kap. 6 sind einige Beispiele ausführlich besprochen.

4.8 Photovoltaik – solarbedingte Spannungserzeugung in Natur und Technik

Selbst zu dieser technisch eigenständigen und bereits viel eingesetzten Technologie gibt es Analogien aus der belebten Welt, wenngleich diese noch ein wenig umstritten sind, nämlich bei Hornissen. Zunächst aber sei die photoelektrische Basis kurz rekapituliert.

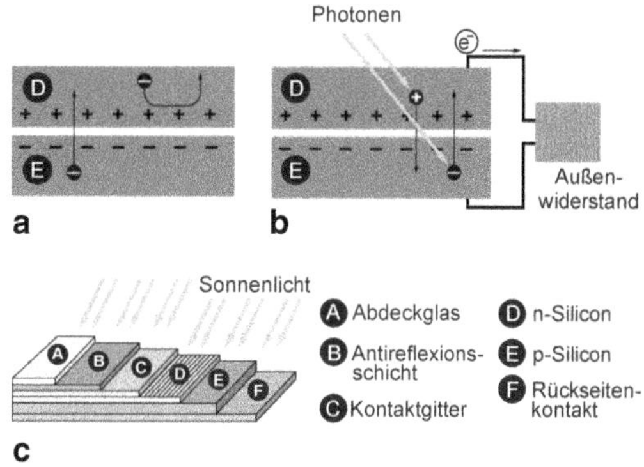

Abb. 4.54 Prinzipwirkung und Prinzipbau photovoltaischer Solarzellen. **a** Effekt eines elektrischen Felds (Spannungsgenese). **b** Stromfluss über einen angelegten Außenwiderstand. **c** Aufbau. (Neuzeichnungen, basierend auf Aldous 2001)

4.8.1 Prinzipielle Wirkungsweise photovoltaischer Zellen

Derartige Zellen bestehen aus Halbleitern (beispielsweise Silizium). Gezielte Verunreinigungen (Dotierung) verändern die Leitfähigkeit wegen erleichterter oder erschwerter Freisetzung von Elektronen. Dotierung beispielsweise mit Phosphor resultiert in der Bildung von n-Silizium (n negativ), das mehr freie Elektronen enthält und ein besserer Leiter ist. Dotierung mit Bor resultiert in p-Silizium (p positiv), das mehr Löcher (weniger Elektronen) enthält und damit positiv geladen ist. Kommen ein n- und ein p-Silizium schichtflächig aneinander, so bildet sich eine elektrisches Feld, das an der Grenzfläche Elektronenbarrieren aufbaut und nur einen einseitigen Elektronenfluss ermöglicht (in Richtung auf +), bis es zu einem Gleichgewicht kommt (Abb. 4.54a).

Ein absorbiertes Lichtquant kann normalerweise ein Elektron herausschlagen und damit ein Loch freisetzen; jenes tendiert dazu, zur entgegengesetzt geladenen Seite zu wandern.

Verbindet man die beiden Seiten über einen Außenwiderstand, so können Elektronen zur p-Seite fließen, wo sie sich mit den hierher transportierten Löchern vereinigen (Abb. 4.54b).

Das Produkt aus generierter Spannung und fließendem Strom entspricht der elektrischen Leistung der photovoltaischen Zelle. Ihr Wirkungsgrad kann höchstens etwa 25 % betragen, realiter ist er geringer. Der Prinzipaufbau einer solchen Zelle ist in Abb. 4.54c skizziert. Derartige Zellen können aus Silizium-Einkristallen aufgebaut werden, aber auch aus polykristallinem Silizium, amorphem Silizium (kleine Wirkungsgrade, aber auch geringerer Preis), Galliumarsenid, Kupferindiumdiselenid, Cadmiumtelorid und anderen. In jedem Fall ist der Aufbau komplex, relativ teuer, erfordert viel Energie und i. Allg. hochreine Bearbeitungsräume.

Derartige technologische Schwierigkeiten treiben den Preis hoch; insbesondere der hohe Energieverbrauch bei der Herstellung macht derartige photovoltaische Zellen ökologisch problematisch, denn es dauert einige Zeit, bis sie allein so viel Energie geliefert haben, wie sie bei der Herstellung verschluckt haben.

Verständlich, dass nach Alternativen gesucht wird. Diese hat man als „organische Solarzellen" bezeichnet und sie werden derzeit, wie in den Folgeabschnitten an Beispielen gezeigt wird, an verschiedenen Stellen nach pflanzlichen Vorbildern mit Hochdruck entwickelt. Es gibt aber, wie erwähnt, auch ein Beispiel für „tierische Solarzellen", deren Potenzial freilich noch nicht ausdiskutiert ist.

4.8.2 Probleme der Photovoltaik auf Siliziumbasis

Der Weg vom Quarzsand bis zum fertigen Siliziumwafer ist komplex, chemisch und mechanisch (Silanproduktion und Einkristall-Ziehen) nicht unkritisch und vor allem energetisch aufwendig (Reduktion bei 1100 °C). Beim Diamantsägen des Einkristalls zu Wafern gibt es auch großen Verlust. Bei all dem ist der „energetische Rücklauf" heute im Allgemeinen positiv: Auf die Lebenszeit berechnet geben siliziumbasierte Photovoltaik-Elemente mehr Energie ab, als sie beim Herstellen gekostet haben. Allerdings beträgt die Amortisationszeit mindestens mehrere Jahre, und es ist nicht einmal klar, ob für derartige Berechnungen alle Zusatzaspekte (z. B. Transportkosten) eingegangen sind. Auf jeden Fall ist die Siliziumtechnologie derzeit noch unersetzbar. Insbesondere aufgrund ihres hohen Energieaufwands und der komplexen Technologie dürfte sie aber mittelfristig durch andere Technologien ersetzt werden.

Bereits jetzt braucht die Photovoltaik-Industrie dringend eine neue Quelle für Silizium; Siliziumabfälle aus der Halbleiterindustrie reichen nicht mehr aus, wie Bernreuter ausgeführt hat. War 1998 die Nachfrage nach Solarsilizium noch auf 2300 Tonnen beschränkt, rechnete man für 2010 mit 8000 Tonnen. Für Reinstsilizium mit nur noch einem Fremdatom unter 10^9 Siliziumatomen werden heute bereits über 100 € pro kg gezahlt. Eine Reihe von Firmen hat Konzepte für neuartige Herstellungsverfahren billigen Reinstsiliziums vorgelegt, z. B. Bayer/Leverkusen, die Wackerchemie/Burghausen, die Kawasaki Steel Corporation (die den Preis auf wenige Dutzend € pro Kg drücken will) und andere. Die gute Absicht des Hunderttausend-Dächer-Programms, die zusammen mit dem Erneuerbare-Energien-Gesetz einen Photovoltaikboom ausgelöst hat, würde im Sand versickern, wenn photovoltaische Anlagen entweder in zu geringem Umfang oder nur überteuert geliefert werden könnten; nach den vorliegenden Prognosen kommt wohl irgendwann beides zusammen. Ein Grund mehr, intensiv Ausschau zu halten nach Alternativen im Bereich organischer Solarzellen-Technologien. Vorbilder dafür finden sich vielfach bei Pflanzen. Die einzige bisher bekannte „tierische Solarzelle" ist in folgendem Abschnitt beschrieben.

4.8.3 Photovoltaische und thermoelektrische Effekte bei Hornissen

Anfang der 90er Jahre beobachtete J. S. Ishay von der Tel Aviv-Universität das Auftreten einer elektrischen Spannung zwischen einem belichteten und einem benachbarten unbelichteten Flächenanteil der Kutikula bei der orientalischen Hornisse, *Vespa orientalis*. Bei Umkehr der Beleuchtungsverhältnisse polte sich auch die Spannung um. Effektiv waren bereits eine geringe flächenbezogene Strahlungsleistung sichtbaren Lichts von einigen mW cm^{-2}. Die maximale Quantenausbeute lag im Spektralbereich von 360 bis 380 nm (nahes UV). Es wurde der Schluss gezogen, dass die Kutikula dieser Hornissen als biologische Solarzelle wirkt. Der Effekt war größer an der Hinterkante der Abdominaltergite als an der Vorderkante. Ähnliches wurde beim Puppenkokon der gleichen Art gefunden und in seiner Abhängigkeit von Randbedingungen wie Temperatur, relativer Feuchtigkeit, Lichtstärke und Expositionszeit untersucht. Bei jeweils 2-minütigen Beleuchtungen (365 nm; 100 μW cm^{-2}) ergaben sich Ströme von einigen nA mit Zeitkonstanten $t_1 = 18$ s für den Anstieg und $t_2 = 30$ s für den Abfall (Abb. 4.55a). Diese Messungen waren in Einklang mit früheren Befunden, nach denen sich die Hornissen-Kutikula wie ein organischer Halbleiter, die Messfläche wie eine Diode verhält. Der Gesamteffekt wurde als Kombination eines photovoltaischen Effekts und eines Wärmeeffekts gedeutet; beide verursacht durch die Absorption der Strahlung.

Wie das elektrische Ersatzschaltbild (Abb. 4.55b) zeigt, ist der Innenwiderstand des Ableitungsastes um Größenordnungen höher als der des Produktionsastes; bei Strommessungen ist der Spannungsabfall am Instrument um Größenordnungen kleiner als an der Kutikula, was beides messtechnisch zu fordern ist. Simulationsexperimente unter Verwendung des Ersatzschaltbilds führten zu prinzipiell ähnlichen Ergebnissen. Es wird geschlossen, dass die Kutikula unter Beleuchtung beziehungsweise Erhitzung Polarisa-

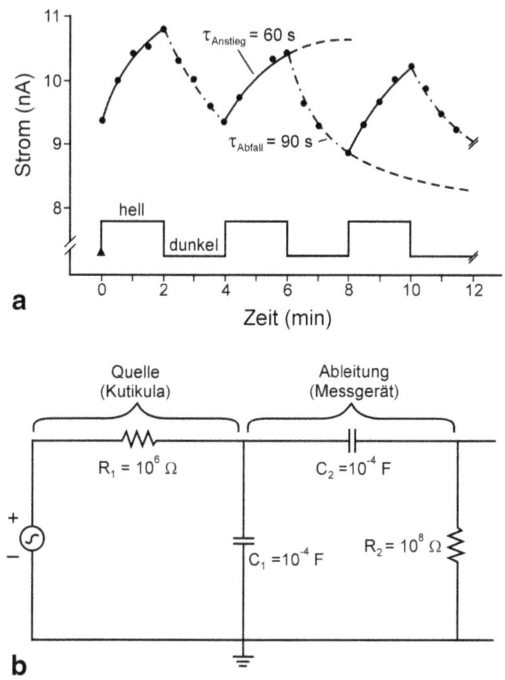

Abb. 4.55 „Bio-Solarzellen“ (?) in der Kutikula der orientalischen Hornisse, Vespa orientalis. **a** Messungen an der frontalen Kappe der Puppenhülle (l=365 nm, P_{rel} = 100 µW cm^{-2}). **b** Elektrisches Ersatzschaltbild, vgl. den Text. (Nach Ishay et al. 1992, ergänzt)

tionsänderungen erfährt, wie sie auch von photosynthetischen Membranen bekannt sind und einen Elektret-Effekt aufweist. Es ist bekannt, dass sich Elektrete, wie beispielsweise belichtetes Bienenwachs, unter hohen Spannungsgradienten ab etwa 10 kV cm^{-1} bilden; es gibt aber auch Hinweise, dass dies bei sehr viel geringeren Gradienten geschehen könnte (einige Dutzend mV cm^{-1}), wie sie in den Kutikulae auftritt.

Die Reaktion der Hornissen-Kutikula auf Licht kann als „extraretinale Photoperzeption“ bezeichnet werden. Die Unterscheidung der thermoelektrischen Effekte im Dunklen und der photoelektrischen Effekte im Hellen und ihre Rückführung auf feinmorphologische und submikroskopische Mechanismen ist dabei noch nicht klar.

Es handelt sich also zunächst mehr um das Feststellen von Effekten. Man sollte aber auch die Aufdeckung von „Effekten an sich“ nicht unterbewerten. Zum einen ist es anfangs schon schön, wenn man sie auch nur „teilkausal“ modellieren kann, und zum anderen gehören noch nicht vollständig erklärbare Effekte zu den stärksten Stimulantia, welche die naturwissenschaftliche Forschung kennt.

4.8.4 Organisch-photovoltaische Solarzellen

Die Entwicklung organisch-photovoltaischer Solarzellen dauert nun schon an die zwei Jahrzehnte und hat immer noch nicht zu einer praktischen Anwendbarkeit geführt. Ein solcher Erfolg wäre aber von größter Bedeutung. Deshalb wird an mehreren Stellen intensiv weitergeforscht. Beschrieben sind hier drei klassische Ansätze sowie neuere Entwicklungen.

Grätzels Farbstoff-sensitive Solarzelle Konventionelle Solarzellen konvertieren Lichtenergie in elektrische Energie mit Hilfe des photovoltaischen Effekts an Halbleiter-Grenzflächen. Die verwendeten Halbleiter müssen hochrein und defektfrei sein, was ihre Herstellung kompliziert, energieaufwendig und teuer macht. In der Arbeitsgruppe von M. Grätzel im Labor für Photonics und Grenzflächen am Schweizer Institut für Technologie, Lausanne, wurde eine farbstoffsensitivierte Solarzelle entwickelt. Während in konventionellen, siliziumbasierten Photovoltaikanlagen die Halbleiter gleichzeitig Licht absorbieren und für die Trennung elektrischer Ladungen (in „Elektronen“ und „Löcher“) sorgen, übernimmt bei der letzteren Zelle eine monomolekulare Farbstoff-Schicht die Aufgabe der Lichtabsorption und die Halbleiter-Grenzschicht die Aufgabe der Ladungstrennung: Die beiden Aufgaben werden auf unterschiedliche Elemente verteilt. Die im Prinzip einfache, in der Ausführung allerdings von mehreren kritischen Parametern beherrschte Methode weist den Weg für „einfach“ konstruierte, umweltverträgliche, energiearme und deutlich preiswertere Solarzellen. Kalyanasundaram und Grätzel beschreiben das Prinzip wie folgt (Abb. 4.56a):

> Die Lichtabsorption geschieht durch eine monomolekulare Farbstoffschicht (S), die durch

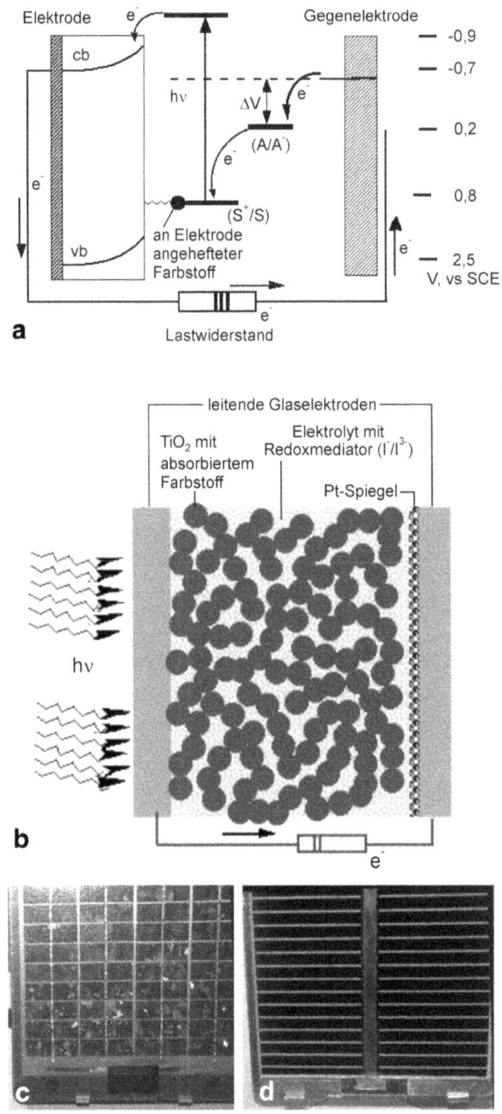

Abb. 4.56 Prinzip der farbstoff-sensitivierten Solarzelle nach Grätzel. **a** Schema einer derartigen Solarzelle. **b** Nanokristalline Solarzelle, vgl. den Text. **c** Foto einer Silizium-Verbundzelle. **d** Foto einer Kurth-Verbundzelle. (Nach Kalyanasundaram, Grätzel 1999; **c**, **d** Fotos von Teilen jeweils gleicher Größe: Nachtigall)

chemische Bindung an eine Halbleiteroberfläche angekoppelt ist. Nach Erregung durch ein Photon (S*) wird die Farbstoffschicht in die Lage versetzt, ein Elektron auf einen Semikonduktor (TiO_2; „Injektionsprozess") zu übertragen. Aufgrund des entstehenden elektrischen Felds kann ein Elektron aus dem Halbleitermaterial abgezogen werden. Formal wird deshalb eine positive Ladung von dem Farbstoff (S+) auf einen Redoxmediator (A) (Prozess der „Interzeption") übertragen, den die Lösung zwischen den beiden Elektroden enthält. Von dort gelangt die positive Ladung zur Gegenelektrode. Sobald der Mediator in den reduzierten Zustand zurückgesprungen ist, ist der Kreis geschlossen, und über einen Außenwiderstand kann Strom fließen. Die theoretische Maximalspannung einer solchen Einrichtung entspricht der Differenz zwischen den Redoxpotentialen des Mediators und dem Fermizustand des Halbleiters.

Diese Schweizer Entwicklung, die auf den Beginn der 90er Jahre zurückgeht, führte ebenso wie die Bremer Entwicklung von D. Wöhrle zu den ersten experimentellen „Bio-Solarzellen". Sie verwendet nanokristalline Filme von TiO_2.

Die Solarzelle besteht aus zwei leitenden Glaselektoden in Sandwich-Konfiguration mit einem Redoxelektrolyten dazwischen. Eine TiO_2-Schicht von wenigen μm Dicke wird aus einer kolloidalen Lösung monodispersierter Partikel von TiO_2 niedergeschlagen. Diese Schicht ist porös und weist deshalb eine große Oberfläche auf, an der Farbstoffmoleküle in monomolekularer Verteilung ankoppeln können. Nach einer geeigneten Hitzebehandlung, die den Widerstand dieses Films reduzieren soll, wird die Elektrode mit der Oxidschicht in eine geeignete Farbstofflösung einige Stunden lang eingetaucht. Die poröse Oxidschicht wirkt wie ein Schwamm, nimmt die Farbstoffmoleküle sehr effektiv auf und färbt sich dabei. Molekulare Absorptionen von drei und darüber werden mit RU-Polypyridylkomplexen innerhalb dieser dünnen Schicht leicht erreicht. Die so präparierte Elektrode wird dann in Verbindung mit einer weiteren Elektrode aus leitfähigem Glas gebracht, und der Zwischenraum wird mit einem organischen Elektrolyt (üblicherweise mit einem Nitril) gefüllt (I^-E/EI^{--}). Auf der Gegenelektrode wird eine dünne Schicht von Platin deponiert, welche die Reduktion von Trijodid in Jodid katalysieren soll. Dann werden an den beiden Elektroden Kontakte angebracht und das Ganze wird versiegelt.

Das Schema dieser Zelle ist in Abb. 4.56b skizziert.

Die Lichtabsorption an monomolekularen Farbstoffschichten erfolgt mit geringen Ausbeuten. Ein ausreichender photovoltaischer Wirkungsgrad kann deshalb nicht mit glatten Oberflächen, sondern eher mit schwammigen nanostrukturierten Filmen einer sehr hohen internen Oberfläche erreicht werden. Eindringendes Licht wird damit stärker gestreut und überquert Hunderte absorbierender monomolekularer Schichten, so dass die Absorptionswahrscheinlichkeit und damit auch die Lichtausbeute deutlich steigen. Die Anordnung sorgt auch dafür, dass der Wirkungsgrad der Zelle bei schwachem Licht nicht sinkt, was im Kontrast steht zu klassischen siliziumbasierten Systemen.

Eine photovoltaische Zelle sollte etwa 20 Jahre halten, damit sie sich amortisiert. Die Lausanner Entwicklung, und nicht nur diese, muss auf dem Weg dahin noch viele Hürden der Praktikabilität und der Korrosionsbeständigkeit nehmen. Der letztere Problemkreis ist besonders schwerwiegend. Aufgrund von Alterungsprozessen konnte die Grätzel-Zelle, ebenso wie ähnliche Andere, bisher nicht zur Serienreife entwickelt werden, vor allem deshalb, weil die Leiterschichten oxidieren.

Kurth-Zelle M. Kurth und seine Mitarbeiter R. Monard und F. Flury haben Zellen der obengenannten Art weiterentwickelt und, insbesondere durch Anwendung eines Keramik-Korrosionsschutzes, ihre Haltbarkeit verbessert. Im äußeren Habitus unterscheidet sich eine konventionelle Anordnung photovoltaischer Elemente (Abb. 4.56c) kaum von einer Kurth-Zelle (Abb. 4.56d). Anfragen zu Detailkonzepten beantworteten die Erfinder nicht, so dass diese Weiterentwicklung nicht im Vergleich gewertet werden kann. Bei Sonne ist der Wirkungsgrad dieser Zelle mit 7,8 % im Vergleich zu Silizium-Solarzellen relativ nieder; dafür soll die Zelle auch bei diffuser Beleuchtung, selbst bei nebeligem Wetter, noch aktiv sein und dann mit Wirkungsgraden von 5,5 % arbeiten. Hervorgehoben wird auch, dass die Entsorgung solcher Zellen nach Ablauf ihrer Lebensdauer unproblematisch ist. Das von Wissenschaftsjournalisten bejubelte Konzept wurde mit dem Unternehmerpreis 2000 der Schweizer W. A. De Vigier-Stiftung bedacht. Über seine Umsetzung in die Anwendungspraxis ist auch heute noch nichts Näheres bekannt. Wäre es um 2010 zu durchgehenden Anwendungen dieser und ähnlicher Zellen gekommen, betrüge die Entwicklungszeit von der ersten vergleichbaren Solarzelle mit 1 % Ausbeute, die C. W. Tang von der Kodak Corporation im Jahr 1986 gegeben hat, knapp 25 Jahre. Das wäre im Vergleich zu anderen Technologien nicht viel. Doch ist es noch nicht so weit.

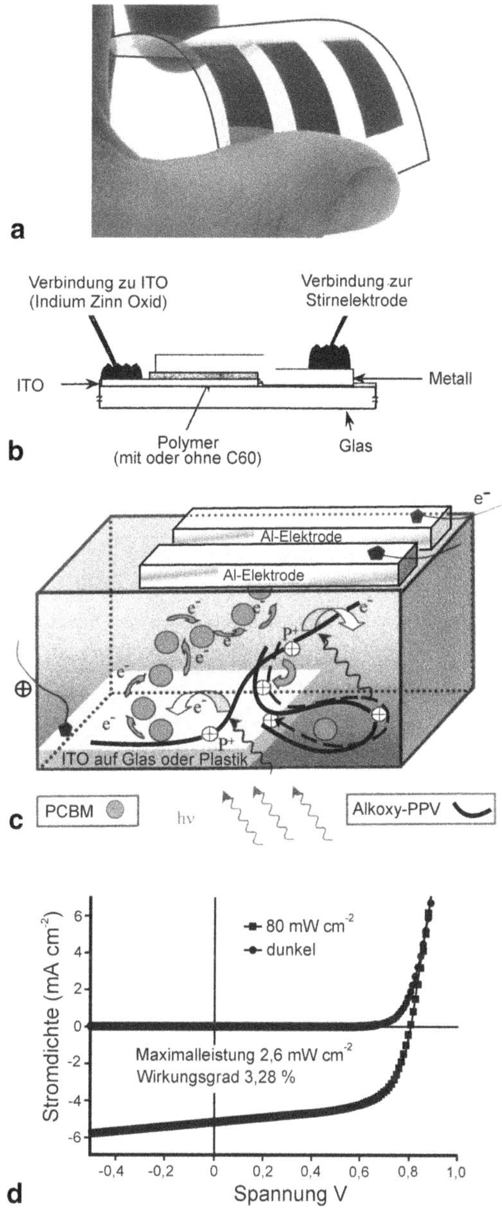

Abb. 4.57 Die Plastik-Solarzelle nach Sariciftci. **a** Ausführungsbeispiel. **b** Schichtungsbeispiel. **c** Prinzipkonzept. **d** Messbeispiele. (**a**, **b** nach Blattsammlung Sariciftci; **c**, **d** nach Doppler Laboratory for Plastic Solar Cells und Quantum Solar Energy, Linz, 2001)

4.8.5 Die Plastik-Solarzelle

Die Sarciftci-Zelle (Plastik-Solarzelle) Der im oberösterreichischen Linz forschende Physiochemiker S. Sariciftci steht einer von mehreren weltweit aktiven Forschergruppen vor, die organische Solarzellen auf der Basis einer künstlichen Photosynthese entwickeln wollen. Entwicklungsziel ist eine Plastik-Solarzelle, die automatisch zu fertigen und gegen mechanische Belastung unempfindlich ist (Abb. 4.57a). Abbildung 4.57b zeigt eine mögliche Aufbauvariante, hier noch auf Glasträger. Wie Abb. 4.57c erkennen lässt, werden mit Indiumzinnoxid (ITO) überzogene Polyesterfolien oder Gläser (Widerstand zwischen 10 und 100 Ω cm^{-2}) verwendet. Als Donor kommt 3,7-Dimethyl-octyloxymethyloxy-PPV zur Anwendung (allgemein: Alkaloxy PPV). Als Akzeptor wird ein Fulleren verwendet, nämlich 1-(3-Methoxycarbonyl) Prophyl-1-Phenyl [6,6] C61 (abgekürzt PCBM). Messbeispiele zeigt Abb. 4.57d.

Konzepten wie diesen ist eine große Zukunft zu prophezeien. Freilich sind, wie bereits erwähnt, auch bei diesem Konzept noch viele praktisch wichtige Aspekte zu lösen, wie die Alterungsbeständigkeit, die Versprödungsunempfindlichkeit, die Übertragung auf großflächige Einrichtung und eine Reduktion der derzeit noch hohen Produktionskosten.

Die Vision, die Physikochemiker zurzeit entwickeln, liegt darin, die ungezählten Fassaden und Fenster in technischen Gebäuden zu nutzen. Eine leichtgetönte Fensterscheibe, von der man bei Sonneneinstrahlung einen elektrischen Strom über einen Außenwiderstand fließen lassen kann – es gibt ungezählte Fensterscheiben!

Die Forschungen zu organischen Solarzellen haben heute eine breite Basis gefunden. Intensive Forschung allerdings hat sehr spät eingesetzt, findet eigentlich erst seit rund 15 Jahren statt, seitdem die erste internationale Konferenz zu diesem Thema unter der Leitung von Dieter Meissner 1998 in Cadarache, Frankreich, stattgefunden hat. Sie vereinigte damals Forscher aus Deutschland, den USA, Japan und anderen Ländern.

5 Trag- und Hüllstrukturen in der Biologie als Ideengeber für Bauwerke

In diesem Kapitel steht die Biologie im Vordergrund. Die biologischen Beispiele sind allerdings nach bautechnischen Gesichtspunkten eingeteilt, und es wird jeweils auf technische Konstrukte hingewiesen, zu denen die Biologischen analog sind. Bei einigen davon hat das Studium der natürlichen Formen und Konstruktionen technische Ausarbeitungen beeinflusst und beflügelt. Bei anderen ist dies anzunehmen aber quellenmäßig nicht nachweisbar; es bleibt dann bei der Gegenüberstellung der Analogien. Einige Aspekte sind schon in früheren Abschnitten gebracht worden, nämlich Tensegrity- und Tenseritystrukturen, Plattenkonstruktionen, Faltwerke und Aspekte der Bienenwaben. Mit Ausnahme der Letzteren werden diese hier nicht nochmals aufgegriffen. Über Höhlen- und Töpferbauten wurde ebenfalls bereits einiges gesagt.

In Kap. 6 wird dann umgekehrt vorgegangen. Hier stehen bautechnische und architektonische Konzepte sowie eine Reihe ausgeführter Bauten im Vordergrund. Dabei kommt es auch hier darauf an zu zeigen, wie von biologischen Vorbildern ein technisches Produkt entwickelt wurde. Darüber hinaus wird dargestellt, welche Querverbindungen „zurück zur Biologie" bestehen.

5.1 Leichtbauten

Biomorph? – Nicht biomorph? An dieser Stelle sei (nochmals) ein Hinweis auf Vergleichskriterien gestattet.

Es bleibt letztlich immer problematisch, technische Bauten und solche aus der Natur zu vergleichen. Selbst heute, wo wir im Formenvergleich geübt sind, besteht die Gefahr, dass dies oberflächlich bleibt. Wenn schwellende Formen von Wirbeltierorganen und eine postmoderne „biomorphe Architektur" gegenübergestellt werden, kann man zwar bei beiden feststellen, dass es keine rechten Winkel und scharfen Kanten gibt und beide irgendwie „organisch wirken". Man kann auch die Psychologie bemühen, um Wohlbefindlichkeits-Kriterien zu formulieren, aber das ist es dann auch. Es fehlt jede physikalisch-funktionelle Vergleichsbasis.

Wenn man einen technischen und einen biologischen Hochbau vergleicht wie Fernsehturm und Grashalm, ist dagegen die physikalische Vergleichsbasis durchaus gegeben; bei Windstille beispielsweise eine rein zentrale, achsenparallele Druckbelastung. Doch besteht hier wiederum die Gefahr, dass man baustatisch falsche Schlüsse zieht, weil beim Vergleich Ähnlichkeitsgesetze leicht verletzt werden könnten. Das sind vor allem nichtlineare Abhängigkeiten statischer Kenngrößen von der Länge. Außerdem haben biologische und technische Versteifungs- und Füllmaterialien völlig unterschiedliche E-Moduli und Poisson-Zahlen.

Wann ist also ein Gebäude „biomorph", wann nicht?

Hier kann man Gemeinsamkeiten suchen, z. B. in der Art und Weise, wie Leichtbaukriterien verwendet werden. Beim Eiffelturm haben dem Konstrukteur Köchlin nachweisbar organische

W. Nachtigall, G. Pohl, *Bau-Bionik*,
DOI 10.1007/978-3-540-88995-3_5, © Springer-Verlag Berlin Heidelberg 2013

Formen, wie Knochen, weitgehende Impulse gegeben; die durchgehende Verwendung eines Stabfachwerkes mit weitgehend spannungstrajektorieller Ausrichtung entspricht dem Leichtbauprinzip des Knochens. Man könnte sich fragen: Ist der Oberschenkelknochen für seine gegebene Durchschnittsbelastung noch leichter zu bauen? Wäre damit auch der Eiffelturm noch leichter zu bauen gewesen? Sind also beide leichtbaumäßig vollendete Tragekonstruktionen, oder (noch) nicht? Solche Fragen wären nicht sinnleer. Man könnte ihnen unter Verwendung völlig gleichartiger physikalischer Ansätze nachgehen. Im Gegensatz dazu verböte sich bei einem Bauwerk wie der Cheops-Pyramide jeder Vergleich mit der Biologie; die „Konstruktionsabsichten" sind, klar erkennbar, durchaus unterschiedlich.

Es gibt demnach in den Bereichen zwischen Bauten der Natur und des Menschen durchaus sinnvolle Vergleichsansätze. Sie können rasch ins Quantitative führen, wenn sich nämlich die beiden zugrunde liegenden physikalischen Gesetzmäßigkeiten klar herausarbeiten lassen. Sie können aber auch im Qualitativen bleiben, wenn es um teilfunktionell orientierte Gemeinsamkeiten geht, die Anregungen über die jeweilige Betrachtungsgrenze hinweg bieten können; sei es der Biologie zu einem besseren Verständnis ihrer eigenen vorliegenden Konstruktionen („Technische Biologie"), sei es als Anregungen aus der Natur in die bautechnische Gestaltung hinein („Bionik").

Schließlich sind Vergleiche immer erlaubt, auch wenn ihre Ergebnisse den hier vertretenen Kriterien letztlich nicht entsprechen. Es kann dann nur sein, dass der Vergleich in einem relativ frühen Stadium zur Erkenntnis führt, er wäre entweder sinnleer, weil keine weitere Vergleichsbasis formulierbar ist, oder nicht sinnvoll, weil erkennbare „Konstruktionsabsichten" diametral auseinanderlaufen. Man wird denn Vergleich dann beenden. Ganz falsch wäre es aber, ihn von vornherein nicht zuzulassen.

5.1.1 Diatomeen – geodätische Dome

Diatomeen, im botanischen Sprachgebrauch auch als Bacillariophyceen („Stäbchenpflanzen") bezeichnet, sind Algen des Meeresplanktons und des Süßwassers, die feinporöse Silikatskelette fertigen. Die Abb. 5.1 und 5.2 zeigen einige Formen und Ausschnitte nach klassischen durchstrahl-elektronenmikroskopischen Aufnahmen. Hier handelt es sich um döschenartige Formen mit Durchmessern meist unter einem Zehntel Millimeter, die frei im Plankton des Meeres und des Süßwassers flottieren. Sie können ferner zu Ketten aneinanderhängen, die dann auch einseitig am Bodensubstrat verankert sein können. Solche Kettenformen oder andere Aufwuchsdiatomeen bilden im Frühjahr die bräunlich-schleimigen Überzüge auf Steinen in langsam fließenden Bächen. Unter dem Mikroskop offenbart sich ihr Aufbau aus einem maschenartigen Filigranskelett (Abb. 5.1a). Die stärkere Vergrößerung unter Verwendung des Elektronenmikroskops zeigt, dass die scheinbar offenen Poren mit einem Netz zweiter Ordnung abgedeckt sind, deren Poren schließlich wiederum siebplattenartig bedeckt sein können (Abb. 5.1b–d und 5.2). So kommt man zu einem System von bis zu drei ineinander geschachtelten Feinstufen. Die allerfeinsten Poren sind tatsächlich offen. Sie sind aber bereits so klein, dass sie hochmolekulare Eiweißstoffe nicht mehr durchtreten lassen.

Die nähere Betrachtung zeigt eine typische Unregelmäßigkeit, die eine starke Bedeutung von Zufallsvorgängen in der mikromorphologischen Gestaltung vermuten lassen.

Diatomee → Bahnhofsdach Die Diatomee *Surirella* ist langgezogen-elliptisch geformt (Abb. 5.3a). Von einer zentralen Leiste aus streben beidseitig gebogene Spanten weg, die zwischen sich ein feinporiges Perforationssystem ausspannen. In der Prinzipform erstaunlich ähnlich ist eine Bahnhofsüberdachung von E. Torroja aus den 40er Jahren. Ob die Formähnlichkeit zufällig ist, oder ob der Architekt über Diatomeenkonstruktionen informiert war, ist nicht bekannt.

Diatomee → Stadion Im Gegensatz zur Diatomee *Surirella*, die eine langgestreckte Ovalform aufweist, ist die Diatomee *Arachnoidiscus* in der Draufsicht kreisrund; sie gehört zur Untergruppe

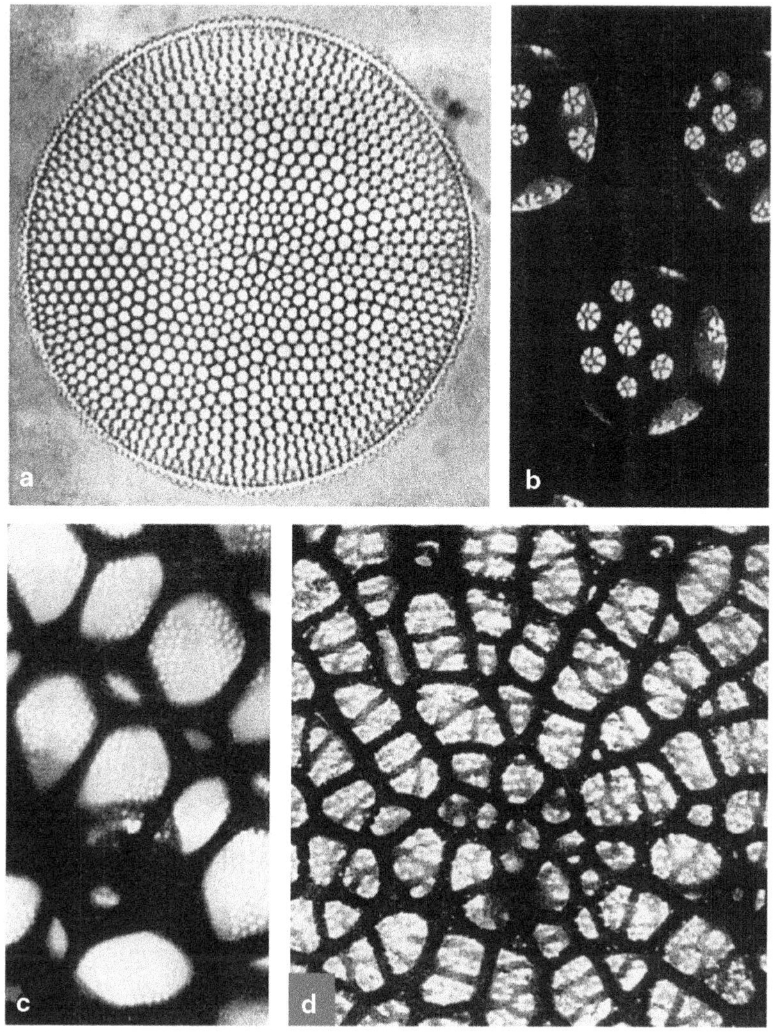

Abb. 5.1 TEM-Aufnahmen einiger Diatomeen (**a–d**). (Nach Roland 1965, verändert)

der „Centrales". Entsprechend ist ihr Bau radiär strukturiert; vom Zentrum ausgehend verlaufen radiär Spanten, zwischen denen das feinporige Maschenwerk ausgespannt ist. Analog dazu ist das berühmte Dach des Sportpalastes in Rom von P. C. Nervi (Abb. 5.3c) zu nennen. Auch hier ist nicht bekannt, ob die Ähnlichkeit zufällig ist, wahrscheinlich wohl.

Diatomee → Renaissancekirchen In stärkerer elektronenmikroskopischer Vergrößerung löst sich das Trägerwerk der Schale der Diatomee *Thalassiosira* in ein stark skulpturiertes Versteifungsmuster auf, das aber statisch ebenso wenig nötig ist wie beispielsweise die stark gegliederte und durch Randleisten skulpturierte Decke mancher Renaissancekirchen (Abb. 5.3d). Die Ähnlichkeit ist rein äußerlich: Formähnlichkeit. Da es im Design und architektonischen Gestalten aber auch auf reine Formgestaltung ankommt, die nicht immer und überall einen funktionellen Überbau haben muss, sind selbst solche Vergleiche nicht völlig sinnleer. Selbst sie können Anregung geben für gestalterisches Tun.

Fetttröpfchen-Hypothese Zur Erklärung des Zustandekommens der feinen Schalenkammerung von Diatomeen (Abb. 5.4a) hat G. Helmcke die folgende Hypothese entwickelt. Wenn das Plasmakügelchen aus der Auxospore schlüpft, ist es noch nackt. Die Schalen bilden sich danach aber sehr rasch. Vorher sind auf der Oberfläche

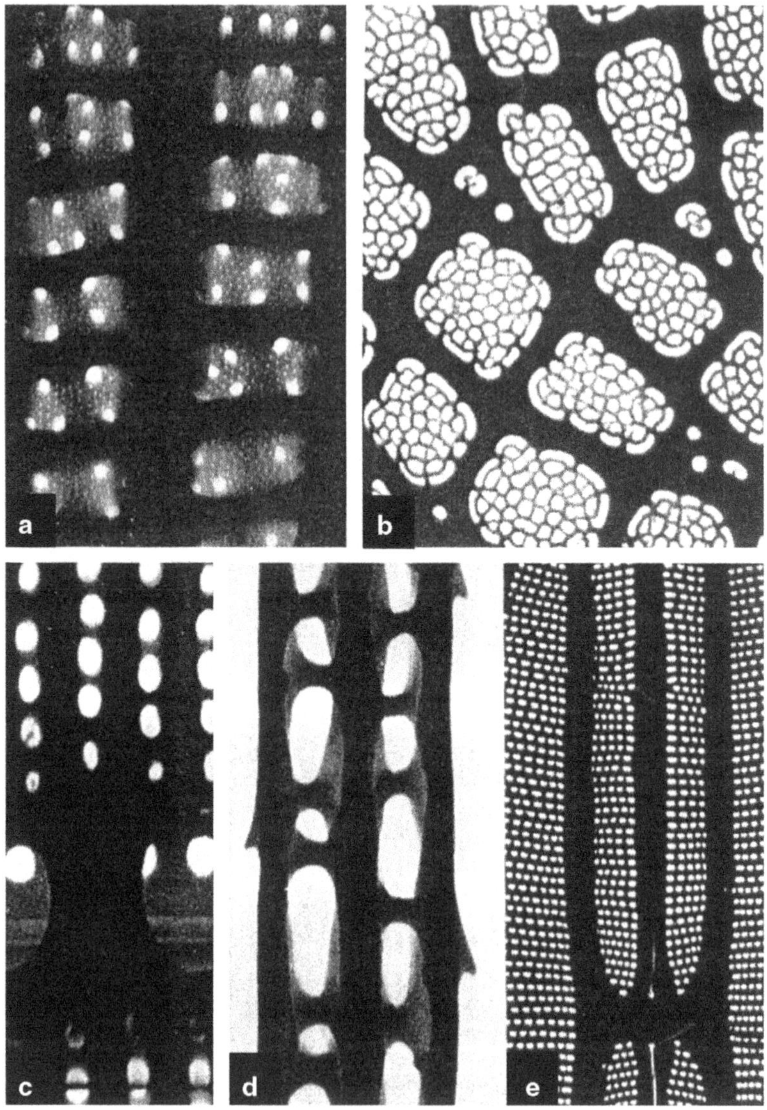

Abb. 5.2 TEM-Aufnahmen einiger Diatomeen (**a–e**). (Nach Roland 1965, verändert)

Fette nachzuweisen. Nach Helmcke bildet die noch unbeschalte Diatomee im Stoffwechsel Fetttröpfchen, die sich an der Oberfläche anordnen und dort Raumkonkurrenz machen, weil sie sich berühren und damit verformen (Abb. 5.4a). Die Zwischenräume werden dann mit flüssiger Kieselsäure in einem einzigen Gussvorgang ausgefüllt. Nachdem diese erhärtet ist, werden die Fetttröpfchen abgebaut. Es bleibt der Ausguss übrig (Abb. 5.4b). An den Berührungsflächen entstehen auf diese Weise durch gegenseitige Abplattung der Tröpfchen kreisförmige Öffnungen (Abb. 5.5, Abb. 5.6). Heute ist diese Hypothese nicht mehr haltbar, doch hat sie zu manch gestalterischen Tun angeregt. In Analogie dazu hat man grazile Wandbausteine entwickelt (Abb. 5.7b).

Presst man einen Fußball in eine sechseckige Schachtel, gießt die Zwischenräume aus und entfernt die Formteile, so bleibt ein hexagonaler Baustein mit insgesamt acht kreisförmigen Öffnungen übrig. Mit diesen kann man beispielsweise leichte Abtrennungen bauen. In den 60er Jahren ist dies versucht worden (vgl. Abb. 5.7a, b).

Betonausgussschalen Mit seiner Doktorarbeit hat der Architekt T. Noser, den G. Helmcke sei-

Abb. 5.3 Formähnlichkeiten verschiedener Diatomeen-Bauwerke. **a** Diatomee *Surirella* und Bahnhof. (E. Torroja). **b, c** Diatomee *Arachnoidiscus* und Sportpalast Rom. (P. C. Nervi). **d** Diatomee *Thalassiosira* und Renaissancekirche, Rom. (Nach versch. Autoren aus Nachtigall 1974)

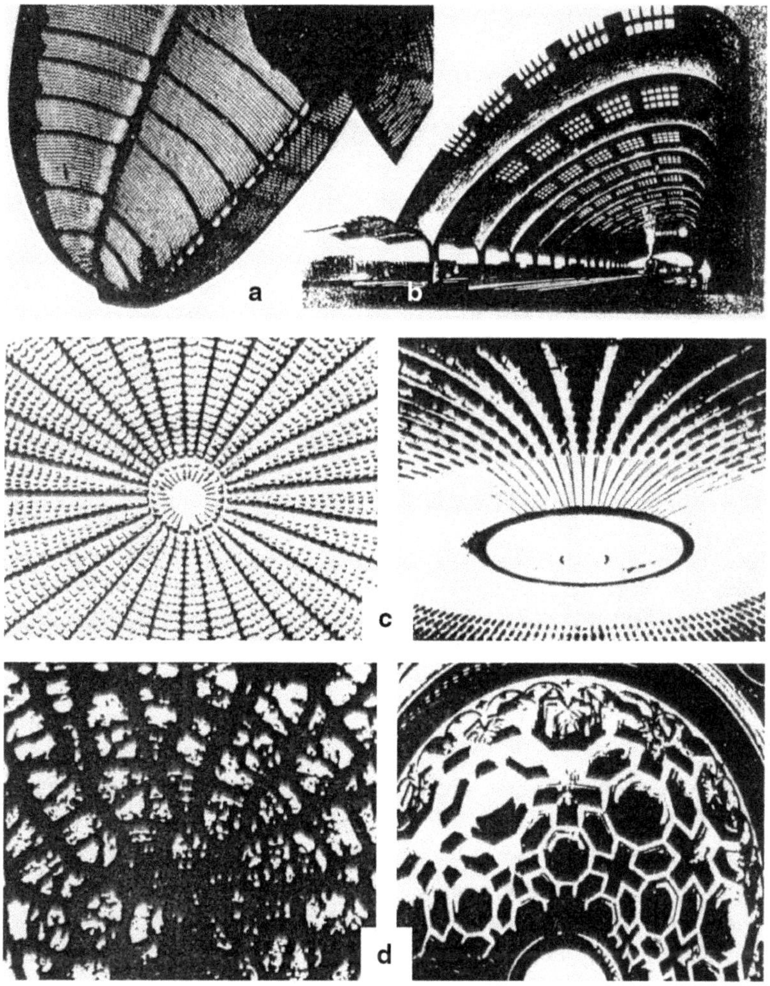

nerzeit in Berlin betreut hat, Schalenformungen nach dem „Helmcke-Prinzip" versucht. Später hat sich, wie erwähnt, dieses Prinzip als nicht direkt zutreffend erwiesen; im Detail konstruieren die Diatomeen ihre Schalen anders. Doch war die Fetttröpfchen-Hypothese durchaus ein wichtiges heuristisches Prinzip und hat viele Anregungen für unkonventionelle Baugestaltung gegeben.

So hat T. Noser Fußballblasen zwischen Spannplatten gepresst und mit Gips oder Polyester ausgegossen (Abb. 5.6a). Es resultierten die oben angesprochenen Stegformen mit jeweils acht Löchern pro ehemalige Blase. Es wurden auch Schalen mit Querschnittsformen nach Art einer Kettenlinie versucht (Abb. 5.6b). Nach dem Auswerten und Umstülpen waren sie selbsttragend. Man hat bis mehrere Meter Spannweite hergestellt, die sich beispielsweise für Schwimmbadüberdeckungen hervorragend eignen. Mit einer Folie bespannt, die einige Jahre hält, trotzen sie auch flächiger Wind- und Schneelast.

Details dazu finden sich in den Abb. 5.7a–e; die Legende gibt Auskunft. Interessant ist, dass man die Rekonstruktion einer Diatomeenschale und den analogen technischen Ausguss (Abb. 5.7c, d) praktisch nicht unterscheiden kann, wenn sie fotografisch auf gleiche Größe gebracht worden sind.

Leichtbau-Glockentürme Zur Aussteifung großer Flächen wurde nach einem billigen System gesucht, mit dem einzelne Elemente so zusammengebracht werden können, dass sie großen a

b

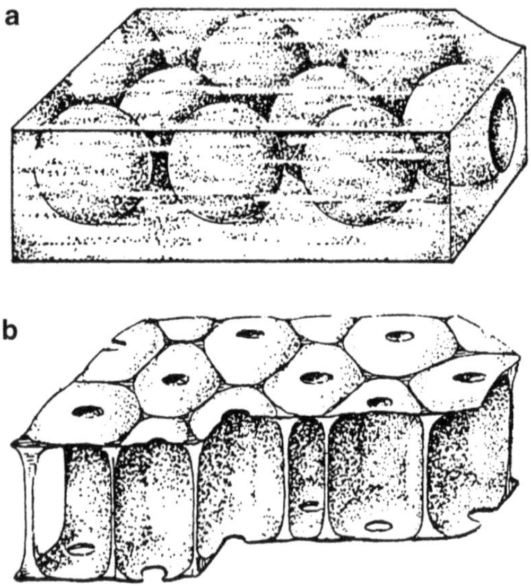

Abb. 5.4 Diatomeen-Betonausgussschalen. **a** Fetttröpfchen-Hypothese. (von G. Helmcke, ca. 1956). **b** Resultat von **a**: Diatomeenschalen-Kammerung. (Nach Nachtigall 1987)

Winddruck aushalten (z. B. zur Aussteifung von Freiluftkino-Leinwänden). Hexagone aus glasfaserverstärktem Polyester, die den Diatomeen-Ausgüssen entsprechen, haben sich dafür bewährt (Abb. 5.7c). In Analogie dazu wurden von F. Otto und M. Mahnleitner, die 1960 in Berlin mit dem Botaniker G. Helmcke in stetem Austausch zu den Stichworten „Biologie und Bauen" standen, tetragonale Würfelstrukturen aus Stahlplatten verschweißt (Abb. 5.7d), deren Grundkonzept ebenfalls bionischen Hintergrund hat. Damit wurde für eine Berliner Kirche ein Glockenturm gefertigt (Abb. 5.7e), der mehrere Vorteile hatte: relativer Leichtbau, im Stück leicht aufstellbar, genügende Verwindungssteifheit um den Glockenschwingungen und Winddrücken standzuhalten und letztlich auch leichte Wiederabbaubarkeit und totale Wiederverwertbarkeit: die zerteilte Struktur kann man einschmelzen. Die Mühlau-Mahnleitner'sche Trage-Minimalstruktur aus hexagonalen Waben (Abb. 5.7c) hat sich für eine 500 m^2 Kinoleinwand auf der Waldbühne Berlin in der Praxis bewährt, der diatomeeninspirierte Otto-Mahnleitner'sche Glockenturm für eine Kirche in Berlin (Abb. 5.7d, e).

Stahlbetonschalen Diatomeen mit der Gestalt eines gleichseitigen Dreiecks (etwa *Triceratium alternans*, Abb. 5.8a) haben dem Bauingenieur und Architekten E. Torroja 1950 Anregung gegeben für die Konstruktion großer, dreieckiger Stahlbetonschalen, mit denen Wasserreservoirs überdeckt werden können. Konstruiert man sie so, dass die Aufwölbungen von den Seitenkanten aus als Hängeflächen geformt werden, sind sie selbsttragend. Dreieckskonfigurationen dieser Art lassen sich auch zu Hexagonalkonstruktionen zusammenführen, wie J. Joedecke mit seinen diatomeenartigen, experimentellen Stahlbetonschalen (Abb. 5.8b, c) gezeigt hat.

Geodätische Dome Seit den 50er Jahren ist B. Fuller mit seinen geodätischen Domen sehr bekannt geworden, z. B. mit der Überdachung eines Gewächshauses („Climatron") im Botanischen Garten zu St. Louis aus dem Jahr 1953 (Abb. 5.9). Es handelt sich um eine Doppelschale mit hexagonalen Maschen, die gegenseitig abgestützt und mit dreieckig verfugten Plexiglasplatten abgedeckt sind.

Es gibt Diatomeen, die prinzipiell gleichartig gebaut sind, ebenfalls ein doppelschaliges, gegeneinander abgestütztes Maschenwerk darstellen, dessen Hohlräume mit feinstdurchbrochenen Kieselsäuremembranen ausgekleidet sind. B. Fuller verneint, dass er aus der Natur für seine Konstruktionen Anregungen bekommen hat; die Ähnlichkeiten hätten sich a posteriori ergeben. Dies erscheint seltsam, da bekannt ist, dass sich Fuller gerne auch mit kleinen und kleinsten Naturformen beschäftigt hat. Es liegt wohl auf der Hand, dass daraus sich ergebende, sehr allgemeine Anregungen gar nicht vermeidbar sind. Zu Ehren des Architekten hat man fußballartige Molekularkäfige aus Kohlenstoff als „Fullerene" bezeichnet.

5.1.2 Radiolarien – radiolarien-inspirierte Bauten

Während sich die Diatomeen (Kieselalgen des Süßwassers und der Meere) auf die beiden

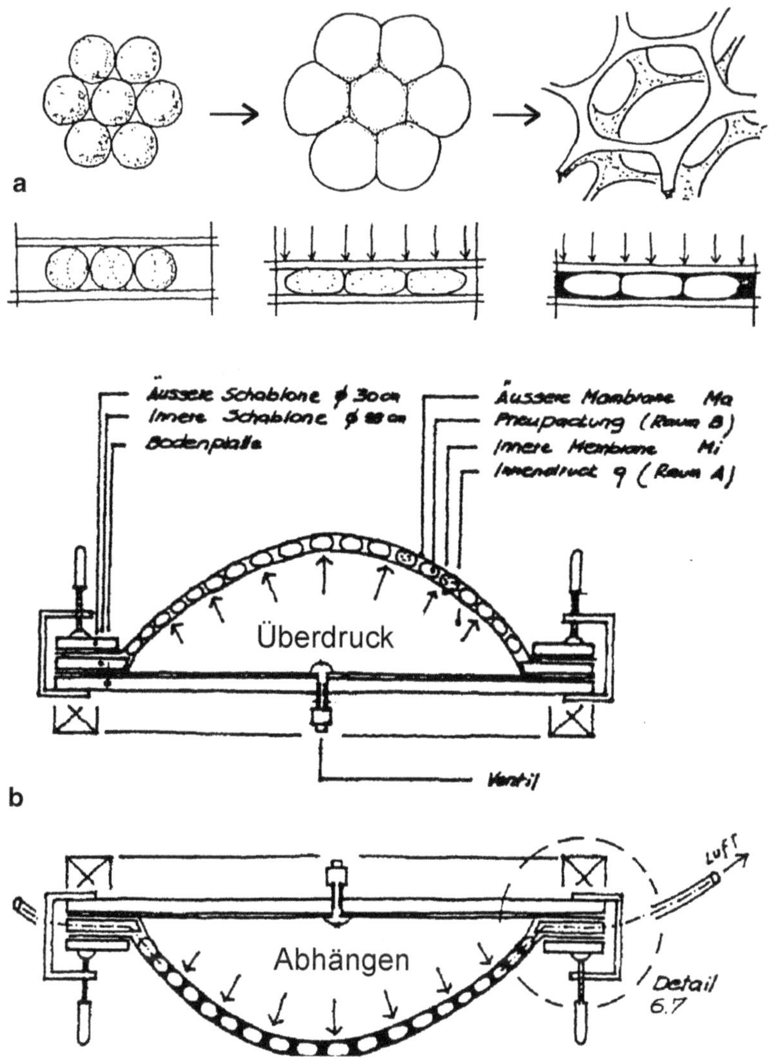

Abb. 5.5 Diatomeenartige Leichtplatten und -schalen. **a** Prinzip einer Plattenformung. **b** Prinzip einer Schalenformung. (Nach Noser 1983)

Grundformen runddöschenartiger oder etwas langgezogen-schiffchenartiger Strukturen beschränken und innerhalb dieser beiden Bereiche vielfältige Formen ausbilden, variieren die etwa gleichgroßen Radiolarien (Strahlentierchen der Meere) sehr viel stärker. Auch hier gibt es kugelige Grundformen (Abb. 5.10), auch solche mit langen Stachelausläufern und „Kugeln in der Kugel" (Abb. 5.11b–d). Darüber hinaus aber gibt es noch vielfältige, komplex-symmetrische (Abb. 5.11a) oder ständerartige Gebilde (Abb. 5.12a, b).

Radiolarien haben auch vielfältigen Eingang in die Schmuckgestaltung und in die Bauausschmückung gefunden, wie Gürtelschnallen des Jugendstils und die bekannten, einheitlichen Eingänge der alten U-Bahn von Paris zeigen.

5.1.3 Radiolarien – radiolarien-analoge räumliche Strukturen

Radiolarien der Gattung *Callimitra* (Abb. 5.13a) wiederum sind ganz anders geformt als die bisher genannten Gattungen. Sie haben Anregung gegeben für eher tetraedrische, räumliche Tragwerke (Abb. 5.13b, c) und sind in Abschn. 4.5.2 kurz charakterisiert.

In den 40er Jahren ist der französische Architekt Le Ricolais bekannt geworden, der immer

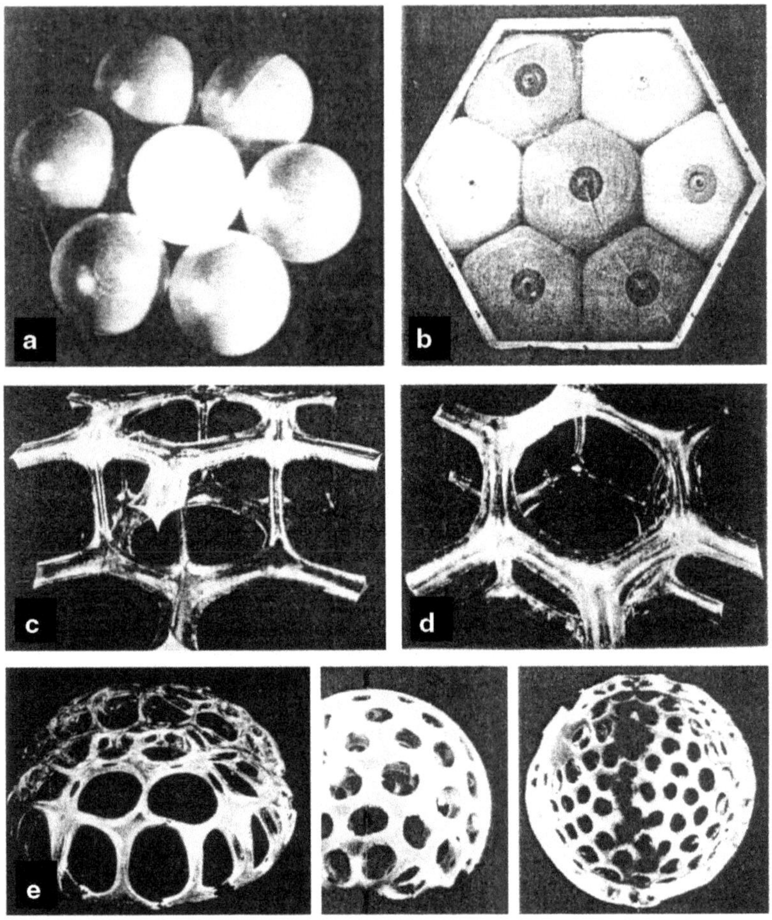

Abb. 5.6 Ausformungen nach dem Diatomeen-Prinzip. **a** Fußballblasen um einen Kern. **b** Fußballblasen in Raumkonkurrenz in hexagonalem Kasten. **c, d** „Zwischenraum-Ausformung" bei einer Diatomee und nach **b**. **e** Halbkugelschalen-Ausformungen. (Nach Noser 1983)

wieder neue Raumtragwerke nach dem Prinzip von Stabstrukturen vorgestellt hat (Abb. 5.14a). Diese ähneln manchmal B. Fullers geodätischen Domen.

Aus verspannten Druckstäben hat Le Ricolais auch im Querschnitt sechseckige, röhrenartige Strukturen aus Druckstäben und Zugverbindungen aufgebaut, die bei Druckversuchen symmetrische Verformungen erleiden (Abb. 5.14b–d), ohne lokal zu versagen. Man kann sie als Sicherheitselemente einsetzen, im kleinen Maßstab lokal vielleicht auch als schockabsorbierendes Material.

Im Vergleich mit Grashalmen muss sich das Längen-Breiten-Verhältnis technischer Turmbauten aus Gründen statischer Ähnlichkeitsgesetze verringern; solche große Bauten wirken dann nicht nur plump; sie müssen zum Abfangen der basal hohen Biegespannungen auch stark verbreitete Basen haben. Die Technik hat oft versucht, diese aus Gründen der Massenreduktion in stelzenartige Elemente aufzulösen (Abb. 5.15a, c), so beim Fernsehturm in Libereć von H. Hubaćek und beim Fernsehturm in Ostankino von C. Nikitie und Mitarbeitern. In ähnlicher Weise sind die Stachelbasen von Radiolarien und Diatomeen in Leichtbauweise „aufgelöst", wie die langen Stacheln der Gattung *Chaetoceras* zeigen (Abb. 5.15b).

Diatomeen und insbesondere Radiolarien haben während des Krieges und kurz danach, als die Durchstrahlungs-Elektronenmikroskopie aufblühte, Bauingenieure vielfach angeregt, sich mit extremen biomorphen Leichtbauten überhaupt einmal zu befassen. Dabei sind aber letztlich abweichende, eigenständige Strukturen entstanden (Abb. 5.16).

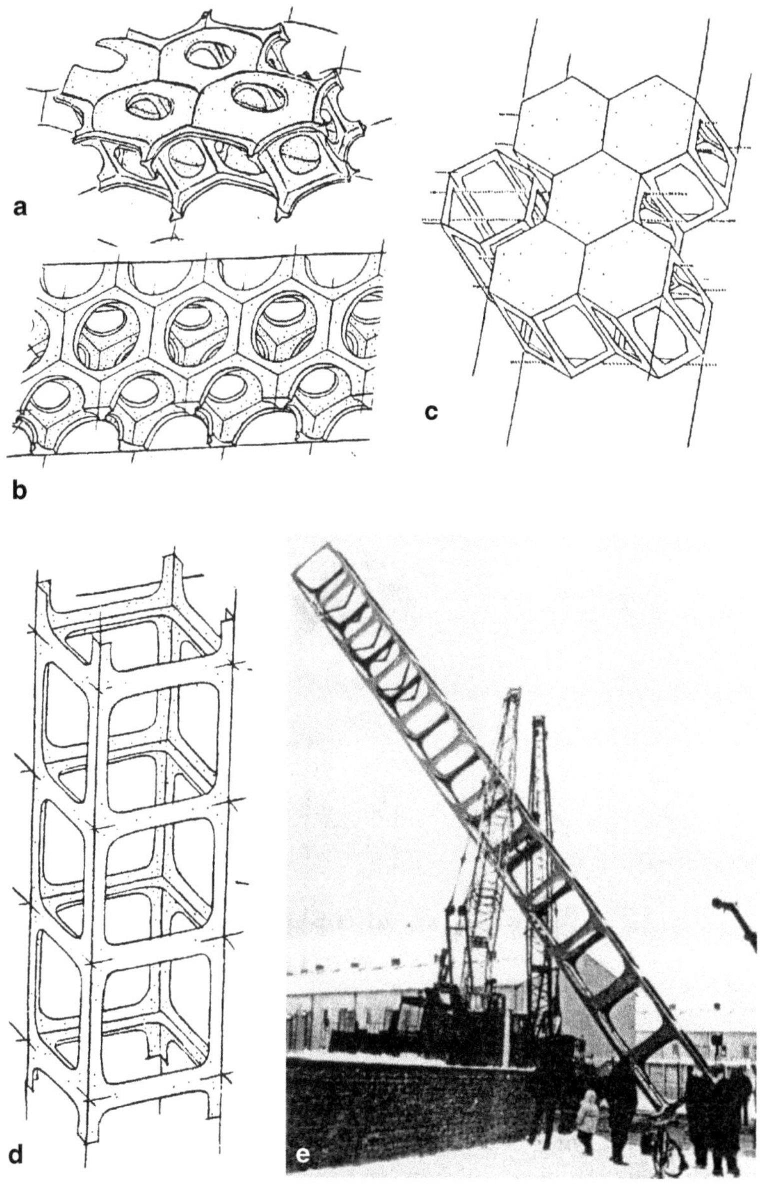

Abb. 5.7 Diatomeen-inspirierte Ausgüsse und Glockenturm-Konzept. **a** Diatomeenschale. **b** Wandsteine (Ausguss). **c** Pappkarton-Analogon. **d** Glockenturm-Analogon. (Nach Mahnleitner aus Otto et al. 1982, teils Umzeichnungen)

5.2 Stabwerke und Hexagonalkonstruktionen

Stabile Stabtragwerke setzen sich aus dreieckigen Maschen zusammen, die sich zu hexagonalen Strukturen vereinigen können. Dafür gibt es in Biologie und Technik viele Beispiele.

5.2.1 Juncus-Mark – knickfeste Systeme

Das Mark von Binsen der Gattung *Juncus* besteht aus sternförmigen Zellen, die aufeinander zugewachsen sind (Abb. 5.17a). An den Berührungsstellen verbreitern sie sich etwas und verschmelzen mit Querwänden (Abb. 5.17b). So entstehen im Mittel hexagonale, aus gleichseitigen Drei-

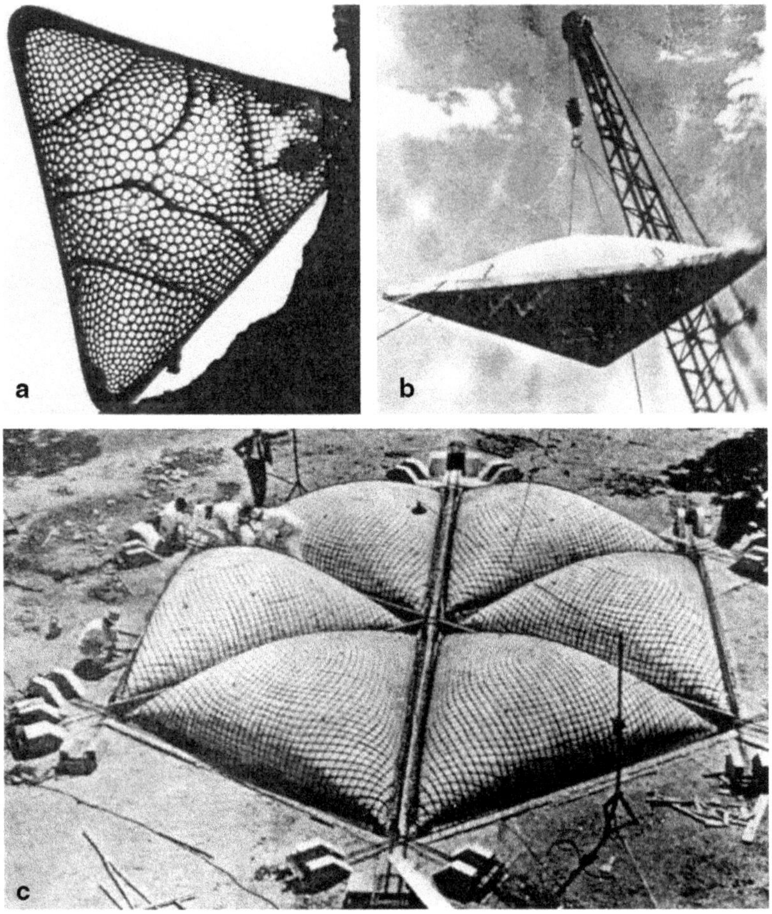

Abb. 5.8 Diatomee *Triceratium* und diatomeenartige Schalen. **a** TEM-Aufnahme der Diatomee *Triceratium alternans*. **b** Stahlbetonschale einer Wasserreservoir-Überdeckung, E. Torroja 1950. **c** Experimentelle, diatomeenartige, 6-teilige Stahlbetonschale im Bau, J. Joedecke. (Nach versch. Autoren aus Nachtigall 1987; Coineau und Kresling 1987)

ecken zusammengesetzte Strukturen, von denen jede Dreiecksseite jeweils zur Hälfte von Ausläufern einer anderen Zelle herrührt. Diese Anordnung durchspannt den ganzen langgestreckt-zylindrischen Innenraum des Binsenhalms und trägt weitgehend zur Stabilisierung und zum Knickfest-Machen dieses selbsttragenden Systems bei. Im Gegensatz zu den Bienenwaben ist das System nicht streng symmetrisch aufgebaut. Neben den (i. Allg. gebildeten) sechseckigen Trageverbänden kommen auch solche mit weniger oder auch mit mehr Kanten vor, z. B. siebenstrahligen „Zellen" (Abb. 5.17b).

An frischen derartigen „Halmen" wurden Biegeversuche gemacht, im Normalzustand und mit herausgedrücktem Mark (Nachtigall, unpubl.). Obwohl das Mark massenmäßig kaum ins Gewicht fällt, ist es doch für knapp 50 % der Biegesteifigkeit und Knicksicherheit verantwortlich: ein „intelligentes" Material, das große Effekte mit kleinen, aber „geschickt verteilten" Massen erreicht.

5.2.2 Plattenverspannungen – Experimentalbauten

Hexagonale Stabtragwerke können durch räumliche Knickung Stabilität erreichen, wie das Binsenmark. Diese kann noch gesteigert werden durch mittragende, dünne Platten, die zwischen den Stäben verspannt sind. G. Pawlow und andere haben dazu Experimentalbauten vorgestellt (Abb. 5.17c, d).

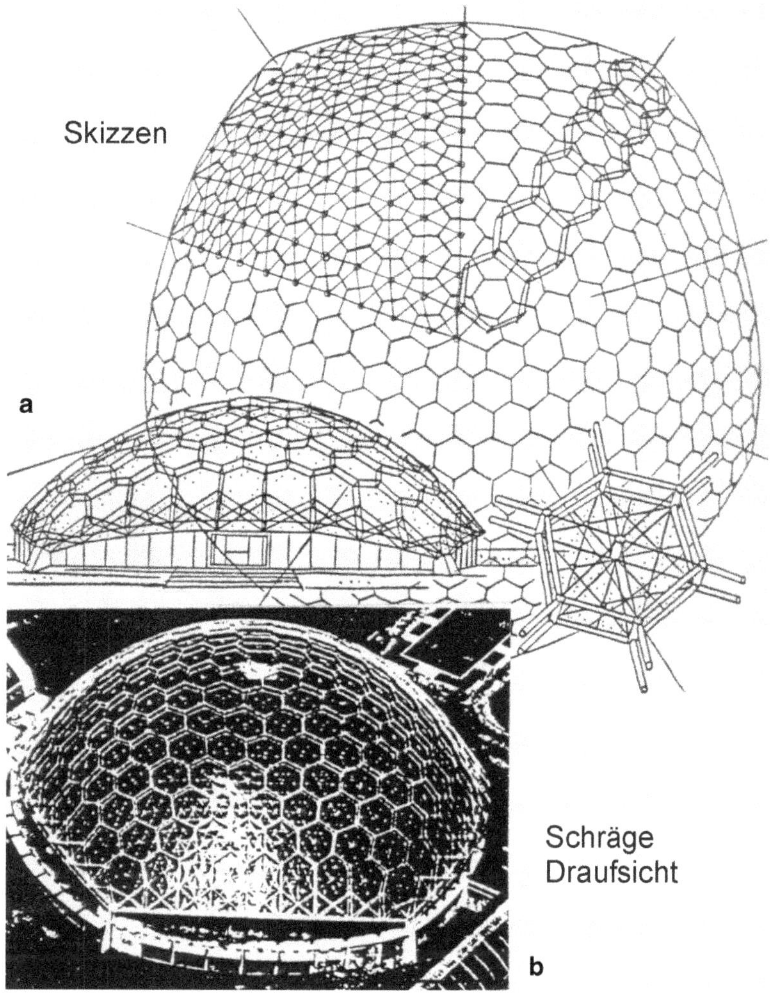

Abb. 5.9 Geodätischer Dom „Climatron“, St. Louis, B. Fuller 1953. (Nach Nachtigall 1987; Coineau und Kresling 1987)

5.2.3 Bienenwaben – Hexagonalsysteme

Über die Bienenwaben als extrem materialarme Leichtbauten mit rhombendodekaedrisch verzahnten Berührungsflächen (Abb. 5.18a, b) wurde vielfach berichtet. Aus historischen Gründen interessant ist das Konzept der Trelementhäuser, das in den frühen 70er Jahren bekannt geworden ist. Das auf der hexagonalen Rasteranordnung nach dem Prinzip der Bienenwaben beruhende Konzept dieser Häuser erlaubt jede beliebige Form, vorausgesetzt, dass sie sich aus Hexagonen oder von diesen eingeschlossenen Dreiecken zusammensetzen lässt (Abb. 5.18c, d). Das Konzept war damals sehr fortschrittlich und es war einmal die Rede davon, es in verbesserter Form wieder aufzugreifen. Zum Aufbau benötigt es nur wenige, leichte Betonanker im Erdgrund, die beim Abbau auch relativ leicht wieder entfernt werden können. Es wird ein Wald von Aluminiumsäulen mit radiären Ausstrahlungen errichtet, zwischen welche die Verbindungsteile verschraubt werden.

Durch Zusammensetzen lassen sich beliebig große Flächen überspannen; die Gebäudeform hat sich seinerzeit bewährt beispielsweise für Kindergärten und für Häuser, die nicht für die Ewigkeit gebaut werden, sondern von vornherein nur ein oder zwei Generationen bewohnt werden sollten. Die Konstruktion war leicht abbaubar; da die Tragstruktur durchweg aus Aluminium bestand, war sie auch vollständig recycelbar.

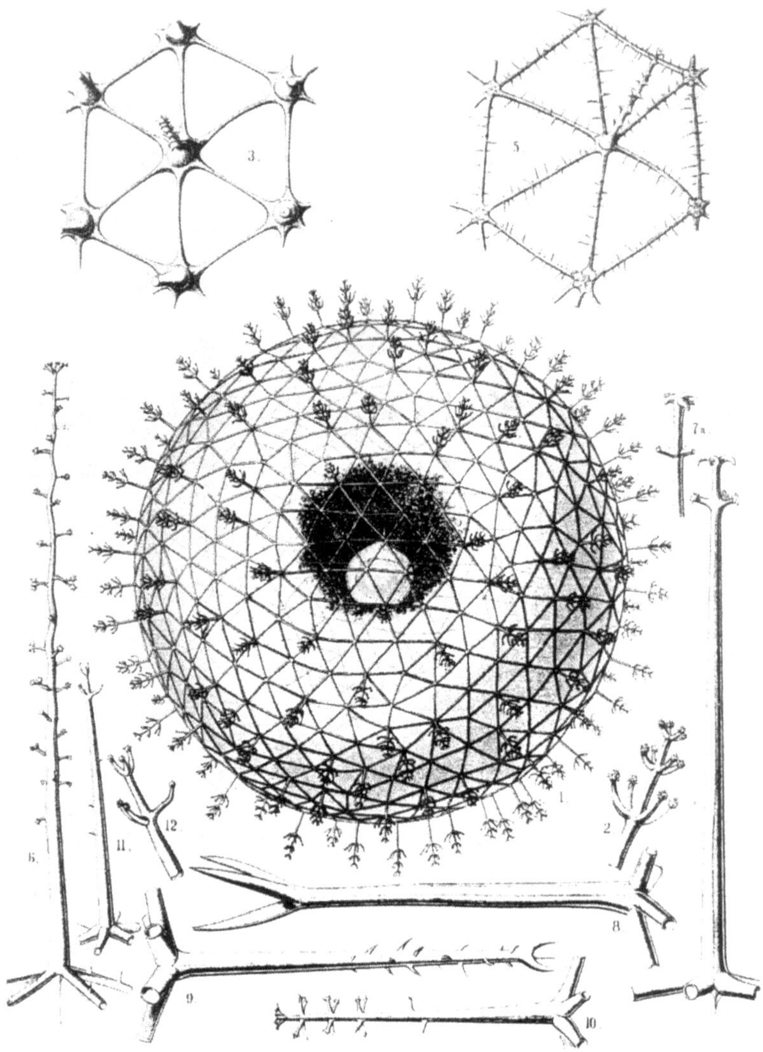

Abb. 5.10 Radiolarie *Aulosphaera spec.* und Teile. (Aus E. Haeckels berühmter Monographie 1878)

Das Konzept entsprach damit durchaus bionischen Sichtweisen. Nachteilig waren seinerzeit beispielsweise die Kältebrücken der an die Außenluft grenzenden Träger, die zur Schwitzwasserbildung führten. Ein modernes Konzept, das diese Nachteile vermeidet und auch für die Zwischenelemente noch stärker auf Recycelbarkeit und leichte Montage und Demontage achtet, könnte für moderne Bauten, die vielleicht zwei bis drei Jahrzehnte halten sollen und sich dann amortisiert haben, eine gute Basis abgeben.

5.3 Steife Knoten und Röhren

In der Technik werden Knoten aus Sicherheitsgründen häufig sehr massiv ausgeführt und Röhren ausgesprochen dickwandig. Die Natur führt aus Gründen der Materialersparnis und Massenarmut (was geringere Energie für den Aufbau bedeutet) auch solche Systeme meist in Form von Leichtbauteilen aus.

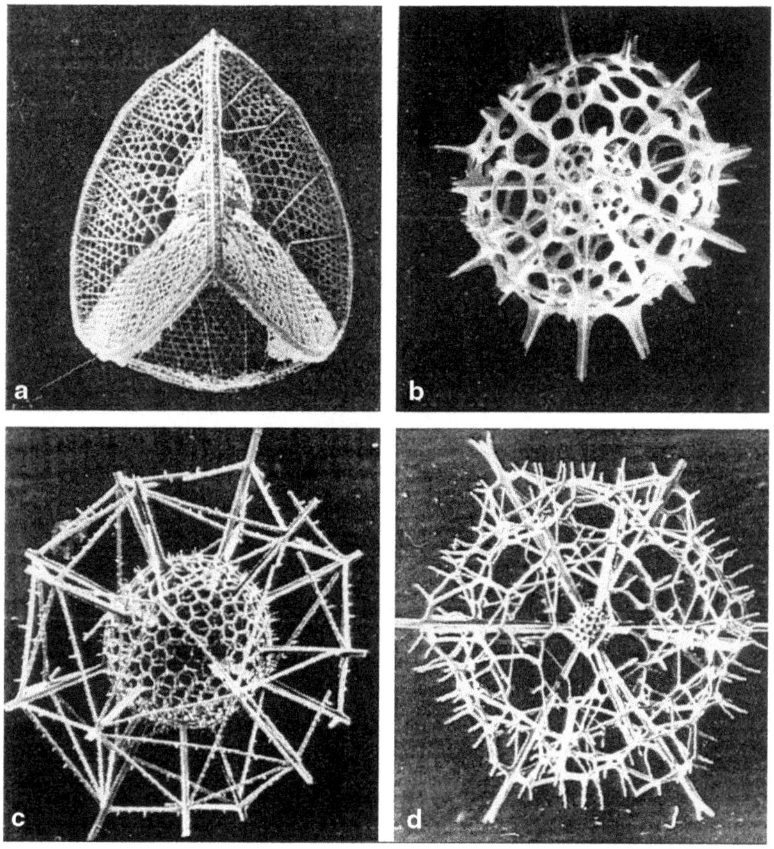

Abb. 5.11 Radiolarien-Formen. **a** *Callimitra carolotae*. **b** *Actinommia trinacricum*. **c** *Astrosphaera hexagonalis*. **d** *Lychnosphaera regina*. (Nach J. P. Caulet aus Coineau und Kresling 1987)

5.3.1 Knoten geringsten Materialaufwands – technisch-analoge Knotenstrukturen

Bereits während seiner Berliner Zeit, in der er vielfältigen Kontakt mit Biologen von der Technischen Universität hatte, hat sich der später in Stuttgart lehrende Architekt F. Otto mit besonders leichten Konstruktionen aller Art befasst. Ein Aspekt dabei war der Aufbau sehr leichter und verwindungssteifer Knotenpunkte als Basis für weitgespannte Leichtbau-Flächentragwerke. Der Vergleich eines solchen Leichtbauknotens in einem biegesteifen Trägersystem geringsten Materialaufwands aus dem Jahr 1960 (Abb. 5.19a) mit freipräparierten Skelettelementen eines fossilen Kieselschwamms (Abb. 5.19b, c) zeigt die konzeptuelle Übereinstimmung.

Beim Kieselschwamm-Tragwerk sind die Zwischenständer aufgelöst und verzweigen sich in die Knoten hinein. Stellen geringer Spannung sind so behandelt, als ob die Spannungen gleich Null wären und von Material freigehalten. Die Gesamtkonstruktion ist spannungstrajektoriell ausgerichtet. Sie kann flächig wachsen durch Anlagerung entsprechend „genormter" Elemente und bei starker Druckbelastung, aber auch durch Einziehen eines weiteren „Zwischenbodens" verstärkt werden (Abb. 5.19b, c).

5.3.2 Tetraeder-Stabnetzwerke – weitgespannte Raumtragwerke

Eine interessante geometrische Form weisen Radiolarien der Gattung *Callimitra* (Abb. 5.13a) und ähnliche Gattungen auf, von denen einzelne vielfach untersucht und experimentell als räumliche Tragwerke nachgebildet worden sind. So hat P.C. Nervi ein Tetraeder-Stabnetzwerk auf Zylinder-Mantelflächen vorgelegt (Abb. 5.13b) und der russische Architekt G. Wujina zeigte ein

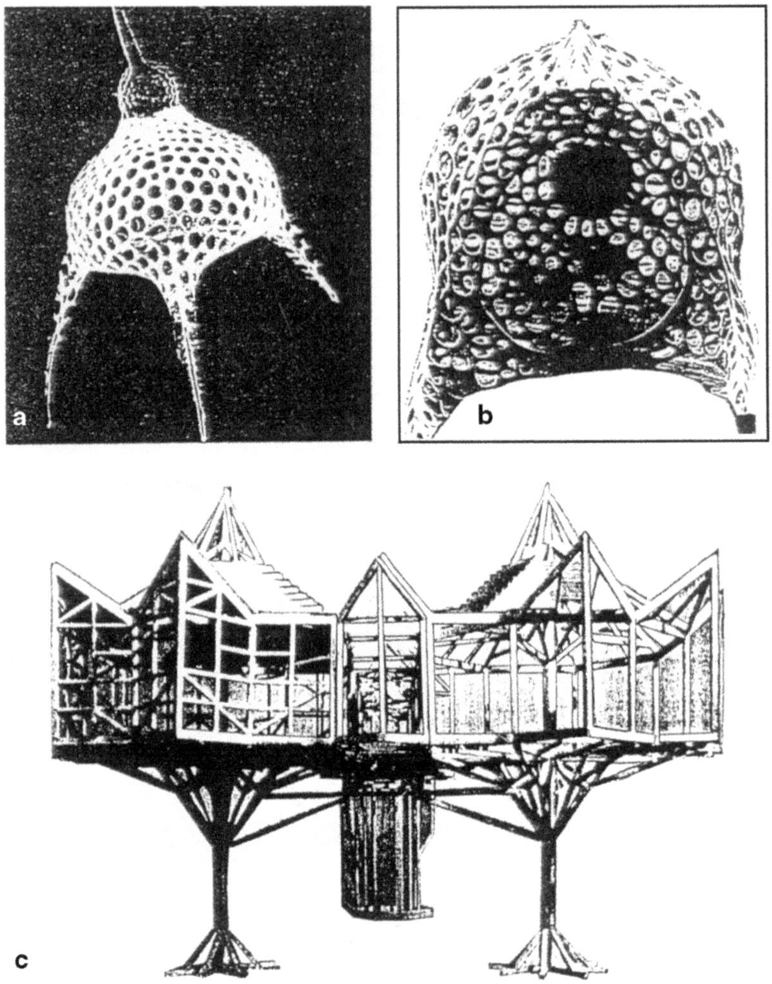

Abb 5.12 Radiolarien. **a** Radiolarie *Pterocamium spec*. **b** Radiolare *Dictyoceras spec*. **c** Radiolarien-analoger filigraner Stelzenbau (**a**, **b** nach Helmcke, ab 1960. **c** nach Oligmüller, o. J.)

weitgespanntes Raumstabwerk (Abb. 5.13c), in dessen Konzept Radiolarienprinzipien eingeflossen sind. Radiolarien-analog ist auch ein filigraner Stelzenbau von D. Oligmüller (Abb. 5.12 c).

5.3.3 Pflanzenversteifungen – Röhren hoher Steifigkeit

An diesem Problemkreis lässt sich sehr schön die historische Herangehensweise der „Technischen Biologie" demonstrieren. Hierbei lernen die Biologen durch den Vergleich mit der Technik ihre Strukturen besser einzuordnen und zu verstehen. Technisch-physikalische Erkenntnisse wurden teils schon früh als Erklärungsprinzipien für das biologische So-Sein benutzt.

Querschnitte durch Pflanzenstängel oder -halme, etwa beim Schneidried, *Cladium mariscus* (Abb. 5.20a), sind in der Regel durch ringförmig verschmolzene sklerenchymatische Tragestrukturen gekennzeichnet. Diese formieren oft zentrifugale und zentripetale Ausbeulungen. Solche Strukturen weisen nicht selten Querschnittsformen auf, die technischen Doppel-T-Trägern ähneln. Sie wurden denn auch als „biologische Doppel-T-Träger" beschrieben.

Von technischen derartigen Trägern weiß man seit ihrer Einführung in den Beton- und Schienenbau des 19. Jh., dass sie mit ihrem typischen Querschnitt ein besonders hohes Flächenträgheitsmoment aufweisen und dadurch relativ biege- und verwindungssteif sind, erst recht, wenn sie zu radialen Komplexen zusammenge-

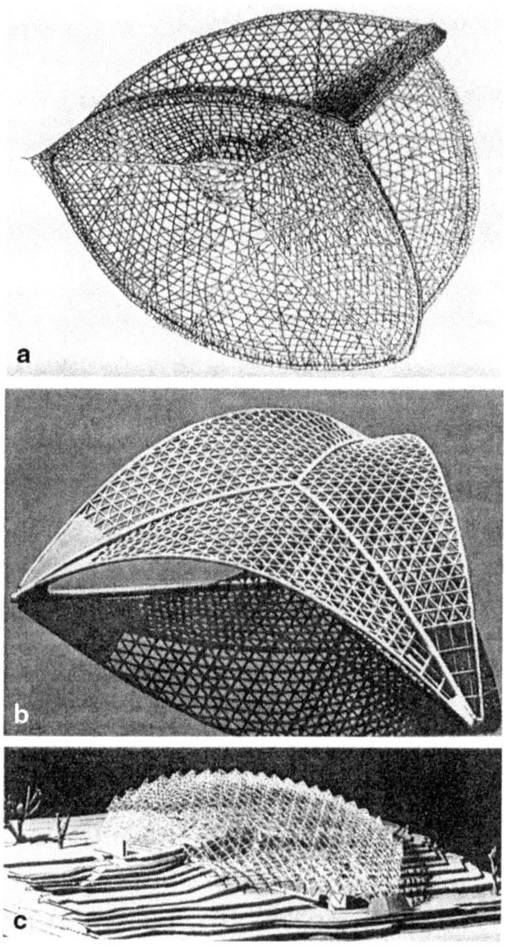

Abb. 5.13 Radiolarie und Tragstrukturen. **a** Radiolarie *Callimitra spec.* **b** Tetraeder-Stabnetzwerk auf Zylindermantel-Flächen, P. C. Nervi, Paris. **c** Modell eines weitgespannten Raumstabwerkes, G. Wujina, St. Petersburg. (**a** nach E. Haeckel 1878, **b**, **c** nach Lebedew 1983)

schlossen sind (Abb. 5.20b). S. Schwendener, Botaniker und Biomechaniker des späten 19. Jh., wurde „durch die Betrachtung eiserner Brücken und Bahnhofshallen mit ihren zahlreichen Doppel-T-Trägern“ dazu angeregt, biegesteife Pflanzenhalme als Systeme solcher Träger aufzufassen. Im Jahr 1888 schrieb er in einer Abhandlung: „Die Pflanze konstruiert zweifellos nach denselben Regeln wie die Ingenieure, nur dass ihre Technik eine sehr viel Feinere und Vollendetere ist.“ Es handelt sich auch hier im Grunde um eine Analogiebetrachtung.

Die Wichtigkeit der Analogieforschung auf diesem Gebiet wurde erstmals von W. Rasdorsky am Beispiel des Eisenbetons herausgestellt. Er gelangte „durch die in den Jahren 1906 bis 1907 gehörten Vorträge über den Eisenbetonbau“ zur Vorstellung, dass die Pflanze als Verbundbau aufzufassen sei, „in dem die Sklerenchymstränge der Eisenarmierung, das Parenchymgewebe der Betonmatrix“ (gemeint war wohl die Zementmatrix) entsprechen!: der richtige Weg für ein funktionelles Verständnis dieser Pflanzenstrukturen.

Hiermit war bereits früh (1911) die wichtige Rolle der Analogieforschung aufgezeigt. „*Zwischen den technischen Verbundbauten und den Pflanzenorganen besteht demnach im ganzen Konstruktionsprinzip eine weitgehende Analogie.*“ K. Giesenhagen (1912) vermerkt, „dass Blätter mit ihren Festigungsgeweben einen Gitterrost bilden wie Eiseneinlagen in einer Eisenbetondecke“ (vgl. auch Abb. 5.20d, e).

Die frühe Analogieforschung führte nicht nur zum richtigen Verständnis des morphologischen Aufbaus, sondern befruchtete auch Sichtweisen der folgenden Forschergenerationen. F. Bachmann verglich 1922 die Zugfaseranordnung beim Bambus mit „einer Bewehrung der bei Biegung am stärksten beanspruchten Außenschicht (ähnlich wie beim Eisenbeton)“. Bower nahm 1923 den gleichen Bezug: „Ordinary herbaceous plants are constructed on the same principle.“

Erst in unserer Zeit aber ist diese technisch-biologische Erkenntnis im Sinne einer bionischen Anwendung in die Technik zurückgespielt worden. So haben T. Speck et al. (2004) technische Röhrenstrukturen aus faserverstärktem Kunstharz vorgestellt (Abb. 5.20c), welche die beachtliche Biegesteifigkeit und andere positive Aspekte pflanzlicher Vorbilder erreichen.

5.4 Knochenartige Konstruktionen

Die großen Röhrenknochen bestehen aus einer kompakten Knochensubstanz, die sich aus verschmolzenen Osteonen zusammensetzt („Compacta“) und, insbesondere in den Gelenkregionen an den Enden, aus einem feinem Maschenwerk von Knochenspangen, die dort den Hohlraum

Abb. 5.14 Radiolarien-analoge Raumstrukturen von Le Ricolais, ca. 1940. **a** Le Ricolais mit Raumtragewerk. **b** Röhrenstruktur. **c** Druckversuch an **b**. **d** Druckverformung von **b**. (Nach Coineau und Kresling 1989)

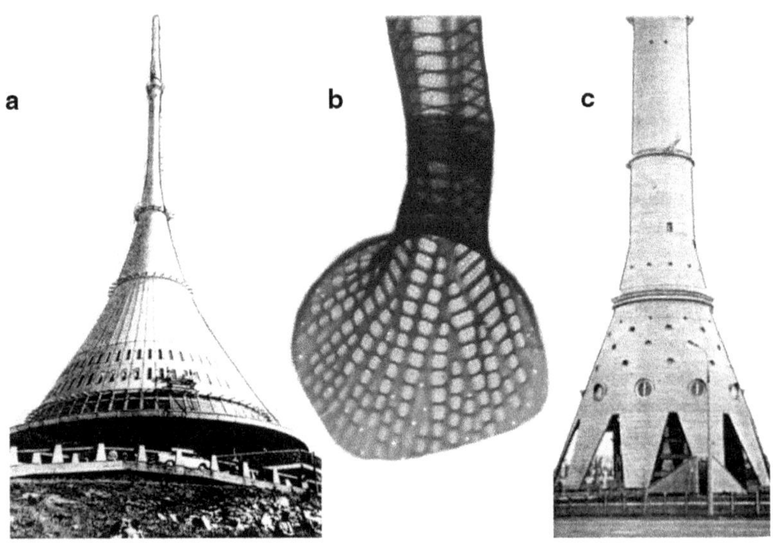

Abb. 5.15 Verbreitete „Turm"-Basen in leichter Bauweise. **a** Fernsehturm Libereć, H. Hubaćek. **b** Stachelbasis der Diatomee *Chaetoceras spec.* **c** Fernsehturm Ostankino, Nikitie et al. (**a**, **c** nach Lebedew 1983, **b** nach Helmcke aus Nachtigall 1974)

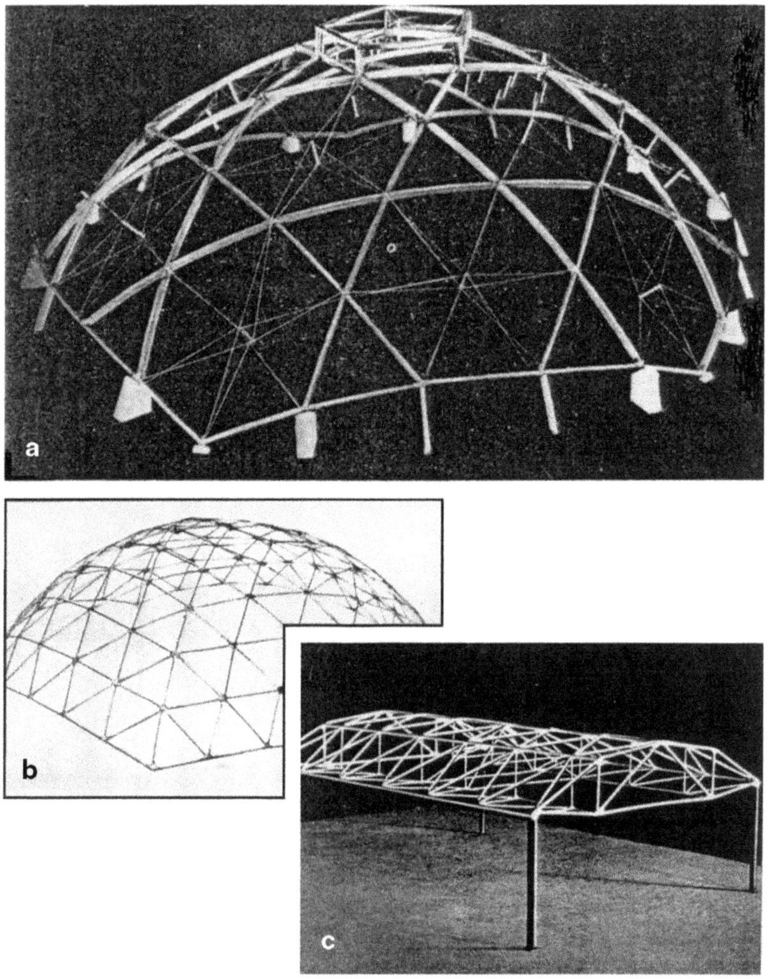

Abb. 5.16 Stabnetzwerk-Kuppelentwürfe, teils von Radiolarien inspiriert. **a** Geodätische Kuppel mit Druckstäben und Zugseilen, Tupolew, ca. 1940. **b, c** Ikosaedrische Stabnetz-Kuppelwerke, Le Ricolais, ca. 1942. (**a** nach Lebedew 1983, **b** nach Patzelt 1972)

durchsetzen. Abbildung 5.21 zeigt einige Beispiele. Insbesondere bei Vögeln, deren Skelett ja besonders leicht sein muss, ist das Prinzip des Röhrenknochens (dünne Wände, Verstrebungen über Knochenbälkchen nur in den hochbelasteten Gelenkregionen) bis zum Extrem getrieben.

5.4.1 „Verknöcherte Spannungstrajektorien" – Decken-Stützkonstruktionen

Die Knochenbälkchen sind, sofern es sich um ein größeres Maschenwerk handelt, i. Allg. so ausgerichtet, dass ihre Verläufe den Linien der Hauptspannungen folgen.

Entsprechend gibt es Bälkchenzüge, die den Druckspannungstrajektorien entsprechen und solche, die den Zugspannungstrajektorien entsprechen. Ist das Balkenwerk spannungstrajaktoriell aufgebaut, so schneiden sich die Züge an jeder Stelle unter rechtem Winkel. Das gilt aber nicht nur für eine Ebene. Die Balken ordnen sich im Raum zu „Flächen gleicher Spannung" an, die sich ebenfalls überall senkrecht durchdringen (Abb. 5.22a; Beispiel für den proximalen Oberschenkelbereich des Menschen). Darauf haben insbesondere der Orthopäde F. Pauwels und später sein Schüler B. Kummer hingewiesen; Letzterer hat sich nicht nur mit medizinisch-orthopädischen Fragen, sondern auch mit dem Bauprinzip des Säugerskeletts befasst.

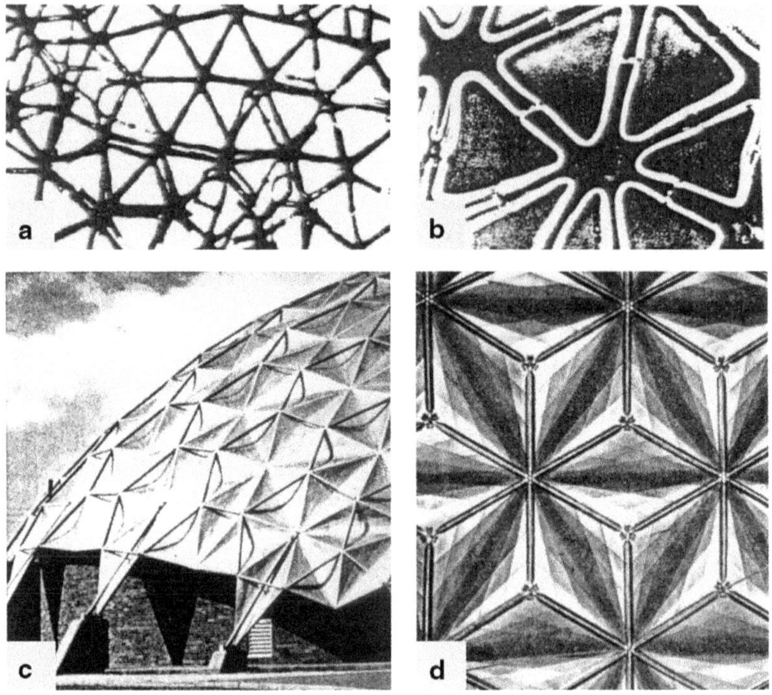

Abb. 5.17 Hexagonalstrukturen. **a** Mark der Binse *Juncus spec.* **b** Stärkere Vergrößerungen von **a**, Phasenkontrast-Umdruck. **c, d** Kiosk, G. Pawlow. (**a**, **b** nach Nachtigall 1972, **c**, **d** nach Lebedew 1983)

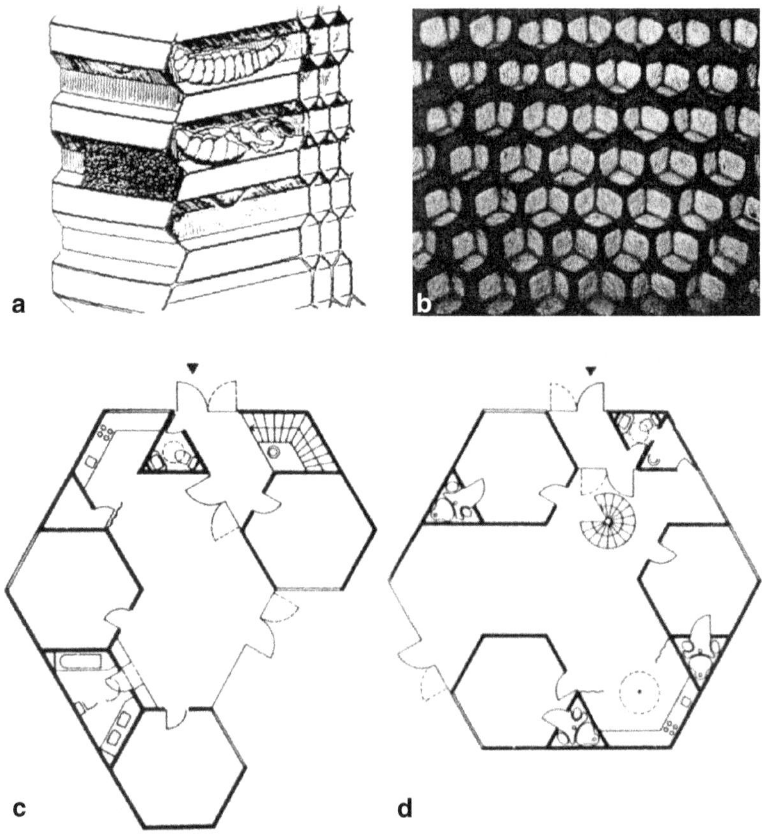

Abb. 5.18 Bienenwabe und hexagonale Raumanordnung. **a, b** Bienenwabe. **c, d** Zwei Raumanordnungsmöglichkeiten in Trelement-Häusern. (**a–d** nach Nachtigall 1974, **c**, **d** aus Trelement-Broschüre, ca. 1972)

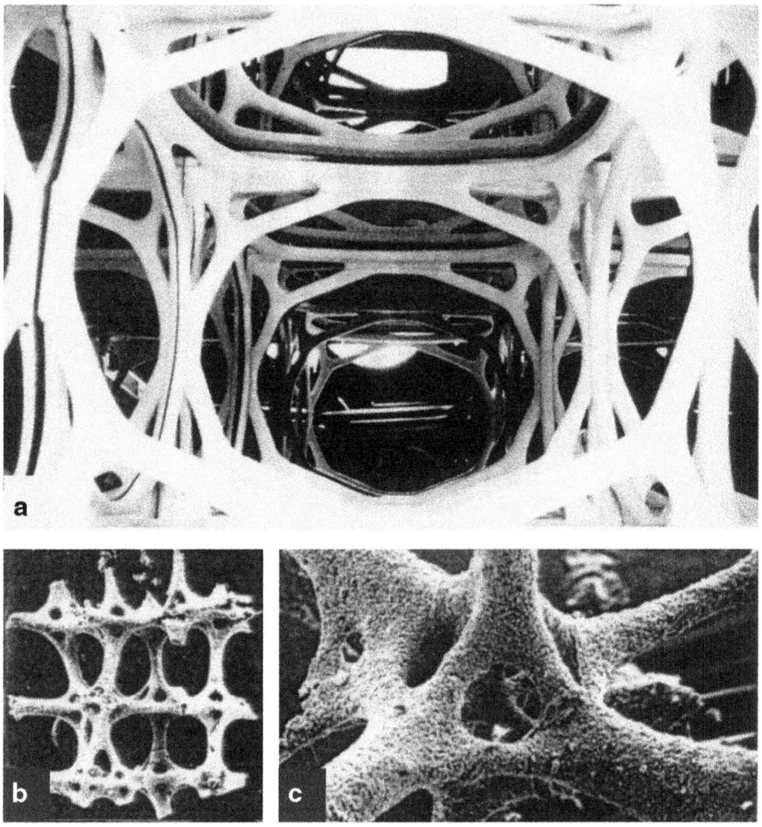

Abb. 5.19 Räumliche Knoten-Stab-Tragwerke. **a** Knoten einer biegesteifen Platte geringsten Materialaufwands. **b, c** Skelettteile eines fossilen Kieselschwamms. (Nach Otto et al. 1992)

Die Erkenntnis, dass die Knochensponiosa spannungstrajektoriell aufgebaut ist, geht bereits in das 19. Jahrhundert zurück. Sie stammt von Forschern wie dem Mediziner P. Wolff und dem Ingenieur K. Cullmann, der 1870 das Prinzip der „verknöcherten Spannungstrajektorien" im Knochen erkannt und danach einen hochbelastbaren Krankopf konzipiert hat (Abb. 5.22b).

5.4.2 Isostatische Rippen

Die Unterzüge für Betondecken kann man besonders leicht machen, wenn man sie spannungstrajaktoriell ausrichtet. Das hat P. C. Nervi bereits 1951 mit seiner Fabrik Gatti in Rom gezeigt (Abb. 5.23). Nervi war einer der wenigen bekannten Architekten, die sich nicht zu gut waren, auf den Anregungscharakter natürlicher Formen hinzuweisen, wie das Zitat in Abb. 5.23 zeigt. Tatsächlich bekam er die Idee für seine spannungstrajektoriell vorgefertigten Betonelemente aus dem Knochenstudium.

Auf dem Deckblatt der von den Architekten H. D. Hecker, L. Degerloh und B. Krupp 1967 herausgegebenen Festschrift fand sich die klassische Darstellung der spannungstrajektoriell ausgerichteten Spongiosastruktur aus dem vorletzten Jahrhundert. Es lag wohl nahe, für einen zukünftigen Biologiehörsaal etwas von diesem Bauprinzip der Natur aufzuzeigen. So wurde die Decke des kreisförmigen Hörsaals, auf einer Säule und wenigen Kreissektor-Elementen abgestützt, systemisch mit spannungstrajektoriell ausgerichteten Unterzügen versehen, was sie sehr leicht und – natürlich – auch interessant, um nicht zu sagen „biologisch" macht. In Abb. 5.23c sind diese druck- und zugaufnehmenden Unterzüge dargestellt. Die Detailabbildung D zeigt den Hörsaal 1967 im Bau.

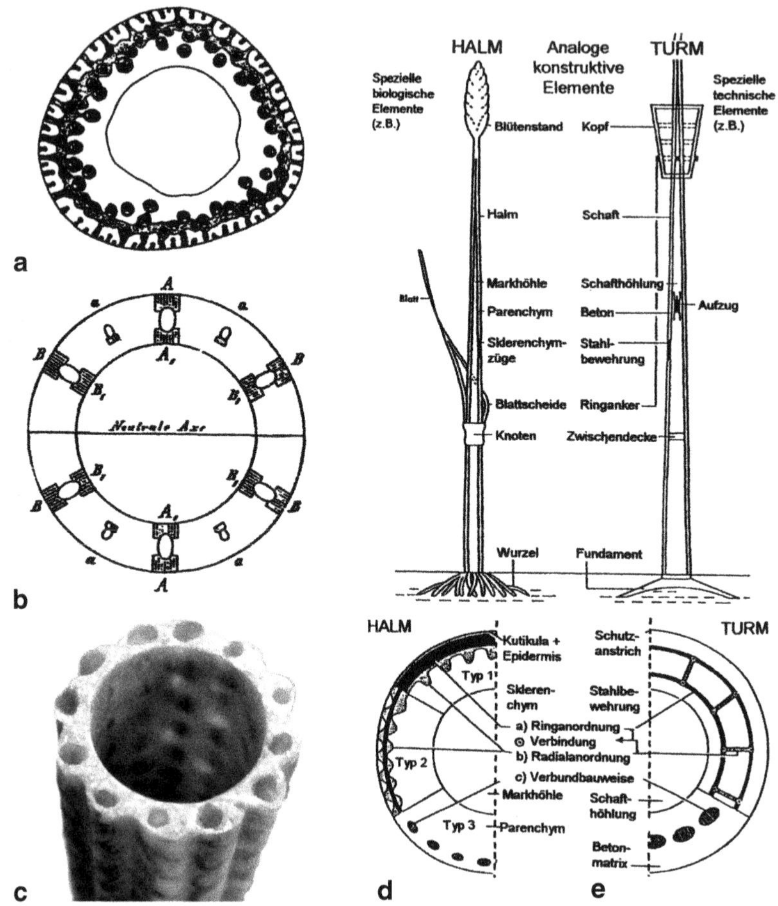

Abb. 5.20 Grashalm-Strukturen und technische Umsetzung. **a** Querschnitt durch *Cladium mariscus*. **b** Schwendeners Vorstellung vom Halm als „Doppel-T-Trägersystem". **c** Technische Umsetzung des Halmprinzips durch Speck et al. **d, e** Pflanzenstatische und baustatische Analogien. (**a**, **b** nach Schwendener 1888; **c** nach Speck et al. 2004; **d**, **e** nach Nachtigall 2002)

5.4.3 Knochenverstrebungen

Der Architekt und Bauingenieur S. Calatrava ist durch seine „biomorph" erscheinenden Strukturen bekannt geworden, was besonders gut an zahlreichen modernen Bauten seiner Heimatstadt Valencia zu sehen ist. Abbildung 5.24 zeigt sein Konzept für die neue Fassade des Bahnhofs Luzern. Die Formgestaltung ahmt kein bestimmtes biologisches Prinzip nach, obwohl man beispielsweise an Rippenanordnungen, den Brustkorb eines Wales oder eines Vogels oder an ähnliches denken kann. Sie atmet aber im naturnahen Rhythmus und wirkt eleganter und weniger langweilig als eine konventionelle Wandgestaltung, ist allerdings auch spürbar teurer.

Wenn man Architektur auch als ästhetischen Umweltfaktor begreift, der den Menschen, welcher ja notgedrungen tagtäglich mit Gebäuden zu tun hat, in seiner Stimmungslage und seinem psychischen Wohlbefinden dramatisch zu beeinflussen vermag, sieht man diese Art von Bauauflösungen und Leichtigkeit, die Schwünge und die Formen sicher anders, als wenn man sie „nur" funktionell-analytisch betrachtet. Wie dem auch sei: Calatrava wird von Architekten und Bauhistorikern durchaus nicht unkritisch gesehen, je nachdem, welchem Formenkanon der einzelne zuneigt.

5.5 Schalenbauten

Schalenstrukturen sind charakteristische Bauformen der Natur. Die bekanntesten sind Schnecken- und Muschelschalen. Insbesondere die Muschelschalen (Beispiele in Abb. 5.25) haben die Baugestaltung vielfach angeregt, nicht nur als

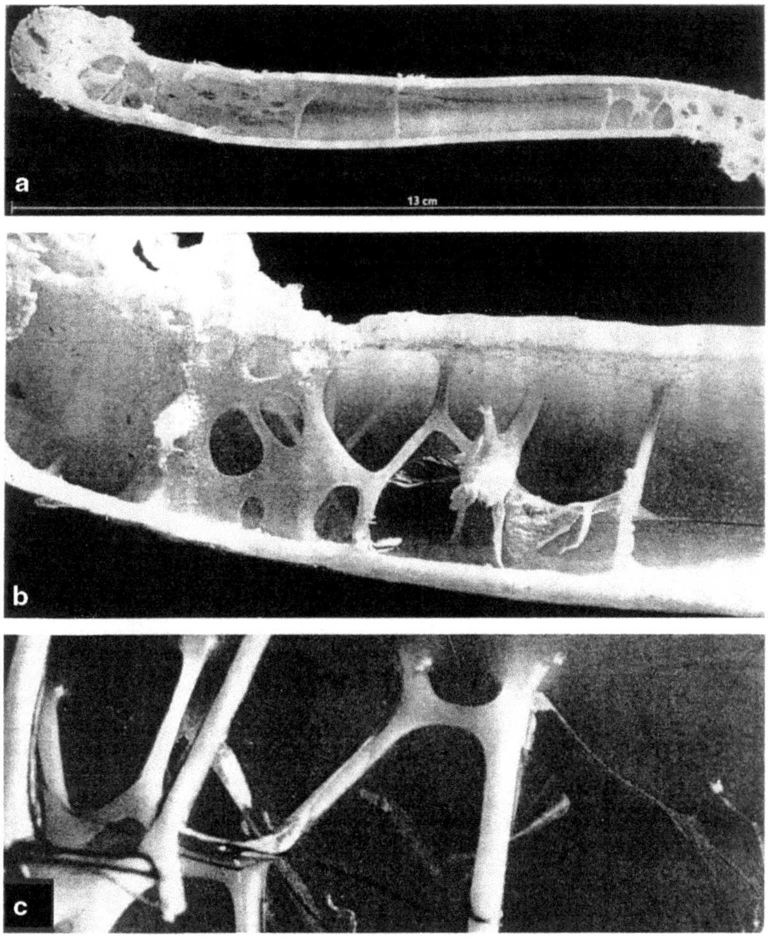

Abb. 5.21 Verstrebungen in verschiedenen Röhrenknochen (**a**–**c**). (Nach IL-Bericht 35)

schmückendes Element. Bereits im Altertum hat man ihre weitgestreckten, oft sehr dünnwandigen Formen auf Übertragbarkeiten abgeklopft, aber erst die Baumaterialien der Moderne, Spannbeton vor allem, haben analoge Formen ermöglicht.

Architekten wie Le Ricolais haben früh versucht, solche Schalen als baustatische Gebilde zu betrachten, zu verstehen und zu abstrahieren.

5.5.1 Muschelschalen – „Isoflex"

In freier Übernahme der gerippten Struktur und einiger weiterer Baueigentümlichkeiten der Schalen der großen Herzmuschel, *Pecten jacobaeus*, hat Le Ricolais eine Tragestruktur aus senkrecht sich kreuzenden Wellplatten konzipiert, die er als „Isoflex" bezeichnet hat (Abb. 5.26).

Eine Schicht davon kann man auch zu einer Röhre rundbiegen und in einer gegebenen Rundröhre verankern, wodurch Leichtröhren hoher Tragefähigkeit und Biegesteifigkeit entstehen.

5.5.2 Tridacna-ähnliche Schalen – Schalenbauten

Abbildung 5.27 zeigt einige Beispiele dafür, wie der Vergleich mit Schalen der Mördermuschel die Konzeption weitgespannter Schalentragwerke beeinflusst hat. Das Restaurant in Xochimilco, Mexiko (Abb. 5.27a) stellt ein hyperbolisches Paraboloid dar, dessen Schalendicke nur 15 mm beträgt. Es ist eine geometrische Struktur, die selbsttragend ist. Deutlicher wird das Übertragungsprinzip bei der Markthalle Royan, Frank-

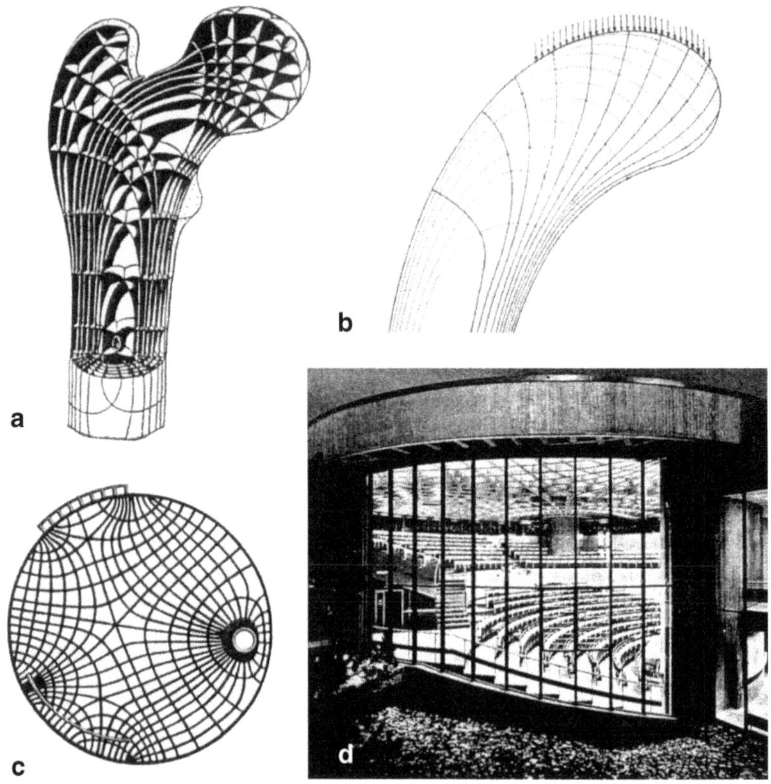

Abb. 5.22 Knochen und knochenartige Konstruktionen. **a** Räumlich verkrümmte Flächen gleicher Spannungen im Oberschenkelknochen des Menschen. **b** Klassische Darstellung von Cullmann eines Kranausleger-Prinzips nach **a**. **c** Schema der Unterzüge und Auflager der Decke des alten Biologie-Hörsaals der Universität Freiburg. **d** Hörsaal nach **c** im Bau. (**a** nach Kummer 1985, **b** nach Cullmann 1870, **c**, **d** nach Hecker et al. 1967)

Abb. 5.23 Isostatische Rippen. Fabrik Gatti, P. C. Nervi, Rom 1951. (Nach Lebedew 1983)

Abb. 5.24 Bahnhof Luzern, Modell: S. Calatrava. (Nach Blaser (Ed.) 1989)

reich, die Simon et al. 1955 gebaut haben. Das radiale Wellendach hat eine Spannweite von 52,4 m. Noch größer ist das radiale Wellendach des Staatszirkus Bukarest, Rumänien, von Porumbescu et al. 1960 gebaut (Abb. 5.27c). Seine Spannweite beträgt 66,6 m.

Bei all diesen Schalenbauten handelt es sich nicht um eine direkte Übertragung, doch ist bekannt, dass sich die Architekten durch die Eleganz natürlicher Schalenformen haben anregen lassen, es einmal mit solchen schwer zu verwirklichenden Bauwerken zu versuchen.

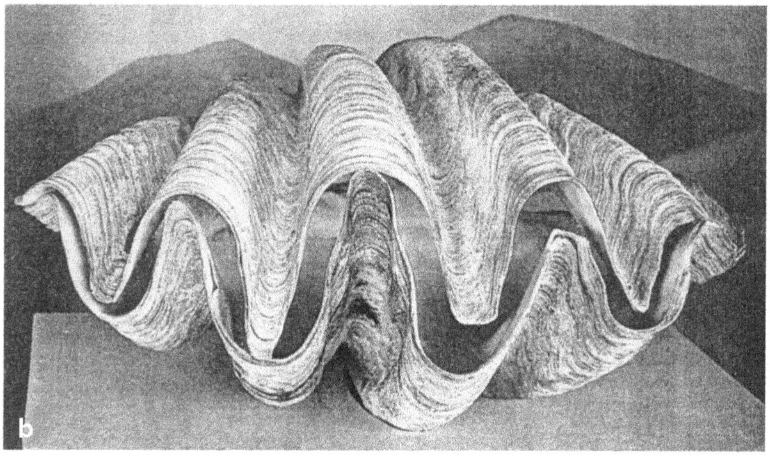

Abb. 5.25 Muschelschalen. **a** Jacobsmuschel, *Pecten jacobaeus*, Breite 10 cm. **b** Riesenmuschel („Mördermuschel“), *Tridacna spec*, Breite 120 cm. (Nach Coineau und Kresling 1987)

Heinz Isler als moderner Vertreter weitgespannter Schalentragwerke tut das auch. Er ist ein großer Gartenfreund und verbringt lange Zeit in der Natur, um natürliche, botanische und zoologische Formen auf sich wirken zu lassen. Seine Konstruktionen, die in der Schweiz z. B. als Überdachung von Autobahntankstellen auffallen, sind im Vergleich zur Spannweite außerordentlich dünn.

Schalen aus Beton müssen so geformt sein, dass das tragende Netzwerk des Spannbetons um nicht mehr als einige Millimeter von der Ebene der selbsttragenden Form abweicht. Die Form selbst wird bei Heinz Isler im Hängenetzversuch gefunden; die Koordinaten der senkrecht sich schneidenden Kettenlinien werden abgegriffen. Eine solche Schale ist – im Gedankenversuch durch „Verschweißen“ der Kettenglieder an den Berührungspunkten und „Umdrehen“ – selbsttragend. Sie kann durchaus so geformt werden, dass sie an den Auflagepunkten nur Druckspannungen entwickelt. Natürlich beeinflusst aber die Funktion letztendlich die Form und damit auch die Lagergestaltung.

Abbildung 5.28 zeigt, aus der Darstellung von Patzelt 1974 herausgenommen und leicht ergänzt, einen Ausschnitt von Schalenbauten mit Angaben des Durchmessers, der Schalendicke und des Verhältnisses dieser beiden Größen. Danach arbeitet die Markthalle in Algerien aus dem Jahr 1955 mit einer Schalendicke, die etwa 1/1000 des Durchmessers entspricht und den 60 m spannenden Sportpalast in Rom aus dem Jahr 1956 (Nervi) mit einer relativen Schalendicke von 1/2400. Geradezu überbestimmt muss das als doch sehr beeindruckende Bauleistung der Antike zu wertende Pantheon aus dem 2. Jahrhundert erscheinen; seine relative Schalendicke ist mit einem 1/44 vergleichsweise hoch.

Auch das berühmte Hühnerei schneidet im Vergleich nicht gerade vorbildhaft ab; seine Kenngröße beträgt 1/112. Allerdings ist das poröse Kalkskelett des Eischalenmaterials auch kein idealer Baustoff. Trotzdem ist die Form so „raffi-

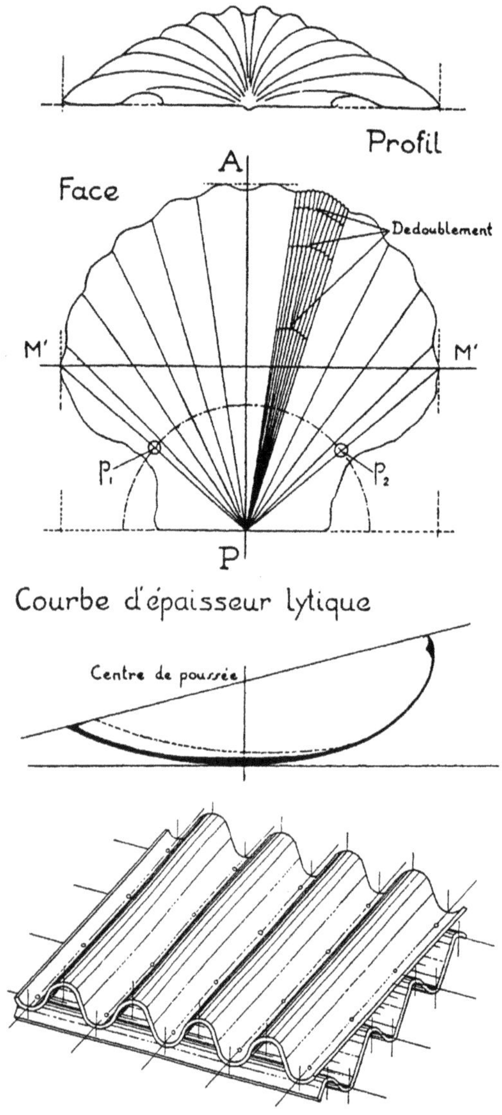

Abb. 5.26 Jacobsmuschel und „Isoflex“-Abstraktion. (Nach Bull. Ing. Civ. de France, untere Zeichnung: Kresling aus Nachtigall 1987, présentation par A. Bougrain-Dubourg)

niert“, dass sie hohe Druckbelastungen verträgt. Man kann ein unbeschädigtes Hühnerei zwischen Daumen und Zeigefinger nicht zerdrücken. Die „eiförmige“ Hülle des ersten Atomreaktors der Bundesrepublik Deutschland, des berühmten „Garchinger Atomeis“, war nach Auskunft des Architekten nicht dem Ei abgeschaut. Sie hat sich ergeben aus Zweckmäßigkeitsbetrachtungen, wie sich nämlich im Inneren eine Rundgalerie, auf der ein Kran läuft, über der gegebenen Grundfläche mit geringstmöglichem Materialaufwand abspannen lässt. Aus dieser Grundüberlegung hat sich eine angenäherte „eiförmige“ Schalenform entwickelt, die der Volksmund sofort als „Atomei“ eingeordnet hat. Man kann also eine Analogie a posteriori konstatieren, eine Formähnlichkeit, wie sie sich sehr häufig im Vergleich von biologischen und technischen Bauten ergibt.

Die Kuppel des Petersdoms in Rom stammt von Michelangelo u. a., gebaut ab 1561 (Abb. 5.29). „Die Eischale ist eine der wenig lebenden Konstruktionen, die große Baumeister inspirierten, wie wir von historischen Kuppelbauten wissen“ (F. Otto). Die Kuppel ist als Doppelschale ausgebildet, wobei die äußere Wetterschale und die innere Zwischendecke unterschiedlich geformt sind. Wie die eingefügten Linien zeigen, ist aber keine davon eiförmig, auch nicht erkennbar paraboloid. Schließlich ist sie auch nicht in Form einer Stützlinie (umgekehrte Kettenlinie) ausgeformt. Trotz äußerlicher Ähnlichkeit hat das Ei hier also nicht Pate gestanden, offenbar auch nicht der Hängeversuch.

5.5.3 Seeigelschalen – bautechnische Inspirationen

Seeigel formen sehr eigentümliche Gehäuse, die sowohl während der „Bauzeit“ als auch im fertigen Zustand statisch stabil sein müssen. Die Seeigelschalen wurden bereits in Abschn. 2.6 unter „Plattenkonstruktionen“ charakterisiert. Ihre Form hat für die Konzeption der Eissporthalle in Erfurt (Abb. 5.30) Anregungen gegeben. Seeigelschalen werden neben der Zusammensetzung aus Platten durch Verstärkungsrippen räumlich gestützt. Derartige räumliche Verstärkungsstrukturen gaben die Anregung für die in Rippen aufgelöste schalenartige Konstruktionsweise der mit über 80 × 200 m sehr weitspannenden Halle.

In Abschn. 6.39 ist ein weiteres Projekt behandelt, welches Seeigelschalen zum Vorbild hat. Die an der Universität Stuttgart ansässigen Institute ICD und ITKE haben einen Pavillon nach Vorbild des „Sanddollar“ entwickelt und dabei die materialsparende Bauweise der „Methode Seeigelschale“ im Feldversuch nachgewiesen.

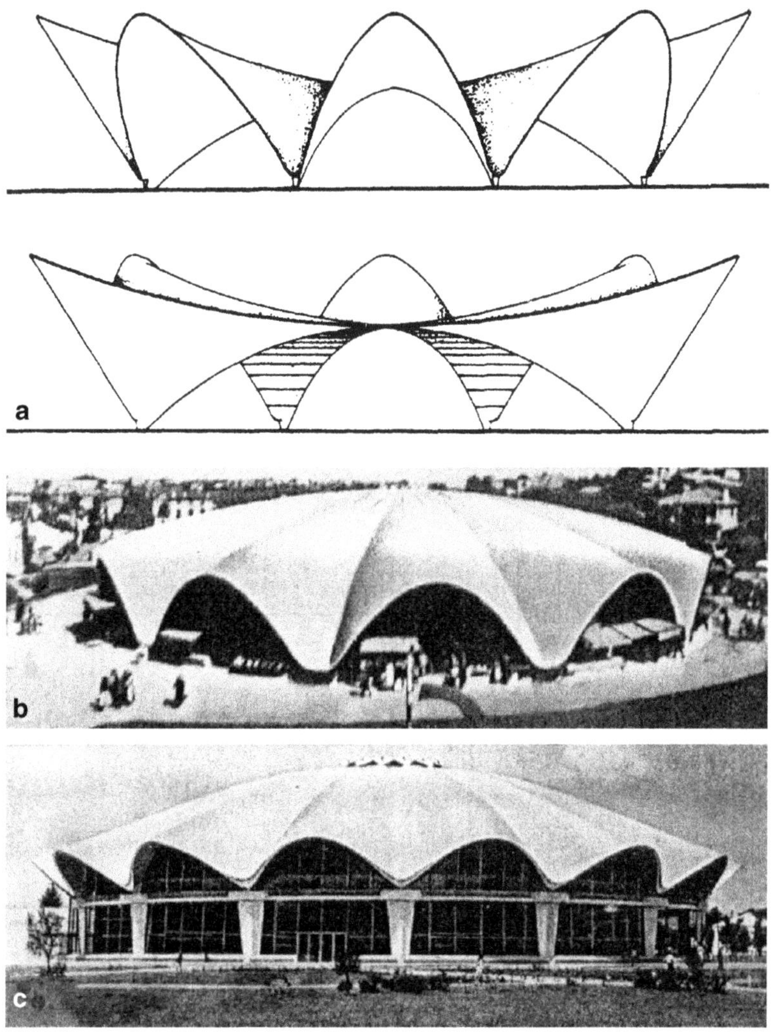

Abb. 5.27 *Tridacna*-artige Schalenbauten. **a** Restaurant, Xochimilco, Mexiko, hyperbolisches Paraboloid, Schalendicke lediglich 1,5 cm (!) **b** Markthalle Royan, Frankreich. Simon et al. 1955, Radiales Wellendach, Spannweite 52,4 m. **c** Staatszirkus Bukarest, Rumänien. Porumbescu et al. 1960, Radiales Wellendach, Spannweite 66,6 m. (**a** nach Blaser (Ed.) 1985, **b**, **c** nach Lebedew 1983)

5.6 Pneumatik-Bauwerke

Als „Pneus" haben seinerzeit die Mitglieder des Sonderforschungsbereichs 231 der DFG, allen voran Frei Otto, auch natürliche Konstruktionen angesprochen, sofern sie die Definition der drei Pneu-Elemente erfüllen:

1. eine *biegeunsteife Membran*, die
2. ein *Innenmedium* gegen
3. ein *Außenmedium* abgrenzt, wobei die Innen- und die Außendrücke unterschiedlich sind.

Meistens ist der Innendruck größer als der Außendruck, so dass sich die Membran aufbläht. Sie hat dann bei gleicher Dicke an jeder Stelle gleiche Spannungen.

Nach der ebengenannten Definition sind z. B. die „Wasserblasen" der Soda-Pflanze *Mesembryanthemum crystallinum* „Pneus". Hier ist das Innenmedium Zellflüssigkeit, das Außenmedium Luft (Abb. 5.31a). Entsprechend ist selbstredend eine Traglufthalle ein Pneu (Abb. 5.31b). Hier sind Innen- und Außenmedium gleichartig. Es kommt aber nicht auf die Medien an. Ein Kartoffelsack, vollgestopft mit Kartoffeln, ist ebenfalls ein Pneu, auch wenn das auf den ersten Blick nicht einsehbar ist.

Über Frei Otto's sprachliche Bezeichnung „Pneu" ist viel diskutiert worden. In der belebten Welt ist das Innenmedium fast stets, das Außenmedium sehr häufig eine ionenhaltige Flüssigkeit, nämlich Wasser („Hydr"). Das griechi-

Abb. 5.28 Beispiele für frühe Schalenbauten und deren Kenngrößen in Vergleich mit dem Hühnerei.
a Markthalle Algerien 1955. **b** Sportpalast Rom 1956. **c** Arena Kanada 1958. **d** Absprengerei Jena 1923. **e** Schale des Hühnereis. **f** Pantheon Rom, 2. Jh. (Nach Patzelt 1974)

	Form	Durchmesser	Schalendicke	Schalendicke / Durchmesser
a	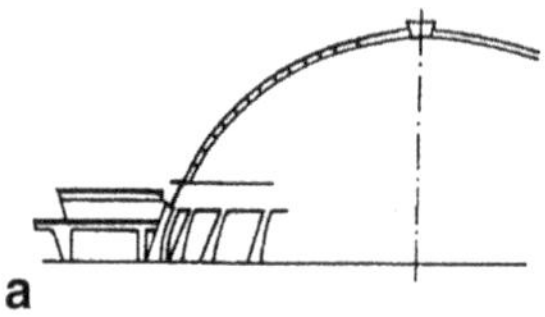	42 m	4 cm	1/1050
b	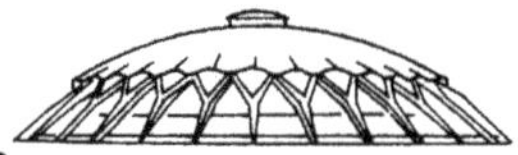	60 m	2,5 cm	1/2400
c	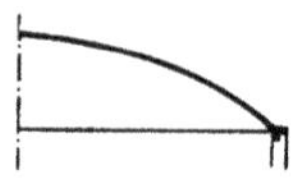	83,6 m	12,7 cm	1/685
d		40 m	6 cm	1/665
e		**0,045 m**	0,04 cm	1/112
f		43,6 m	100 cm	1/44

sche Wort „Pneuma" bedeutet aber bekanntlich „Luft". Da der Begriff „Hydr", den W. N. für so eine Konstruktion einmal scherzhaft vorgeschlagen hat, nicht so schrecklich gut klingt, ist es dann bei „Pneu" geblieben.

5.6.1 Biologische Pneus – technische Pneus

Wohin man in der Biologie schaut, findet man Pneus. Typische Formen sind Froscheier, die sich zum Laich zusammenballen, aber auch die darin enthaltenen Larven und schließlich die geschlüpften Junglarven selbst (Abb. 5.32a–c, e). Jede Eizelle ist aber auch ein Pneu (Abb. 5.32d), und wenn sie sich teilt, sind die beiden Tochterzellen, jede für sich betrachtet, je ein Pneu (Abb. 5.32e). Beim Säuger ist das sich entwickelnde Auge ein Pneu, die Schädelkapsel ebenso, schließlich auch die Fruchtblase (Abb. 5.32f). Wir haben also unter Umständen einen Pneu im Pneu im Pneu im Pneu.

Die Gesetzlichkeiten der pneumatischen Bildungsvorgänge, die Spannungen in der biegeunsteifen Membran, abhängig von der Membrangestaltung und eventueller Innenverspannungen und andere Dinge mehr, sind detailliert beschrieben, nachlesbar z. B. im IL-Bericht 9 des ehemaligen Instituts für leichte Flächentragwerke an der Universität Stuttgart.

5.6.2 Der Pneu als Urelement der Entwicklung

Von F. Otto stammen die Zeichnungen der Abb. 5.33. Pneus sind demnach mechanische

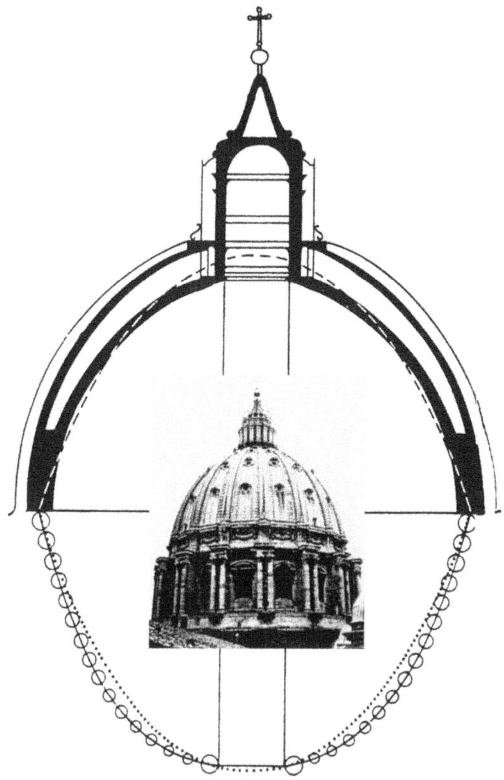

Abb. 5.29 Doppelschale der Peterskirche, Rom, Michelangelo u. a., ab 1561, im Vergleich mit Parabel und Kettenlinie. (Nach Patzelt 1974, verändert)

Urelemente, neben Tröpfchen, Seifenblasen in Luft, Öltröpfchen in Wasser. Auch Mikrosphären in Wasser gehören dazu. Möglicherweise hat sich aus den letzteren – rein physikalischen – Aggregaten das Leben entwickelt. Wichtig und selbst dem Fachbiologen überraschend ist dabei die Tatsache, dass man trotz intensiver Nachforschung keine Struktur in der biologischen Welt findet, die nicht wenigstens in der Entwicklung ein Pneu-Stadium durchläuft, wenn sie nicht zeitlebens eine pneumatische Struktur beibehält wie Pflanzenzellen mit ihren biegeunsteifen Zellmembranen, ihrer Zellsaftfüllung und ihrem Turgor-Innendruck. Somit ist die fertige Schädelkapsel des Menschen selbstredend kein Pneu mehr, aber in der embryonalen Entwicklung legt sie sich als Blase an.

Blasen dieser Art machen sich auch Raumkonkurrenz, stehen im Kräfteausgleich und bieten damit eine wesentliche mechanische Voraussetzung für die Entwicklung eines Lebewesens. So formt sich die Augenhöhle im Schädel in Raumkonkurrenz und Kraftschlüssigkeit mit der sich ebenfalls entwickelnden Augenblase aus. Fehlt die Letztere infolge eines embryonalen Defekts, bleibt die Augenhöhle viel kleiner, und das Neugeborene besitzt dann zwei ungleich große Augenhöhlen.

F. Otto ist zu danken, dass er den Pneu als allgemeingültiges Ur-Bauelement des Lebens herausgestellt hat. Schon im 19. Jh. waren den Biologen alle Bauelemente des „Pneu" und ihre Querbeziehungen wohlbekannt und selbstverständlich; nur der Begriff „Pneu" wurde noch nicht gebraucht (Nachtigall 1986). Allerdings war den Biologen in der Tat nicht bewusst, dass es sich hier – allgemeingültig – um **das** Bauprinzip des Lebens schlechthin handelt: der wohl bedeutsamste Beitrag eines Architekten zur „Technischen Biologie".

5.6.3 Der Pneu als technische Urform

Aus dem klassischen technischen Pneu, am einfachsten etwa einem Luftballon, lassen sich durch Membranveränderungen (Dickenänderungen, Änderung der Steifigkeit), durch Außen- und Innenverspannung und andere relativ einfache Maßnahmen technisch-pneumatische Konstruktionen der unterschiedlichsten Größe und des unterschiedlichsten Zwecks fertigen. Sie reichen von Tragestrukturen über künstliche Flusswehre bis hin zur Überwölbung ganzer Städte in der Arktis oder in den Wüsten. Vorschläge dieser Art hat insbesondere das damalige Institut für leichte Flächentragwerke unter seinem Leiter F. Otto gemacht (Abb. 5.33c).

Pneumatik-Konstruktionen haben heute freilich immer noch den Charakter des Experimentellen und Exotischen. Sie werden mehr als Blickfang denn als funktionelle Leichtbaukonstruktionen eingesetzt, von Traglufthallen abgesehen. Dauerkonstruktionen setzen ebenso leichte wie wirklich verrottungsfeste Membranstrukturen voraus. Sobald solche zu Verfügung stehen, wird die Pneu-Architektur zweifellos einen Sprung nach vorn machen.

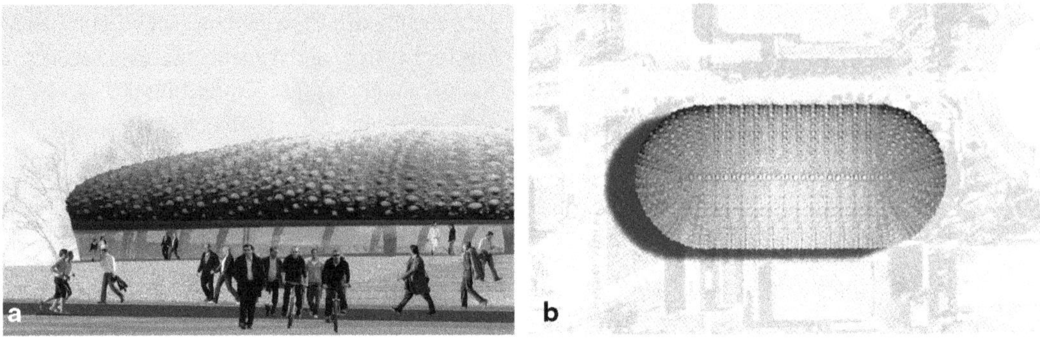

Abb. 5.30 Seeigelschale und Eissporthalle. **a** Ansicht. **b** Dachaufsicht, Eissporthalle Erfurt, Pohl Architekten. (Abb. J. Wilhelm, Pohl Architekten)

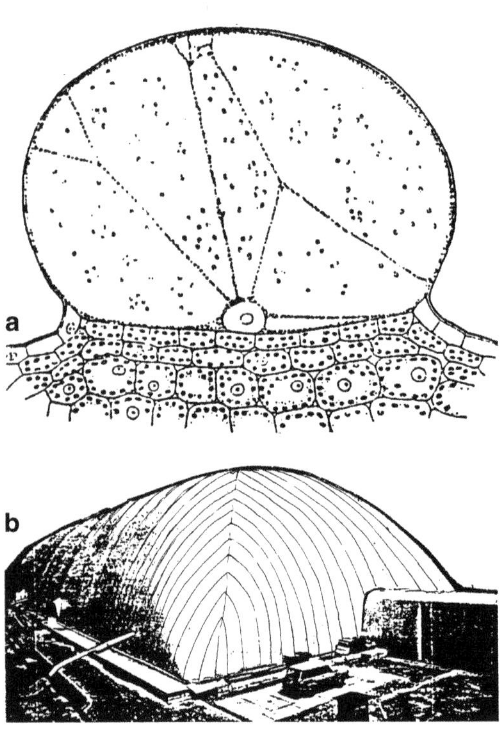

Abb. 5.31 Pneumatische Systeme in Biologie und Technik. **a** „Wasserblase" der Soda-Pflanze *Mesembryanthemum crystallinum*. **b** Traglufthalle. (Nach Nachtigall 1987 und IL-Bericht 12)

5.6.4 Tensairity-Verknüpfung der Systeme Tensegrity und Pneu

Die konstruktive Separation von zug- und druckbelasteten Bauteilen wird bei der Entwicklung oft als Schlüssel für die Entwicklung effektiver Tragwerke angesehen. Seile und Stäbe, sofern sie ausschließlich auf Zug belastet werden, können schlanker ausgestaltet werden als druckbelastete Elemente. Druckstäbe können bei Belastung zur Seite ausknicken, weshalb sie dicker, d. h. stärker dimensioniert werden müssen. Ein Tensegrity-Tragwerk ist so aufgebaut, dass jedes Bauteil die Last übernimmt, für welches es ideal geeignet ist. Zugbelastungen werden über dünne Zugelemente abgetragen, die Druckstäbe sind entsprechend voluminöser ausgebildet. Am besten ist ein Tensegrity-System im Modell zu erkennen (Abb. 5.34).

Die druckbelasteten kräftigen Bauteile sind mit zugbelasteten Elementen verknüpft und von diesen in ihrer Position gehalten. Keiner der Druckstäbe berührt den anderen.

Die Idee der konstruktiven Separation von Zug und Druck findet ebenfalls in einer Entwicklung Anwendung, die in der Schweiz erprobt und getestet wurde. Die sog. Tensairity-Strukturen sind den Tensegrity-Elementen sehr ähnlich, verwenden jedoch ein pneumatisches System, welches an das natürlicher Pneus erinnert (Abb. 5.35). Entsprechend dem Turgordruck, mit dem die Zellwand in die Form gedrückt wird, wird in diesen technischen, luftgefüllten Systemen eine Membran aus Kunststoff über den Innendruck aufgeblasen. Die Fähigkeit, Lasten aufzunehmen, vergleichbar einem horizontal liegenden Balken oder einer Brücke, erhält dieser „Ballon" durch seine längliche Form und durch zusätzliche Druck- und Zugelemente.

Bei Tensairity wird ein lüftgefüllter Pneu einem Innendruck ausgesetzt, der den Außendruck übersteigt. Das Membranmaterial der Hülle

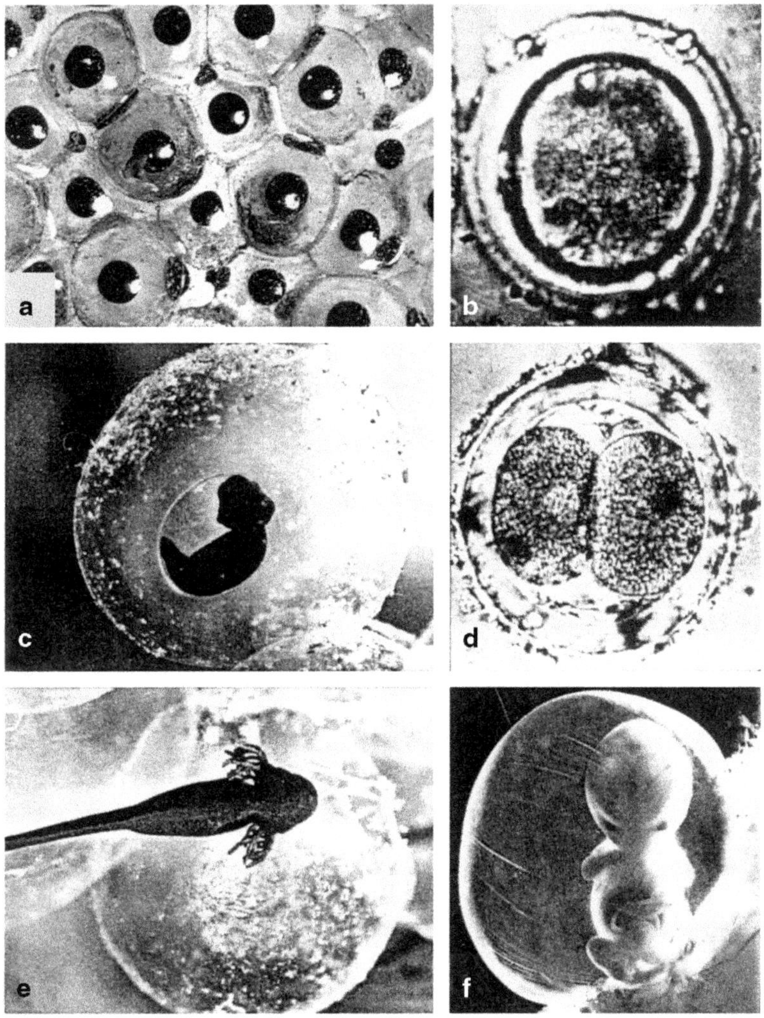

Abb. 5.32 „Pneus" in der zoologischen Ontogenese. **a** Froschlaich. **b** Frosch-Junglarve. **c, e** Froschlarve geschlüpft. **d** Eizelle nach der ersten Teilung. **f** Embryo des Menschen in der Fruchtblase. (Nach verschiedenen Autoren aus Otto et al. 1982)

erfährt wie bei einem Ballon eine Zugbelastung. Seile oder Kabel unterstützen die Membran und die Form gegen Einknicken und sind zugbelastet, Stäbe auf der Oberseite des Tensairity-Systems sind druckbelastet. Insofern kann dieses System auch mit einer unterspannten Brücke verglichen werden (Abb. 5.36).

Zur Demonstration der Leistungsfähigkeit von Tensairity wurde eine erste Brücke entwickelt, die bei 8 m Spannweite 3,5 t tragen konnte. Die Tragstruktur wurde durch zwei zylindrische Tensairity-Träger erstellt, welche jeweils einen Durchmesser von 50 cm hatten. Als Membran wurde eine Standard PVC-Gewebemembran verwendet, wie sie z. B. beim Bau von Stadionüberdachungen seit langer Zeit Anwendung findet. Die Stahlseile haben einen Durchmesser von lediglich 6 mm. Die oben angebrachten Druckelemente wurden zu Testzwecken zunächst aus Carbonfaserstäben gefertigt, Aluminium- oder Stahlstäbe wären ebenfalls einsetzbar gewesen. Als „Fahrbahn" wurden Holzplanken aufgelegt, die jedoch keine statische Funktion übernehmen. Das Tensairity-System der beiden Träger wurde mit einem Innendruck von 400 mbar aufgeblasen. Die Tensairity-Brücke hat ein Gesamtgewicht von 2×98 kg$=198$ kg, ohne die Holzbeplankung (Abb. 5.37).

Im Vergleich dazu sind natürliche Systeme oft mit einem deutlich höheren Innendruck versehen. Bei *Equisetum giganteum* beträgt der Turgor-Druck z. B. mehrere bar. Forscher an der

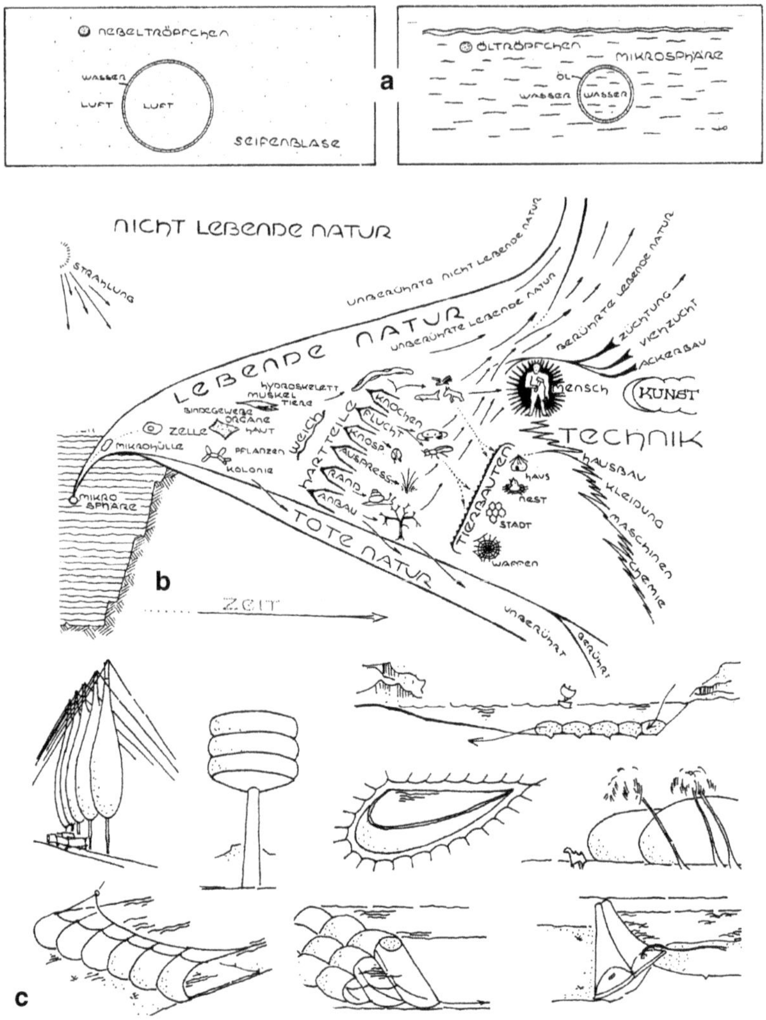

Abb. 5.33 Der Pneu als Urelement der Entwicklung sowie pneumatische Konstruktionen. **a** Pneu-Beispiele. **b** Urelemente der Entwicklung. **c** Entwurfsbeispiele für pneumatische Konstruktionen. (Nach Otto et al. 1982)

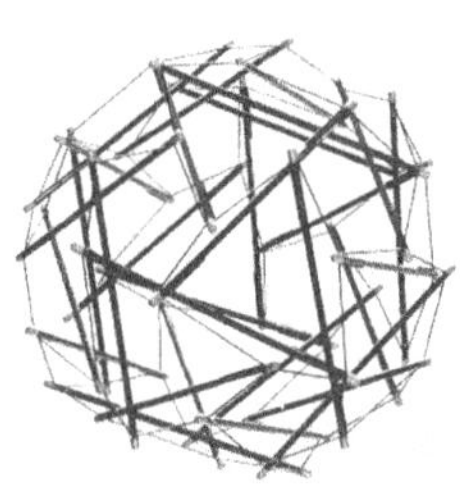

Abb. 5.34 Tensegrity-Modell. (Abb. Luchsinger, Light weight structures with Tensairity)

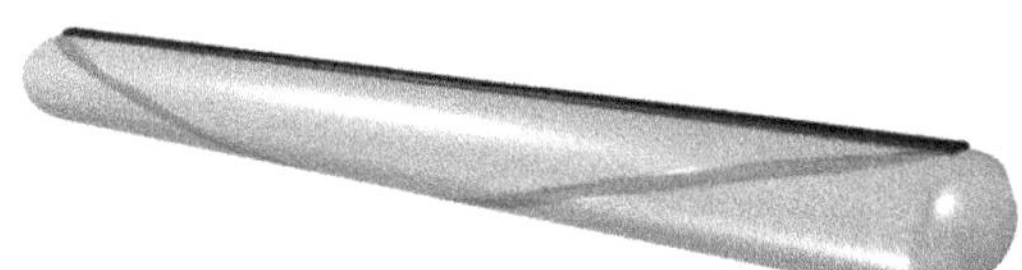

Abb. 5.35 Grundaufbau eines Tensairity-Systems, bestehend aus einem *oben* liegenden Druckelement, einem zylindrischen Pneu-Körper und schräg verlaufenden peripheren Zug-Gurten. (Abb. Luchsinger, Light weight structures with Tensairity)

Albert-Ludwig-Universität in Freiburg beschäftigen sich seit einiger Zeit mit der Erklärung der statischen Funktionen bei Pflanzen. Bereits im SFB 230 unter Leitung des Architekten F. Otto haben die Stuttgarter Forscherteams die Wirkungsweise von Pneus bei Organismen diskutiert und in mehreren Veröffentlichungen verbreitet (Abb. 5.38).

Heute sind pneumatische Systeme im Bauwesen längst erprobt: sie bestehen i. d. R. aus zwei oder mehr Lagen ETFE-Folie (Ethyl Tetrafluor Ethylen), welche an den Rändern zusammengepresst und durch Luftinnendruck stabilisiert

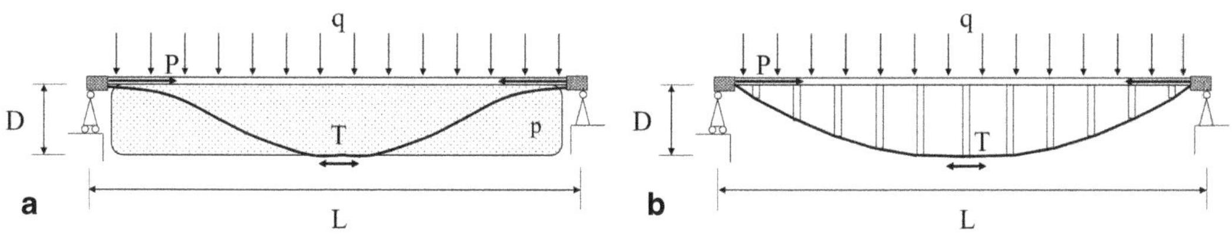

Abb. 5.36 Tensairity-Balken (*links*) im Vergleich zu einer unterspannten Brücke (*rechts*). Die vertikalen Druckstäbe der Brücke werden beim luftgefüllten Tensairity-System durch den Innendruck ersetzt. (Abb. M. Pedretti, Tensairity, ECCOMAS 2004)

Abb. 5.37 Tensairity-Demonstrationsbrücke mit 8 m Spannweite und einer Maximalbelastbarkeit von 3,5 t. (Abb. Luchsinger)

sind. Eines der bekanntesten realisierten Beispiele dürfte die Fassade der Allianz Arena in München (Architekten: Herzog und de Meuron) sein. Solche im Bauwesen verwendeten Pneu-Systeme sind dem einfachen Luftballon sehr ähnlich. Mehrere der Ballons aneinandergereiht ergeben die Fassadenkonstruktionen. Eine Möglichkeit der Lastaufnahme ist nur eingeschränkt möglich. Der Bau einer Brücke oder freitragender Pneu-Konstruktionen gelingt nur den Pneu-Konstruktionen der Natur oder den hier diskutierten pneumatischen Tensairity-Bauweisen.

Als eine der ersten realisierten Entwicklungen wurde eine Skibrücke in den französischen Alpen mit 52 m Spannweite errichtet (Abb. 5.39). Die auf die Tensairity-Zylinder aufgelegte Holzbahn und die Geländer übernehmen wiederum keine Tragfunktionen. Das Tensairity-System ist so aufgebaut, dass der pneumatische Innendruck in der Membranhülle die Druckstäbe ersetzt, welche ansonsten bei einer zugunterspannten Brücke erforderlich wären.

Die Überdachung eines Parkhauses in Montreux, Schweiz, mit einer Spannweite von 28 m ausgeführt, nutzt das Tensairity-System als Tragstruktur für eine Membranhaut, welche wie Schwimm- oder Flughäute zwischen die Finger einer Hand gespannt sind (Abb. 5.40). Besonders attraktiv wirkt dieses System durch seine Lichtdurchlässigkeit und die effektvoll eingesetzte Beleuchtung.

Die aktuelle Entwicklung bei Tensairity-Systemen versucht, die Selbstheilung von lebenden Pneu-Systemen, z. B. bei Pflanzen, auf das technische System Tensairity zu übertragen. Bei nicht zu großflächiger Verletzung der Membran eines Tensairity-Systems fällt der Innendruck zwar nur langsam ab, was eine hohe Sicherheit bedeutet. Jedoch kann die für die Außenhaut verwendete Membran ihren Defekt nicht wie natürliche Systeme selbst reparieren. Forschungen in der Schweiz und in Deutschland versuchen, die natürlichen Selbstheilungsmechanismen (Abschn. 6.57) zu verstehen und für Tensairity nutzbar zu machen.

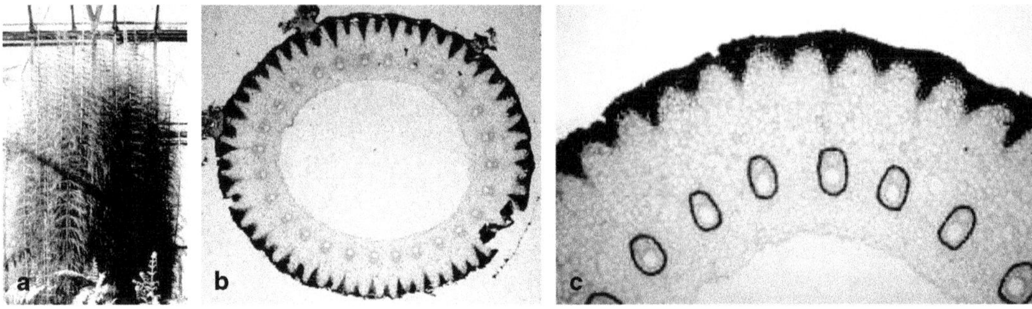

Abb. 5.38 *Equisetum giganteum,* Ansicht, Querschnitt und peripherer Ausschnitt. Der Turgor-Druck beträgt mehrere bar. (Abb. Plant Biomechanics Group, T. Speck, Albert-Ludwigs-Universität, Freiburg)

Abb. 5.39 Tensairity-Ski-Brücke mit 52 m Spannweite in den französischen Alpen, 2005. (Abb. R. Luchsinger und Charpente Concept SA, Barbeyer Architect & Airlight Ltd.)

Abb. 5.40 Tensairity-Dachstruktur für ein Parkhaus in Montreux, Schweiz, 28 m Spannweite, 2004. (Abb. R. Luchsinger und Luscher Architectes SA)

Selbstreparatur bei Pflanzen ist zum Zweck der Untersuchung auf bionische Übertragbarkeit – insbesondere bei einer Osterluzei der Art *Aristolochia macrophylla* – untersucht worden. Bei diesen Pflanzen werden Wunden im Wachstumsprozess verursacht. Die Wundheilung verläuft nach Speck et al. (2006) in vier Phasen, wobei in den Untersuchungen sich die erste Phase als die für die Übertragbarkeit interessanteste herausgestellt hat.

Parenchymzellen schwellen in dieser Phase schnell in die Wunde und verschließen sie. In den anschließenden Phasen erfolgt die Wundheilung, welche für die Bionik, die Übertragbarkeit in technische Anwendungen, weniger von Interesse ist. Es wird angenommen, dass der Verschluss der Wunde in dieser ersten Phase der Wundversieglung hauptsächlich von einer viskoelastisch-plastischen Deformation der mit innerem Turgordruck pneumatisierten Parenchymzellen geprägt ist. Ähnliche Phänomene wurden bei den schnel-

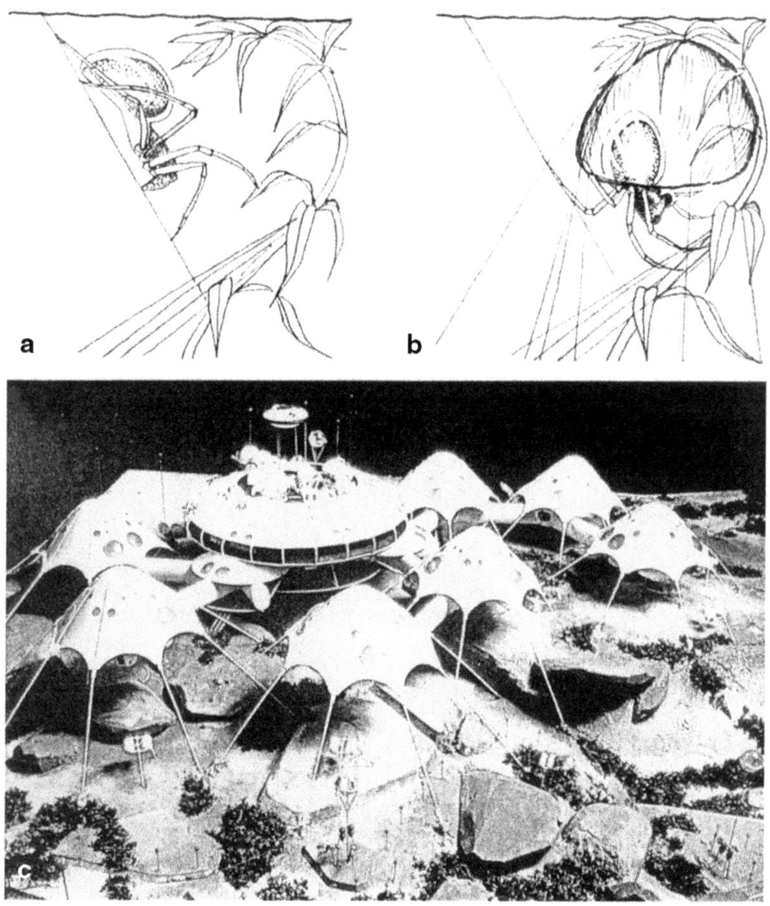

Abb. 5.41 Unterwasserglocken. **a** Lufteintragen. **b** Glockenbau der Wasserspinne *Argyroneta aquatica*. **c** Modellkonzept einer Unterwasserbehausung für die Karibik, J. Rougerie 1974. (**a**, **b** nach Freude 1982, **c** nach Rougerie aus Coineau und Kresling 1987)

len Selbstheilungsprozessen von *Phaseolus, Ricinus, Helianthus* entdeckt, wo die Wundheilung als Reaktion auf eine künstlich herbeigeführte Verletzung erfolgt (Speck et al. 2006).

Tensairity® ist eine Technologie von Airlight Ltd, Schweiz, entwickelt mit Prospective Concepts AG, Schweiz. Die Forschungsaktivitäten erfolgen bei EMPA, Schweiz, Forschungen zur Selbstheilung und Übertragung auf Tensairity-Systeme an der Albert-Ludwig-Universität Freiburg, Deutschland.

5.6.5 Wasserspinne – Unterwasserglocken

Die einzige Spinne, die längere Zeit unter Wasser geht und z. B. durch Haarbesatz an den Beinen („Schwimmbeine") an dieses Medium angepasst erscheint, ist die Wasserspinne *Argyroneta aquatica*. Sie formt an Wasserpflanzen unter Wasser ein fadenverankertes Gespinst, in das sie Luftblasen einträgt. Diese gewinnt sie dadurch, daß sie das hintere Körperende über Wasser streckt und dann unter Wasser zieht (Abb. 5.41a), wobei eine Blase an der feinen Behaarung des Hinterkörpers hängen bleibt und unter Wasser gezogen werden kann. Sie wird dann in das Netz abgestreift, welches durch wiederholtes Einbringen von solchen Luftblasen knapp die Größe eines Pingpongballs erreichen kann. Durch den Auftrieb stabilisiert sich diese „Unterwasserglocke" gegenüber den Verankerungs-Zugfäden von selbst (Abb. 5.41b). In sie zieht sich die Spinne sowohl zur Ruhe, als auch zum Verzehren von Nahrung und schließlich zur Fortpflanzung zurück.

Von J. Rougerie stammt der Vorschlag, Unterwasserglocken mit zugseilverstrebten Membra-

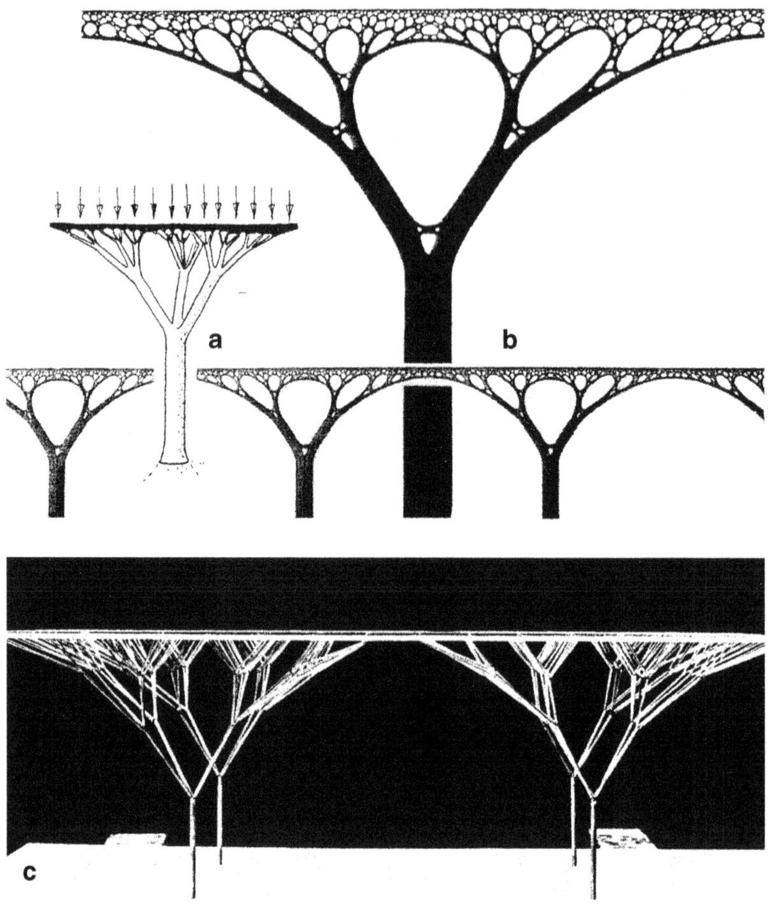

Abb. 5.42 Leichte „Baumstützen"-Flächentragwerke. **a** Konzeptsskizze mit Flächenlast. **b** Seifenblasen-Schaummodell. **c** Stabmodell mit Trägerplatte. (Nach Otto et al. 1982)

nen zu formen (Abb. 5.42c). Entsprechend dem Netz der Wasserspinne würden sie sich durch den Auftrieb der eingebrachten Luftmassen selbst stabilisieren.

Es ließen sich damit ganze Unterwasserstädte aufbauen. Das Prinzip ist einfach, der Massenaufwand äußerst gering, die Einzelsysteme könnten leicht wieder abgebaut werden. Problematisch ist nur die Verankerung, da hohe Zugkräfte auftreten. Vielleicht wird eine solche Vision als Attraktionsangebot im Tourismusbereich einmal Wirklichkeit.

5.7 „Baumstützen"- und Zelttragwerke

Auch in diesen Kategorien hat das ehemalige Institut für leichte Flächentragwerke, Stuttgart, beispielhafte Entwicklungen durchgeführt, wobei Bäume und Spinnennetze einerseits, „Baumstützen" und Zeltdächer andererseits immer parallel betrachtet worden sind.

5.7.1 Baumprinzipien – Baumstützen

Die Grundidee dabei ist die Folgende: Bäume verzweigen sich als „Körper konstanter Spannung" nach oben immer stärker.

Überlegt man sich baumstützenartige Tragwerke, die z. B. eine Flachdecke abstützen, auf die Flächenlasten wirken (Wind, Regen, Schnee), so könnte es sein, dass die Eigenlast der Trägerstrukturen, die zur Abstützung einer Flächeneinheit nötig ist, bei baumstützenartigen Trägern geringer ist als bei Säulenartigen. Außerdem kann die Flächeneinheit dann an vielen Punkten

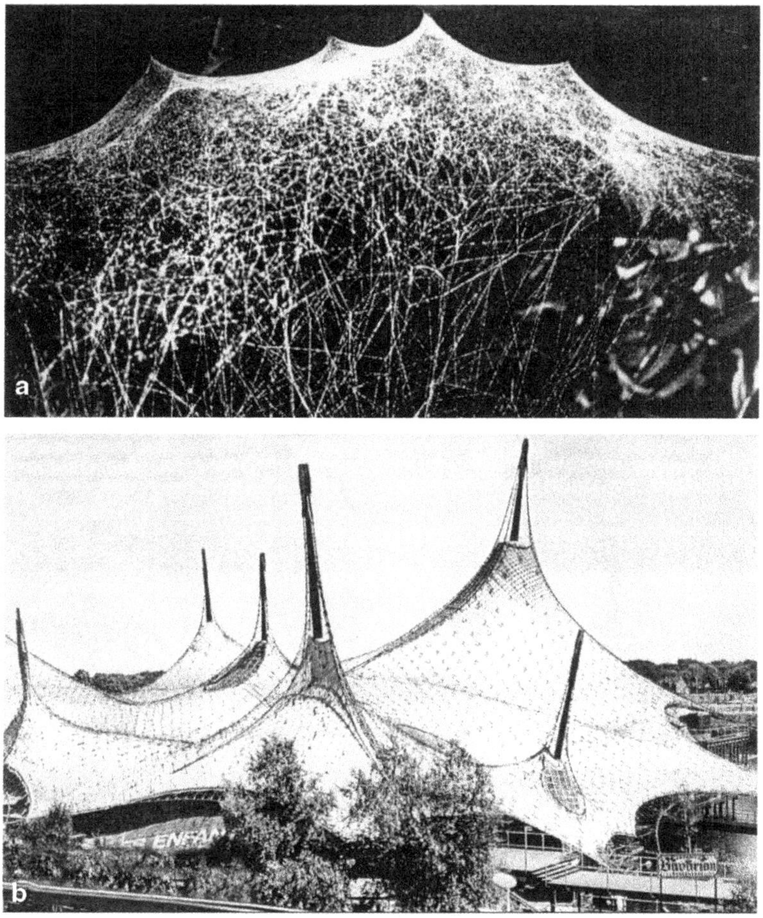

Abb. 5.43 Zelttragwerke in Biologie und Architektur. **a** „Zeltdach" einer Spinne. **b** Dach der Expo Montreal, F. Otto et al. 1967. (Nach Otto et al. 1984)

unterstützt werden, wodurch hohe Punktbelastungen an den Krafteinleitungsstellen vermieden werden.

Wesentlich dabei ist, dass die Verzweigungen mit den nach oben stets dünner werdenden röhrenförmigen Verlängerungen insgesamt weniger wiegen können als ein nicht verzweigter Träger. Es hängt also davon ab, an welchen Stellen die Verzweigungen eingesetzt werden, nicht zu früh und nicht zu spät, so dass eine Qualitätsfunktion formulierbar ist mit den Vorgaben „Massenminimum bei gegebenen Randbedingungen der Belastung".

Zur Konzeption von baumstützenartigen Trägern wurden neben Rechnungen und evolutionsstrategischen Optimierungen auch Selbstbildungsprozesse eingesetzt, z. B. Ausformungen im Seifenblasenmodell. Abbildung 5.42 zeigt in Teilabbildung A das Prinzip, in B ein Blasenmodell und in C ein massenmäßig optimiertes Stützenwerk. Auffallend ist, dass sich die Träger zur Massenoptimierung schon in vergleichsweise geringem Abstand zur Basis verzweigen.

5.7.2 Spinnennetze – Zeltdächer

Die bekanntesten Arbeiten des ehemaligen Instituts beziehen sich auf Zelttragwerke, und hier ist das Bekannteste wiederum das Münchener Olympiadach, an dessen Formfindung F. Otto maßgeblich beteiligt war. Vorläufer hatte es im Dach der Expo Montreal, 1967 (Abb. 5.43b). Ein Vorläufer als Experimentalbau wurde wieder abmontiert und in Stuttgart aufgebaut; es beherbergte lange Jahre das Institut für leichte Flächentragwerke und steht heute noch. Bei Besuchen haben wir uns immer wieder aufs Neue gewundert, welchen

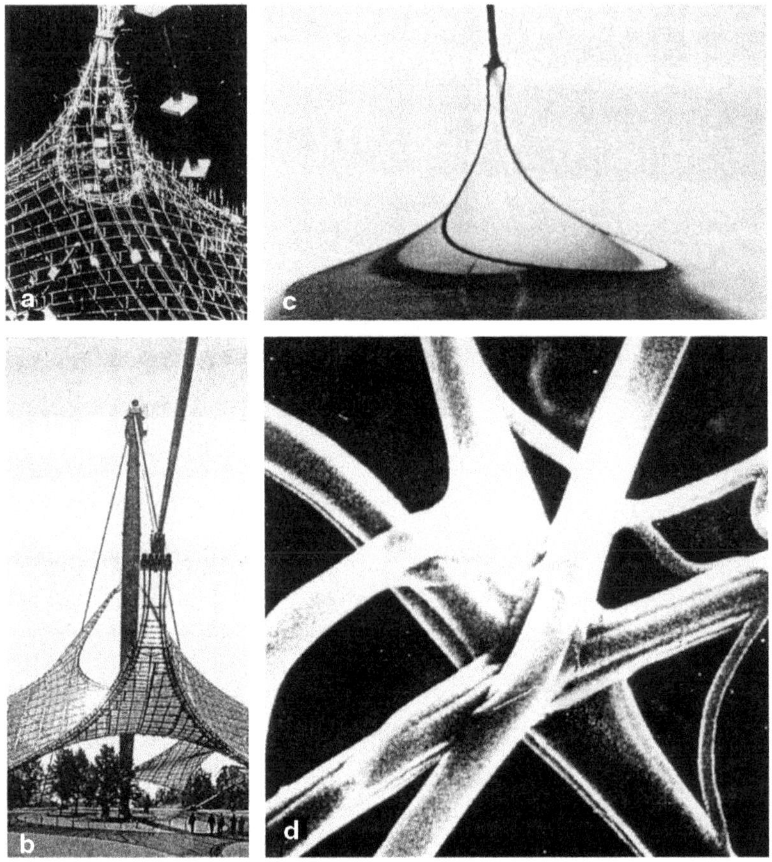

Abb. 5.44 „Fangschlaufen". **a, b** Bei Zeltdächern. **c** Im Seifenblasen-Versuch. **d** Knotenverbreiterung bei der Falltürspinne *Namesia spec.* (**a–c** nach Oder 1982, **d** nach Kullmann 1975)

unerwartet großen Raum das von außen eher klein aussehende Gebilde umschließt.

Ein Problempunkt solcher Konstruktionen, statisch ebenso wie im optischen Eindruck, sind die geradezu riesenhaften, dafür nötigen Pylonen. Die abzufangenden Kräfte sind enorm und die Pylonen müssen genau zentrisch achsenparallel auf Druck belastet werden, damit sie trotz massiver Ausbildung nicht knicken. Bei der Dachausformung stellen sie sich aber bei geschickter Vorgehensweise von selbst so ein.

Die Netze der Spinnen (Abb. 5.43a) sehen geradezu verzweifelt „zeltdachähnlich" aus (vgl. Abb. 5.43b), und im IL wurden denn auch Spinnennetze sehr ausführlich studiert, in Kooperation mit dem Spinnenforscher E. Kullmann. Darüber wurde vielfach berichtet, etwa in der IL-Publikation 8. Es wurde von F. Otto aber immer wieder verneint, dass Spinnennetze und Spinnen-Zeltbauten Anregungen für technische Netz- und Zeltbauten gegeben hätten.

Angesichts des intensiven und verzahnten Studiums beider Felder halten wir diese Aussage für problematisch. Anregungen sind gar nicht zu vermeiden und es ist ja auch nichts Schlimmes daran. Dagegen wurde häufig hervorgehoben, dass der Vergleich mit technischen Zeltbauten die Biologen dazu gebracht hätte, Spinnen und andere Netzkonstruktionen genauer anzuschauen. Das stimmt zweifellos. Hierbei wurde auch entdeckt, dass die bei den Netzbauten zur Entlastung von zu großen Punktbelastungen eingeführten Schlaufen zwischen der eigentlichen Netzfläche und der Verankerung am Pylonenende (Abb. 5.44a–c) auch bei Spinnennetzen zu finden sind. Dies zeigt, dass sich in Konstruktions- und Evolutionsprozessen (die beide Elemente des Zufälligen beinhalten) bei gleichen oder ähnlichen Anforderungen gleiche oder ähnliche Formen durchsetzen können.

Dazu gehört auch das Prinzip der Massenverstärkung an stark belasteten Knotenstrukturen.

Abb. 5.45 Thematic Pavillon 2012, Yeosu, South Korea. (Abb. soma Architects)

Spinnen verstärken diese dadurch, dass sie entweder mehr Fäden zusammenführen oder in den Knotenregionen die Einzelfäden dicker halten (Abb. 5.44d).

5.7.3 Vielfalt von Zeltdächern

Das IL Stuttgart (Institut für leichte Flächentragwerke) hat eine immense Vielzahl von Netzkonstruktionen und Zeltdach-Entwürfen ausgearbeitet, auf die hier nur global hingewiesen werden kann. Eine ausführliche Darstellung findet sich in dem IL-Bericht Nr. 8 (1975), Netze in Natur und Technik. In Nachdrucken können die IL-Berichte von dem genannten Institut heute noch erworben werden.

5.8 Bewegliche Strukturen

Bewegliche Strukturen in der Natur üben eine große Faszination auf Architekten aus. Sie geschehen als autonome oder nichtautonome Bewegungen. Besonders interessant sind dabei die materialtechnischen Erkenntnisse, welche auf Verschleißfreiheit hinweisen.

5.8.1 Nicht autonome Bewegungen

Nicht autonome Organbewegungen von Pflanzen, z. B. bei Blättern, treten in der Natur in einer hohen Bandbreite an Bewegungsformen und den ihnen zugrunde liegenden Prinzipien auf. Nastien werden diese Pflanzenbewegungen genannt. In der Natur kommen Seismonastien bzw. Thigmonastien (Reaktion der Pflanze auf Erschütterung bzw. auf Berührung, z. B. Strelizie), Chemonastien (Reaktion auf chemische Reize, z. B. Randtentakel des Sonnentau), Thermonastien (Öffnen oder Schließen bei Wärme z. B. von Krokus- oder Tulpenblüten) und Photonastien (Öffnen oder Schließen von Blüten bei unterschiedlicher Lichtintensität) vor, daneben jedoch auch eine ganze Reihe weiterer Nastien, z. B. Traumonastie als Reaktion auf Verwundung und Hydronastie als Reaktion auf Feuchtigkeit. An der Universität Stuttgart werden am Institut ITKE unter Leitung von Jan Knippers vielfältige Versuche unternommen, diese Strukturen in vielversprechende Architektur zu übersetzen. Ein spektakulärer Ansatz wurde von soma Architekten bei deren Bauwerk für die Expo für den „Thematic Pavillon 2012“ in Yeosu, Süd Korea, umgesetzt (Abb. 5.45, Abschn. 6.51 u. a.).

5.8.2 Autonome Bewegungen

Bewegungen, die von Muskeln, Sehnen, Bändern oder pneumatisch angetrieben erfolgen, werden nach der Analyse von Beispielen in der Natur ebenfalls in verschiedenen Forscherteams untersucht und entwickelt. Sehr gute Beispiele stammen von E. Hertzsch und G. Pohl aus Bionik-Workshops an der University of Melbourne sowie von der Facade Research Group um Ulrich Knaack an der TU Delft (Abschn. 6.49 und 6.50, Thermoregulative Hüllstrukturen und Ventilationssysteme für atmende Hüllen von Lydia Badarnah).

5.8.3 Responsive Bewegungen

An der TU Berlin werden Anwendungsbereiche für ein natürliches Phänomen erforscht, das Schaufel- oder Greifbewegungen mit geringem Krafteinsatz ermöglicht oder in einem anderen Fall künstliche Muskeln für Leichtbaubrücken einsetzt. Fischflossen werden einerseits durch Muskulatur angetrieben, sind andererseits aber durch strahlenförmige Verkoppelungen in den Flossen so ausgebildet, dass sie eine Schaufelbewegung in die Richtung vollziehen, in welche die Flosse bewegt wird. Dieser sog. Fin-Ray-Effekt wurde im Wesentlichen von R. Bannasch untersucht und veröffentlicht. Das Institut für Bauingenieurwesen der TU Berlin, Fachgebiet Entwerfen und Konstruieren, entwickelt unter der Leitung von M. Schlaich Anwendungen im Bauwesen, z. B. responsive Verschlusssysteme für Leichtbaudächer. Auch bei reaktiven Bewegungen, etwa beim Einsatz künstlicher Muskeln in Bauwerken, ist dieses Institut Vorreiter. Es entstehen Brückenbauten, deren Schwingungen von pneumatisch getriebenen „Muskeln" gedämpft werden. In Abschn. 6.54 und 6.55 sind die Systeme ausführlich dargestellt.

6 Produkte und Architektur – Beispiele der Bau-Bionik

Die Natur ist den Weg gegangen, Lösungen durch komplexe Vernetzung zu entwickeln. Im Vergleich zu technischen, „linearen" Optimierungen kann dieser Strategie ein großer Erfolg bestätigt werden. Die natürliche Optimierung erfolgt durch Fortpflanzung, Mutation, Rekombination und Selektion. Die Natur nutzt auch Misserfolge als Optimierungshilfen.

Die in diesem Kapitel folgenden Beispiele der Bau-Bionik behandeln realisierte Beispiele genauso wie Studien und Ideenskizzen. Der Weg der Bionik vom biologischen Beispiel über die Abstraktion zur technischen Anwendung sollte daran nachvollziehbar sein. Wichtig ist der Hinweis, dass die Beispiele in diesem Buch die Möglichkeiten der Bionik nie abschließend zeigen können. Sie sind vielmehr dazu gedacht, Anregungen für die eigene Arbeit zu liefern.

Es wird erkennbar, dass Bionik als Werkzeug zu verstehen ist, als Hilfsmittel. Somit steht Bionik neben anderen klassischen Entwurfs- und Entwicklungswerkzeugen. Den Architekten, Planern, den Bauschaffenden allgemein und den Designern wird es darauf ankommen, ein optimales Ergebnis zu erzielen. Ob dabei eine einzige Methode angewandt wurde oder Methoden kombiniert werden, ist für das Ergebnis gleichgültig. Folglich werden in den folgenden Abschnitten neben „rein bionischen" Ergebnissen auch solche gezeigt, die lediglich analoge Entwicklungen in Technik und Natur darstellen, also im Grunde der bionischen Vorgehensweise nicht folgen.

Überdies sind wir davon überzeugt, dass die Welt der Architektur derart komplex ist, dass es keine „bionische Architektur" geben kann. Es sind allenfalls Bauelemente und Materialien bionisch entwickelbar oder Funktionsweisen aus der Natur technisch nachvollziehbar. Ein komplexes Gebäude beinhaltet zu viele Bauteile, Raumfolgen und Funktionalitäten, die vor dem Hintergrund von Normungen, Traditionen und technischen Rahmenbedingungen entstanden sind. Gerade die in den deutschen Richtlinien VDI 6220 und – für den Bereich des Bauwesens – VDI 6226 präzisiert eingebrachte Sichtweise, ein Produkt sei dann bionisch zu nennen, wenn seine wesentlichen Elemente bionisch entwickelt worden sind, macht deutlich, dass ein Begriff wie „bionisches Gebäude" nicht stimmig ist. Die Frage, ob es „bionische Gebäude" gäbe, ist zu verneinen, obwohl Behauptungen in verschiedenen Veröffentlichungen zu finden sind, dieses oder jenes Gebäude sei bionisch. Meist entpuppen sich diese Vorstellungen als Marketingstrategien oder sind aus Unwissenheit entstanden. Ausnahmen von der Regel, dass es keine bionischen Gebäude gibt, können allenfalls für Kleinstbauten, beispielsweise Pavillons gelten. Auch solche werden nachfolgend vorgestellt. Damit die Einschränkungen nicht missverstanden werden: Wir sind davon überzeugt, dass die Bionik ihren Platz hat und dass der Bionik eine herausragende Bedeutung bei der Nutzung von Entwicklungspotenzialen zukommt. Sie kann aber nicht alleinbestimmend sein.

W. Nachtigall, G. Pohl, *Bau-Bionik*,
DOI 10.1007/978-3-540-88995-3_6, © Springer-Verlag Berlin Heidelberg 2013

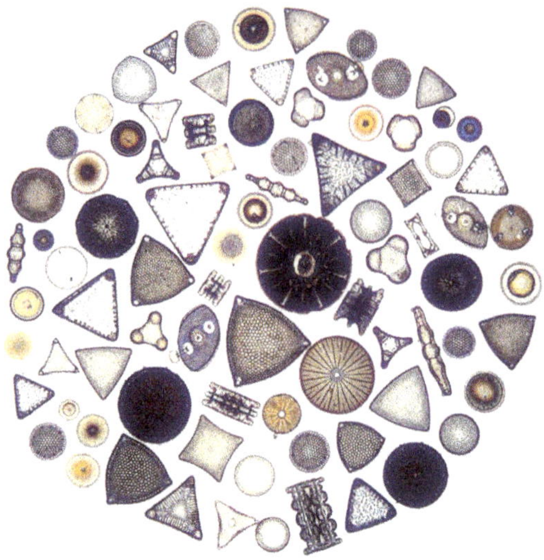

Abb. 6.1 Fossile marine Diatomeen aus dem Oamaru-Deposit in Neuseeland (spätes Eozän). (Von Alfred Elger arrangiert, Kreisdurchmesser ca. 500 μm)

Die Bionik wird berechtigterweise als Querschnittsdisziplin bezeichnet. Auch dies wird in den nachfolgenden Beispielen deutlich. Die Wissenschaftler arbeiten fachübergreifend. Oft sind Kombinationen aus technischen Entwicklungen und bionischen Inspirationen zielführend. Bionik ist in vielen Fällen ein integratives Werkzeug.

In der Summe soll der Leser mit den Beispielen einen Eindruck von den Möglichkeiten und der Tiefe bionischer Ansätze erhalten und zu eigenen Ideen angeregt werden. Er soll zudem auch erkennen, wo parallele Entwicklungen auf technischer Grundlage bereits zum Erfolg geführt haben, ohne dass die Natur dabei Pate gestanden hätte.

Die Abschnitte in Kap. 6 sind wie folgt aufgebaut: Das Kapitel beginnt in den ersten Unterkapiteln mit einem ausführlichen, jedoch nicht alleingültigen exemplarischen Entwicklungsstrang einer Bionikforschung, zeigt mögliche Entwicklungswege auf und bespricht das Ergebnis. Die Beschreibungen sind verhältnismäßig umfassend gehalten, damit die für Bionik notwendige Forschungstiefe erkennbar ist. Trotzdem können sie nicht den vollen Umfang der Bionikforschung zeigen, da dies die Möglichkeiten des Buches sprengen würde. Im Anschluss an das Forschungsbeispiel werden verschiedene exemplarische bionische Entwicklungen und Ideen vorgestellt. Der besseren Übersicht und Vergleichbarkeit wegen sind diese Beispiele auf je ein Unterkapitel und je eine Doppelseite beschränkt. Diese Unterkapitel beginnen mit dem biologischen Vorbild, erklären die Abstraktion und danach die technische Umsetzung und die Chancen der Anwendung. Analoge Entwicklungen der Technik und der biologischen Funktionen werden nach demselben Muster aufgezeigt. Nähere Angaben über die Autoren, der Bildnachweis und Adressen für vertiefende Informationen über das vorgestellte Beispiel sind im Abspann zusammengefasst.

6.1 Bionik auf der Grundlage von Algen – ein biologisches Beispiel

Meeresalgen dienen vielen Meeresbewohnern als Nahrung und stehen unter den Lebewesen am Beginn der Nahrungskette. Verfärbungen, die sie in den Meeren hervorrufen können, sind als „Algenblüte" bekannt. Weniger bekannt ist, dass die einzelligen Algen für die Sauerstoffproduktion unserer Erde mitverantwortlich sind, und dies immerhin zu einem wesentlich bedeutenderen Teil als beispielsweise die Regenwälder. Die Zahl einzelliger Lebewesen in unseren Meeren wird in der Literatur mit der Menge der Himmelskörper in unserem Universum verglichen und auf 10^{22} geschätzt. Die für die Färbung der Meere verantwortlichen Pigmentzusammensetzungen der Algen sind für die Bionik allerdings weniger interessant als die nur im Mikroskop sichtbaren, unglaublich vielfältigen Baukonstruktionen. Die dafür verantwortliche Feinstruktur des Exoskeletts der Algen und die anliegende Plasmaschicht grenzen den Zellinhalt vom Meerwasser ab.

Diese skelettartigen Strukturen werden durch unterschiedliche Bauprinzipien mit verschiedenen Materialien aufgebaut. Coccolithophoriden verwenden Kalzit ($CaCO_3$), Diatomeen, Radiolarien und Silikoflagellaten nutzen Silikat (SiO_2*n H_2O). Sehr komplexe geometrische Strukturen werden von Foraminiferen unter Verwendung von Kalzit, Acantharien unter Verwendung von

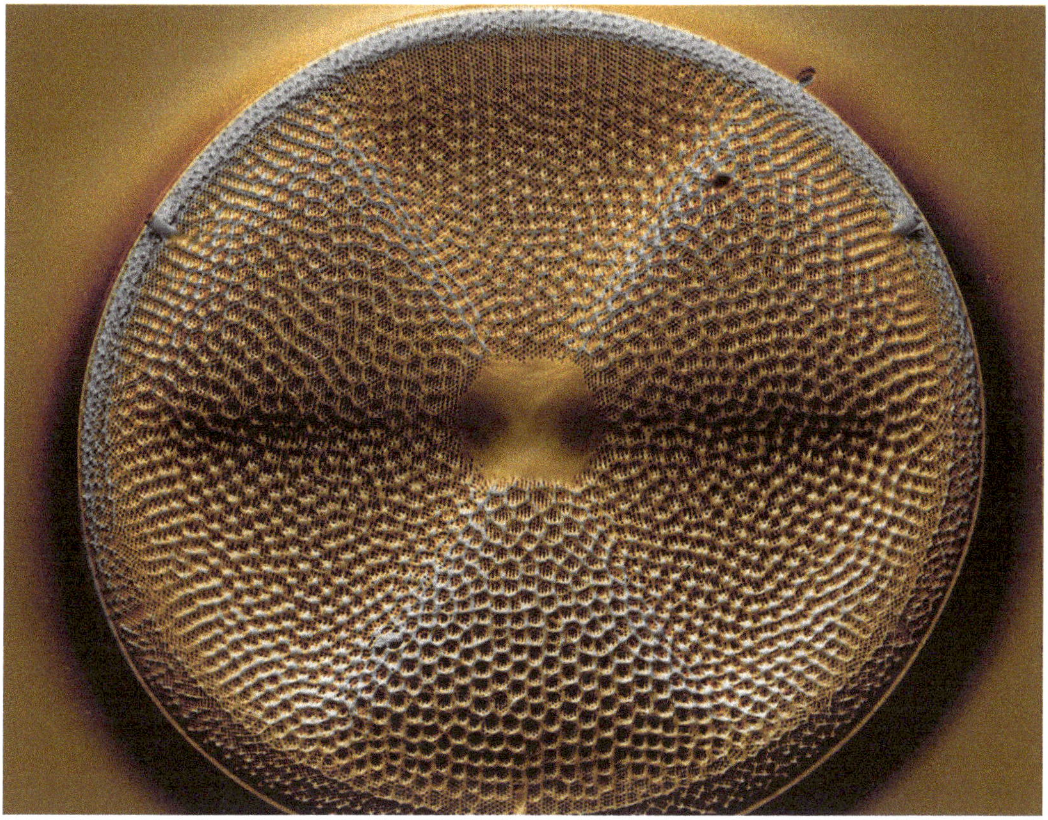

Abb. 6.2 Typischer Vertreter der Diatomeen mit deutlich sichtbarer Petrischalen-Form: *Actinoptychus*

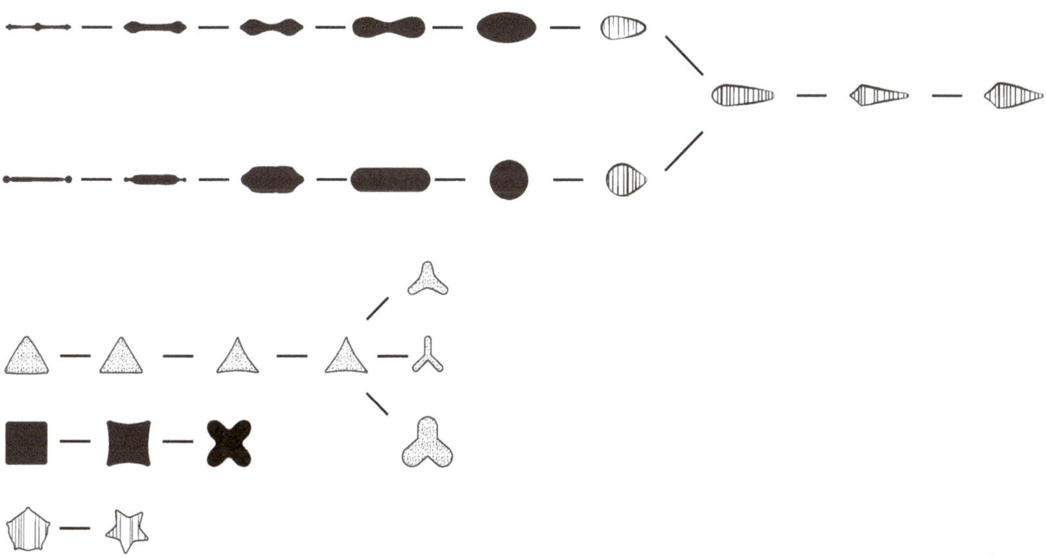

Abb. 6.3 Unterschiedliche Außenformen und Symmetrieverhältnisse bei Diatomeen

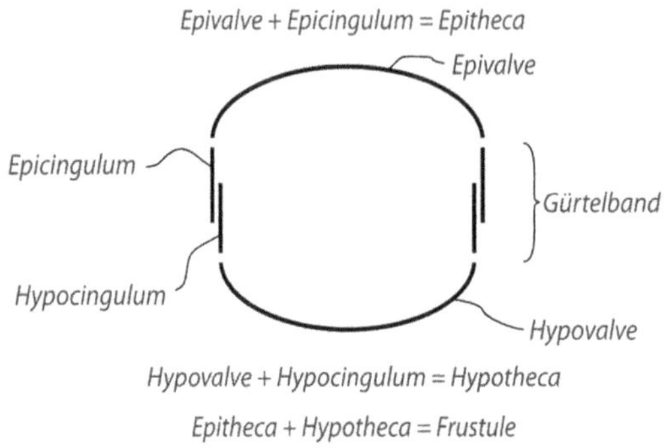

Abb. 6.4 Aufbauschema einer Diatomeenschale

Coelestin ($SrSO_4$) und eben von Radiolarien gebildet. Die mit etwa 25 % an der Gesamtmasse größte Gruppe sind die Diatomeen. Die Kieselalgen-Schalen haben eine hohe geometrische Komplexität entwickelt, mit denen sich die einzelnen Arten, deren Anzahl bei den Diatomeen auf etwa 100.000 geschätzt wird, unterscheiden. Deren Rippen, Wabenstrukturen und Poren haben Größen von etwa 1 µm, 150 nm, 20 nm und formen die Körper je nach Art dreieckig, zylindrisch oder nadelförmig bzw. in weitere Körpergeometrien. Es entstehen oft fraktale, also selbstähnliche Strukturen. Über Diatomeen existieren heute viele hervorragende wissenschaftliche Untersuchungen, was sie für weitergehende Forschung in der Bionik besonders wertvoll macht.

Die attraktive Gestalt der Diatomeen und Radiolarien führte gegen Ende des 19. Jahrhunderts zu sog. Salonpräparaten, mit denen das gebildete Bürgertum mikroskopierte und über die Schönheiten der Natur philosophierte. Um diese Zeit erschien das weltweit publizierte und heute antiquarisch hoch gehandelte Werk des Jenaer Biologen Ernst Haeckel: „Kunstformen der Natur" (Art Forms in Nature). Auch Frei Otto, der für seine leichten Zeltbauten bekannte Architekt, der Botaniker Johann-Gerhard Helmcke und die Pflanzenphysiologin Anne-Marie Schmid haben in den 1970er und 1980er Jahren die Formentstehung der Diatomeenschalen analysiert (vgl. IL-Berichte 1975a). Die Ausführungen des Instituts für Leichte Flächentragwerke an der Universität Stuttgart bilden seitdem die Grundlage für weiterführende Studien.

Inzwischen konnte das Wissen verfeinert und präzisiert werden. Nach heutigen wissenschaftlichen Erkenntnissen erfüllen die Schalenstrukturen der Kieselalgen hohe Anforderungen hinsichtlich der statischen Festigkeit und der mechanischen Belastbarkeit. Die Schalen sind gegen Angriffe der Ruderfußkrebse (*Copeopoden*) optimiert, die ihrerseits mit Silikat überzogene Mundwerkzeuge besitzen. Zum Schutz haben die Diatomeen eine harte, dennoch filigrane Schale aus Bio-Silikat gebildet, die in sich so fein strukturiert ist, dass die feinsten Poren in der Silikathülle semipermeable Eigenschaften von Membranen besitzen: einzelne Stoffe werden in das Zellinnere gelassen, wogegen andere ausgegrenzt werden.

6.2 Pool Research als bionische Methode in der Anwendung

Für Leichtbaukonstruktionen im Bauwesen, mit denen sich G. P. seit Jahren befasst, sind die Schalenausbildungen bei Diatomeen als Untersuchungsobjekte ideal geeignet.

Hier stand G. P. am Alfred-Wegener-Institut in Bremerhaven Informations- und Untersuchungsmaterial in seiner Forschungstätigkeit bei PLANKTONTECH zur Verfügung. Im Rahmen dieses internationalen Forschungsprojekts PLANKTONTECH, einem virtuellen Institut der deutschen Helmholtz-Gesellschaft, beschäftigen sich Biologen mit der Grundlagenforschung von Plankton sowie Architekten und Ingenieure mit der Frage der technischen Umsetzbarkeit in Produkte aus den Bereichen Architektur und Design. Mit der bionischen Methode „Pool Research" wurden Erkenntnisse gesammelt und ausgewertet. Sie wurden sowohl direkten Prototypen aus der Forschungsreihe PLANKTONTECH zugeführt (vgl. COCOON_FS, an anderer Stelle in diesem Buch vorgestellt) und standen auch der industriellen Holzbau-Entwicklung im Rahmen von BOWOOSS zur Verfügung (BOWOOSS ist ein Bionik-Forschungsprojekt über Schalen in Holzbauweise).

ART	ABBILDUNG	ANNULUS/ ÄNDERUNG DERSTRUKTUR IM ZENTRUM	VERSTÄR-KUNGSRIPPEN	HIERARCHI-SCHE GLIEDE-RUNG	ORGANISATION	BESONDERHEITEN	ÜBERTRAGUNGSPOTENTIAL
Thalassiosira	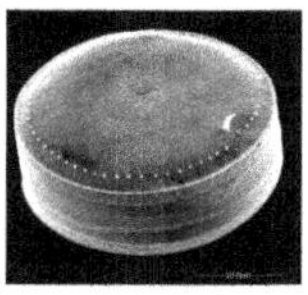	+, sehr groß, "Frontal-mapping"	-	+	central-flächig	regelmäßige Öffnungen	Gewichtsersparnis
Actinoptychus	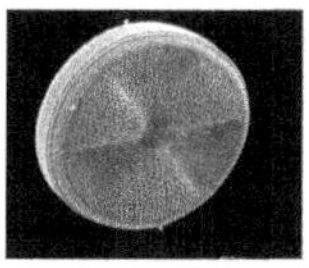	+, geschlossen	+	+	centrales	radial gewellt	Erhöhte Stabilität durch konzentrische Krümmungsänderung
Arachnoidiscus	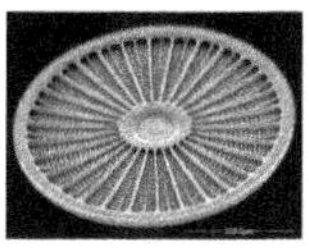	+	+	+	centrales	Innenseite: deutliche radiale Versteifungsrippen, untergeordnet konzentrische Versteifungen, wobei der Rand sehr massiv wirkt. Im Zentrum findet ein Wechsel zu einer gänzlich anderen Struktur statt.	Form, Dimension und Ausrichtung bzw. Verhältnis der Versteifungsrippen zueinander. Druckring/ -zone im Zentrum
Trinacria	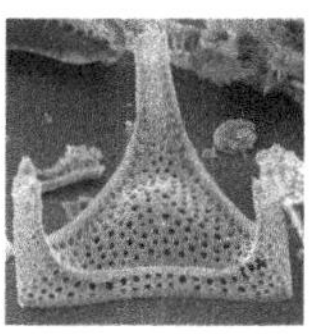	-		+	flächig	regelmäßige runde/ovale Öffnungen	Gewichtsersparnis

Abb. 6.5 Auszug zur Klassifizierung von Diatomeen

6.3 Pool Research – Abstraktion durch Klassifikation biologischer Vorbilder

6.3.1 Klassifikation von Diatomeenarten

Diatomeen bestehen aus zwei ineinandergreifenden Schalen, der Hypotheca und der Größeren, die Hypotheca umschließenden Epitheca. Jede der beiden Schalen setzt sich zusammen aus einem Teil des verbindenden Gürtelbands und der Valve.

Das Hauptaugenmerk der beim Forschungsprojekt BOWOOSS durchgeführten Klassifizierung von Diatomeenarten (Abb. 6.5) lag auf der Untersuchung prägnanter Beispiele, bei denen eine Eignung besonderer Merkmale für die Übertragung in das Bauwesen vermutet werden konnte. Mit Hilfe dieser Klassifizierung gelang es, die unterschiedlichen natürlichen Problemlösungen zu isolieren und zu vergleichen.

Die grundsätzlichen Organisationsformen wurden gemäß Round et al. in strahlenförmige oder kammartige Erscheinungsformen eingeteilt. Diese Aufteilung scheint nach heutigem Kenntnisstand nicht ausreichend. Ergänzend sind Typen mit Lochung aufgenommen (vgl. Abb. 6.6).

Die Klassifizierung bezieht sich überwiegend auf morphologische und topologische Eigenschaften der Valven, zum einen weil die Gürtelbänder (Copulae) bei fossilen Diatomeen häufig gar nicht bzw. nur bruchstückhaft vorhanden sind (was Rückschlüsse auf die Stabilität der Verbindung zulässt), zum anderen weil der strukturelle Aufbau der Gürtelbänder als eher schlicht zu bewerten ist. Entsprechend erfolgt die taxonomi-

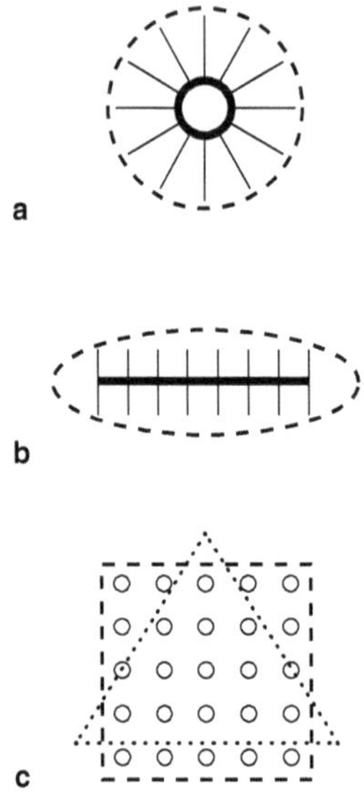

Abb. 6.6 Grundsätzliche Formen von Diatomeen

Abb. 6.7 *Isthmia*

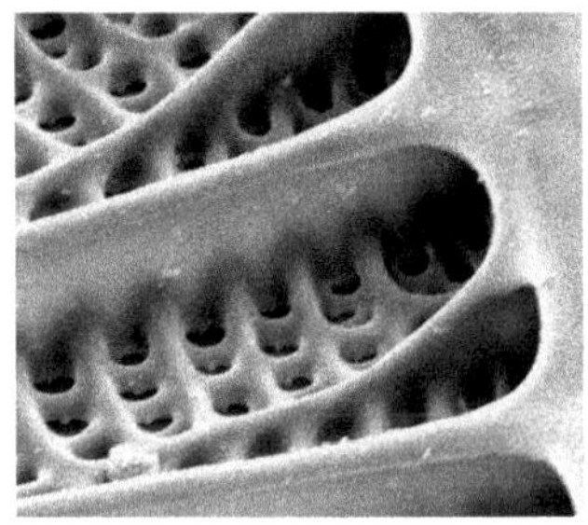

Abb. 6.8 *Arachnoidiscus*

sche Einordnung zumeist aufgrund von Betrachtungen der Valven.

Die große Artenvielfalt rezenter und fossiler Diatomeen (Schätzungen gehen von 10.000 bis 150.000 Arten aus, vgl. IL 28, S. 42) und die damit einhergehende Vielfalt an Formen und Strukturen ist dazu geeignet, die unterschiedlichsten Ansätze für eine Übertragung in die Architektur zu liefern.

6.4 Pool Research – Analyse und Auswertung

Sofern die Schalenstrukturen von Diatomeen betrachtet werden, kann deren morphologischer Aufbau geometrisch analysiert werden (Abb. 6.6). Nähere Untersuchungen lassen Besonderheiten erkennen, die auf Ähnlichkeiten zu Bauteilen der Architektur hindeuten.

Hierarchische Gliederung Diatomeenschalen bestehen i. d. R. aus mehreren miteinander verbundenen, unterschiedlich skalierten Strukturen. Die hierarchische Gliederung (Abb. 6.7) ist ein wesentliches Merkmal der Schalenstrukturen. Dieser Begriff bezeichnet die Auflösung einer tragenden Struktur in ein System von Einzelelementen, die wiederum jeweils durch ein untergeordnetes System weiterer Einzelelemente unterteilt werden. Hierbei handelt es sich häufig um eine selbstähnliche Verkleinerung. Die damit verbundene Erhöhung des Flächenträgheitsmoments und die Gewichts- bzw. Materialersparnis ist im Vergleich zu „monolithischen“ Strukturen effizient. Häufig sind sog. bullulae (z. B. bei Aulacodiscus) anzutreffen. Dabei handelt es sich um allseitig geschlossene, wabenförmige Hohlräume, die eine schaumartige Substanz bilden (vgl. IL 28, S. 56). Ebenso zu beobachten sind kugelförmige Einschlüsse oder auch zweidimensionale Netzmaschen (IL 28, S. 80).

Verstärkungsrippen Viele Diatomeen, insbesondere den *Pennales* zugehörige Arten, weisen auf der Unterseite der Valve eine ausgeprägte Rippenstruktur auf. Häufig handelt es sich dabei um ein System paralleler oder radialer Rippen, die durch untergeordnete Rippen miteinander verbunden sind. Bei nahezu allen Arten ist eine Verstärkung des äußeren Rands vorhanden. Dieser dient dem Zweck, bei Belastungen der Schale Zugkräfte aufzunehmen (z. B. Abb. 6.8).

Abb. 6.9 *Actinoptychus*

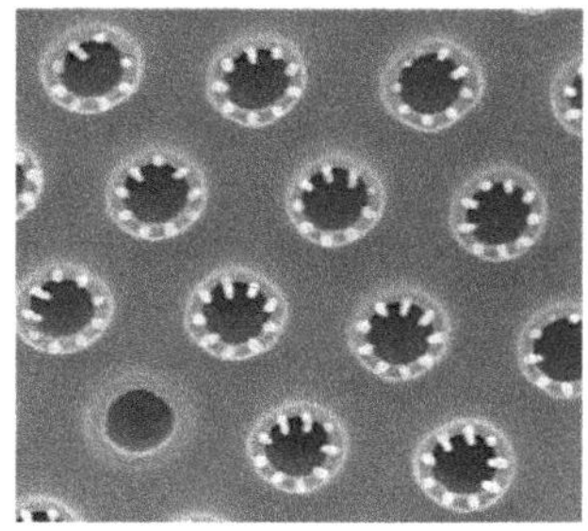

Abb. 6.11 *Actinoptychus*

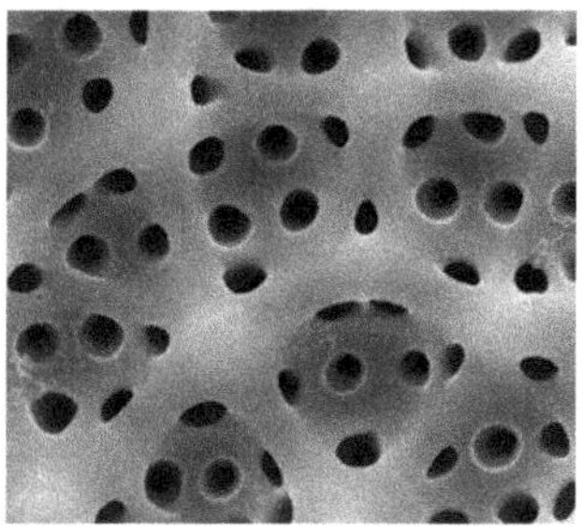

Abb. 6.10 *Actinoptychus*

Symmetrie Ebenso auffällig ist die zu beobachtende Symmetrie. Bei der Ordnung der Centrales handelt es sich dabei i. d. R. um einen radialsymmetrischen Strukturaufbau der in der Aufsicht zumeist runden oder polygonalen Schalen. Bei der Unterordnung der *Araphidineae* in der Ordnung der *Pennales* hingegen ist eine ausgeprägte doppelte Achsensymmetrie festzustellen.

Getrennte Schalen Bei manchen Arten (z. B. *Actinoptychus,* Abb. 6.9) ist zu beobachten, dass die Schalen aus zwei morphologisch völlig unterschiedlichen Schichten aufgebaut sind, deren Strukturen keinerlei Beziehung zueinander erkennen lassen (vgl. IL 38, S. 90 ff.).

Parallelen zur Architektur Bei zentralen gekammerten Diatomeen ist die Ähnlichkeit mit Konstruktionen in der Architektur besonders auffällig. Die einzelnen Elemente der Schale, nämlich die äußere Begrenzungsschicht, die seitliche Begrenzungsschicht und der Steg, lassen sich gut mit den architektonischen Begriffen Obergurt, Steg und Untergurt vergleichen. Bei stärker aufgelösten Schalen sind Ähnlichkeiten mit zweilagigen Stabtragwerken offensichtlich (IL 28, S. 188 ff.). Auch die Rippenstrukturen finden in der Architektur ihre Entsprechung. Am deutlichsten wird der Vergleich bei *Arachnoidiscus*, dessen Schale aufgrund der Meridianrippen und der untergeordneten konzentrischen Rippen beispielsweise an Betonrippenkuppeln erinnert.

6.5 Pool Research – Vereinfachung geometrischer Prinzipien

Der Sinn geometrischer Untersuchung morphologischer Bauweisen liegt darin, dass in der Technik die Vermeidung geometrischer Komplexität bislang die Regel ist. Gerade komplexe Strukturen biologischer Systeme zeigen jedoch eine überlegene Performanz.

Derartige Strukturen erfordern eine Entwicklung bisher noch wenig bekannter Bausysteme, Knotenpunkte und überhaupt komplexer Produktions- sowie Montageketten zur Erstellung von Bauteilen, die in der Architektur Anwendung finden können. Die weiteren Untersuchungen von Diatomeen im Rahmen von BOWOOSS und die Übertragung der Ansätze in CAD-Modelle erfordern eine Vereinfachung der entdeckten Prinzipien. Da die *Centrales* und die *Pennales* (*Araphidineae*) hinsichtlich der Symmetrieeigenschaften verhältnismäßig einfach aufgebaut sind, scheinen sie für die Abstraktion und Übertragung besonders geeignet zu sein (Abb. 6.12).

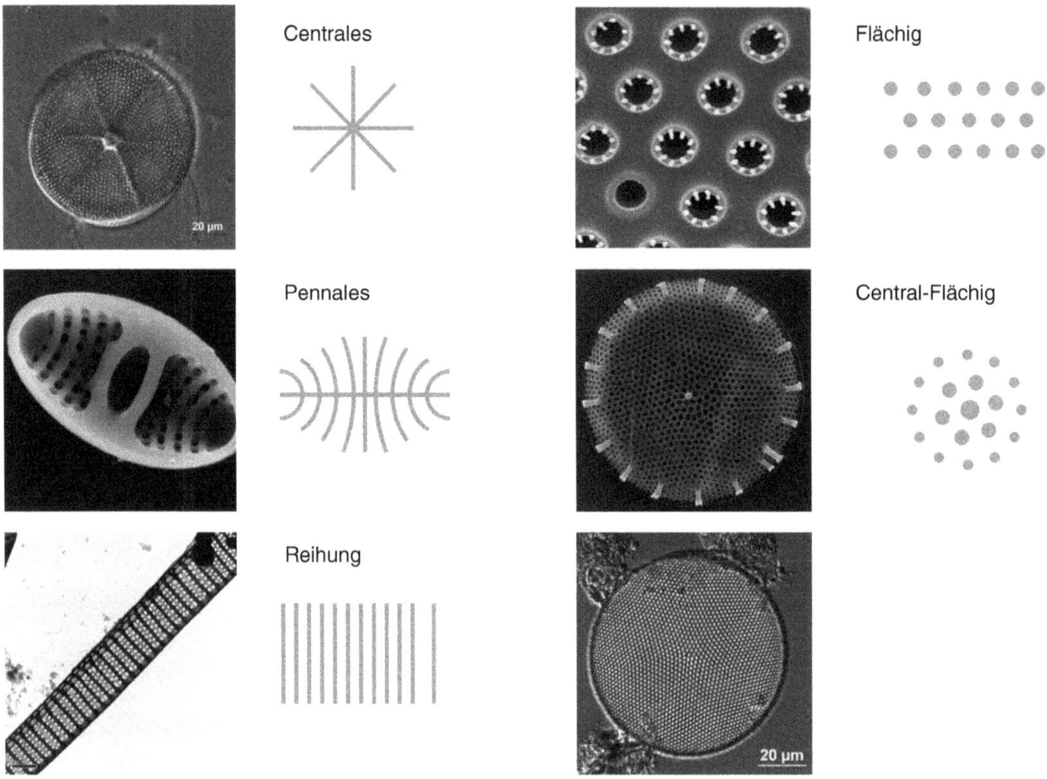

Abb. 6.12 Organismus und Abstraktion

6.6 Pool Research: Übertragung in CAD-Modelle

Im weiteren Verlauf des Forschungsprojektes BOWOOSS wurden erste Übertragungsmuster untersucht, um auf diesem Weg eine Tauglichkeit für eine spätere Umsetzung zu verifizieren. Dabei waren in erster Linie Potenziale gesucht, die im Holzbau umgesetzt werden können. Die Übertragung auf dreidimensionale Körper hinsichtlich der „CAD-Zeichenbarkeit" erbrachte Erkenntnisse zu Aufwendungen, die bereits an diesen Modellen für eine spätere Produktion erkennbar sind.

6.6.1 Strukturierung einer Freiformfläche analog der *Centrales*

Bei diesem CAD-Modell wurde eine regelmäßige Sechseckstruktur nach dem Vorbild der Diatomeen auf eine kompakte Freiformfläche übertragen. Die Ausrichtung erfolgt gemäß einem polaren Koordinatensystems. Dadurch kommt es zu starken Verzerrungen im polaren Bereich, von denen auch die Breite der Streben betroffen ist. (Abb. 6.13)

6.6.2 Strukturierung einer Freiformfläche analog zur Diatomeengattung *Craspedodiscus*

Die Grundform dieses CAD-Modells ist eine komplett asymmetrische, doppelt gekrümmte Freiformfläche. Die Struktur ist inspiriert von den in Spiralen angeordneten Öffnungen von *Craspedodiscus*. Vergleichbare Muster sind bei den Blütenständen von Sonnenblumen zu finden (Abb. 6.14).

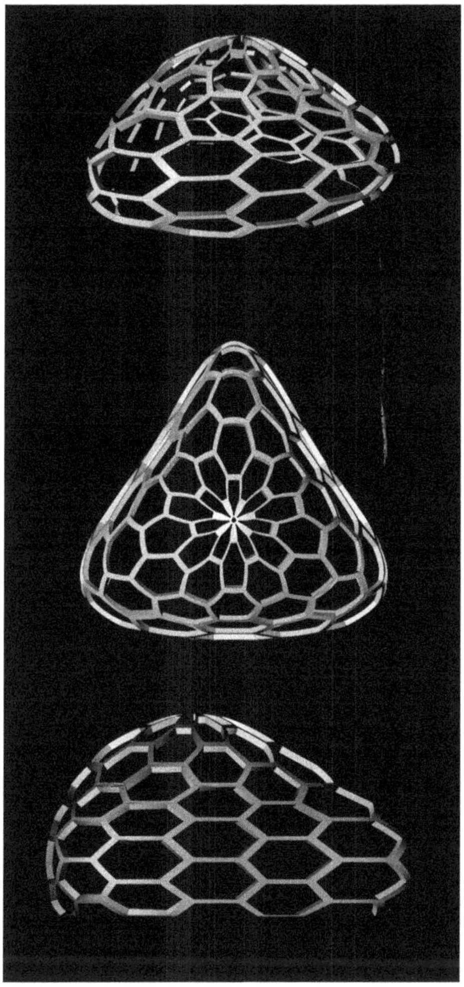

Abb. 6.13 Geometrische Abstraktionsmodelle

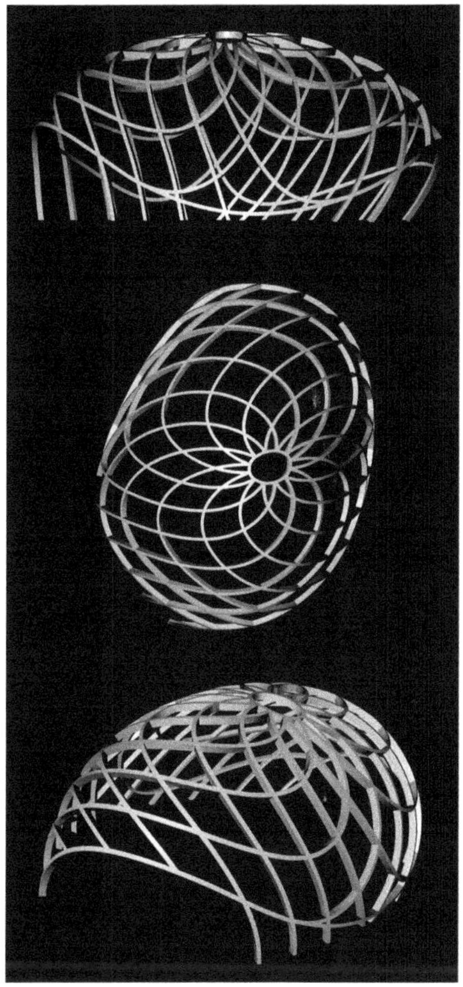

Abb. 6.14 Spiralenförmige Abstraktionsmodelle

6.6.3 Segmentierte rotationssymmetrische, doppelt gekrümmte Freiformfläche

Bei der Strukturierung dieser Fläche durch ein konzentrisches Muster treffen viele Meridiane in einem Zentrum zusammen. Geometrisch ergibt sich ein „Verschmelzen". Durch eine Verjüngung der Meridiane lässt sich dieses Problem im CAD-Modell konstruktiv umgehen. Für eine bauliche Umsetzung wären dabei hohe Aufwendungen zu erwarten (Abb. 6.15).

6.6.4 Strukturierung einer Freiformfläche analog der *Pennales (Araphidineae)*

Als Grundlage für die folgenden Varianten diente eine von einem Rechteck abgeleitete, doppelt achsensymmetrische Freiformfläche, deren Krümmungsrichtung sich innerhalb der Fläche verändert. Die CAD-Modelle wurden für die Berechnung und Optimierung mit dem FEM-Programm SOFiSTiK aufbereitet. Die Größe der Bauteile und die Dichte der Struktur wurden für eine vergleichsweise eher kleine Konstruktion angenommen.

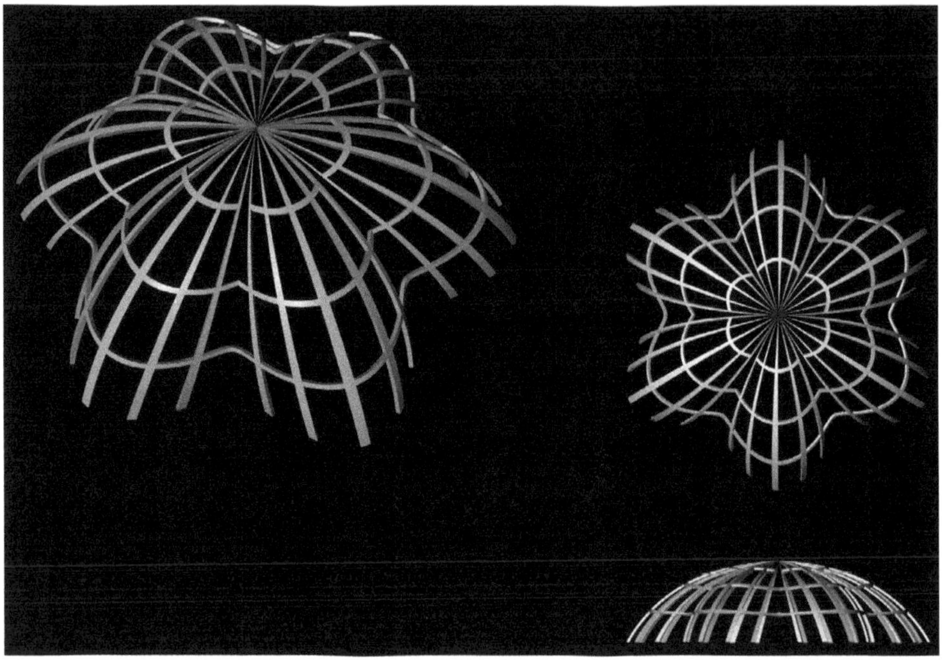

Abb. 6.15 Rotationssymmetrisch segmentierte Abstraktionsmodelle

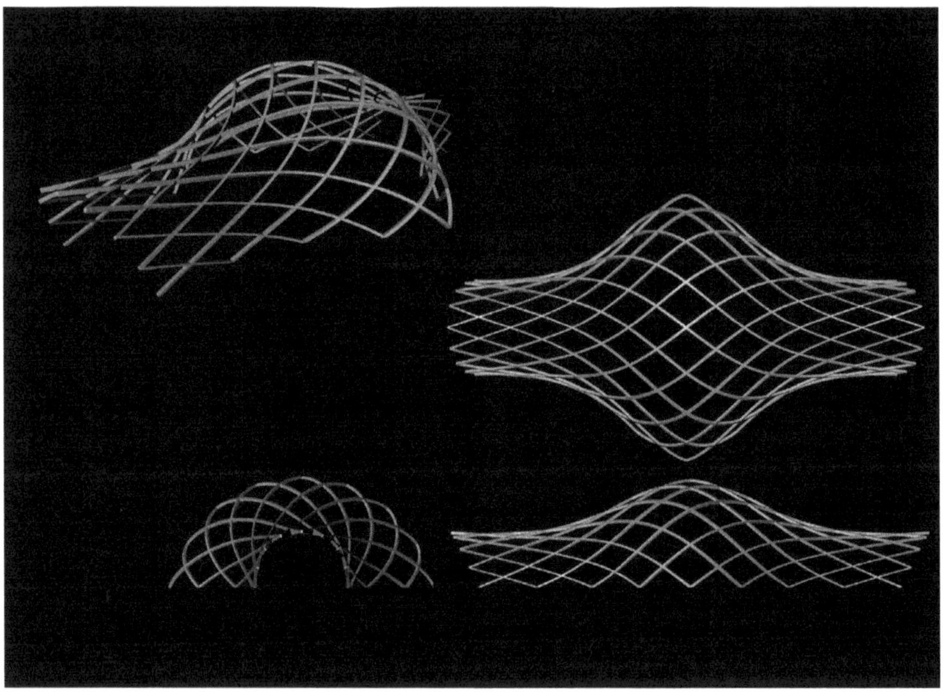

Abb. 6.16 Abstrahierte Freiformflächen analog der *Pennales Araphidinae*

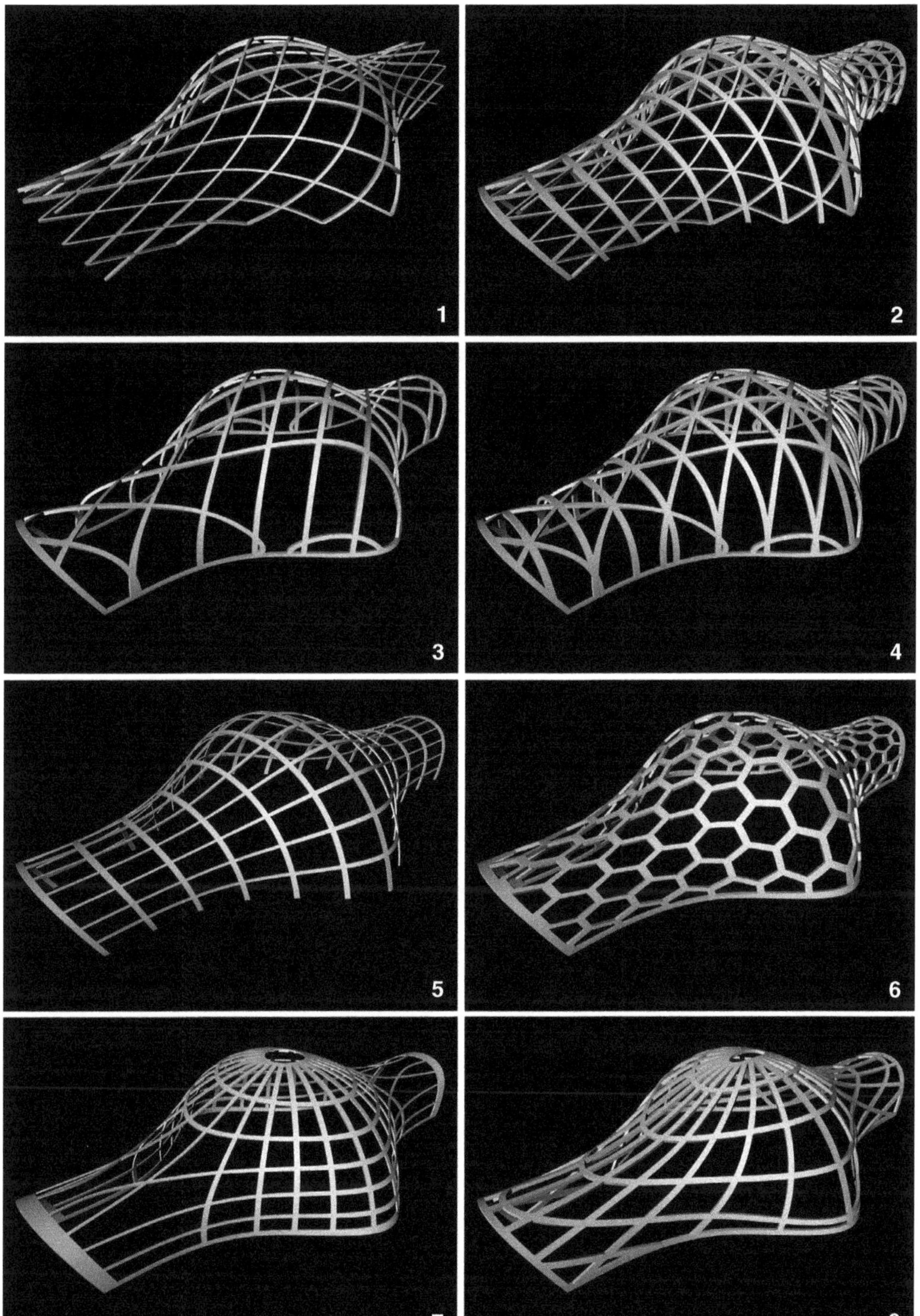

Abb. 6.17 Abstraktionsmodelle für Freiformflächen. *1* Rautenförmiges Gitter, ausgerichtet an flächeninternen Koordinaten. *2* Bogenkonstruktion mit diagonalen Aussteifungen. *3* Projektion eines regelmäßigen rautenförmigen Gitters in der Aufsicht. *4* wie *3* mit zusätzlichen Bögen entlang des Querschnitts. *5* Regelmäßiges orthogonales Gitter entlang der uv-Koordinaten. *6* Sechseckiges Muster entlang der uv-Koordinaten. *7* Projektion eines konzentrischen Musters in der Aufsicht. *8* Ausrichtung eines konzentrischen Musters entlang der uv-Koordinaten

Schon bei diesen ersten einfachen Computermodellen, die noch keinerlei Fügedetails aufweisen, sind die hohen Anforderungen an die produktionstechnische Umsetzung offensichtlich. Auch wenn für eine Herstellung eine Elementierung durchgeführt werden würde, so wäre immer noch jedes Element doppelt gekrümmt. Derartige Bauelemente lassen sich nur mittels 5-Achs-CNC-Fräsmaschinen fertigen. Die Kosten sind entsprechend hoch (Abb. 6.16).

6.6.5 Bewertung

Das Vorbild der Natur ist mit den technischen Hilfsmitteln der CAD-Programme zwar darstellbar, jedoch deuten die entwickelten Geometrien auf komplizierte bauliche Umsetzbarkeit hin. So können die sich in Meridianen zusammentreffenden Strahlen durch Tragelemente nur dann nachgebaut werden, wenn sie sich wie in der Natur verhalten, also verjüngen oder verschmelzen. Unsere technischen Gewohnheiten, gleichartige Halbzeuge herzustellen und diese zu einem Bauwerk zu kombinieren, stößt auf Grenzen. Interessant wären frei formbare, tatsächlich wachsende Konstruktionsarten. Zusammenfassende Abstraktionsmodelle für Freiformflächen (Abb. 6.17) veranschaulichen die auf der Basis der Analyse von Diatomeenstrukturen „abgegriffenen" Ideen.

6.7 Vom Pool Research zu anwendungsbezogener Forschung

Die aus der Methode Pool Research gewonnenen Erkenntnisse können auf verschiedenen Pfaden weiterentwickelt werden. In diesem Fall lag der Fokus auf der Verwendung der Daten für einen CAD-CAM-Prozess. Die Aufbereitung der Daten für die Berechnung mit einem FEM-Programm (SOFiSTiK) verläuft parallel zur Konstruktion im CAD-Programm „Rhinoceros". Die Daten für die Berechnung und Formoptimierung wurden im dxf- oder iges-Format exportiert. Die Übertragungswege wurden bis in die CNC-gesteuerte Fertigungstechnik vorgeplant (Abb. 6.18).

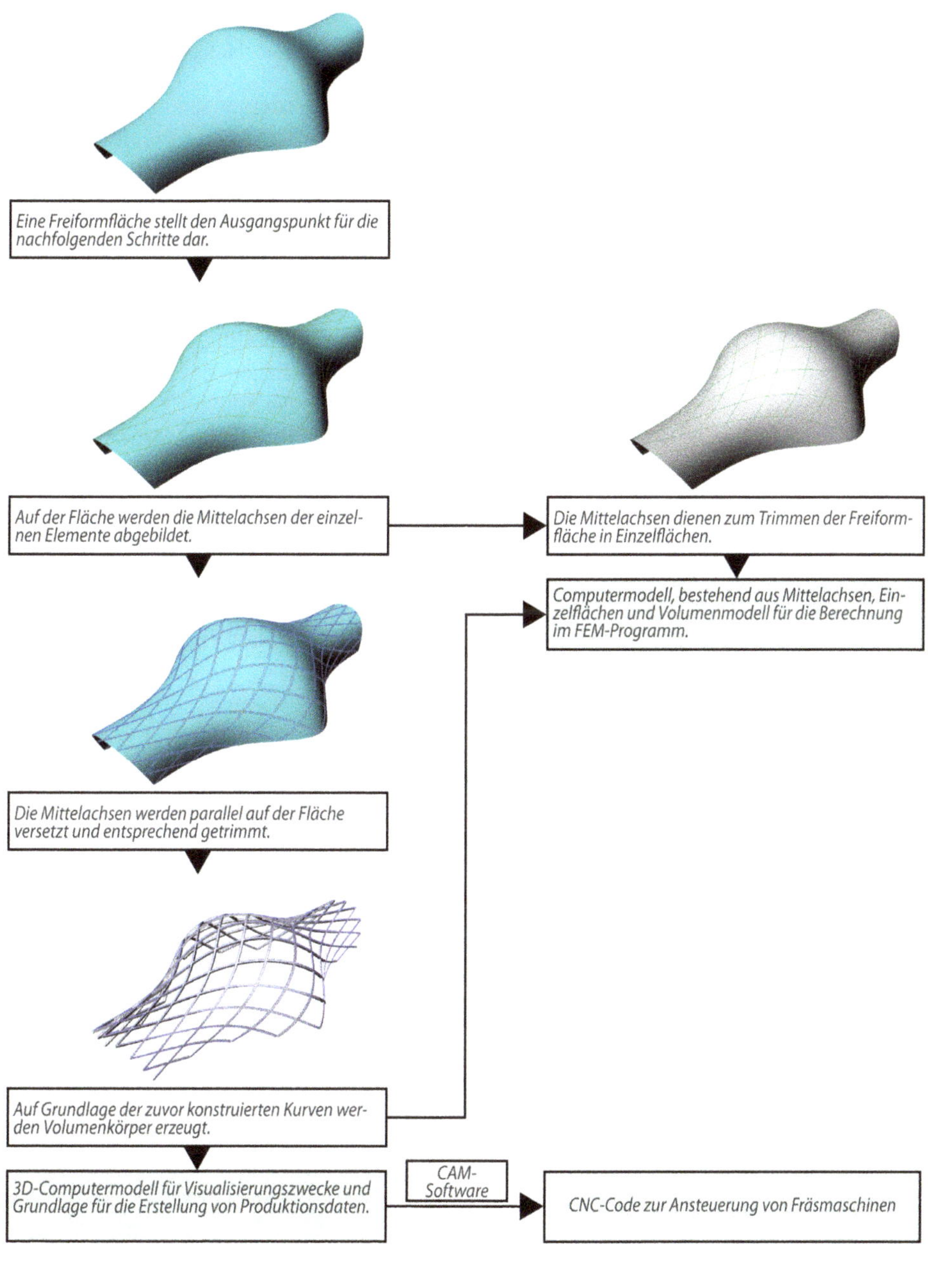

Abb. 6.18 Ablaufschema für Datenaufbereitung zur Analyse und Konstruktion

6.8 Generatives Entwerfen

Die technischen Möglichkeiten, welche Rechner und Software bieten, beeinflussen zunehmend die architektonische Gestaltung. Bei der Vorgehensweise des generativen Entwerfens nutzt ein computerunterstützter Entwurfsprozess die Möglichkeiten moderner Datenverarbeitung. Parameter beschreiben funktionale und geometrische Zusammenhänge und Bedingungen und verknüpfen die Vorgaben so miteinander, dass der Nutzer die gewünschten Entscheidungshilfen gewinnt. Es ist also eine Verknüpfung von Entwurf, Mathematik und Konstruktion bzw. Funktion. Dabei können viele Entwicklungsvarianten iterativ mit großer Geschwindigkeit durchgeführt und abgewogen werden. Ihre Anzahl hängt nur von der Entscheidung des Nutzers über eine ausreichend durchgeführte Untersuchung ab. In der Regel werden parametrische Entwurfswerkzeuge zum Finden von Optima oder zum Abwägen von Gestaltungsvarianten genutzt. Jedoch werden die Instrumente des Generativen Entwerfens nicht nur im Entwurfsprozess selbst eingesetzt, sondern finden auch Anwendung bei späteren Planungsphasen, in denen es um die Visualisierung verschiedener Zustände und der Folgen von Varianten geht. Die parametrischen Beschreibungen erlauben eine hohe Variabilität in Abhängigkeit von den Eingangsbedingungen. Dabei errechnen

Abb. 6.19 Eisschnelllaufhalle Inzell

sich die Anforderungsparameter und deren Beschränkungen aus nahezu unbeschränkten Möglichkeiten. Beispielsweise können Wegeführungen simuliert werden, räumliche Einengungen beschrieben (z. B. Baulücken oder Bauraum), oder statische, nutzungsbedingte (z. B. notwendige freie Öffnungen oder Durchfahrten) sowie baurechtliche Bedingungen mit eingebunden werden. Sie dienen dann sozusagen als „Lastenheft" für das Entwurfsmodell. Verschiedene Tragsysteme für eine Konstruktion können digital abgewogen werden, Modelle für Tagesbelichtung vergleichend betrachtet oder Fassadengestaltungen einbezogen werden.

Beim Neubau der Eisschnelllaufhalle in Inzell (Abb. 6.19–6.21) entwickelte die Projektarbeitsgemeinschaft Behnisch-Pohl Architekten

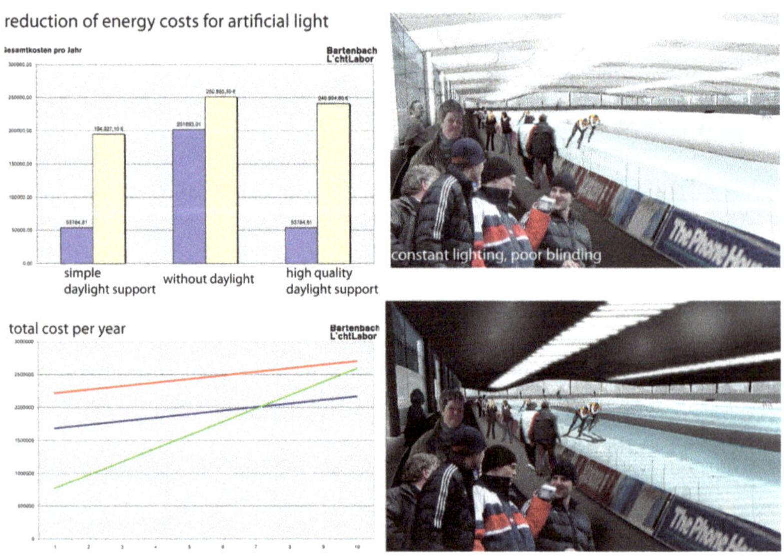

Abb. 6.20 Eisschnelllaufhalle Inzell: Generische Entwicklung der Tageslichtintensitäten

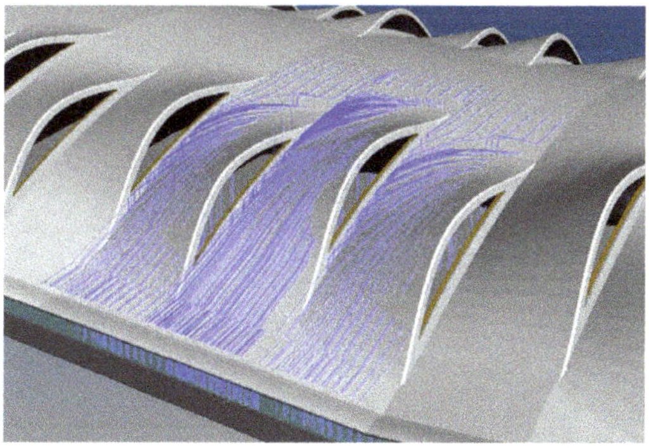

Abb. 6.21 Eisschnelllaufhalle Inzell: Generische Entwicklung der Tageslichtintensitäten

die große freitragende Dachform mit Hilfe generischer Programmierung und konnte die Tageslichtoptimierung und die klimatische Optimierung in Zusammenarbeit mit den Lichtspezialisten von Bartenbach Lichtlabor und den Klima-Ingenieuren von Transsolar optimieren.

Ein weiteres Beispiel für den Einsatz generischer Entwurfswerkzeuge ist die Anwendung im Wettbewerbsentwurf: Für die Neue Messe und den Messebahnhof in Luxemburg (Abb. 6.22 und 6.23) haben Pohl Architekten im Entwurfsprozess, bei der Variantenentwicklung und der Abwägung der funktionalen Optimierung sowie der Gestaltung die 3D-Werkzeuge parametrisch programmiert. Diese Vorgehensweise wird im Folgenden beschrieben.

Parametrisches 3D-Design zur Entwicklung der konstruktiven Prinzipien Das Dachtragwerk für die Messehallen der Messe Luxemburg basiert auf einem 6-m-Raster, das sowohl auf die Messe-Raster als auch auf das Raster der Dachhülle angepasst werden konnte. Die Dachhülle hatte in ihrer geometrischen Ausformung das Ziel, als wesentliches Element der Energiegewinnung das Entwurfskonzept „Solar-Plus-Messe" zu unterstützen. Sie ist als Ergebnis parametrischer Untersuchungen (Abb. 6.24 und 6.25) regelmäßig gefaltet, womit sich Dachflächen im optimalen Winkel zur Sonne stellen und sich Solarmodule in die Flächen einbetten. Die in die gegenüberliegende Himmelsrichtung geneigten Flächen lassen blendfreies natürliches Licht in den Innenraum. Die multifunktionale Faltkonstruktion ist als gefaltete Fläche Bestandteil des Tragsystems. Ein weiteres wichtiges Kriterium

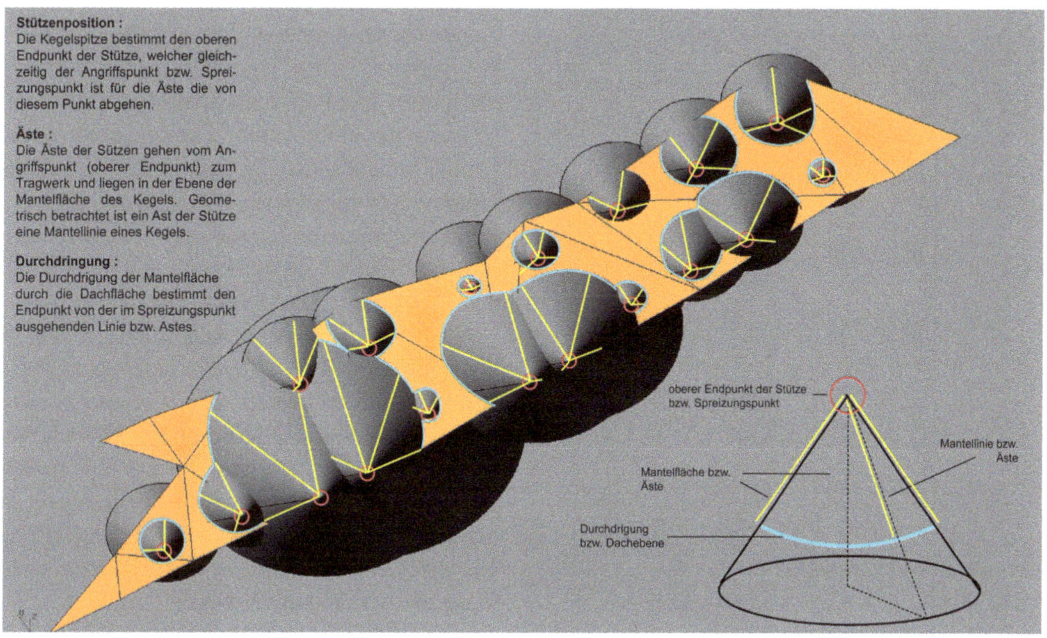

Abb. 6.22 Messebahnhof Luxemburg, parametrische Programmierung der Stützenstellung in Abhängigkeit von Verkehrsflächen

Abb. 6.23 Messe und Messebahnhof Luxemburg, 3D-Modell

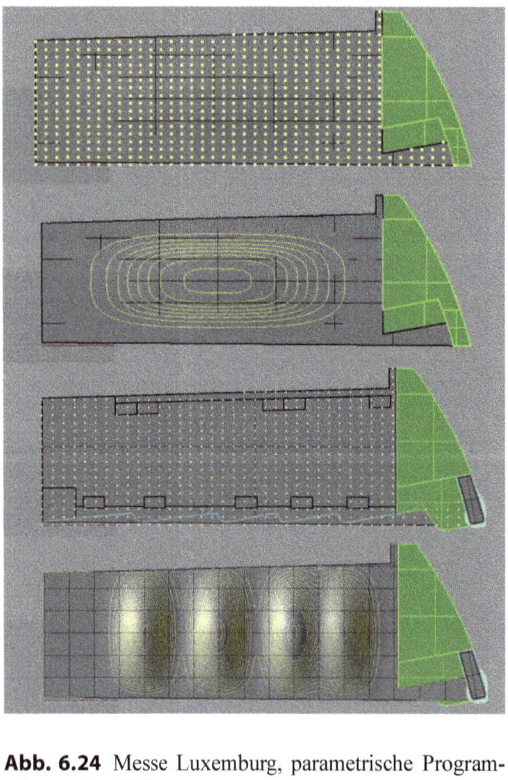

Abb. 6.24 Messe Luxemburg, parametrische Programmierung der Hülle

bestand in der geometrischen Abwickelbarkeit und Gleichmäßigkeit der Faltstrukturen, womit die äußere Abdichtung in einem hohen Vorfertigungsgrad kostengünstig erbracht werden kann. Die parametrischen Optimierungsschritte definierten im Entwurf die endgültige Größe und Neigung der Faltungen und deren geometrische Grundkonfiguration, an das Falt-Prinzip des Japanischen Ingenieurs Miura angelehnt. Der Randübergang von der horizontalen Dachebene in die vertikale Fassadenebene wurde ebenfalls parametrisch im 3D-Modell entwickelt.

Für das Messe-Hochhaus bestimmt die Ondulierung der Gebäudehülle das Erscheinungsbild. Unter Berücksichtigung der Wirtschaftlichkeit – bei weitgehend gleichmäßiger Reproduzierbarkeit – schwingt die Fassade vor und zurück. Mit Hilfe von parametrischen Werkzeugen, die der günstigsten vertikalen Lastabtragung und der gewünschten Fassadengeometrie entsprechen, wurde der Baukörper überformt.

Im parallel zum Messebauwerk angelegten Messebahnhof mussten die Nutzungsbedingungen der Gleistrassen, Bahnsteige, Rolltreppen

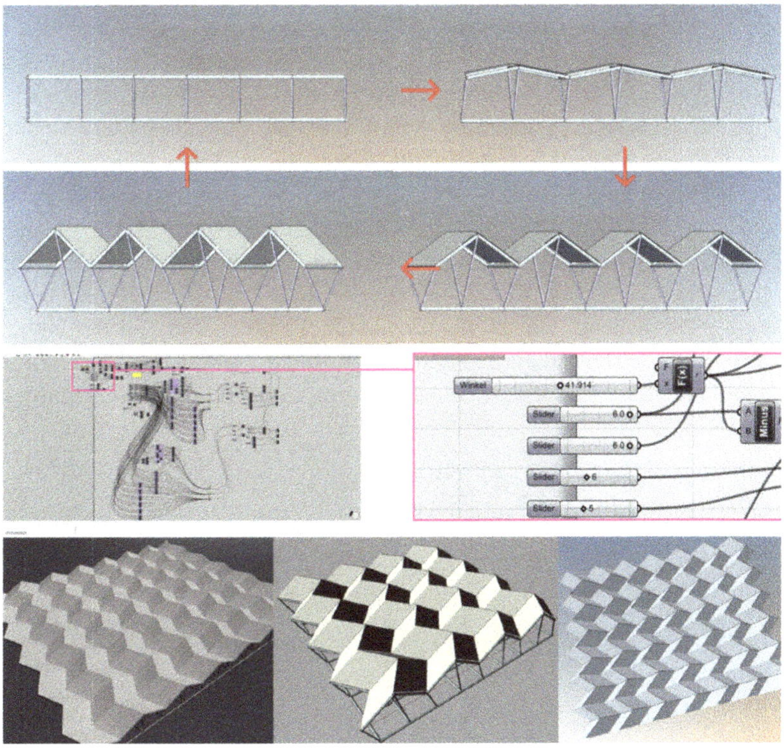

Abb. 6.25 Messe Luxemburg Parametrische Entwicklungsschritte der Faltung für die Hülle

und Stege auf die möglichen Positionen für Stützen und auf ein effektives Tragwerk abgebildet werden. Unter einer geknickten Dachlandschaft wurden baumartig verzweigte Stützen entwickelt (Abb. 6.22), die trotz regelmäßiger Stützenstellung mit der Unregelmäßigkeit des Innenlebens und der freien Form des Daches korrelieren.

6.9 Physische Modelle

Nachfolgend sind sehr einfache Vorgehensweisen zur Umsetzung bionischer Konstruktionen in physische Modelle vorgestellt, die ohne Computer-Hilfsmittel gelingen. Notwendig sind Zeichenmaterial, Pappe, Schere und Klebstoff. Im Gegensatz zu Computermodellen, bei denen der Erfolg der grafischen Visualisierung eine Baubarkeit vorspiegelt, eignen sich physische Modelle ausgezeichnet dafür, eine sofortige Rückkopplung über eine Machbarkeit zu erhalten. Zwar erfordern die für ein späteres Bauwerk einzusetzenden Materialien oft noch weitere Rahmenbedingungen (z. B. materialimmanente Eigenschaften, Verfügbarkeit, Produktions- und Montagekosten, Notwendigkeiten des Transports und der Elementierung, Verformungsverhalten, Dauerhaftigkeit), jedoch sind die abstrahierten Modelle für erste Näherungen gut tauglich („touch and feel models").

Die Umsetzung bionischer Erkenntnisse in physische Modelle wurde in dem hier gezeigten Beispiel im Rahmen eines Studentenworkshops

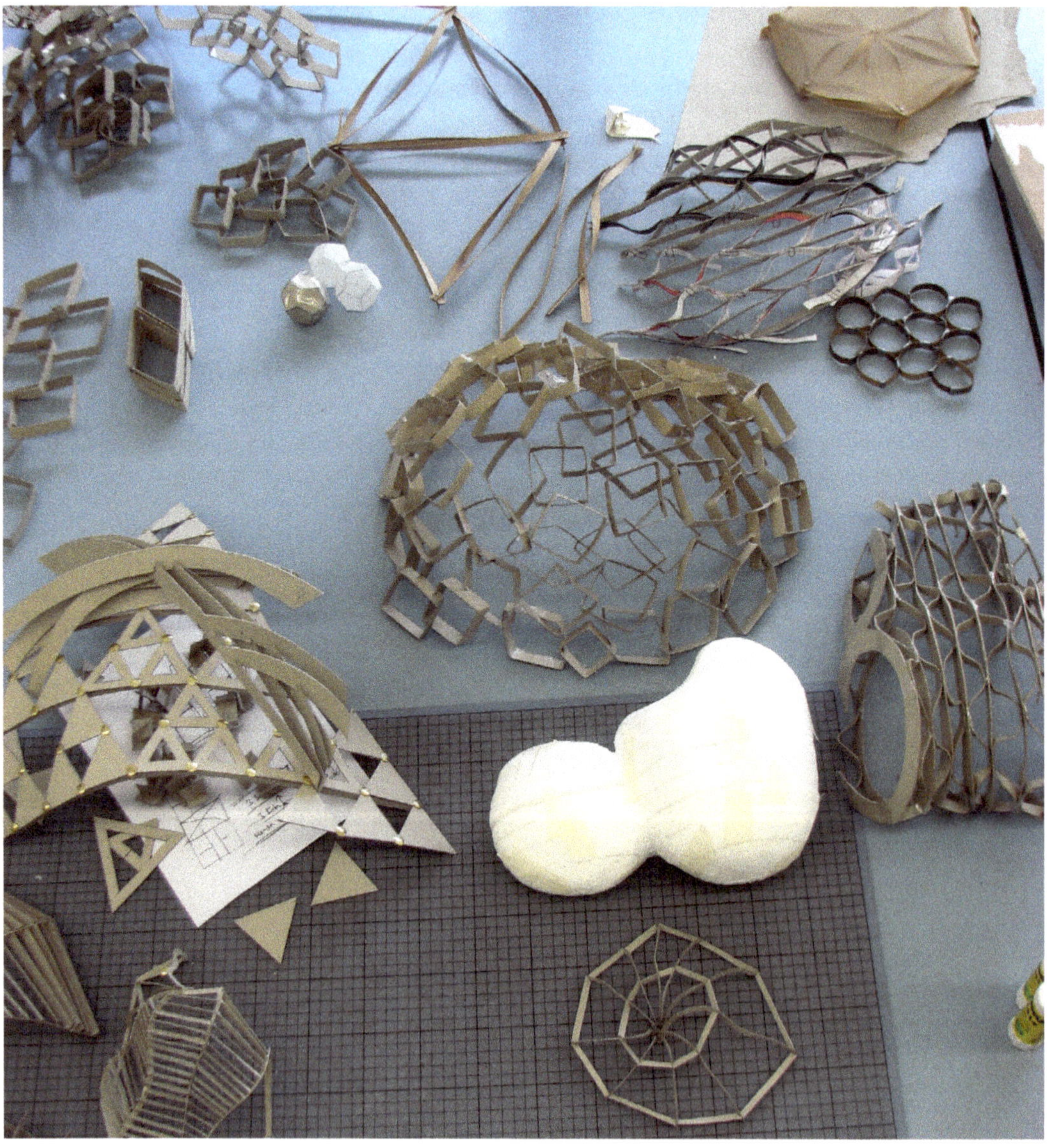

Abb. 6.26 Einfache physische Modelle zur Form- und Konstruktionserprobung

Abb. 6.27 Arbeiten an einfachen physischen Modellen (**a**–**b**). Modell für den Versuchsbau des Instituts für Leichte Flächentragwerke von Frei Otto an der Universität Stuttgart (**c**–**d**). (**a,b** Pohl, G., B2E3 Institut für Effiziente Bauwerke in der HTW des Saarlandes; **c,d** Pohl, G.)

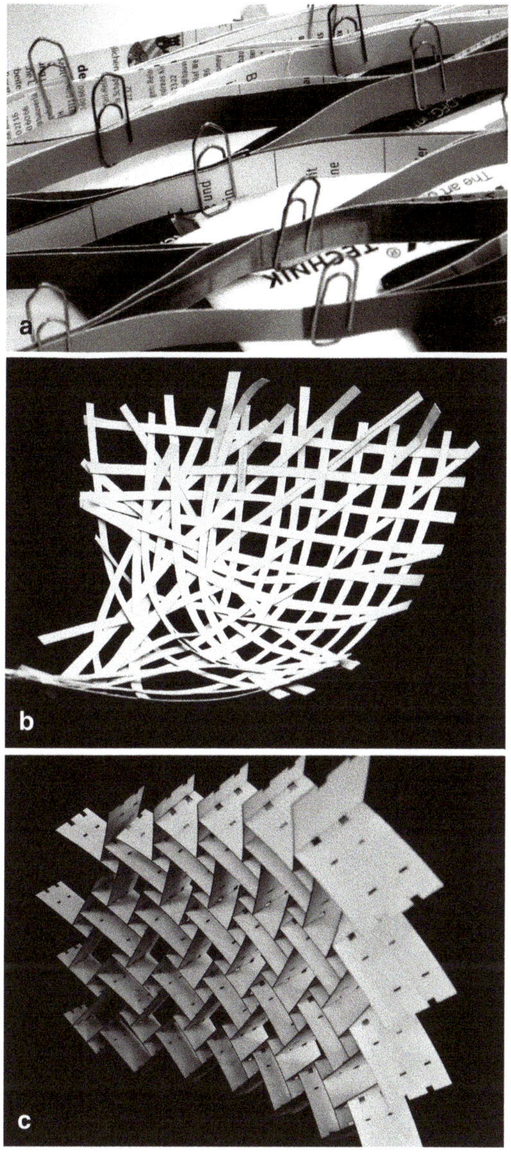

Abb. 6.28 Studentenarbeiten des B2E3 Instituts für effiziente Bauwerke. **a** Papiermodell für ein Freiformtragwerk mit Biegestreifen. **b** Papierstreifenmodell einer unregelmäßig geflochtenen, synklastisch gekrümmten Schale. **c** Holzmodell mit verstuft gesetzten Platten. (Pohl, G., B2E3 Institut für Effiziente Bauwerke in der HTW des Saarlandes)

vom B2E3 Institut für effiziente Bauwerke an der Schule für Architektur in Saarbrücken durchgeführt. Den Studierenden wurde als Aufgabe gestellt, für einen kleinen Pavillon eine Schalenkonstruktion nach dem Vorbild der Natur zu entwickeln. Sie sollten bionische Arbeitsmethoden testen und sich neue Kreativitätspotenziale erschließen. Dabei

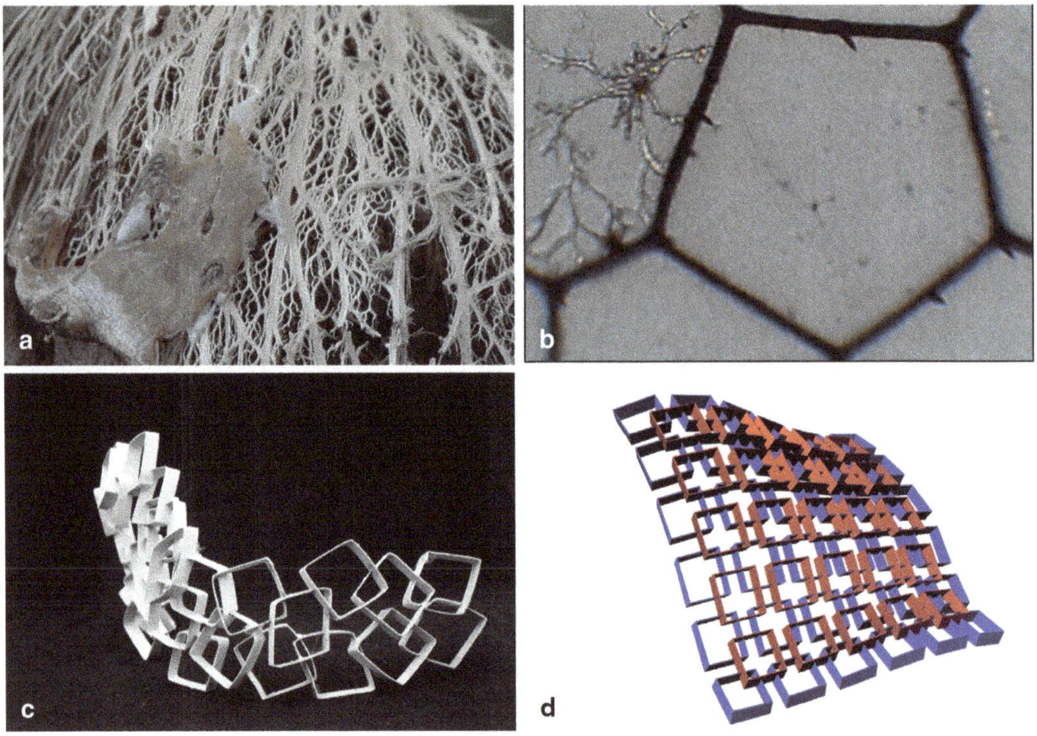

Abb. 6.29 Bionisch inspirierte Funktionsprinzipien. **a** Sklerenchym einer Opuntie. **b** Aderstruktur eines Libellenflügels. **c** Umsetzung einer Schalenstruktur aus dem Vorbild Libellenflügel: Papiermodell und **d** Computermodell. (Pohl, G., B2E3 Institut für Effiziente Bauwerke in der HTW des Saarlandes)

wurden von den Studierenden biologische Ideengeber recherchiert und abstrahiert. Einfache physische Analogstrukturen wurden von Hand aufgezeichnet und als Pappmodelle, Holzstäbchenmodelle oder Strumpfmodelle erstellt.

Der Erkenntniszuwachs, der dieser auch für Schulklassen geeigneten Vorgehensweise zugrunde liegt, ist in der Entdeckung „natürlicher" Lösungswege ohne technische Vorkenntnisse zu sehen. Die biologischen Beispiele bieten wiederkehrende Gestaltungsanregungen, sind Sparringspartner auf der Suche nach kreativen Anregungen und geben Hinweise auf neue Wege.

In einer nächsten Stufe werden die von Hand und mit den Modellen gewonnenen Erkenntnisse auf CAD-Modelle übertragen. Die Computermodellierung vereinfacht den Bau komplexer 3-dimensionaler physischer Modelle. Der Vorteil dieses Schrittes liegt darin, dass reale und übertragbare Größenverhältnisse am Computer ermittelt und mit der Rückkopplung durch physische Modelle abgewogen werden können.

Das Potenzial moderner CAD-Systeme zur Entwicklung und Erprobung erster Prototypen konnte bei den frühen Strumpf- und Gewebemodellen von Frei Ottos Zeltkonstruktionen für den Versuchsbau des Instituts für Leichte Flächentragwerke in Stuttgart nicht angewandt werden: die sich am Modell einstellende Form wurde fotogrammetrisch ermittelt und anschließend auf weitere Versuchsmodelle bis hin zum 1:1-Bauwerk übertragen. Die Geometrie hat sich rückwirkend ergeben (Abb. 6.27c, d).

In den in Abb. 6.26, 6.27a, b, 6.28 und 6.29 gezeigten Beispielen von Studentenarbeiten am B2E3 Institut in Saarbrücken wurden bionisch inspirierte Funktionsprinzipien für Bauelemente von Holzschalen entwickelt. Hierbei wurde sowohl mit einfachen physischen Modellen von Hand aufgezeichnet und mit Pappe gebaut als auch mit komplexen 3-dimensionalen CAD-Modellen gearbeitet, anhand derer komplexe Strukturen weiter vertieft wurden.

6.10 Bionische Potenziale: Rippen und Spanten

Die weiterführende Schalenstudie basiert auf den Überlegungen, wie sich eine dynamisch fließende Form aus planaren Einzelteilen herstellen lässt. Als Konstruktionsmaterial wurde Holz gewählt. Form und Konstruktion erinnern an eine aufgedrehte Muschel- oder Schneckenhausschale.

Trotz der gedrehten Form sind alle Rippen aus geraden Holzplatten ausfräsbar und einfach zusammensteckbar. Da sich alle Rippen rechtwinklig kreuzen, sind die Einzelteile einfach zusammensteckbar. Dabei sind die Rippen in Querrichtung zueinander parallel angeordnet, in Längsrichtung radial um einen Mittelpunkt. Durch diese Konstruktionsweise wird die Verwindungssteifigkeit erhöht.

Für ein solches konstruktives Vorgehen gibt es in der Architektur eine Reihe von Beispielen, die jedoch i. d. R. so aufgebaut werden, dass sämtliche Schnittachsen zueinander parallel sind, wie es z. B. bei dem Projekt „Metropol Parasol“ des Architekten Jürgen Mayer H. in Sevilla der Fall ist. Hier wird ein modelliertes Volumen mit einem in der Aufsicht regelmäßigen Quadratraster durchstoßen. Bei diesen sog. Eierschneidern wird häufig die Faserrichtung des Holzes nicht beachtet. Konstruktion und Formgebung sind wenig aufeinander abgestimmt (vgl. Kraft und Schindler 2009).

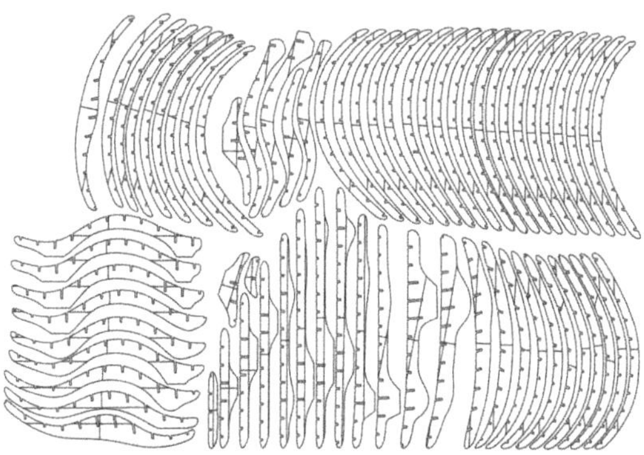

Abb. 6.30 Schnittmuster. (Feth, N., Pohl, G., Forschungsgruppe BOWOOSS, B2E3 Institut für Effiziente Bauwerke in der HTW des Saarlandes)

Abb. 6.31 Biologisches Vorbild: Rippen und Spanten bei *Arachnoidiscus*. (L. Friedrichs, Alfred Wegener Institut für Polar- und Meeresforschung)

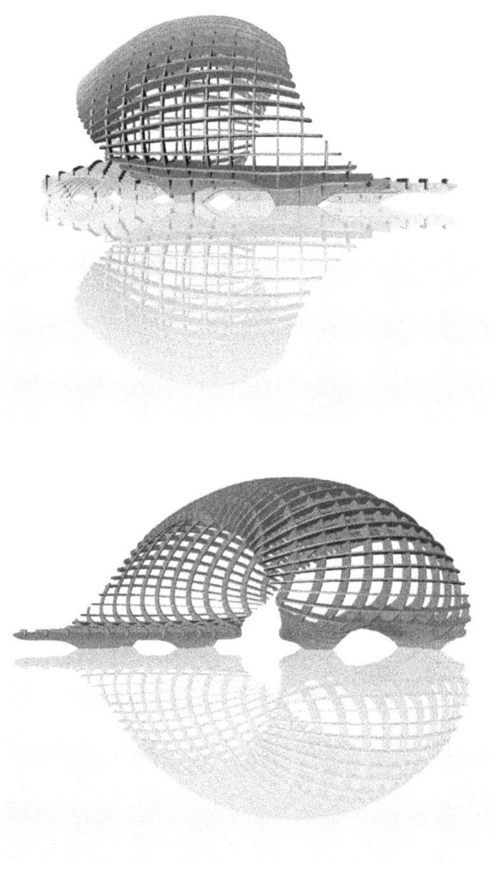

Abb. 6.32 Rippen und Spanten für eine Dachkonstruktion. (Feth, N., Pohl, G., Forschungsgruppe BOWOOSS, B2E3 Institut für Effiziente Bauwerke in der HTW des Saarlandes)

6.11 Bionische Potenziale: Rechteckrippen

Die Grundidee dieser Konstruktion ist dem Rückenpanzer (Carapax) von Schildkröten abgeschaut. Dieser ist aus zwei Lagen aufgebaut: den äußeren Hornschildern und den darunterliegenden Knochenplatten. Die Stabilität des Panzers wird durch eine Überlagerung der beiden Schichten erreicht (vgl. Westheide und Rieger 2010, S. 365). In der Übertragung auf die technische Anwendung werden hier zwei oder mehr Schichten sich schneidender Quadrate zu einer stabilen Konstruktion verbunden. Dabei sind unterschiedliche Anordnungen denkbar. Verschiedene Varianten wurden im CAD und mit Hilfe von Pappmodellen getestet. Die Bandbreite reicht von nahezu regelmäßigen Anordnungen bis hin zu chaotischen Systemen. Die Strukturen bestehen aus gleichen Elementen, variiert werden lediglich die Anordnungen der Schlitze zur Aufnahme der benachbarten Elemente. Teilweise wurden die CAD-Modelle mit „paneling tools“ erzeugt. Da die Flächen an den Steckverbindungen schräg geschnitten werden, ist zur Produktion eine 5-Achs-Fräsmaschine notwendig. Andererseits erhöht sich der Produktionsaufwand durch den hohen Anteil an Handarbeit. Die quadratischen Rahmen werden erst bei der Komplettmontage montiert. Die Teile werden mittels Flachdübeln und Schrauben verbunden.

Abb. 6.33 Fragment aus gleichen quadratischen Modulen. (Pohl, G., B2E3 Institut für Effiziente Bauwerke in der HTW des Saarlandes)

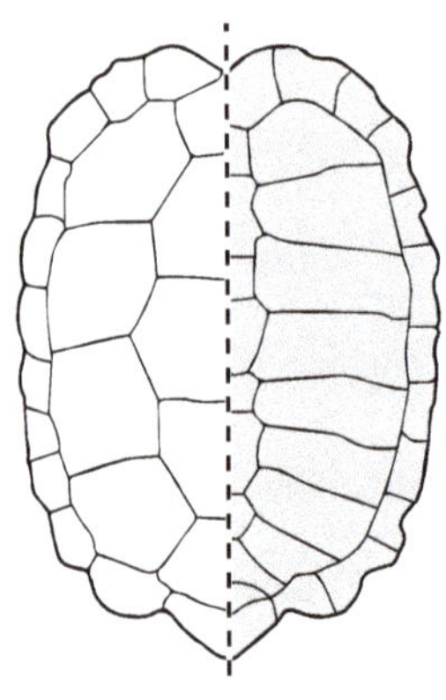

Abb. 6.34 Biologisches Vorbild: Rückenpanzer einer Sumpfschildkröte. *Links* Hornschilder. *Rechts* Darunterliegende Knochenplatten. (Pohl Architekten)

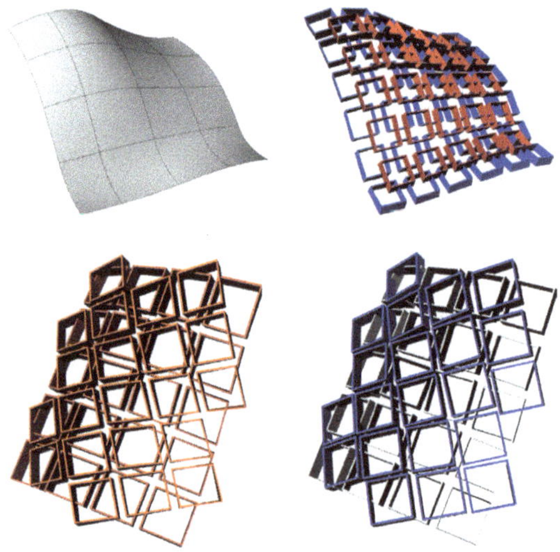

Abb. 6.35 Übertragung der Strukturen auf eine Freiform. (Pohl, G., Otten, J., Forschungsgruppe BOWOOSS, B2E3 Institut für Effiziente Bauwerke in der HTW des Saarlandes)

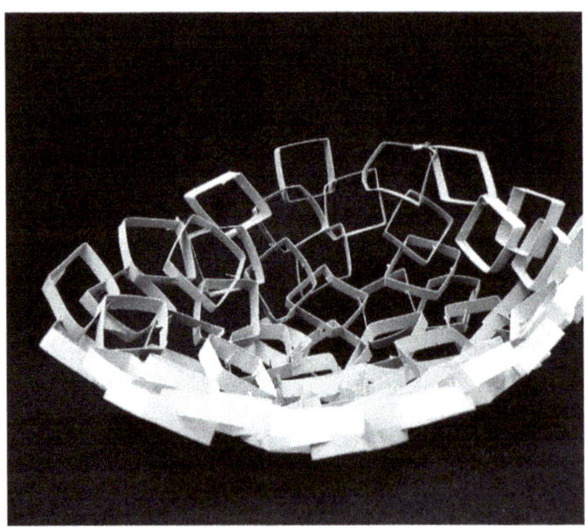

Abb. 6.36 Synklastische Schale aus gleichen quadratischen Modulen. (Pohl, G., B2E3 Institut für Effiziente Bauwerke in der HTW des Saarlandes)

6.12 Bionische Potenziale: Abstandstruktur

Bei dieser Struktur handelt es sich um eine Weiterentwicklung des zuvor beschriebenen Systems. Der wesentliche Unterschied ist allerdings, dass hier die Teile senkrecht zur Fläche gebogen werden. Durch die Anordnung der Elemente in zwei übereinander angeordnete Lagen wird das Flächenträgheitsmoment erhöht. Die Vorspannung der Elemente und die Überlagerung von zwei sechseckigen Rastern wirken sich ebenso stabilitätssteigernd aus. Als Material kommen biegesteife Werkstoffe, z. B. Sperrholz, in Betracht. Die Einzelteile lassen sich mit geringem Aufwand mit einer 3-Achs-Fräsmaschine fertigen. Problematisch ist allerdings die Anwendung dieses Systems auf Freiformflächen, da hier jedes Einzelteil anders ist. Zwar ist es möglich, mehrfach gekrümmte Teile abzuwickeln – wie im Folgenden dargestellt – in einem manuellen Prozess ist allerdings der Konstruktionsaufwand viel zu hoch. Hier würde sich eine Automatisierung durch Scripting anbieten, auch um die Teile in geeigneter Weise zu kennzeichnen, wodurch Problemen bei der Montage vorgebeugt werden würde.

Bei den ersten Überlegungen zu diesem Funktions-Papiermodellprinzip sind die Verbindungspunkte für eine Umsetzung in kleinformatige Modelle so einfach wie möglich gehalten. Die Elemente werden an den Knoten durch Schraubverbindungen fixiert, die möglichst spannungsarme Gesamtform stellt sich dabei automatisch ein, was besonders bei gekrümmten Flächen wichtig ist. Danach ist eine Verleimung möglich.

Für die Verwendung der Struktur in flacher Ausführung sind Anwendungen über den Bereich der Architektur hinaus denkbar. So könnte sie beim Bau von Hohlraumböden eingesetzt werden, z. B. als Vibrationsschutz von Klimaanlagen oder als Dämpfung im Sportbereich.

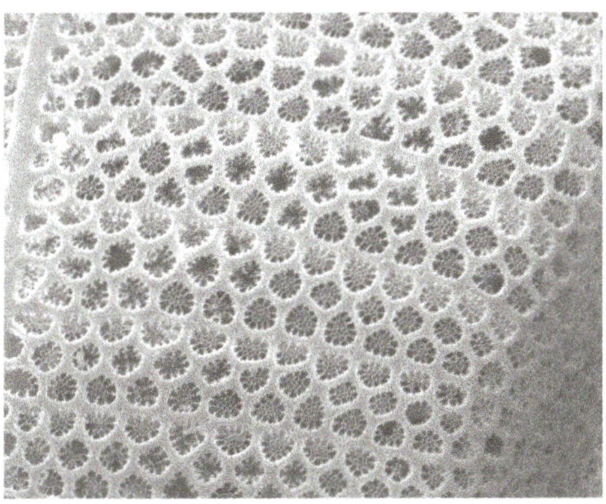

Abb. 6.37 Abstraktion und Modell. (L. Friedrichs, Alfred Wegener Institut für Polar- und Meeresforschung)

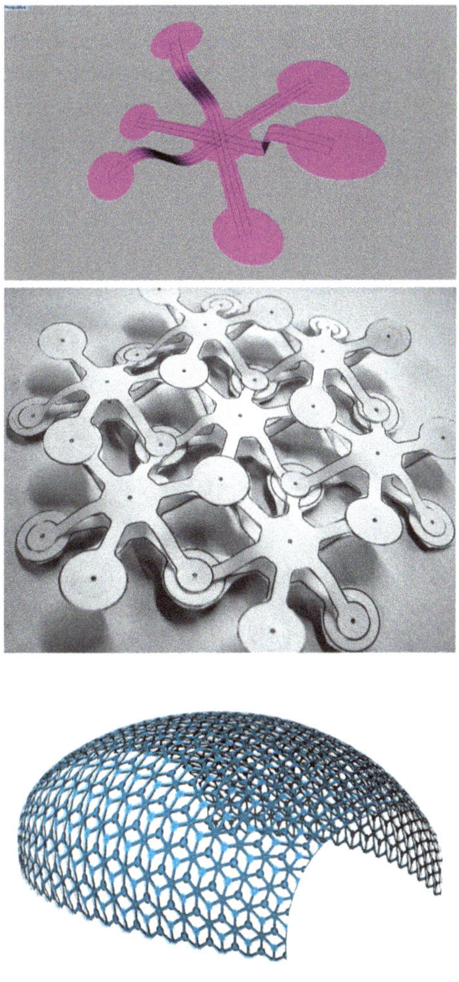

Abb. 6.38 Biologisches Vorbild: Abstandsstrukturen in regelmäßiger Geometrie bei *Isthmia*. (Pohl, G., Otten, J., Forschungsgruppe BOWOOSS, B2E3 Institut für Effiziente Bauwerke in der HTW des Saarlandes)

6.13 Bionische Potenziale: Versetzte Träger

Die Studie mit versetzten Trägern folgt dem Vorbild der Diatomeengattung *Staurosira* (Abb. 6.39).

Die erste Formgenerierung wird hier durch das Paneling-Tool von Rhino ermöglicht. Ein dreidimensionales Grundmodul wird hiermit auf einer vorgegebenen Freifläche generiert. Durch die Eingabe der Vervielfältigung mit einem Faktor (hier vierfach) sowie die Festlegung in X- und Y-Richtung ist ein Versatz der Elemente möglich. Eine zuvor erstellte Parallelfläche bestimmt die Tiefe (Z-Richtung) der Grundelemente bzw. der Struktur. Eine zuvor definierende Rastergröße (hier Punkte auf den Flächen) bestimmt die Dichte des Grids (Abb. 6.40). Nach mehreren Studien wurde eine Variante bestimmt, um diese im Modell in Bezug auf Tragfähigkeit und Steifigkeit zu untersuchen.

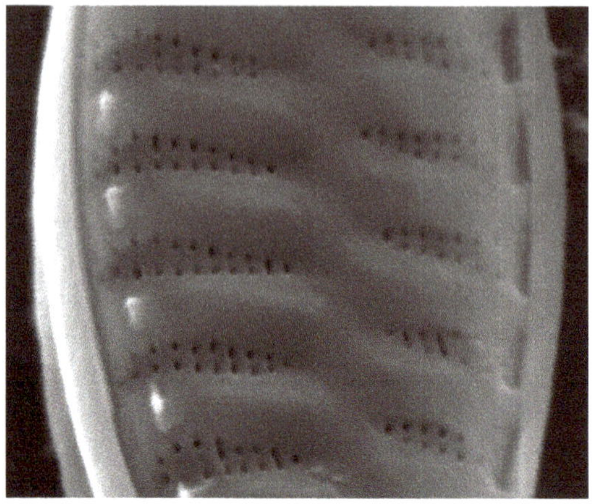

Abb. 6.39 versetzte Tragstrukturen bei den Diatomeen *Staurosira*. (N. Abarca, Botanischer Garten und Botanisches Museum Berlin-Dahlem, Freie Universität Berlin)

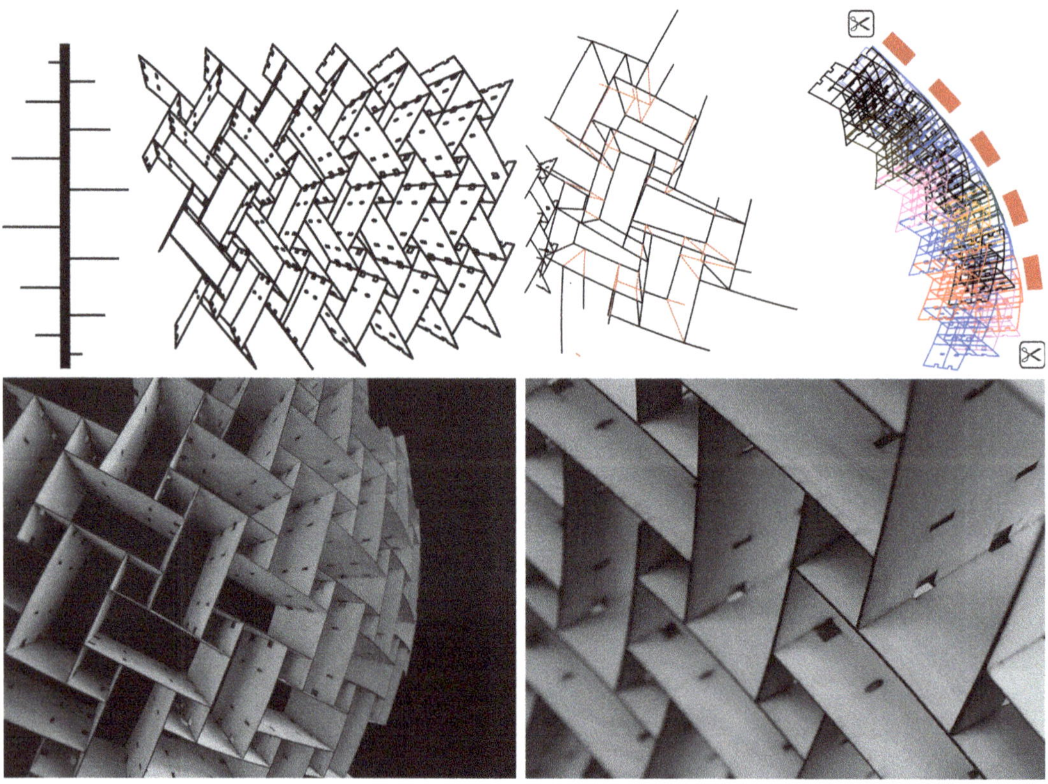

Abb. 6.40 Versetzte Flächenstrukturen werden wie Stegträger eingesetzt; abstrahiert und im Modell umgesetzt. (Pohl, G., Stolz, F., Forschungsgruppe BOWOOSS, B2E3 Institut für Effiziente Bauwerke in der HTW des Saarlandes)

6.14 Bionische Potenziale: Einschnitte und Biegung

Das Vorbild der Diatomeengattung *Ardissonia* bildet die Grundlage der Versuchsreihe über gebogene flächige Elemente. Auch bei diesem Verfahren wurden verschiedenartige Module entwickelt und auf die festgelegte Modellfläche generiert. Durch die gebogenen Elemente wird ein räumlich wirkendes Tragsystem erzeugt, dessen Tragglieder sich gegenseitig stützen. Die Flächen können aus dünnen Sperrholzstreifen erstellt werden und erlangen eine hohe Tragwirkung durch die statisch wirksame Höhe und durch den Verbund mit den benachbarten Flächen, sowie durch die geometrische Krümmung.

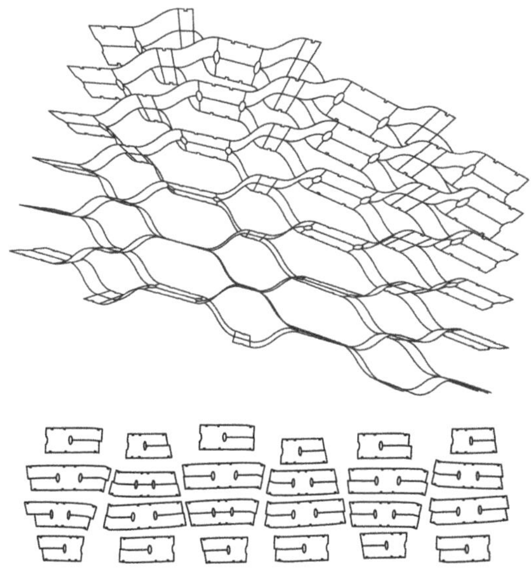

Abb. 6.42 Abstraktionsmodell gegabelter und gebogener flächenförmiger Tragelemente. (Pohl, G., Stolz, F., Forschungsgruppe BOWOOSS, B2E3 Institut für Effiziente Bauwerke in der HTW des Saarlandes)

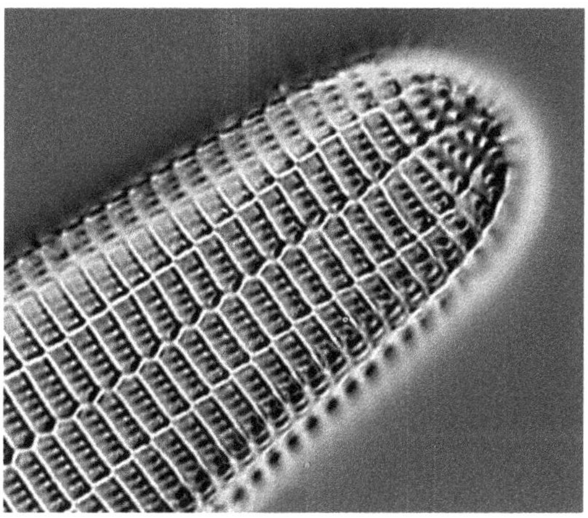

Abb. 6.41 Gegabelte Tragstrukturen bei den Diatomeen *Ardissonia*. (Dipl.Ing. P. Höbel)

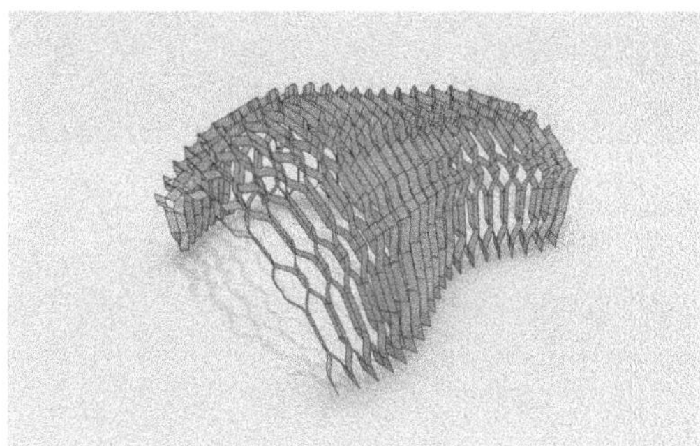

Abb. 6.43 3D-Modell einer dreidimensionalen Tragstruktur aus gebogenen Flächenelementen. (Pohl, G., Stolz, F., Forschungsgruppe BOWOOSS, B2E3 Institut für Effiziente Bauwerke in der HTW des Saarlandes)

Abb. 6.44 Modell in Sperrholz. (Pohl, G., Stolz, F., Forschungsgruppe BOWOOSS, B2E3 Institut für Effiziente Bauwerke in der HTW des Saarlandes)

6.15 Bionische Potenziale: Biegung

Die im Folgenden beschriebene Struktur ist angelehnt an das Sklerenchymskelett der *Opuntie*, einer Kakteengattung. Prinzipiell ist es so aufgebaut, dass parallele Längsträger durch sinuskurvenartig gebogene Träger verbunden sind. Im Modell werden diese durch elastisch deformierte Bauteile gebildet, wobei sie, in Verbindung mit den geraden Elementen, in Position gehalten werden. Als Material für den Modellbau in kleinem Maßstab ist besonders Birke-Flugzeugsperrholz geeignet, das eine hohe Biegesteifigkeit aufweist. Diese Bauweise ist in der Natur bei vielen Strukturen erkennbar, sehr häufig bei Faserstrukturen, die zwischen zugfesten Fasern druckfeste Zellen enthalten und mit dieser Bauweise quasi gestützte Pneu-Kissen (Opuntienblätter oder auch Agavenblätter) ausbilden.

Abb. 6.45 *Opuntien* als Vorbilder für gebogene Elemente. *Rechts* Intaktes Blatt. *Links* Sklerenchymskelett. (Pohl, G.)

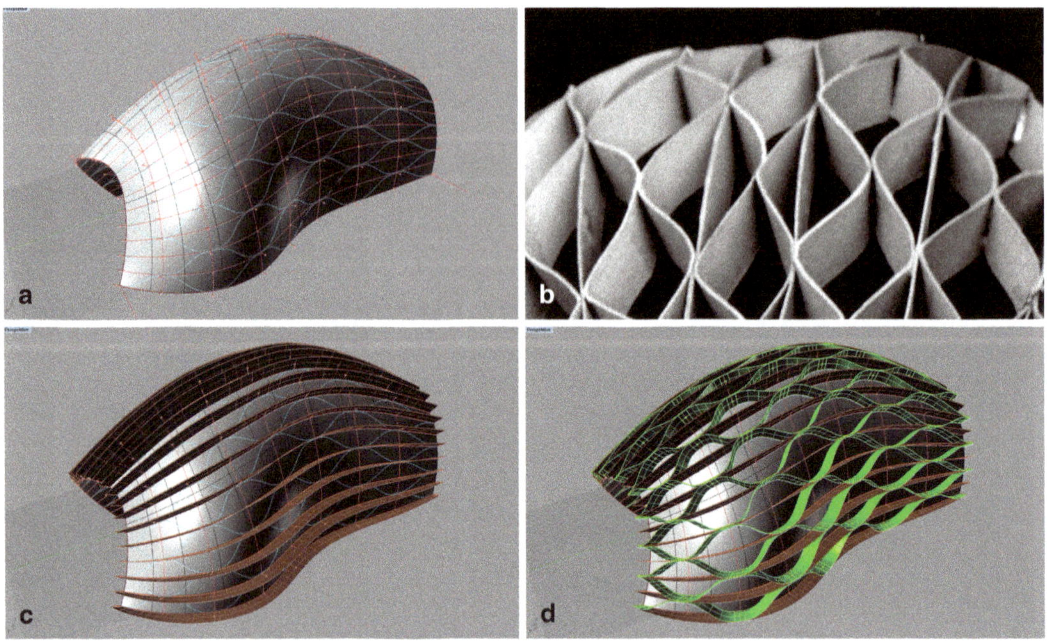

Abb. 6.46 Gebogene Träger. **b** Papierstreifen-Modell. **a**, **c**, **d** Im Computer auf einen Freiform-Körper modelliert. (Pohl, G., Otten, J., Forschungsgruppe BOWOOSS, B2E3 Institut für Effiziente Bauwerke in der HTW des Saarlandes)

6.16 Bionische Potenziale: Hierarchische Strukturen

Als Vorbild für hierarchische Strukturen eignet sich die Diatomeengattung *Actinoptychus*. Hier bilden sich, ausgehend von größeren Primärstrukturen, immer feinere Unterstrukturierungen (Sekundär- und Tertiärstrukturen) heraus. Bei dem biologischen Vorbild übernehmen diese Strukturen einerseits die Abgrenzung des Zellkörpers gegenüber dem Außenmedium (Meerwasser), andererseits auch eine mechanische (Schutz vor Fressfeinden) und statische Funktion (allgemeine Tragwirkung). Das verwendete Bio-Silikat ist sparsam eingesetzt und stellt, durch die komplexe räumliche 3D-Strukturierung, ein erstaunlich stabiles Traggefüge dar.

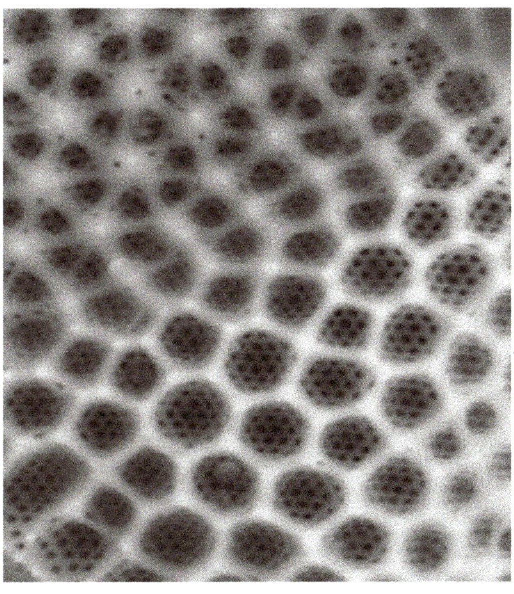

Abb. 6.47 Hierarchische Strukturierung bei der Diatomee *Actinoptychus*

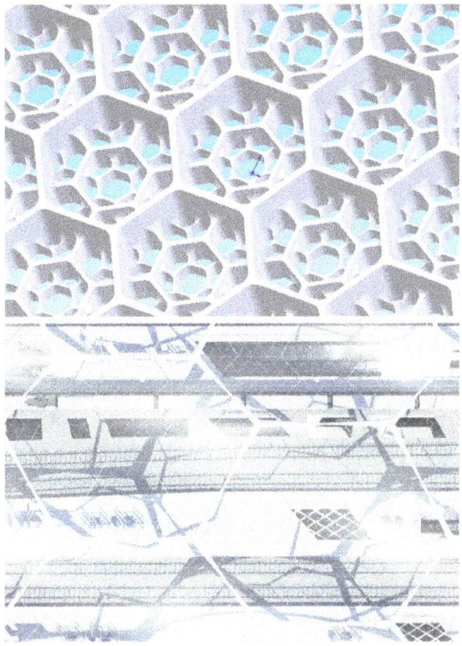

Abb. 6.48 Biologisches Vorbild. *Oben* Abstrahiert. *Unten* 3D-Modell eines Dachtragsystems mit hierarchischem Aufbau, aus dem abstrahierten Vorbild technisch entwickelt

Abb. 6.49 Abstraktionsmodell: Sechseckstrukturen bilden Stützelemente in einer Sandwichplatte

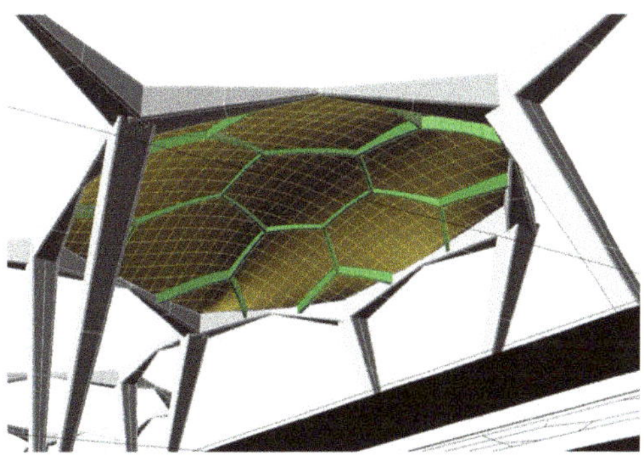

Abb. 6.50 Dachkonstruktion im 3-dimensionalen Modell unter Nutzung hierarchischer Strukturen

6.17 Bionische Potenziale: Faltwerk

In der Natur ist Falten ein weit verbreitetes Prinzip zur Erhöhung der Steifigkeit von Flächen. Faltungen sind z. B. bei Insektenflügeln, Blättern oder auch Muschelschalen zu beobachten. Kakteen besitzen oft gefaltete Körper, unter anderem zur Erhöhung der Oberfläche.

Bei der Konstruktion von Freiformflächen als Faltwerke, also bei der technischen Umsetzung biologischer Vorbilder, stellt sich zunächst ein geometrisches Problem, das natürlich gewachsene Strukturen nicht zu bewältigen haben: Die Fläche muss durch planare Vierecke aufgeteilt werden. Die Aufteilung einer Fläche durch ein regelmäßiges Muster (Tesselierung) klappt problemlos bei der Verwendung von Dreiecken, da zwischen drei Punkten im Raum immer eine Ebene konstruiert werden kann. Verschiedene 3D-Formate basieren auf diesem Prinzip. Bei Vierecken jedoch liegen die Punkte nicht mehr automatisch in einer Ebene. Mit Hilfe des Plugins „Paneling Tools" für die CAD-Software „Rhinoceros" ist es jedoch möglich, eine mehrfach gekrümmte Fläche näherungsweise durch planare Vierecke zu beschreiben.

Das nächste Problem stellen die Stöße der einzelnen Platten dar. Hier müssen die Kanten unterschiedliche Winkel aufweisen, was produktionstechnisch nur durch eine 5-Achs-Fräsmaschine zu erreichen ist. Dieser Aspekt bzw. die generelle Verbindungstechnik wurde bei den nachfolgenden Modellen noch vernachlässigt. Das Modell beschreibt hier lediglich die Oberfläche der Schale.

Abb. 6.51 Faltung bei Blättern

Abb. 6.52 **a-e** Mit Hilfe von Dreieckstrukturen lassen sich Papierstreifenmodelle entwickeln. Die Faltkörper sind mehr oder weniger unregelmäßig ausgebildet und bestehen aus geraden Einzelflächen, wodurch die technische Umsetzbarkeit erleichtert wird

6.18 Übertragung und technische Umsetzung am Beispiel des BOWOOSS-Forschungspavillons

Bevor das Potenzial bionisch inspirierter Lösungen in komplexen Systemen erprobt wird, ist es angebracht, geeignete Bauelemente in kleinerem Umfang auszuprobieren. Dazu eignen sich nach den ersten maßstabsverkleinerten physischen Modellen einfache monofunktionale Räume, z. B. Pavillons. Diese dienen sowohl der Ermittlung geeigneter Entwurfswerkzeuge und geeigneter Schnittstellen in der Produktion, der Auswahl und Erprobung von Materialität, als auch der Rückkoppelung über Fertigung, Transport und Errichtung und der Tauglichkeit insgesamt. Ein aus diesen Gründen zu Forschungszwecken errichteter Pavillon visualisiert direkt die Umsetzung der Forschungsziele. Der Testbaukörper ist begehbarer und ein anfassbarer Botschafter für experimentelles Bauen.

Das Forschungsprojekt und der Forschungspavillon BOWOOSS ist ein Verbundprojekt zur Förderrichtlinie des BMBF (Bundesministerium für Bildung und Forschung der Bundesrepublik Deutschland). Der Forschungsschwerpunkt Bionik wurde bis 2012 von der Bundesregierung als Hightech-Strategie im sektoralen Innovationsfeld der Umwelttechnologien unter dem Titel „BIONA – bionische Innovationen für nachhaltige Produkte und Technologien" gefördert. In diesem Forschungsrahmen, bei dem sich übergreifend Fachgebiete der Biologie, der Architektur, des Bauingenieurwesen und des Industriedesign, verschiedene Wissenschaftsgebiete der Technologie einschließlich der Verfahrenstechnik und Optimierungsstrategien der Wirtschaftswissenschaften, der Soziologie und anderer zu verschiedenen Forschungsthemen zusammengefunden haben, spielten im Bereich der Architektur nachwachsende Rohstoffe und Leichtbaukonstruktionen eine besondere Rolle. Der Fokus auf ressourcensparende Bauweisen wurde bei allen eingereichten Forschungsprojekten als besonderer Schwerpunkt hervorgehoben. In diesem Zusammenhang untersucht das Forschungsprojekt BOWOOSS die Thematik nachhaltiger Bausysteme bionisch inspirierter Holzschalenkonstruktionen.

6.18.1 Das Forschungsprojekt BOWOOSS als Beispiel für Forschung und Entwicklung

Die Abkürzung BOWOOSS bedeutet „*B*ionic *O*ptimized *Wood* *S*hells with *S*ustainability".

Das Forschungsprojekt beschäftigt sich mit der Umsetzung von Erkenntnissen der Bionik für nachhaltige Holzschalenstrukturen. Projektpartner sind: B2E3 Institut für effiziente Bauwerke an der HTW des Saarlandes, Saarbrücken, Professur Baukonstruktion Göran Pohl (Projektleitung), Professur Tragwerksplanung an der Bauhaus-Universität Weimar, Jürgen Ruth und Fa. Stephan-Holzbau sowie das Alfred-Wegener-Institut Bremerhaven und das Leichtbauinstitut Jena. Für die Umsetzung der bionischen Erkenntnisse wurden die folgenden Vorüberlegungen gestellt (Auszug aus der Beschreibung zum Forschungsprojekt BOWOOSS): „Angesichts steigender Anforderungen an die CO_2- und Energiebilanz und an die Recyclingfähigkeit von Bauten werden in Zukunft Baustoffe und Bauteile aus nachwachsenden Rohstoffen wichtiger werden. In dem Maß, wie die Nachfrage nach nachwachsenden Baumaterialien steigen wird, steigt auch deren Preis, die Verfügbarkeit ist in der Menge begrenzt auf das Nachwachspotenzial. Materialeffizienz wird eines der herausragenden Themen der Erforschung zukunftsfähiger Bausysteme.

Heute setzt die Bauindustrie im Wesentlichen schwere und voluminöse Bauteile ein. Dies lässt sich auch im Bauen mit nachwachsenden Rohstoffen, etwa im Holzbau, feststellen. Materialökonomische Bauteile finden eine untergeordnete Verwendung, erfordern eine komplexe Entwicklungsleistung und bleiben am Ende so lange herkömmlichen Produkten gegenüber unterlegen, wie die Materialersparnis kostenintensiv ist.

Die zeitgenössische Architektur hingegen orientiert sich zunehmend an schalenartigen und biomorphen Strukturen. Neben den Schwierigkeiten der Nachvollziehbarkeit der Formen gelten hohe Produktionskosten, Montageaufwendungen und hohe Errichtungskosten bei den bekannten Schalenkonstruktionsweisen als aufwändig und übersteigen die gegenüber herkömmlichen Bauweisen bestehenden Material-Einsparungspotenziale.

In der Natur bedeutet Materialeffizienz den effektiven Umgang mit „teuer“ zu erkaufenden Stoffwechselprodukten. Die Natur hat besonders effektive und leichte Schalen- und Faltkonstruktionen entwickelt, Elemente, die wachsen können und dennoch stabil sind, deren Potenzial es für die technische Anwendung auszuloten gilt. Beispiele sind Schalenkonstruktionen von Muscheln, Seeigeln, aber auch Faltkonstruktionen von Flächentragwerken bei Blättern der Hainbuche oder verschiedener Palmenarten.

Die Forschungsleistung hat den Anspruch, mit Hilfe bionischer Ansätze zu übertragungsfähigen technischen Lösungsansätzen im Bau von Schalen mit Holz zu gelangen und diese am Markt dauerhaft und wirtschaftlich umzusetzen. Bei dem Forschungsansatz werden moderne Formfindungs- und Optimierungsverfahren eingesetzt. Die numerische Übersetzung dieser Ergebnisse auf die Fertigung geschieht ebenfalls computerbasiert (CIM) direkt auf Grundlage des Optimierungsergebnisses. Ein im Ergebnis vergleichbarer Optimierungs- und Komplex-Ansatz ist in der Natur bei Schalenkonstruktionen zu erkennen und soll modelliert und als bionisches Potenzial zur technischen Ableitung untersucht werden.“
Der Baustoff Holz besitzt bei diesen Betrachtungen sowohl hinsichtlich der Formenmöglichkeit gebogener Holzkörper als auch in seinen Stoffeigenschaften ein interessantes Potenzial.

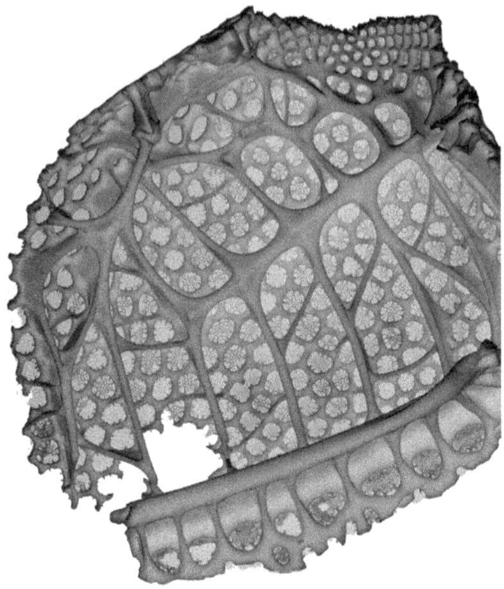

Abb. 6.53 *Isthmia* mit Rippen- und Porenstruktur

Abb. 6.54 *Isthmia nervosa* mit deutlich sichtbarer hierarchischer Strukturierung. (Foto: Christian Hamm, Alfred-Wegener-Institut für Polar- und Meeresforschung)

Abb. 6.55 *Arachnoidiscus* mit hierarchischer Strukturierung der Primär- und Sekundärrippen

6.18.2 Vorgehensweise des Bionik-Forschungsprojektes BOWOOSS

Die Vorüberlegungen wurden im Forschungsprojekt BOWOOSS in einzelnen Bausteinen umgesetzt.

Bionische Inspiration Die Grundform ist nach vielen vergleichenden Studien und auf der Grundlage der Forschungserkenntnisse über Varianten von Schalen in der Natur und deren technischer

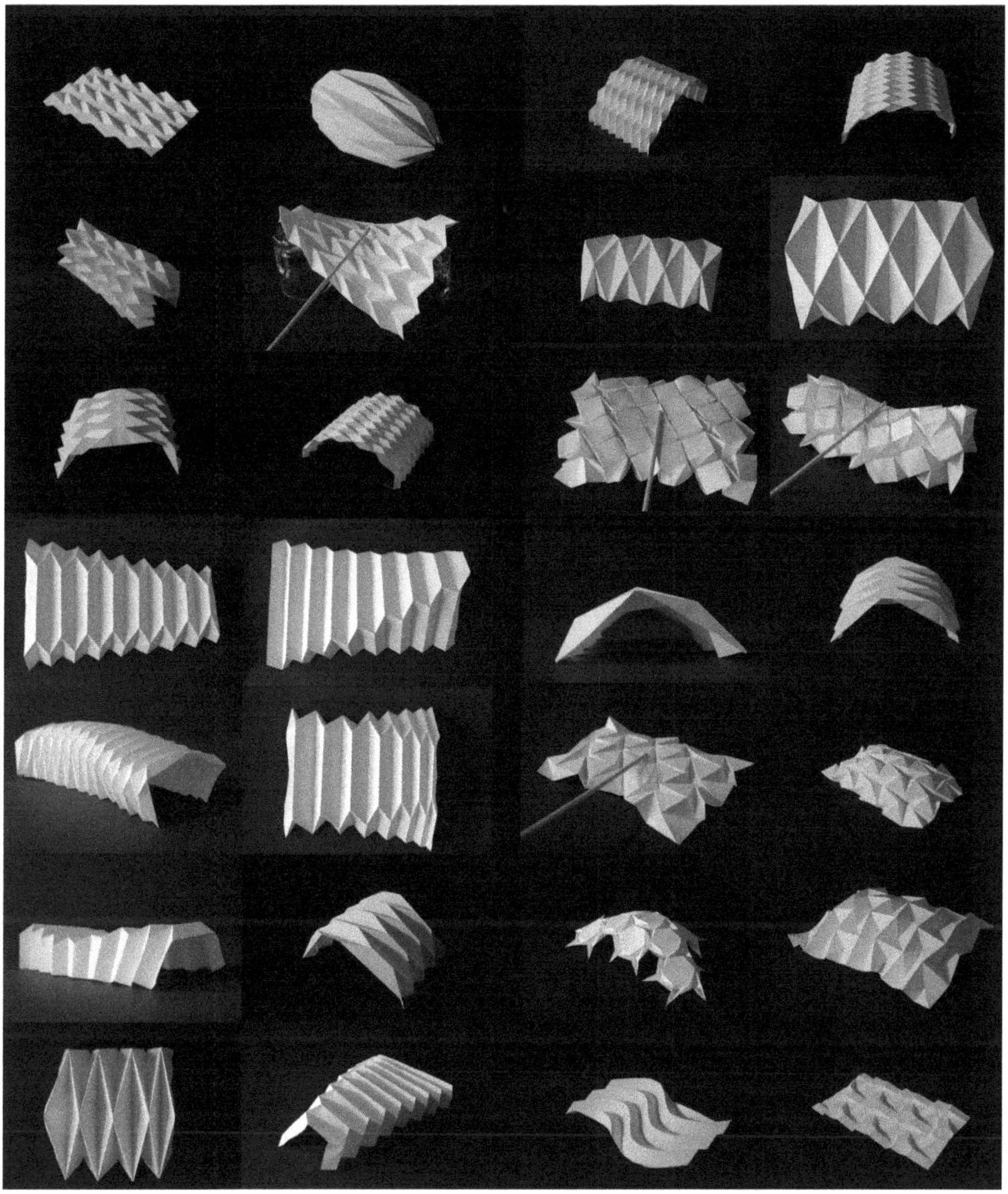

Abb. 6.56 Form-Struktur-Raum-Stabilität: Modellstudien zu Volumina unter Verwendung von Faltmethoden

Umsetzung von der Diatomeengattungen *Isthmia nervosa*, *Actinoptychus* und *Arachnoidiscus* inspiriert. Die bereits an biologischen Beispielen gewonnenen Erkenntnisse zu Faltung, Rippenstruktur und hierarchischer Struktur erscheinen unter den weiteren Erkenntnissen für eine Übertragung und Umsetzung am besten geeignet.

Hülle: Funktionen Die Hülle dient dem Schutz vor Umwelteinflüssen. Sie ist ein Filter, welcher Belichtung, Belüftung und Einsehbarkeit reguliert. Ein darüber hinausgehender Witterungsschutz ist nicht vorgesehen. Für das Forschungsprojekt wird ein Sommerpavillon entwickelt.

Abb. 6.57 Formstudien des BOWOOSS-Faltpavillons, in der Entwicklungsreihe von *oben* nach *unten*

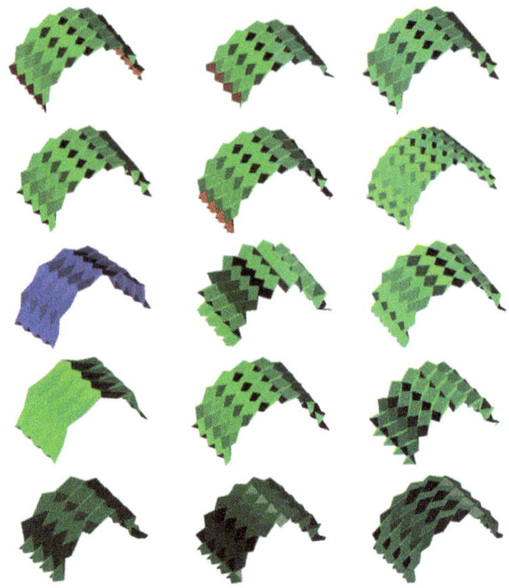

Abb. 6.58 Formstudien des BOWOOSS-Faltpavillons, Entwicklungsreihe

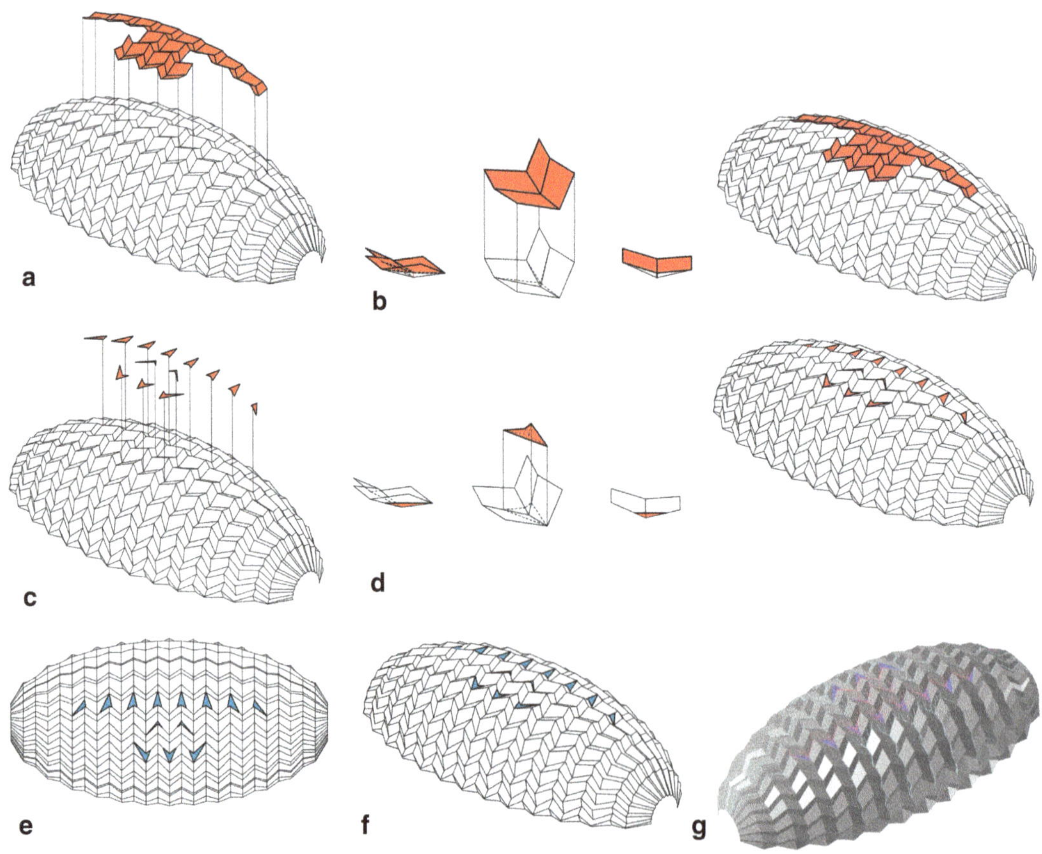

Abb. 6.59 Parametrische Studien an Faltsystemen zum Wasseranfall und zur Wasserableitung (**a–g**). Mit Hilfe dieser Studien wurden die Problemstellen lokalisiert und Verbesserungsansätze diskutiert (*rot:* partielles Erhöhen), Faltungen wurden insgesamt auf Wasserabfluss optimiert. **g** Fließrichtung des Wassers wurde durch Computersimulation ermittelt

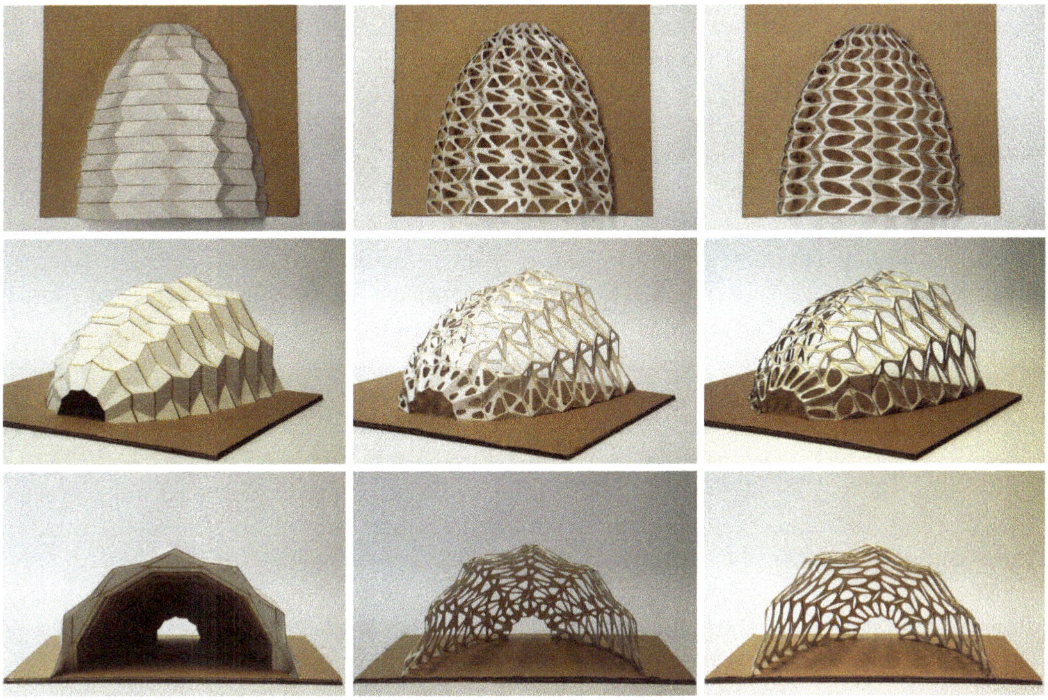

Abb. 6.60 Modellstudien zu verschiedenen Öffnungsvarianten

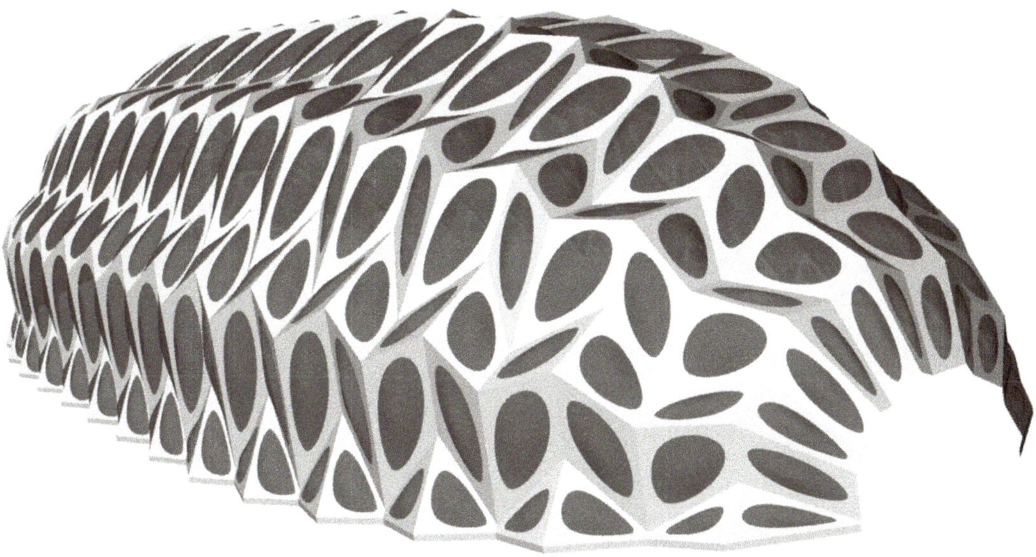

Abb. 6.61 Computermodell

Form Die Form ergibt sich auf der Grundlage der Parameter: Personenzahl – Nutzung – Fläche – Raumhöhe. Nach verschiedenen Formstudien wurde ein spiegelsymmetrischer Grundkörper für den BOWOOSS-Pavillon entwickelt. BOWOOSS ist symmetrisch, nach außen abfallend und verjüngt sich im Grundriss.

System Die Schale erhält am höchsten Punkt einen Eingang. Beide Hälften werden auseinander geschoben und durch additive Tonnenschalen-Module ergänzt. BOWOOSS ist flexibel in seiner Ausdehnung (Länge) und kann vielseitig genutzt und aufgebaut werden.

Wirtschaftlichkeit Durch die stark variierenden Bauteile der Endstücke entsteht ein hoher Fertigungsaufwand. Bestandteil der Forschung ist der Erkenntnisgewinn über die Schnittstellen des CAD (Computer-aided Design) mit CAM (Computer-aided Manufacturing). Heute wird oft von „Design to Production" gesprochen.

Übertragung auf das Computermodell Im Computermodell führen die Volumen-/Funktionsstudien zu Grundrissvarianten und im Weiteren zu Hüllvariationen. Die Entscheidung zu der geometrisch komplexen Form erfolgt vor dem Hintergrund des Forschungsziels, bei dem Erkenntnisse für eine Realisierung geometrisch frei geformter Körper gewonnen werden sollen.

Ermittlung der „idealen" Faltstruktur Die Vereinfachung in gerade Flächenteile im Faltmodell wiederum soll Wiederholzahlen in der Fertigung erbringen. Dennoch ist zu erwarten, dass bei der Vielzahl geometrisch verschiedener Teile (je 4 Teile sind identisch) und der jeweils unterschiedlichen Anfasungen der Stöße eine gewünschte hohe Schwierigkeit für die Computerdatenerzeugung und die Übergabe in die Fertigung bestehen bleibt. Die generische Erzeugung verschiedener Falttypologien geschieht vor dem Hintergrund der späteren Untersuchung in statischer Hinsicht und im Hinblick auf die Funktionalität.

Funktionale Vergleiche Wasserablauf und Wasserstau sind zu untersuchende Themen, selbst wenn es sich bei dem Pavillon später nicht um einen Wetterschutz im eigentlichen Sinn handeln soll, sondern lediglich ein Sonnenschutz und ein begehbarer Raum gefordert ist.

Physische Modelle In der Folge wurden die am Computermodell entwickelten Grundkörper an Testmodellen verglichen. Zu diesem Zweck wurden rechnergestützt Schnittmodelle generiert. Unterschiedliche Faltungen bei dem gleichen Grundbaukörper werden statischen Berechnungen und vergleichenden Untersuchungen zum Schwingungsverhalten (Eigenschwingung) unterworfen.

6.19 BOWOOSS-Forschungspavillon – Methoden und Resultat der Bau-Bionik

Im Rahmen der statischen Vergleichsrechnungen hat sich nach vielen iterativen Schleifen ein integriertes Trag- und Hüllsystem entwickelt, das von den bereits diskutierten biologischen Vorbildern von *Synedrosphenia*, *Actinoptychus* und *Arachnoidiscus* inspiriert ist. Im rechnerischen Modell erwies sich für die Tragstruktur eine Kombination aus räumlich angeordneten Haupt- und Nebenrippen am effektivsten. Eine ursprünglich nach rein tragwerkplanerisch „geübter" Vorgehensweise favorisierte Parallel-Rippenbauweise (Spantenbauweise) wurde nach Screening und Untersuchung der biologischen Vorbilder und Prüfung der dort enthaltenen nachweisbaren Systemverbesserungen verworfen. Die Stützstruktur der Rippen besteht aus geformten Brettschichtholzelementen, die Haupt- und Nebenträgerlagen ausbilden, jedoch im räumlichen Verbund wirken. Sie verjüngen sich jeweils in Feldmitte und sind in den Bereichen höchster Belastung, an den Kreuzungspunkten, am stärksten ausgebildet. Auch dieses Prinzip ist von natürlichen, kraftflussoptimierten Wuchsformen abgeleitet. Die „organischen" Rippen sind mit den gefalte-

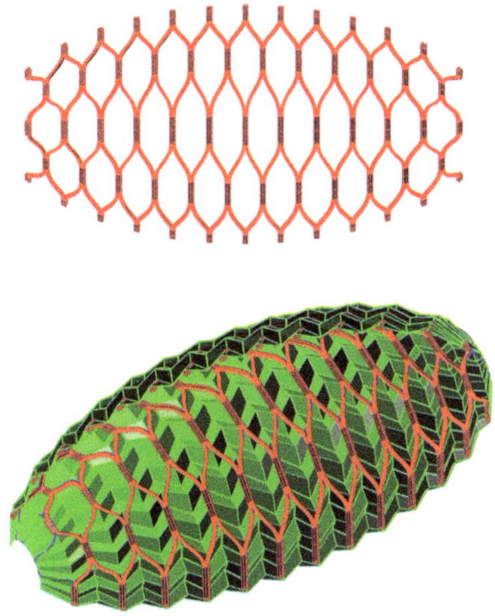

Abb. 6.62 Trag- und Hüllsystem bilden eine integrative Schale

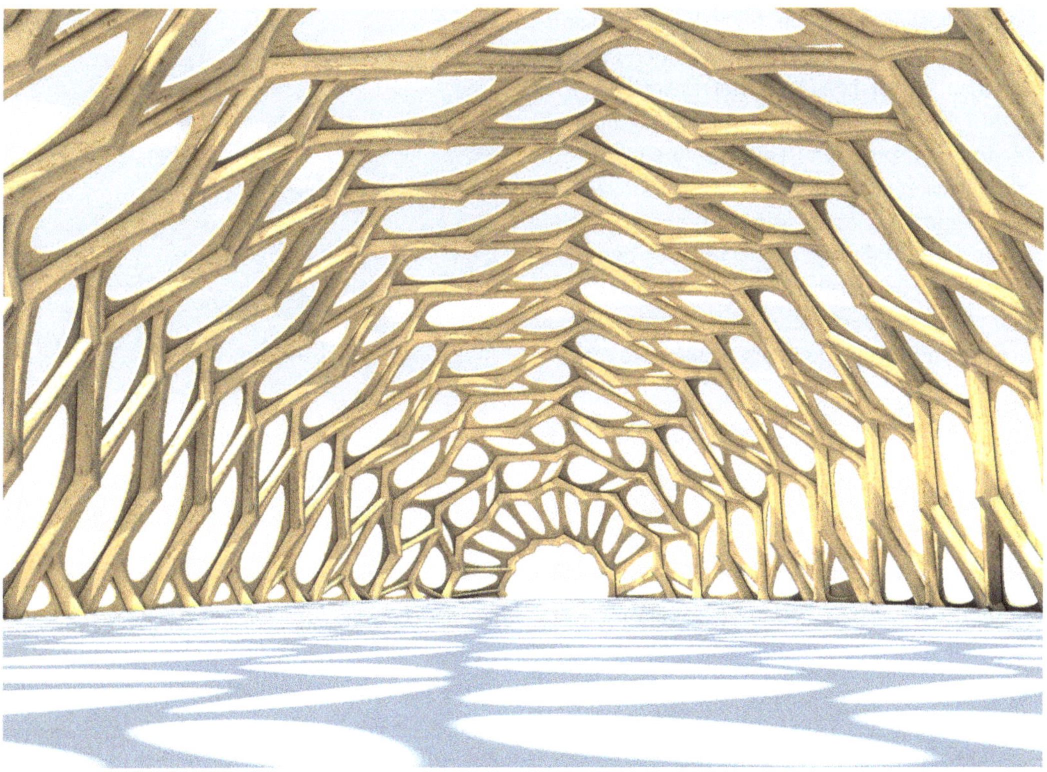

Abb. 6.63 Computermodell zum Innenraum

ten Schalen aus 30-mm-Furnierschichtholz kraftschlüssig verbunden. Im hierarchischen Verbund entsteht eine rippenunterstützte Faltschale.

Das hierarchische System ist wie bei *Actinoptychus* und *Arachnoidiscus* mehrschichtig: nach Haupt- und Nebenrippen sind Poren ausgebildet, die im biologischen Vorbild noch mehrere Stufen aufweisen können. Das komplexe System ist Tragwerk und Hüllstruktur in einem, sowohl im biologischen Vorbild als auch bei BOWOOSS. Die Öffnungen in den Holzfaltungen des Pavillons sind generisch ermittelt und optimiert: in den jeweils unbelasteten Flächenbereichen konnte Material entnommen werden. Die Öffnungen dienen der Durchlüftung und erbringen eine große Massenersparnis, die sich im Transport- und Montagegewicht deutlich bemerkbar macht. Der Abstand der Öffnungen zu den Rippen wurde statisch nachgewiesen. Die Öffnungen sind zur Vermeidung von Belastungsspitzen ausgerundet, wobei die maximale Öffnung und minimale Ausrundung im physischen Modell einer optischen „Mock-up-Prüfung" unterzogen wurde. Die optisch und für das Tragverhalten sinnvollsten Öffnungen resultieren in ovalen Lochstrukturen.

Die ausgeschnittenen Ovalelemente werden zu Innenmöbeln des Pavillons weiterverarbeitet, somit entsteht nahezu kein Materialverlust.

Mit dem BOWOOSS-Pavillon konnten die bionisch inspirierten Tragstrukturen und die Strukturen hierarchischer Konstruktion zu Verbesserungen im Prozesswissen führen. Wichtig waren die Erfahrungen, die mit der computergenerierten Erzeugung der komplexen 3D-Daten und deren Weitergabe in die CAM-Fertigung gewonnen werden konnten. Eine reibungslose

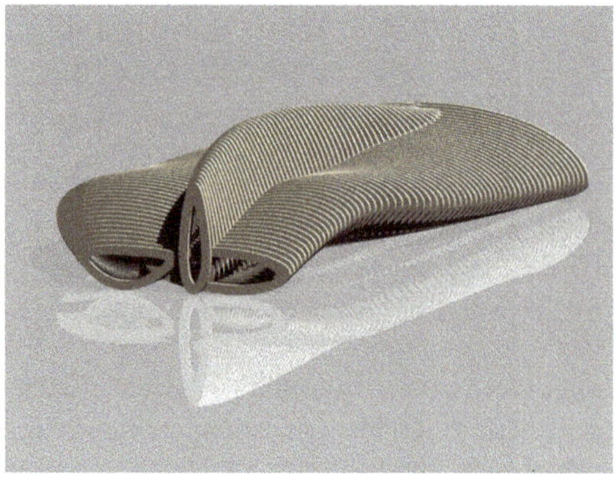

Abb. 6.65 Möbelsystem aus den Schnittresten

Abb. 6.66 Transport

Abb. 6.64 Mock-up im Maßstab 1:3

Datenübergabe von der 3-dimensionalen digitalen Basis der Planung in die Daten- und Materialwelt der Fertigung musste entwickelt und getestet werden und konnte danach iterativen Verbesserungen unterzogen werden. Das Fertigungs-Engineering und die Fertigungstechnologie im Produktionswerk haben wertvolle Anstöße für eine zukünftige Weiterentwicklung sowohl der Softwaretechnologie, der Mitarbeiterausbildung als auch der Verfahrens- und Fertigungstechnologie selbst erfahren. Dies ist neben den technologischen Fortschritten als hoher Gewinn anzusehen. Die Produktionsaufwendungen wurden vor dem Hintergrund der anforderungsgemäß komplexen Geometrie immer wieder überprüft.

Konstruktionsänderungen aus Fertigungsgründen konnten in die Planung einfließen und haben das Ergebnis nicht beeinträchtigt, sondern im Gegenteil zu einem wirtschaftlichen Ergebnis geführt.

Die Planung hat durch die biologischen Inspirationen neue Quellen und Potenziale entdeckt, die direkt in die Entwicklung des BOWOOSS-Pavillons flossen und auch die zukünftige Arbeitsweise positiv beeinflussen werden. Durch die bionische Methode „Pool Research" konnte ein unermesslicher Ideenreichtum gewonnen werden, dessen Wert sich erst bei zukünftigen Projekten richtig ermessen lässt.

Dies betrifft keineswegs nur gestalterische Anregungen, sondern in weit größerem Maß die Kenntnis nahezu unendlicher Lösungsansätze für statische und konstruktive Aufgabenstellungen bei Hüllstrukturen von Gebäuden. Einsatzgebiete ergeben sich vorwiegend in kleinen und großen Hallenbauten, aber auch in Fassadenstrukturen

Abb. 6.67 Die bionisch inspirierten Faltungen und die hierarchische Gliederung führen zu einer aufgelösten Hülle. Faltung, Tragwerk und Öffnung gewährleisten Stabilität. Konstruktion und Belichtung sind integrative Bestandteile einer materialgerechten Bauform.

Abb. 6.68 Einblick

und in der Methodik der Entwurfsentwicklung. Das Ziel der materialeffizienten Leichtbauweise hat mit den bionischen Inspirationen zu vielen konstruktiven Ansätzen geführt, von denen im Rahmen eines generativen Entwurfsprozesses die zuvor entwickelten „Individuen" fortgepflanzt, kombiniert, mutiert, rekombiniert und selektiert wurden. Das Ergebnis ist keinem geradlinigen Entwicklungsprozess geschuldet, sondern auf der Basis bionischer Erkenntnisse entstanden. Die bei BOWOOSS erprobte material- und gewichtsoptimierte Leichtbauweise kommt nahezu ohne Stahlbauteile aus, was einen enormen Wissensgewinn für zukünftige Schalenprojekte darstellt.

Abb. 6.69 Die Maße des BOWOOSS-Pavillons betragen $l=16$ m, $b=8$ m, $h_{max}=4$ m

Abb. 6.70 Nachtansicht

Abb. 6.71 Innenraum

Abb. 6.72 Faltung

6.20 Bau-Bionik in Beispielen: bionische und analoge Entwicklungen

Nachdem in den vorangegangenen Abschnitten thematisiert wurde, was Bionik kann und an einem Beispiel ausführlich der Entwicklungsstrang und die Verzweigungen des bionischen Arbeitens dargelegt wurden, behandeln die folgenden Abschnitte die Referenzbeispiele. Diese sind inhaltlich so strukturiert, dass zunächst die Optimierungsmethoden erläutert und nachfolgend Ergebnisse aus Forschung und Entwicklung bei zusammenhängenden und großformatigen wie auch einzelnstehenden und kleinteiligen Systemen aufgezeigt werden. Die einzelnen Abschnitte können nicht den vollen Umfang einer Bionikforschung zeigen. Die exemplarischen Beispiele bionischer Entwicklungen und Ideen sind der besseren Übersicht und Vergleichbarkeit wegen auf je einen Abschnitt und je eine Doppelseite beschränkt. In der oberen Hälfte jedes Abschnitts ist das biologische Vorbild kurz charakterisiert. Nachfolgend werden Abstraktion und technische Umsetzung beschrieben. In den meisten Fällen erfolgen auch Hinweise auf die Weiterentwicklung, auf potenzielle Produkte und Verfahren. Die analogen Entwicklungen der Technik sind in derselben Weise aufgezeigt. Zur Beibehaltung der Übersichtlichkeit ist auf ein prägnantes Erscheinungsbild Wert gelegt worden. Sämtliche weiterführenden Informationen zu den Inhalten sowie die Autoren- und Bildnachweise finden sich im Anhang.

Abb. 6.73 Die Riesenseerose *Victoria regia* soll Paxton zu bionischen Entwicklungen inspiriert haben, die in den Bau eines Treibhauses speziell für diese Seerose (1837) und anschließend in den Bau des Kristallpalastes (1851) für die Weltausstellung in London mündeten

6.21 Strukturoptimierung

Strategien lastadaptiven Wachstums
Wachstum in der Natur bedeutet nicht ausschließlich Mengenzunahme; Wachstum kann durch äußere Lasteinwirkungen indiziert sein. Beispielsweise zeigen Knochen eine erhöhte Ausbildung von Knochenbälkchen, sog. Trabekeln, in belasteten Bereichen. Bei Bäumen ist der Holzzuwachs mechanisch stimuliert; an Stellen, die besonders belastet sind, wird viel Holz angelagert. Selbst kleinste Planktonorganismen bilden Verstärkungsrippen in ihrem Schalenmantel aus, mit dessen Hilfe sie sich vor Freßfeinden zu schützen versuchen.

Abb. 6.74 Lastadaptives Baumwachstum

Lastadaptives Wachstum des menschlichen Oberschenkelknochens Knochen bilden sich durch adaptive Mineralisation. Sie können sich verstärken (Knochenheilung, Knochenaufbau) und sind ebenfalls in der Lage, Material abzubauen (z. B. in Schwerelosigkeit oder bei starrer Schienung). Der Vorteil besteht in der Gewichts- und Energieersparnis und in der materialoptimierten Ausbildung der Tragstrukturen.

Die „Soft-Kill-Option"-Methode (SKO-Methode) nach Claus Mattheck wurde am Karlsruher Institut für Technologie (KIT) entwickelt und simuliert das Prinzip der adaptiven Knochenmineralisation: Hochbelastete Bereiche werden

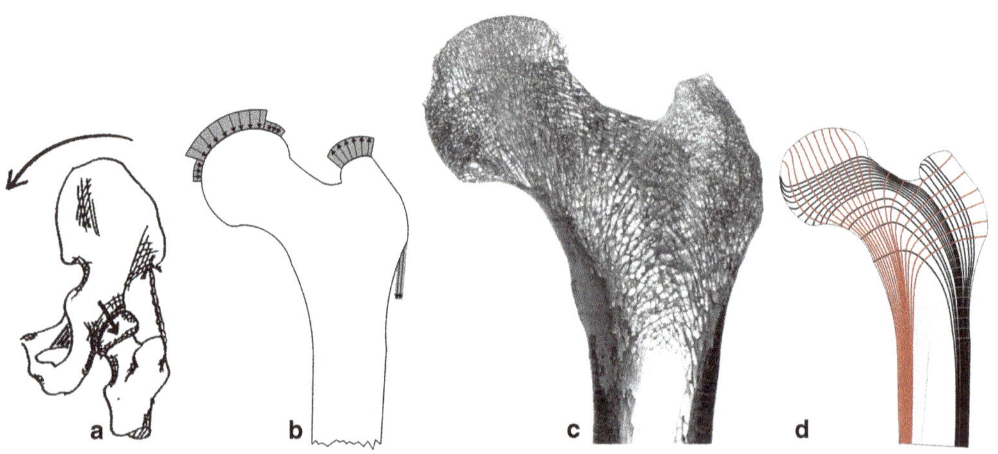

Abb. 6.75 Oberschenkelknochen des Menschen: **a** Randbedingung, **b** Belastung, **c** Längsschnitt, **d** visualisierte Strukturfunktionen. (Trajektorien der Hauptspannungen, *rot* Druck, *schwarz* Zug)

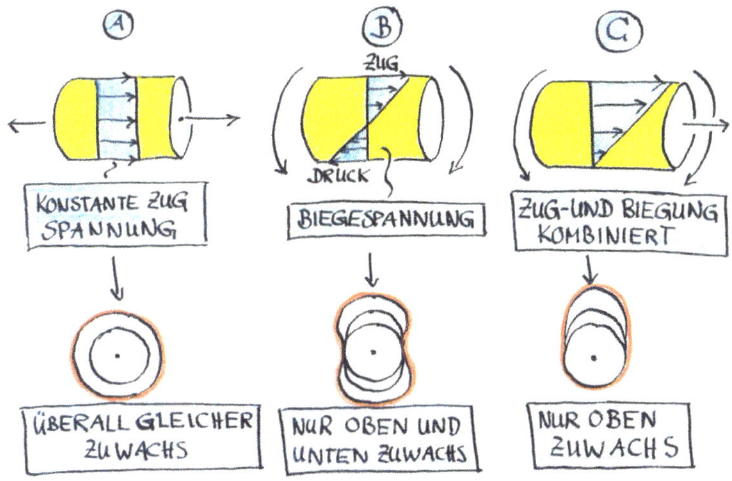

Abb. 6.76 Einfluss der Belastung auf einen Wurzelquerschnitt eines Baumes. Gleiche Spannung (**a**) führt zu radialen Zuwächsen, ungleiche Spannungen bringen ungleiche Zuwächse. Hohe Spannung bildet im Wurzelquerschnitt mehr Holz (**d**). (Nach KIT, C. Mattheck)

Abb. 6.77 Mit SKO optimierter Haken, Studienarbeit an der Hochschule Magdeburg-Stendal

versteift, weniger belastete Bereiche werden abgebaut. Diese Methode ist mittlerweile in der Wissenschaft und Technik anerkannt und wird im Maschinenbau dazu verwendet, lastoptimierte Leichtbaustrukturen mit geringem Gewicht zu entwickeln.

Studierende des Industrial Design der Hochschule Magdeburg-Stendal entwickelten in Studienarbeiten bei A. Mühlenbehrend und in Kooperation mit Sachs Engineering Designstudien zu Gebrauchsgütern, die nach der SKO-Methode optimiert sind. Die Ergebnisse, wie der dargestellte Lasthaken von S. Biller (Abb. 6.77 und 6.78), zeichnen sich durch erhebliche Material-, Gewichts- und Kostenersparnisse gegenüber herkömmlichen Designansätzen aus.

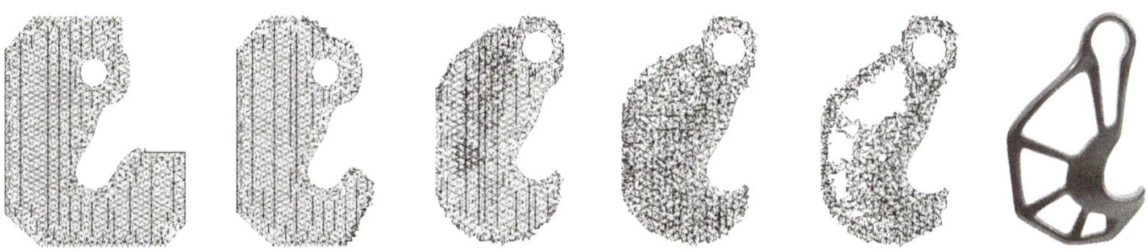

Abb. 6.78 Optimierungsablauf an einem Lasthaken, Studienarbeit an der Hochschule Magdeburg-Stendal

6.22 Selbstorganisation

Die belebte Natur folgt in ihrer Entwicklung nicht nur ihren Genen, sondern auch mathematisch-physikalischen Prinzipien, die für Ergebnisse höchster Stabilität und für Leichtbauweisen genutzt werden.

Wachstum und Strukturbildung erfolgen in natürlichen Entwicklungen, von genetischen Determinationen ausgehend, vielfach durch Prozesse der Selbstorganisation. Bei der Evolution von sich selbst versteifenden Schildkrötenpanzern vollzog die Natur in vielen Millionen von Jahren eine Entwicklung vom Viereck-Muster hin zum mehrdimensional besser versteifenden Sechseck- bzw. Fünfeck-Muster.

Abb. 6.79 Schildkrötenpanzer

Die Forscher P. Green, Stanford University, USA, und A. Newell, P. Shipman, Univ. of Arizona, USA, haben gezeigt, wie Makrostrukturen in Schalen von Pflanzen durch Selbstorganisationseffekte beim Wachstum entstehen und durch mechanische Berechnungen (Basis Karman'sche Gleichungen) simuliert werden können. Vergleichbare Ansätze lassen sich in der unbelebten Natur entdecken, die sich durch mathematisch-physikalische Gesetzmäßigkeiten beschreiben lassen. Selbstorganisationsprozesse bilden sich durch Entstehung und Überwindung von Instabilitäten, sog. Bifurkationen; es entwickeln sich dabei Makro-Strukturbildungen in dünnwandigen Schalen.

Der deutsche Forscher Frank Mirtsch hat bereits in den 1970er Jahren auf die stabilitätserhöhenden Eigenschaften technischer Wölbstrukturierungen hingewiesen und die Anwendungstechnologie entwickelt. Hierbei wird ein Rohrabschnitt von innen durch eine steife Spirale abgestützt und von außen durch moderaten Druck beaufschlagt. Dadurch „ploppen" regelmäßige, versetzt angeordnete viereckige Strukturen in die Rohrwand ein (Abb. 6.80). Werden

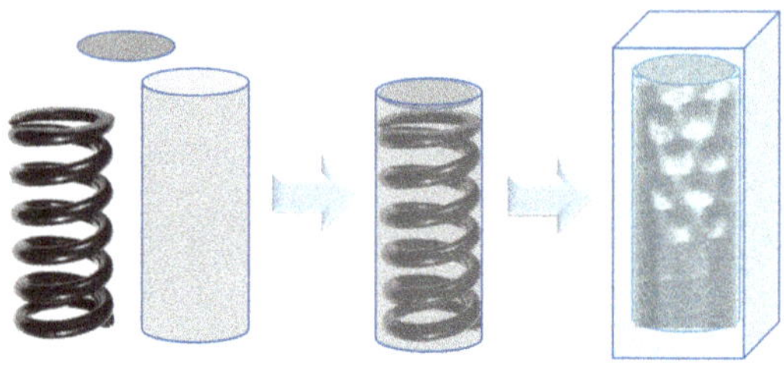

Abb. 6.80 Grundprinzip des selbstorganisierenden, viereckigen Beulstrukturierens

anstatt der steifen Stützspirale elastische Stützelemente verwendet, entstehen nach dem Energieminimierungsprinzip in der dünnen glatten Wand von selbst sechseckige Beulstrukturen (Abb. 6.81), die „Wölbstrukturen" genannt werden. Im technischen Wölbstrukturierungsprozess müssen hierbei unvermeidbare Inhomogenitäten des Werkstoffes und der Materialdicke durch spezielle Unterstützungen kompensiert werden, damit gleich große Strukturen gebildet werden können.

Die Berechnung der biologischen zu den technischen Makrostrukturen beruht im Vergleich auf denselben nicht-linearen Differentialgleichun-

Abb. 6.81 Makrostrukturbildung bei Feinblechen: Wölbstrukturen und Würfelstruktur

Abb. 6.82 Anwendungspotenzial für wölbstrukturierte Bleche: Dr. Mirtsch GmbH

Abb. 6.83 Anwendungspotenzial für wölbstrukturierte Bleche: Dachbleche für einen Sportpalast in Odessa

gen. Das wesentliche gemeinsame Merkmal der Strukturbildungen in der Natur und in der Technik des Wölbstrukturierens besteht darin, dass auf der Basis der Energieminimierung und der Selbstorganisation im Bereich der versteifenden Strukturfalten nur Biege- und Druck-Membrankräfte auftreten. Der für die selbstorganisierende Bildung von Wölbungen in einer Schale erforderliche Membrandruck wird in der Biologie durch ein Enzym (härtere Schale wächst schneller als Innengewebe) und in der physikalisch-technischen Wölbstrukturierungstechnik durch eine anfängliche Vorkrümmung des glatten Materials sowie einen äußeren Überdruck hervorgerufen. Im Ergebnis wird das Material beim Strukturierungsprozess nicht ausgedünnt und geschwächt, sondern im Gegenteil hoch verstärkt; gleichzeitig wird die Oberflächengüte geschont. Deshalb lassen sich beim Strukturieren in der Natur und in der Technik des Wölbstrukturierens sogar langfaserverstärkte Materialien dreidimensional versteifen, ohne Gefahr eines Faserrisses. Für die so entstehenden technischen Makrostrukturen in Form von dünnwandigen wölbstrukturierten, ebenen oder gekrümmten Wänden ergeben sich, bei etwa 30 % Gewichtseinsparung, Anwendungen für den Einsatz oberflächenveredelter Bleche ohne Schädigung der Oberflächengüte, diffuse, blendarme Lichtreflexionsbleche sowie Bleche mit stabilisierender oder spannungsausgleichender Wölbstruktur.

6.23 Evolutives Design

Prinzipien der Evolution

Die Prinzipien der natürlichen Evolution wie Fortpflanzung und Vererbung, Mutation, genetische Rekombination und Selektion führen zu Spezies, die auf ihren Lebensraum angepasst sind: entweder breit angelegt und damit sehr anpassungsfähig, oder als Spezialisten für eine besondere Nische. Eine breite Veranlagung führt in der Natur oft dazu, dass eher die Summe aller Fähigkeiten die Überlebensfähigkeit ausmacht, als etwa besondere Kraftentfaltung oder Schnelligkeit. Ein gutes Beispiel dafür ist der Mensch. Nischenspezialisten hingegen sind oft nur in ihrer besonderen Umgebung lebensfähig.

Abb. 6.84 Indisches Panzernashorn

Evolutive Computerverfahren Mit Hilfe spezifizierter Computerverfahren generativer und generischer Algorithmen erschließt sich ein hohes kreatives Potenzial für den Entwurf. Die evolutiven Dynamiken von Reproduktion, Mutation, Wettbewerb und Selektion als Strategien des Entwurfs entwickeln Lösungen, die wie natürliche Vorbilder breit angelegt oder auf Nischen angepasst sein können. „Morphogenetic Design Experiments“, am Institut für Computerbasiertes

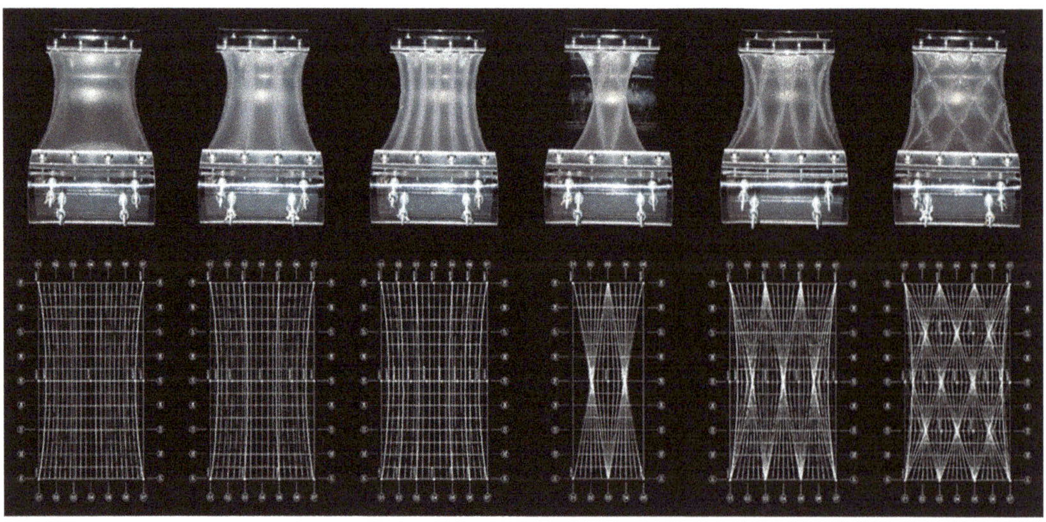

Abb. 6.85 Vielfalt durch veränderliche Morphologie bei konstanter Basis

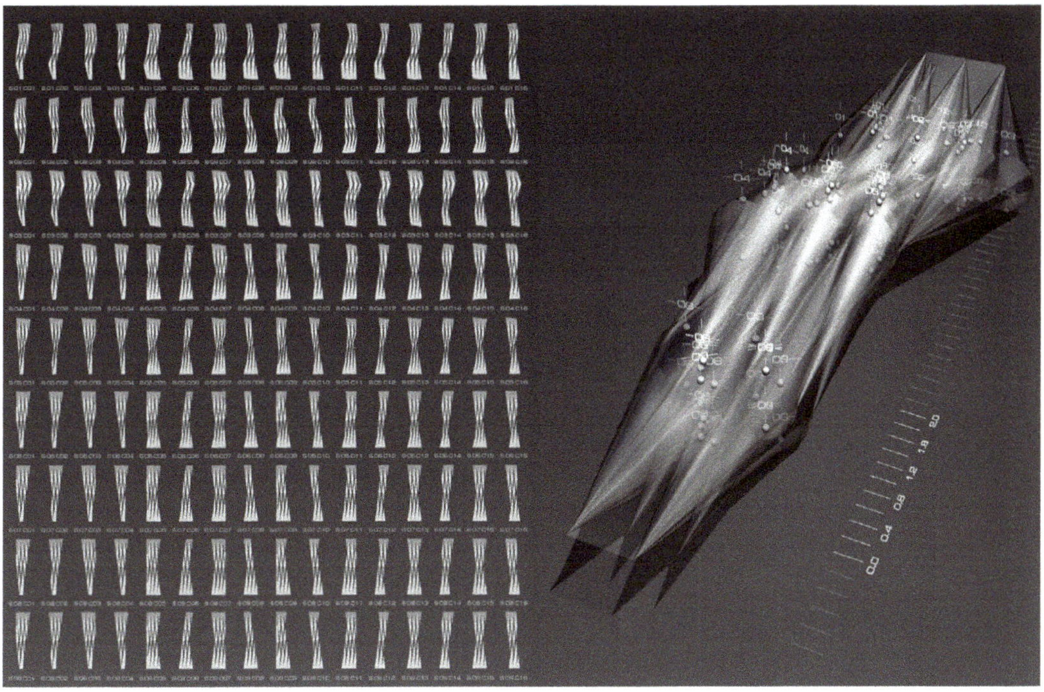

Abb. 6.86 Varianten durch evolutive Computerverfahren

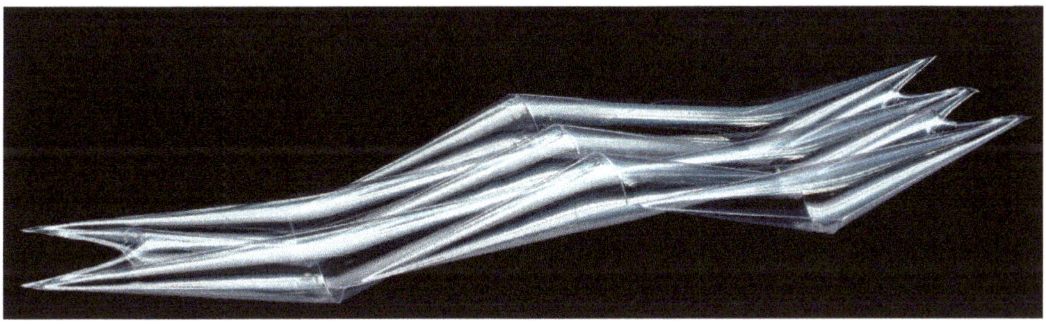

Abb. 6.87 Pneumatische Struktur

Entwerfen (ICD, A. Menges) der Universität Stuttgart, „erforschen die Erweiterung evolutiver Computerverfahren für die Entwicklung performativer Material- und Konstruktionssysteme. Dabei liegt der Schwerpunkt auf der Untersuchung bestimmter Leistungs- und Verhaltensmuster, die sich in Populationen beziehungsweise über mehrere Generationen herausbilden" (Achim Menges, Morphogenetic Design Experiments). Die Studien setzen sich mit der Entwicklung eines pneumatischen Modulsystems auseinander. Ausgehend von einem pneumatischen Modul auf trapezförmiger Grundfläche und gleichbleibenden Bedingungen für pneumatische Formen wurden verschiedene Fitnesskriterien definiert. Nach 600 Generationen hat der evolutive Prozess eine große Zahl verschiedener Systeme bei Einhaltung aller pneumatischen Randbedingungen ergeben und das Kreativitätspotenzial bestätigt.

6.24 Morphogenetisches Design

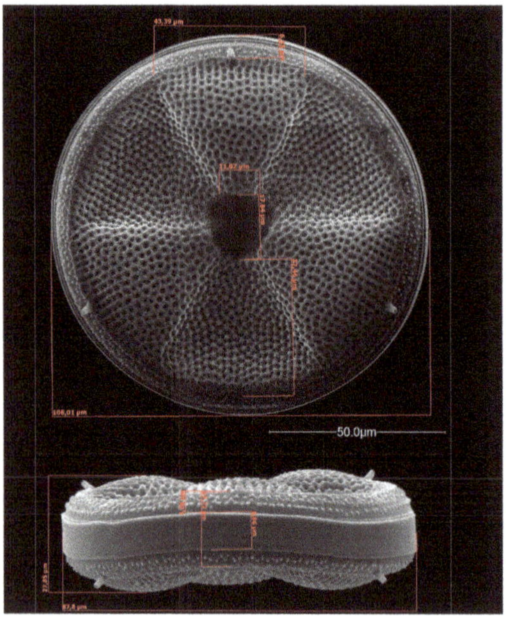

Aus dem griechischen hergeleitet, bedeutet Morphè „Gestalt", „Form" und Genesis „Ursprung", „Entstehung".

Morphogenese wird in der Biologie verwendet als Lehre von der Bildung von Struktur und Form. Morphologie beschreibt makroskopisch und mikroskopisch sichtbare Merkmale, beginnend von Tragstrukturen und Organen bis zu Organellen und weiteren strukturellen Differenzierungen. Die Taxierung von Diatomeen, also Planktonlebewesen, orientiert sich an den charakteristischen Rippenstrukturen (Valven). Konstruktive Merkmale unterscheiden einfachere radialsymmetrische Strukturen (*Centrales*, meist fossilen Ursprungs) und komplexere multipolar-symmetrische Strukturen (*Pennales*).

Abb. 6.88 *Actinoptychus senarius*

Morphogenetisches Design ist die Entwicklung von Struktur und Form unter Berücksichtigung der Differenzierungen wie etwa Form, Unterteilung und feine Detaillierung. Kieselalgen, wie die am Alfred-Wegener-Institut in Bremerhaven untersuchten Diatomeen der Art *Acrtinoptychus senarius,* zeigen morphologische Besonderheiten in ihren Bio-Silikatstrukturen. Diese Besonderheiten ergeben erstaunlich stabile Strukturen, die dennoch leichtgewichtig sind, also im besten Sinn einen materialsparenden Aufbau bis ins Detail aufweisen. Die in den Skeletten der Kieselalgen angereicherten Silikate müssen über Nahrungsaufnahme „teuer" erkauft werden, weshalb der sparsame Materialeinsatz ein evolutiver Vorteil für die Lebewesen ist. Die gläsernen Hüllen schützen vor Fressfeinden und sind daher besonders stabil gestaltet: je stabiler, desto höher der Schutz. In der Kombination aus höchstem Schutz und geringstem Materialverbrauch bestehen also die besten performativen Eigenschaften. Bauelemente für Anwendungen in der Architektur können, sofern sie vorwiegend lastabtragend sein müssen und Schutzfunktionen zu erfüllen haben, vom Wissen über morphologische Besonderheiten natürlicher Strukturen profitieren. Im Rahmen des internationalen Forschungsverbundes „Planktontech" der Helmholtz-Forschungsgesellschaft haben Forscher des Leichtbauinstituts Jena und Praktiker von Pohl Architekten die natürlichen Vorbilder von Diatomeen abstrahiert

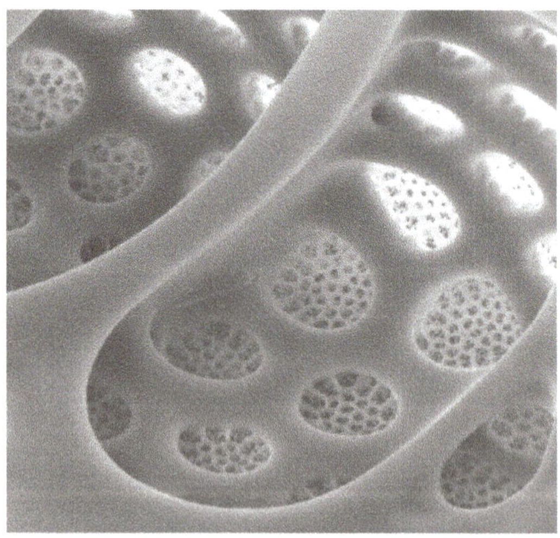

Abb. 6.89 *Isthmia nervosa*, Detailaufnahme der strukturellen Gliederung. (Foto: Christian Hamm, Alfred-Wegener-Institut für Polar- und Meeresforschung)

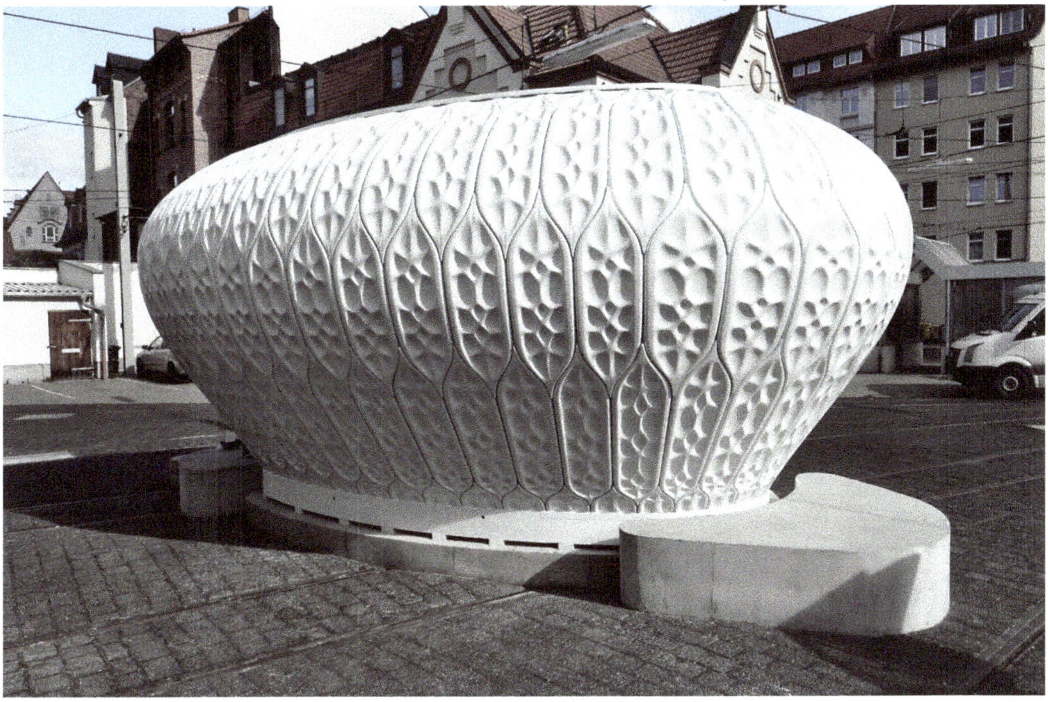

Abb. 6.90 COCOON_FS

und auf Bauelemente übertragen. Das Ziel war, Leichtbau-Hüllstrukturen zu entwickeln, die mit minimalem Materialaufwand maximale Stabilitäten für Gebäudehüllen erbringen. Für die Realisierung haben sich Faserverbundwerkstoffe besonders angeboten, da sie ideal anisotrop ausgelegt werden können. Die geometrischen Vorgaben und die materialimmanenten Angaben haben die Forscherteams rechnergesteuert und iterativ verfeinert. Daraus entwickelten Julia und Göran Pohl den Prototyp von COCOON_FS, ein für verschiedene Einsatzorte konzipiertes begehbares Objekt, das Landmarke und Ausstellungsraum in einem ist. COCOON_FS (FS bedeutet „floating system", also fließendes, örtlich ungebundenes System) wird seither in Kleinserie für Kunst- und Ausstellungszwecke angeboten (Abb. 6.90).

Die Schritte des morphogenetischen Designs gliedern sich in folgende Etappen:

- strukturelles morphogenetisches Design: generische Entwicklungsschritte der hierarchischen Fassaden- und Hüllstruktur (Abb. 6.91) und

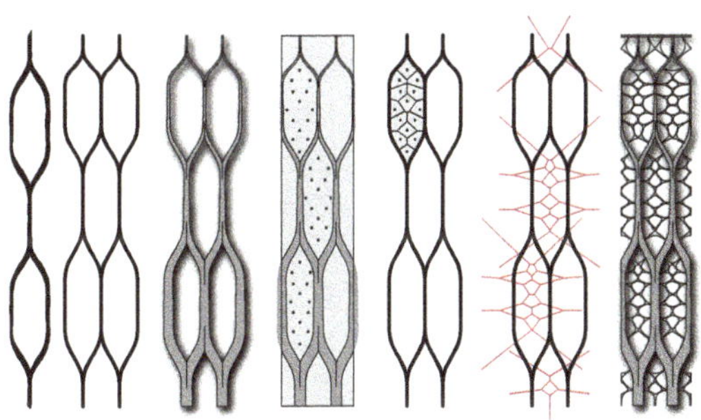

Abb. 6.91 Strukturelles morphogenetisches Design

Abb. 6.92 Konstruktives morphogenetisches Design

- konstruktives morphogenetisches Design: material- und fertigungstechnische Optimierung (Abb. 6.92).

6.25 Geometrische Optimierungen: Querschnittsoptimierung

Säulenkaktus

Kakteen (*Cactaceae*) sind für ihre Genügsamkeit und ihren bizarren Wuchs bekannt. Kakteen haben sich dabei in vielfältigen Nischen optimal angepaßt. Es gibt neben wärmeliebenden Arten auch kälteresistente mit einem wärmenden Haarkleid, im Volksmund „Greisenhaupt" (*Cephalocereus senilis*) genannt und sogar solche, die bestimmte Stoffe in ihrem Wasserkreislauf einlagern, der ein Einfrieren verzögert. Unter Kakteen gibt es ferner bodendeckende, weitverzweigte Sorten oder solche mit blattartigen buschigen Verweigungen (z. B. Opuntien), aber auch solche von besonders stattlichem Wuchs, wie einige Cereen.

Abb. 6.93 Säulenkaktus

Sammler im 18. Jahrhundert waren von exotischen Kakteen so fasziniert, dass sogar eigene Gewächshäuser für ihre Unterbringung errichtet wurden. Eine große kugelförmige Art mit der Bezeichnung „Schwiegermuttersessel" (*Echinocactus grusoni*) wurde nach dem Magdeburger Kakteensammler Hermann August Jacques Gruson benannt, der 1886 die größte Kakteensammlung Europas besessen haben soll. In Südamerika wurden Kakteen für den täglichen Gebrauch (Angelhaken aus Dornen) und bis heute noch für medizinische Zwecke und den Verzehr verwendet; abgestorbene Kakteen fanden als Baumaterial Einsatz. Die Azteken führten auf großen Kakteen Opferrituale durch.

Heute sind Kakteen mit hohem Wuchs und damit entsprechender Windbelastung von besonderem Interesse für Aerodynamiker. Diese als „Säulenkakteen" bekannten Arten können über 20 m Höhe erreichen. Querschnitte durch Pflanzen zeigen einen mittleren, runden Leitbündelring (Xylem). Nach außen hin folgt das Wasserspeichergewebe (bei Kugelkakteen bis zu 1 m), danach das Chlorenchym (für Photosynthese zuständig), die Unterhaut (Hypodermis) verleiht der Haut hohe Festigkeit und die Oberhaut (Epidermis) scheidet eine Wachsschicht (Cuticula) aus. Ihr morphologischer Aufbau und die Form verleihen den Kakteen Stabilität.

Bei der Untersuchung der säulenförmigen Kakteen haben Wissenschaftler der Universität Berlin um Mike Schlaich herausgefunden, dass sich diese durch ihre rippenförmige Ausbildung besonders optimal im Wind verhalten. Die Rippen erbringen eine Grenzschichtturbulenz zur Verwirbelung des Windes und beeinflussen die Wirbelablösung und damit das Schwingungsverhalten vorteilhaft, ohne den Windwiderstand zu erhöhen. Die Kräfte, die der Pflanzenkörper durch den Wind auszuhalten hat, werden also durch die geometrische Form der Pflanzen minimiert. Diese Eigenschaften können z. B. auf Hüllrohre von Schrägseilen (Schrägseilbrücken) übertragen werden, um dort die Schwingungsanfälligkeit zu reduzieren. Die Wissenschaftler erforschen neben den Optimierungsansätzen von Stahlseilen auch die Übertragungsmöglichkeiten auf windlastminimierte Hochhäuser.

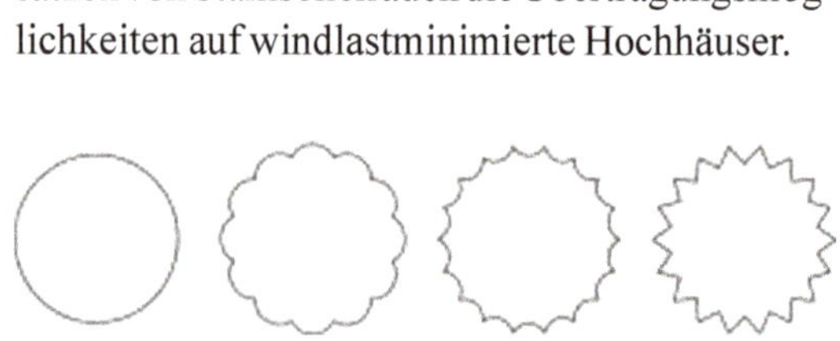

Abb. 6.94 Geometrische Abstraktion der Querschnittsform des Säulenkaktus

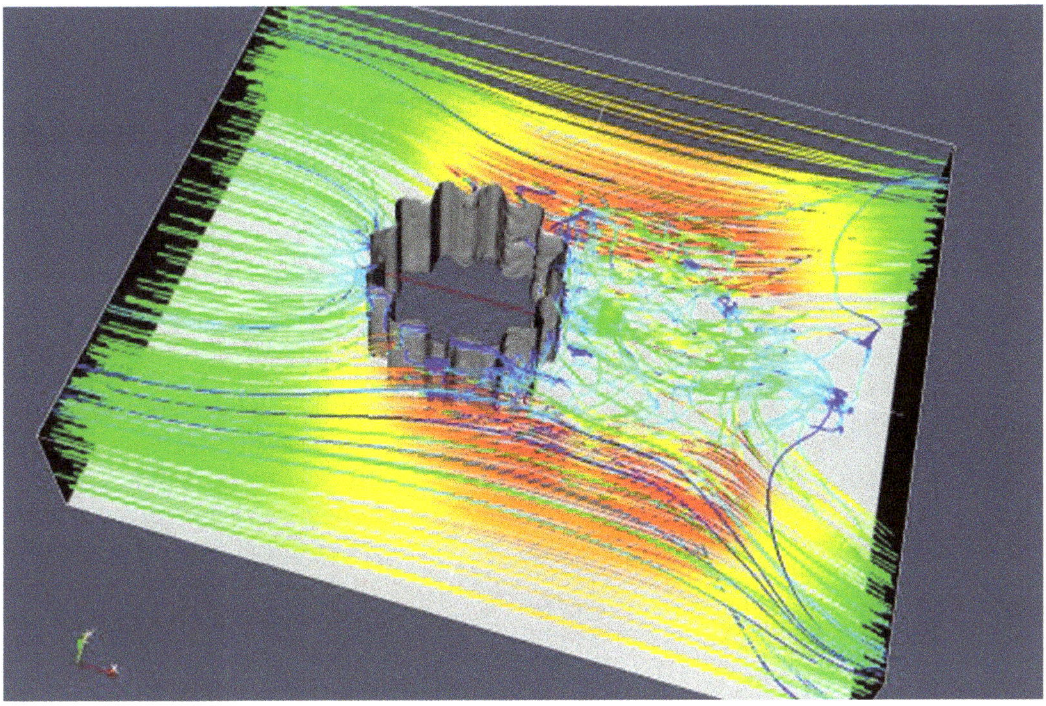

Abb. 6.95 Querschnitt eines Säulenkaktus im Windkanal-Modell

Abb. 6.96 Burji al Khalifa in Dubai (SOM). Die geometrische Strukturierung des 828 m hohen Gebäudes wurde nach den Ergebnissen von Windkanal-Untersuchungen festgelegt und zeigt Ähnlichkeit mit der geometrischen Disposition von Säulenkakteen. Durch die Anordnung der Bauteile ergeben sich Einfurchungen des Turmes insgesamt, die wiederum dafür sorgen, dass die Windverwirbelungen die globalen auftretenden Windbelastungen minimieren

6.26 Hierarchische Strukturen

Abb. 6.97 Die Rippenstruktur bei *Arachnoidiscus* wird in der Literatur mit Fensterrosen gotischer Kirchenfenster verglichen. Diese „künstlerische Ähnlichkeit" ist ein Produkt des Leichtbaus

Gegliederte Silikatschalen

Diatomeen (*Kieselalgen*) bauen fein gegliederte Silikatschalen eines äußeren Skeletts (*Exoskelett*) auf, die besonders stabil sein müssen: sie schützen die Plankton-Lebewesen vor ihren Freßfeinden. Zu diesem Zweck weisen die Schalen steife Rippen und weitere verzweigende Verstärkungen auf (Abb. 6.97). Der konstruktive Aufbau des Exoskeletts ist so strukturiert, dass große Rippen von immer feineren Nebenstrukturen unterstützt werden, wodurch sich ein äußerst stabiles System ergibt. Diese Untergliederung wird „hierarchische Strukturierung" genannt. Eine weitere Aufgabe dieser hierarchischen Untergliederung ist die Semipermeabilität zum Zweck des Stoff- und Nährmittelaustausches. Sie erfüllt also eine weitere lebenswichtige Funktion.

Bei manchen Diatomeen-Arten (Abb. 6.98) zeigt die hierarchische Strukturierung der Silikatschale sechseckige Rippen oder runde Öffnungen in einem geometrisch sehr gleichmäßigen Aufbau bei hierarchischer Abstufung.

Die Untersuchung dieses funktionalen Konstruktionsaufbaus ließ eine starke Einbeziehung aller Nebenstrukturen zugunsten der Verschlankung der Hauptrippen erkennen. Die abstrahierte Übertragung auf ein technisches Bauteil ist am Beispiel der Konstruktion in Abb. 6.100 gut erkennbar.

Die skizzierte technische Umsetzung zeigt die Entwicklung einer Stütz- und Hüllstruktur für eine großflächige Überdachung nach dem Vorbild hierarchischer Strukturierungen von

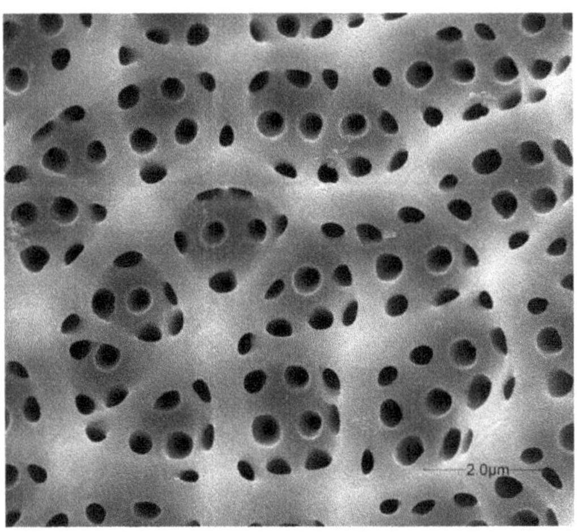

Abb. 6.98 Rippenstrukturen bei *Actinoptychus*

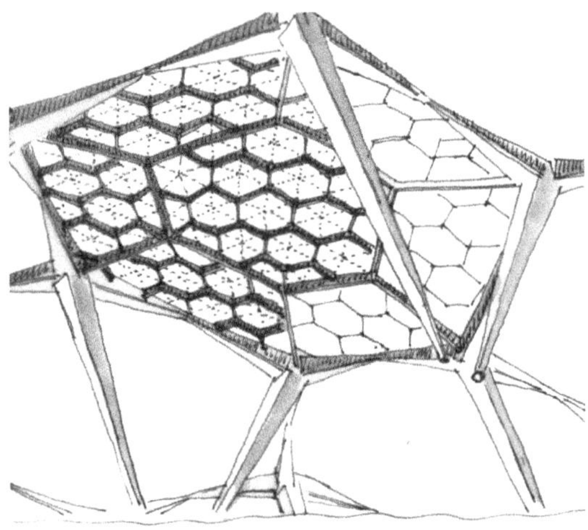

Abb. 6.99 Abstraktion, geometrische Transformation

Abb. 6.100 Bahnhofsdach Luxemburg-Cessange

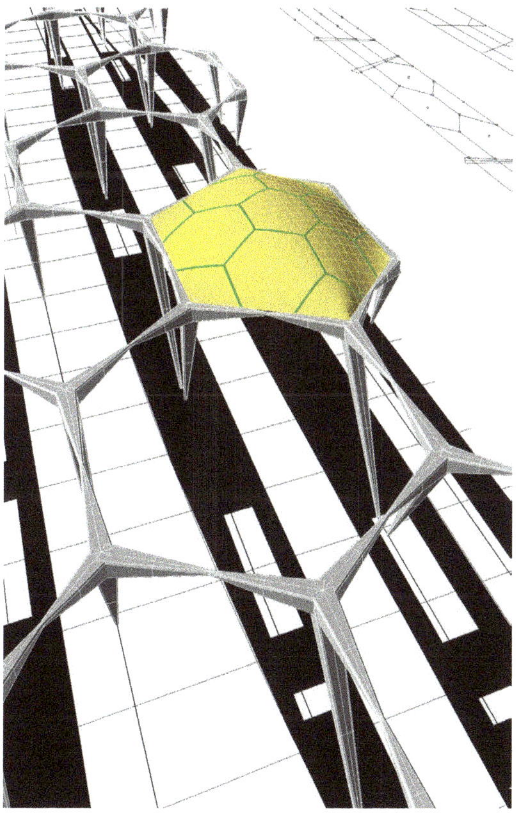

Abb. 6.101 Entwicklung einer Trag- und Hüllstruktur

Diatomeenschalen. Dieses von Pohl Architekten und SteinmetzdeMeyer Architekten mit Knippers-Helbig Advanced Engineering für einen Wettbewerbsentwurf eines Bahnhofsdaches in Luxemburg entwickelte Dach ist modular aufgebaut, wodurch die Größe des Daches flexibel nach Nutzungsanforderungen erweitert werden kann. Dem Dachtragwerk wurde ein Sechseck-Modul zugrunde gelegt. Die Spannweiten lassen sich mit wirtschaftlichen Trägerabmessungen bewältigen und vermeiden übermäßig schwere Bauteile. Gleichzeitig ermöglicht das Sechseck-Modul die flexible geometrische Anpassung an die wechselnden Gleisabstände und Bahnsteigbreiten. Primär- und Sekundärtragwerk sind räumlich zu einer Kuppel geformt, so dass eine druckbeanspruchte Schalenstruktur entsteht.

6.27 Evolutionärer Städtebau

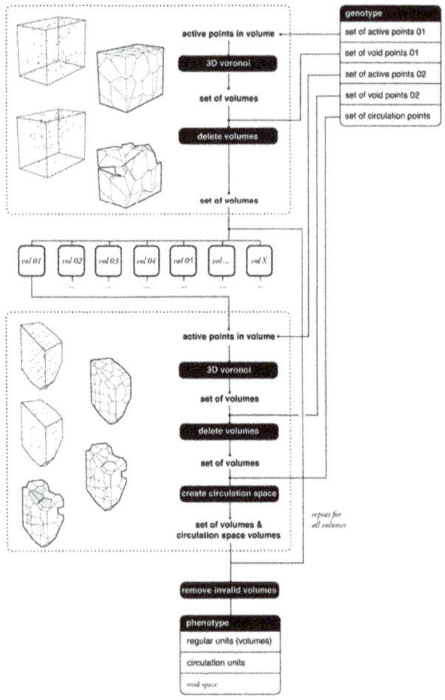

Natürliche Evolution zeichnet sich dadurch aus, dass Individuen via Mutation, Rekombination und Selektion für ihre Nische optimiert werden. Diese Vorgehensweise können sich Planer zunutze machen, um für eine Aufgabenstellung Varianten zu erzeugen und unter definierten Parametern Optima miteinander vergleichen zu können. Dabei gehen sie mit rechnergestützten Methoden (Abb. 6.102) ähnlich vor wie die Natur: sie vererben, kombinieren, mutieren, rekombinieren, selektieren.

Abb. 6.102 Designprozess des evolutionären Städtebaus

Die Entwicklung eines evolutionären und klimaorientierten Entwurfsprozesses auf Maßstabsebene des städtischen Blocks beschreibt Achim Menges vom Institut für Computerbasiertes Entwerfen an der Universität Stuttgart: „Bei der Initialisierung werden zunächst 40 zufällige ‚Individuen' generiert und in Hinblick auf klimatische Kriterien sowie hinsichtlich ihrer Erschließung untersucht. Die klimatische Analyse untersucht die natürliche Durchlüftbarkeit des Blocks und der einzelnen Einheiten sowie die Solareinträge der Nutzungseinheiten. Zudem wird die Qualität der öffentlichen Außenräume in Hinblick auf Solarstrahlung und Schutz vor Niederschlag eva-

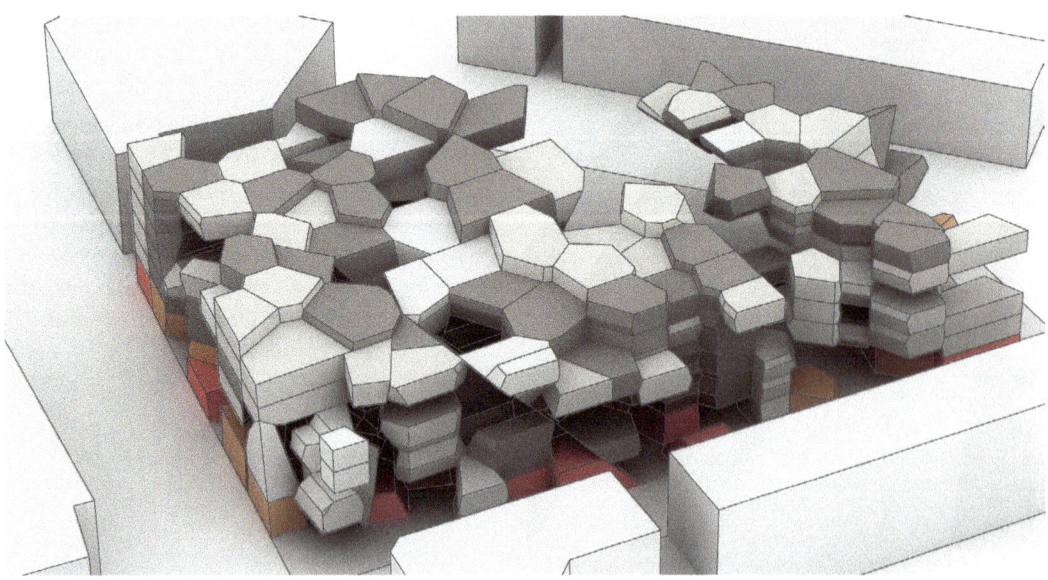

Abb. 6.103 Resultat eines Blocks mit Nutzungseinheiten als Folge der klimaorientierten Rahmenbedingungen

Abb. 6.104 Evolutive Generierung verschiedener „Individuen“

luiert. Über das Erschließungskriterium wird die Erreichbarkeit der einzelnen Nutzungseinheiten über die Erschließungszellen geprüft. Statt auf vorhandene Typologien zurückzugreifen, wird hierdurch die Struktur der Erschließung evolviert. Zusätzlich wird die Anzahl nutzbarer Einheiten evaluiert und mit einem bei der Initialisierung frei definierbaren Zielwert verglichen. Auf Grundlage dieser Evaluation werden die erzeugten Varianten bewertet und entsprechend ihrer Fitness hinsichtlich der beschriebenen Kriterien sortiert.“

6.28 Oberflächeneffekte

Lotosblumen *Nelumbo nucifera* sind Sumpfpflanzen, die eine Besonderheit entwickelt haben: die Blätter des Lotos sind flüssigkeitsabweisend, wodurch Wasser abperlt und dabei Schmutz abgewaschen wird. Wegen dieser Eigenschaft können keine Pilze oder andere Organismen auf den Pflanzen haften. Ähnliche Oberflächeneffekte, wenn auch aus Gründen der Nahrungsaufnahme, hat die Kannenpflanze (*Nephentes*) ausgebildet: sie besitzt eine permanent flüssigkeitsbenetzte Oberfläche, auf der Insekten ausrutschen und in den Verdauungstrichter fallen. Auch der in der Wüste lebenden „Sandfisch", eine Echsenart, und Haie besitzen hocheffektive reibungsarme Häute, die im Medium Sand bzw. Wasser einen geringen Reibungswiderstand bei der Fortbewegung gewähren.

Abb. 6.105 „Trichter" der fleischfressenden Kannenpflanze

In der technischen Anwendung ist mittlerweile bekannt, dass nicht zwingend die glattesten Oberflächen den geringsten Haftreibungswiderstand besitzen. Der Botaniker Wilhelm Barthlott vom Nees-Institut für Biodiversität der Pflanzen an der Universität Bonn hat mit rasterelektronenmikroskopischen Aufnahmen und Versuchen die Selbstreinigungsfähigkeit der Blätter der Asiatischen Sumpfpflanze *Nelumbo nucifera* („Lotos") in den 1970er Jahren entdeckt (Abb. 6.106) und stieß in der technikgläubigen Fachwelt zunächst auf Unverständnis mit seiner Behauptung, eine Oberfläche im Pflanzenreich erforscht zu haben, die glatter ist als eine teflonbeschichtete Stahlplatte. Folgerichtig hat der mittlerweile hochdotierte Wissenschaftler zunächst lange Jahre Überzeugungsarbeit leisten müssen, damit seine Entdeckungen in die Phase der technischen Überführung gelangen konnten. Inzwischen sind die Oberflächeneigenschaften unter dem Markennamen „Lotus-Effekt" ein wirtschaftlicher Erfolg.

Nicht alle Selbstreinigungs- und Antihaft-Eigenschaften sind tatsächlich von der Lotospflanze inspiriert. Es existieren in der Natur eine ganze Reihe weiterer Oberflächenstrukturierungen mit vergleichbaren Qualitäten. Alle diese Effekte sind für Industriezweige und deren Produkte interessant, in denen es um möglichst geringe Haftung an Oberflächen geht. Anwendungsinteressen gibt es z. B. im Schiffsbau, in der Luft- und Raumfahrtindustrie, im Automobilbau, im Bauwesen oder auch allgemein in der Farbenindustrie (für Farbstoffe und technische Beschichtungen). Daneben wird von Materialwissenschaftlern versucht, Oberflächen durch Mikrostrukturierungen möglichst reibungsarm zu gestalten.

Der Trichter der fleischfressenden Kannenpflanzen ist mit winzigen Erhebungen der Epidermis bestückt, auf denen ein Flüssigkeitsfilm haftet. An dieser Oberfläche wiederum rutschen die Insekten vom Rand des Kannenpflanzen-Trichters in das Innere, wo sie in einer Nährlösung verdaut werden. Diese Eigenschaft hat Joanna Aizenberg und ihre Gruppe von Materialwissenschaftlern von der Harvard University in Cambridge, Massachusetts, USA, angeregt, selbstreinigende Oberflächen zu entwickeln. Diese Oberflächen sollen den selbstreinigenden

Abb. 6.106 „Lotuseffekt“ auf einem Grashalm

Flächen nach dem Vorbild der Lotosblüten noch weit überlegen sein: die Forscher haben mit Erhebungen besetzte Oberflächen mit perfluorierter Flüssigkeit benetzt, die sich weder mit Wasser noch mit Öl mischt.

Ingo Rechenberg und Abdullah Regabi El Khyari vom Fachgebiet Bionik & Evolutionstechnik der Technischen Universität Berlin haben bei Versuchen am „Sandfisch“ (*Scincus albifasciatus*) nachgewiesen, dass dessen Haut einen geringeren Reibungswiderstand aufweist als Glas oder eine teflonbeschichtete Oberfläche: Rutschte der Sand bei den technischen Oberflächen erst ab einem Neigungswinkel von 28–30° ab, so erfolgte dies bei den auf einer Fläche präparierten Häuten des Sandfisches bereits bei 21°.

Dem Tübinger Paläontologen und Zoologen Wolf-Ernst Reif fiel in den 1970er Jahren bei Untersuchungen der Haihaut unter dem Mikroskop auf, dass die Hautschuppen feine Längsriefen besitzen, die in Strömungsrichtung verlaufen (Abb. 6.107). Diese im Englischen „riblets“ genannten Riefen haben folgende Wirkung: Je feiner und ausgeprägter sie sind, desto geringer ist der Wasserwiderstand und desto schneller kann der Hai schwimmen. Beim America's Cup 2010 trat das BMW-Oracle-Team gegen das Schweizer Alinghi-Team an. Sieger wurde das amerikanische Segelboot, dessen Rumpf mit einer Riblet-Folie beklebt war. 1996 wurden 700 m^2 Riblet-Folie auf einen Airbus A320 geklebt. Ein Testflug ergab einen um 1,5 % geringeren Treibstoffverbrauch. Die Folien waren jedoch (noch) nicht ausreichend haltbar.

Abb. 6.107 Schuppen einer Haihaut im Modell

6.29 Grundlagen ressourceneffizienter Fassadentechnologien

Effiziente Ressourcennutzung
Biologische Organismen haben in unterschiedlichen, teilweise extremen Klimaregionen Strategien entwickelt, um ein Maximum an Funktionalität mit einem Minimum an Ressourceneinsatz zu ermöglichen. Dabei sind nicht immer Leichtbau oder energieeffiziente Konstruktionen das Resultat. Die Natur ist viel raffinierter: Sie nutzt diejenigen Ressourcen, die schwer oder mühsam zur Verfügung zu stellen sind, äußerst sparsam und leistet sich auf der anderen Seite bei lokal problemlos und leicht verfügbaren Stoffen und Energien einen „üppigen" Umgang mit den Ressourcen (Abb. 6.108).

Abb. 6.108 Jahresringe eines Baumstammes, woran feuchte (nährstoffreiche) und trockene (nährstoffarme) Jahreszeiten erkennbar sind

Im Forschungsprojekt „BioSkin" des AIT, Austrian Institute of Technology, wurden als Grundlagenstudie im Rahmen des Förderprogramms „Haus der Zukunft" Forschungspotenziale für bionisch inspirierte energieeffiziente Fassadentechnologien ermittelt. Susanne Gosztonyi, AIT, führt den Unterschied zwischen technischen und natürlichen Systemen aus: „Sensorik, Aktuatorik, anpassende und filternde Eigenschaften etc. sind inhärente Eigenschaften von biologischen Organismen [...]. Durch adaptives Wachstum und die Fähigkeit zur Selbstorganisation [...] wird ein hochkomplexes Funktionssystem eines Organismus entwickelt, welches permanent mit der Umwelt in Kommunikation steht, um eine optimale Funktionalität zu erreichen.

Technische Systeme hingegen sind Komposite aus monofunktionalen Einzelkomponenten, die in sich geschlossene Systeme bilden [...]. Formgebung und Funktion können nicht selbstadaptiv auf ändernde Bedingungen reagieren."

In der Studie BioSkin wurden auf der Basis aufbereiteter Funktionseigenschaften für energieeffiziente und adaptive Fassaden abstrahierte Fragestellungen entwickelt, potenzielle Analogien in der Natur gesucht und über Abstraktion die Entwicklung technischer Konzepte begonnen. Die Teilergebnisse aller Entwicklungsstufen wurden in Katalogen zusammengestellt. Die Grundlagenarbeit wird für die weitere Forschungs- und Entwicklungsarbeit zugängig gemacht.

An den Ergebnissen von „Bioskin" ist besonders gut ablesbar, dass die Methodik „Pool Research" einen wichtigen Platz unter den bionischen Arbeitsweisen hat. Die bei diesem Forschungsprojekt gewonnenen Grundlagen führen nicht zwangsweise sofort zu Anwendungen, sondern liefern vorwiegend eine fundierte Ausgangsbasis für spätere Entwicklungen. Diese Art der „Grundlagenforschung" liefert somit den Pool, aus dem zukünftige Produktentwicklungen schöpfen (Abb. 6.109 und 6.110).

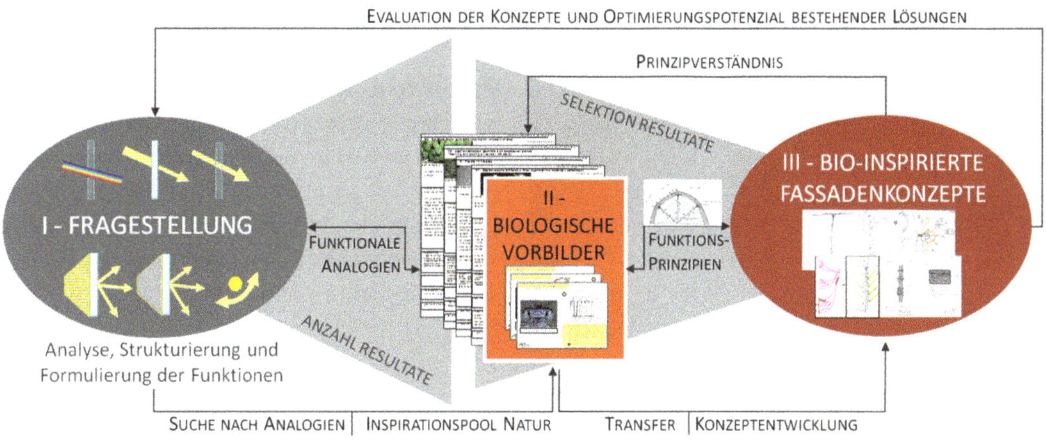

Abb. 6.109 Pool Research bei BioSkin

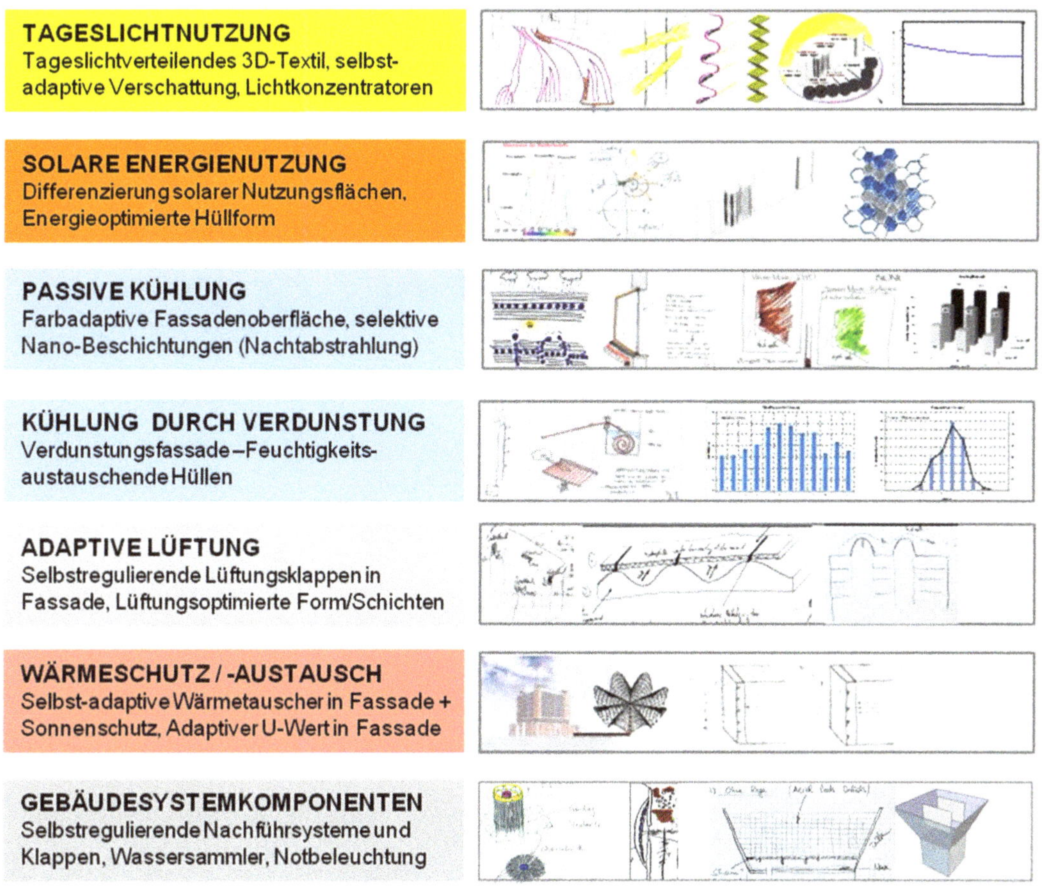

Abb. 6.110 Bio-inspirierte Konzepte

6.30 Tageslichtnutzung

Optimierte Lichtausbeute und Lichtlenkung
Die Meerorange *Tethya aurantia* lebt auch in tieferen Gewässern. Ihre bemerkenswerten Eigenschaften liegen darin, dass eine komplexe Lichtausbeute und -verteilung vorgenommen wird: Lichttransfer und -verteilung erfolgen durch Bio-Fasern, Kristalle, Multimode-Lichtfasern.

Abb. 6.111 Meerorange *Tethya aurantia* im Schnitt

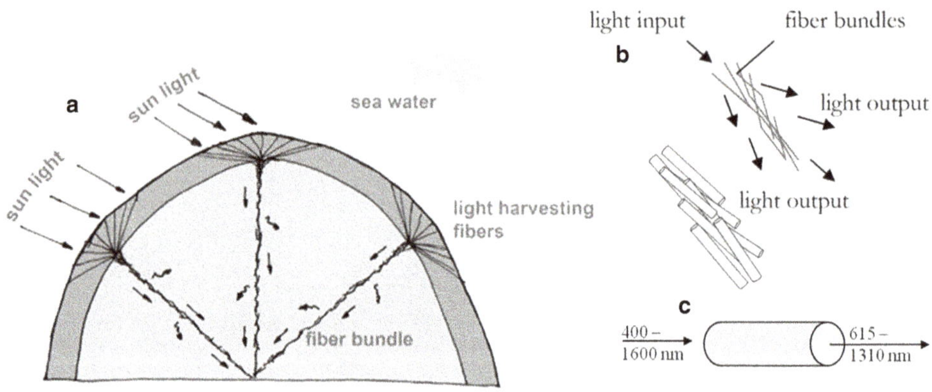

Abb. 6.112 Bündelartig verlaufende Silikatfasern als Lichtleiter bei der Meerorange *Tethya aurantia* (**a–c**)

TAGESLICHT NUTZUNG	*Auszug biologischer Prinzipien*						
technisches Funktionsziel	Strukturfarben	anti-reflektive Beschichtung	Lichttransmission durch Linsen und Facetten	Lichttransmission durch Fasern und Kristalle	selektive Lichtkontrolle durch Pigmente	Statische Verschattungsstrukturen	reversible Aktuatorsysteme
maximale Lichttransmission	x	x	x	x	x		
Selektive Lichttransmission	x	x			x	x	x
Lichtleitung	x	x		x			
Beispiel potenzieller biologische Vorbilder	Cyphochilus Käfer, Herkuleskäfer (*Scarabaeidae*)	Mottenaugen (*Deilephila elpenor*)	Gießkannenschwamm (*Euplectella aspergillum*)	Meerorange (*Thethya aurantium*)	Facettenaugen von Insekten (*Oculi compositi*)	Kakteengewächse (*Cactaceae*)	Blattbewegungen, Orientierung der Heliconia

Abb. 6.113 Auswahl biologischer Prinzipien und Vorbilder zur Tageslichtnutzung

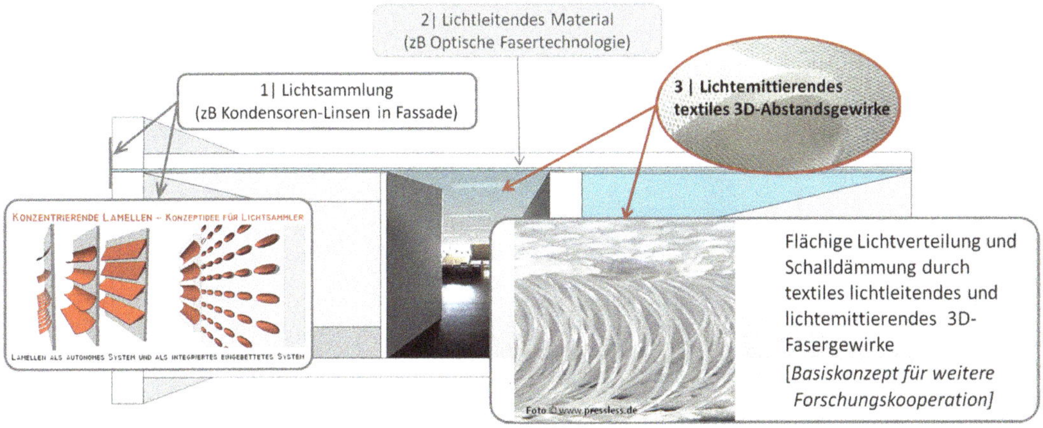

Abb. 6.114 Konzeptidee Tageslichtverteilungsgewebe

Im Rahmen von BioSkin wurde am AIT der Schwamm *Tethya aurantia* als Potenzial für Tageslichtnutzung über die Fassade identifiziert; mögliche Einsatzgebiete derartiger Funktionssysteme für Bauanwendungen wurden überprüft. Bei der Meerorange sorgen trichterartig angeordnete Silikatfasern für die Sammlung des Lichtes an der Oberfläche (Abb. 6.111.) Silikatfasern in

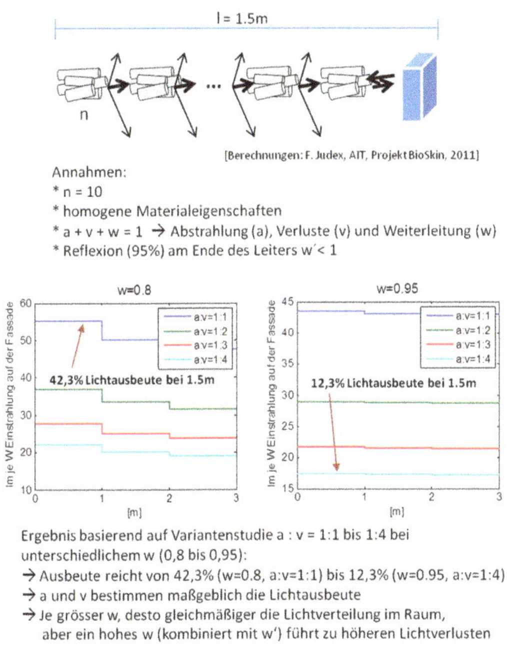

Abb. 6.115 Analyse zur Ausstrahlung der Faserstrukturen

Bündeln leiten und emittieren das Licht ins Innere des Körpers (Abb. 6.112). Die Fasern scheinen wie Hochpass-Filter beziehungsweise Tiefpass-Filter zu funktionieren (Abb. 6.112c).

Auf den biologischen Funktionsprinzipien der Meerorange basierend soll ein 3D-Gewirke aus faserbasiertem Material mit hohen Lichtleiteigenschaften für eine gleichmäßige und flächige Verteilung natürlichen Lichtes sorgen (Abb. 6.113–6.115). Wie in Abb. 6.114 gezeigt, sammelt Komponente 1 Tageslicht an der Gebäudeoberfläche. Für die Sammlung von Licht können fassadenintegrierte Konzentratoren aus einer Kombination hochreflektiver Oberflächen und konzentrierender Linsensysteme zuständig sein.

Diese Konzentratoren können, ausgebildet als Sonnenschutzsystem, auch einen Mehrfachnutzen darstellen. Komponente 2 ist der eigentliche Lichtleiter, bestehend aus bereits entwickelten, hocheffizienten lichtleitenden Fasern der Textil- oder optischen Industrie, die das Tageslicht über die geforderte Distanz leiten. Komponente 3 sorgt für eine flächige und gleichmäßige Lichtverteilung im Innenraum und könnte im besten Fall selbst multifunktional aufgebaut sein. Weitere Eigenschaften wie Schallabsorption und Wärmeleitfähigkeit für thermisch aktivierte Bauteile sollen durch die Fasern übernommen werden.

6.31 Verschattung

Verschattung bei Kakteen, hervorgerufen durch die Rippenstruktur

Die Kakteen schaffen nachts eine effektive Auskühlung, da die große Oberfläche ihrer Rippen, gemeinsam mit den Dornen und Haaren, eine gut isolierte Hülle ergeben. Gleichzeitig ist tagsüber ein günstiges Verhältnis von Gesamt-Sonneneinstrahlung zu solaraktiven Oberflächen (=thermisch relevante Transmission) erkennbar. Kakteen bilden eine Vielzahl unterschiedlich geformter Rippen je nach klimatischer Lage aus (Abb. 6.116). Manche sind länglich, andere sind hingegen komplett rund oder haben blattartige Verzweigungen wie etwa die Opuntien. Hierarchisch angeordnete Strukturen wie Dornen oder Haare übernehmen Funktionen der Abwehr von Fressfeinden oder des Schutzes vor Auskühlung.

Abb. 6.116 Eigenverschattung bei Kakteen mit Rippen

Auf die Gebäudeenergieeffizienz hat nicht nur ein gutes Außenfläche-/Volumenverhältnis (A/V) Einfluss, also das Maß der Kompaktheit des Baukörpers, sondern auch die Verschattung der Oberflächen. Durch Optimierung des A/V-Verhältnisses und der Oberflächenstruktur kann der Gebäudeüberhitzung an Sonnentagen entgegnet werden.

Am AIT, Austrian Institute of Technology, wurde im Projekt BioSkin das Potenzial von Kakteen als biologische Vorbilder für die geometrische Optimierung von Gebäudehüllformen hinsichtlich der Eigenverschattungsqualität untersucht. Dabei wurde festgestellt, dass die Rippenform bei Kakteen sowohl für Verschattung benachbarter Bereiche am Tag sorgt als auch eine Funktion als Kühlrippen übernimmt (Abb. 6.117). Die Dornen oder Haare beeinflussen die Umströmung. Das System aus Rippen, Stacheln und Haaren erzeugt eine thermisch wirksame Grenzschicht zur Regulation des Temperaturaustausches.

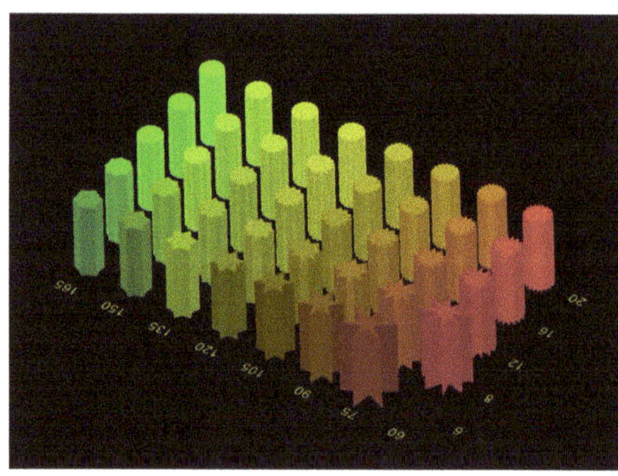

Abb. 6.117 Varianten verschiedener Gebäudegeometrien mit Rippenformen für Verschattungsanalysen

Die Untersuchungen haben dabei gezeigt, dass die Einflüsse der Geometrie sowohl auf die Verschattung als auch auf die Energieausbeute erheblich sind.

Abbildung 6.118 visualisiert das Ergebnis einer Variantenstudie zur Eigenverschattung von Grundgeometrien und Fassaden mit Rippenform.

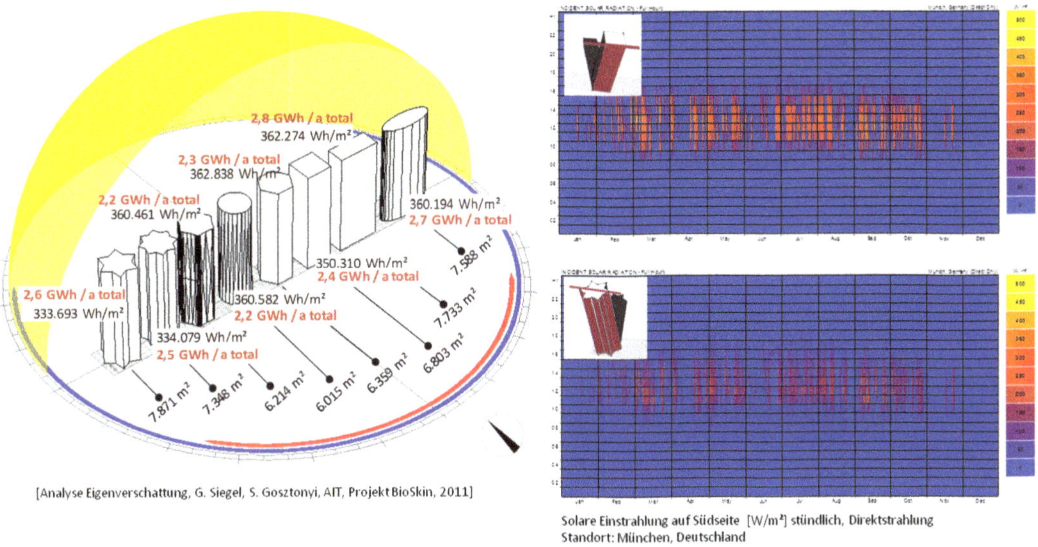

Abb. 6.118 Untersuchungen von Grundgeometrien und von Fassaden mit Rippenform „Kakteengeometrien“; erkennbar ist das Übertragungspotenzial auf Gebäudeformen hoher Bauwerke

Gesucht ist ein Übertragungspotenzial auf Gebäudeformen und Fassaden von Hochhäusern.

Resultate der numerischen Analysen zum solaren Energiepotenzial auf den unterschiedlichen Fassadenoberflächen sind:

- Globaleinstrahlung je m^2 und Jahr (Wh/m^2a): bei Kaktusformen zeigt sich eine geringere Globaleinstrahlung als bei geometrisch einfachen Hüllformen (geringere solare Bestrahlung pro m^2),
- jahresbezogene Globaleinstrahlung (GWh/a): Bei Kaktusformen ist die jährliche Globaleinstrahlung höher als bei geometrisch einfachen und „nicht-südlastigen“ Hüllformen (höhere solare Einstrahlung übers Jahr),
- das Verhältnis Gesamtstrahlung/Einstrahlung pro m^2 je Jahr ist bei rippenartigen Formen der Außenfläche (Kaktusformen) und bei südbezogenen Formen günstiger als bei klassischen geometrischen Formen.

Potenziale der Studien für die Gebäudeentwicklung Die Erkenntnisse der Studien zur Eigenverschattung bei Kakteenformen können vorwiegend in heißen Klimaregionen effektiv eingesetzt werden.

Die Auskühlung in der Nacht ist effizienter; sie ist durch die vergrößerte Oberfläche begründet.

Die Einstrahlung am Tag ist durch die Eigenverschattung der Rippen bei Kakteen geringer als bei üblichen Gebäudegeometrien.

Die Studien konnten belegen, dass geometrische Grundformen großen Einfluss auf solare Gewinne/Verschattung haben. Bei Kakteen werden diese Effekte sehr effizient genutzt. Die Übertragung der Rippenstrukturen von Kakteen auf die Fassadenebene von Gebäuden kann zu klimatisch ambitionierten Faltfassaden führen, insbesondere für Gebäude in sonnigen und heißen Klimaregionen.

6.32 Verschattung und solare Energiegewinnung

Blätter von Pflanzen sind meist auf eine maximale Solarausnutzung organisiert. Blätter verhindern effektiv eine Selbstverschattung (Abb. 6.119). Sie richten sich nach der Sonne aus. Umgekehrt ist damit unter den Blättern eine optimale Verschattung organisiert.

Abb. 6.119 Solare Energiegewinnung bei einem Farn: die Blattanordnung verhindert Verschattung

Abb. 6.120 Verschattung und solarer Gewinn bei verschiedenen Blattanordnungen

Die wesentlichen organisatorischen Merkmale hat die Forscherin Lidia Badarnah aus der Gruppe von U. Knaak an der TU Delft ausgemacht (Abb. 6.123). Das von Badarnah entwickelte verstellbare Verschattungssystem ist adaptiv von einer Flächengeometrie der Hülle unabhängig und besteht aus einzelnen Verschattungsblättern, die an Stellelementen fixiert sind. Ein Raster nimmt die blattartigen Elemente auf und erlaubt deren Beweglichkeit in Abhängigkeit vom Sonnenstand. Das System bildet eine hochwirksame Verschattung und kann gleichzeitig hohe bis maximierte solare Gewinne erbringen.

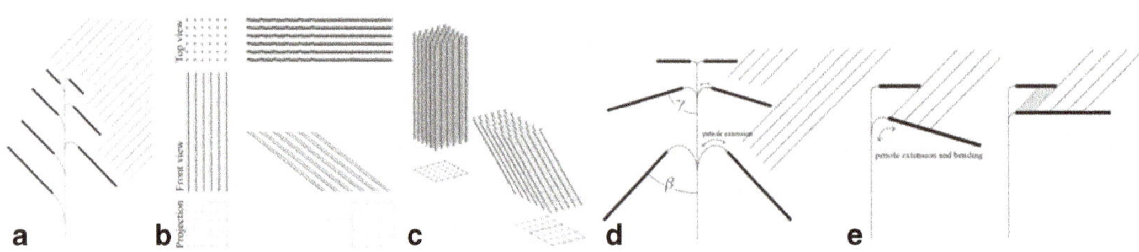

Abb. 6.121 Ansicht, Schnitt, Perspektive

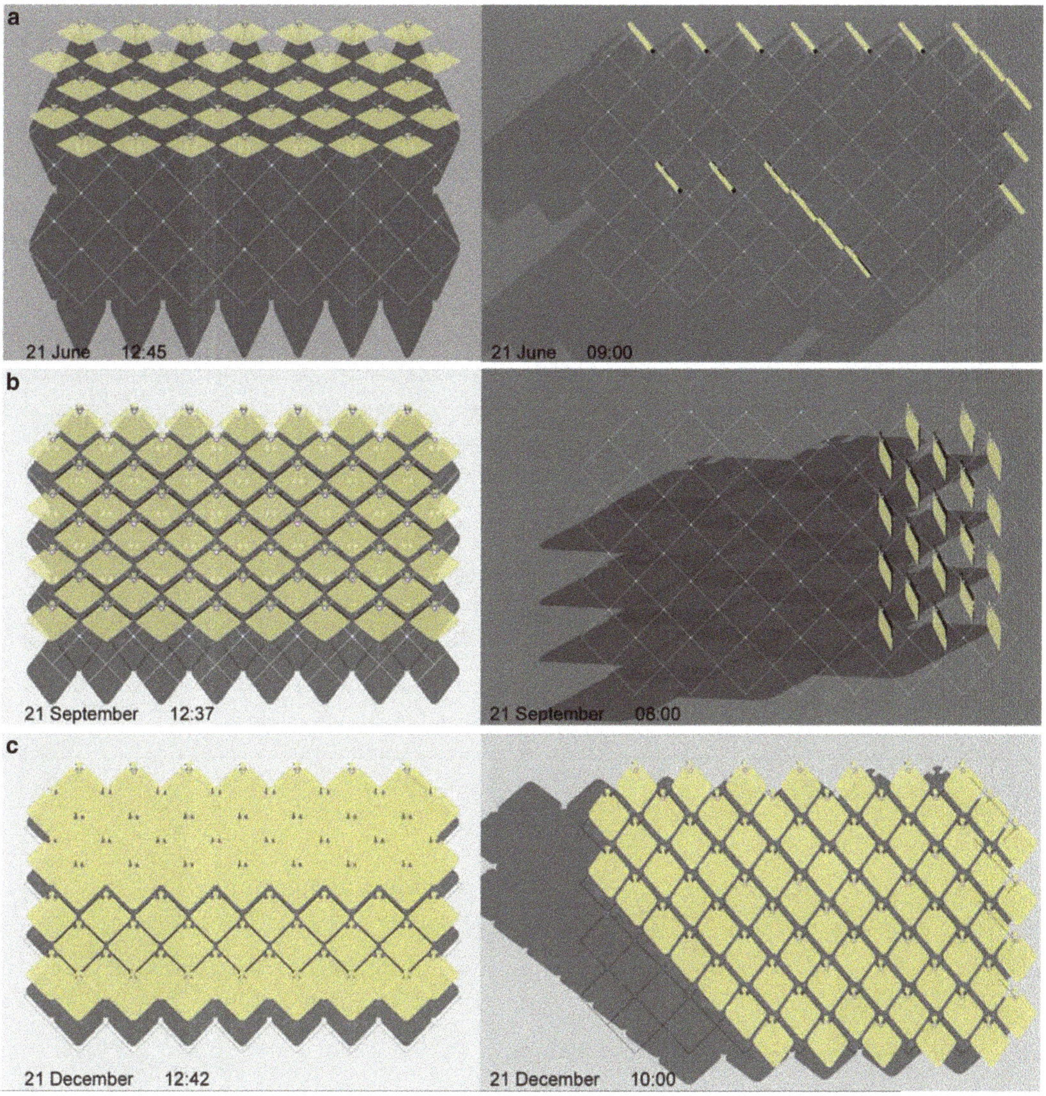

Abb. 6.122 Verschattung für eine Südfassade. Für jeden Tag wurde eine Simulation ausgeführt, jeweils am Morgen und am Mittag

	Distribution/position	Orientation/inclination	Dynamics
Maximum light exposure	• loose distribution at multi-layer • dense distribution at mono-layer • maximum projected area • Fibonacci series for compact pattern packing • extending stem • horizontal expansion	• perpendicular to sun-rays (Diaheliotropic) • facing east for maximum exposure at morning and afternoon • facing south/north for maximum exposure at winter noon's	• increasing internode and petiole length • increasing leaf area combined with reducing mass per unit • plasticity, nastic structure • different flexibilities of the sides of a blade • special surface properties-uncoated cell clusters (for flexibility) • convex surface shape

Abb. 6.123 Position, Orientierung

6.33 Verschattung und Lichtlenkung 1

Blätter sind bei den meisten Pflanzen die Hauptenergielieferanten durch Photosynthese. Sie besitzen eine äußere Schutzschicht, die Epidermis, und dahinter Photosynthesezellen. Für den Gasaustausch bilden bohnenförmige Schließzellen in der Epidermis Poren, die Stomata. Dort findet die Transpiration (Wasserabgabe in Dampfform) statt. Über die Stomata gelangt auch CO2 in den Interzellularraum, und diffundiert von da aus in die Photosynthesezellen.

Abb. 6.124 Blattoberfläche

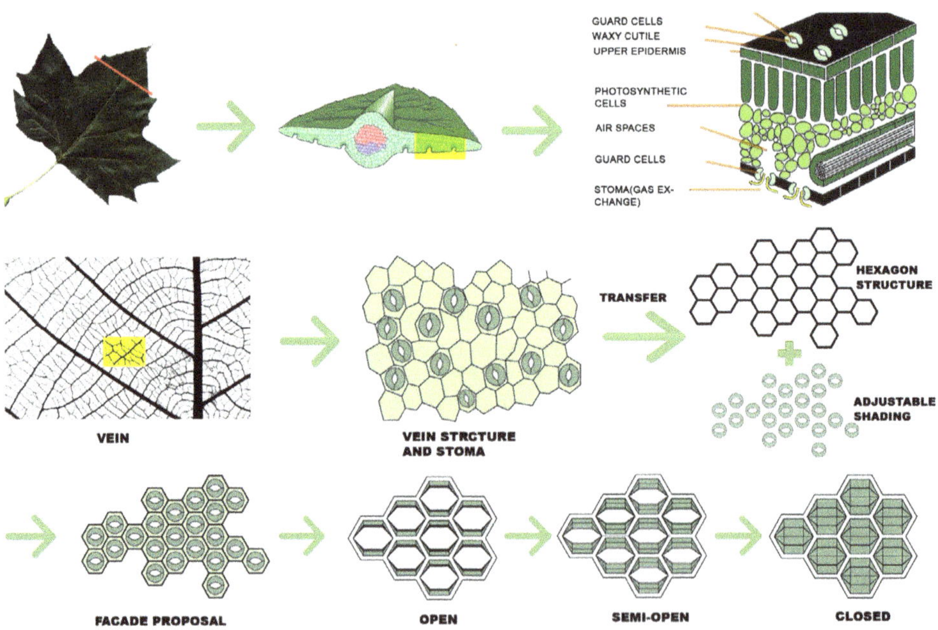

Abb. 6.125 Skizzen zur Funktionsweise von Blättern. Abstraktion und Transformation des Systems

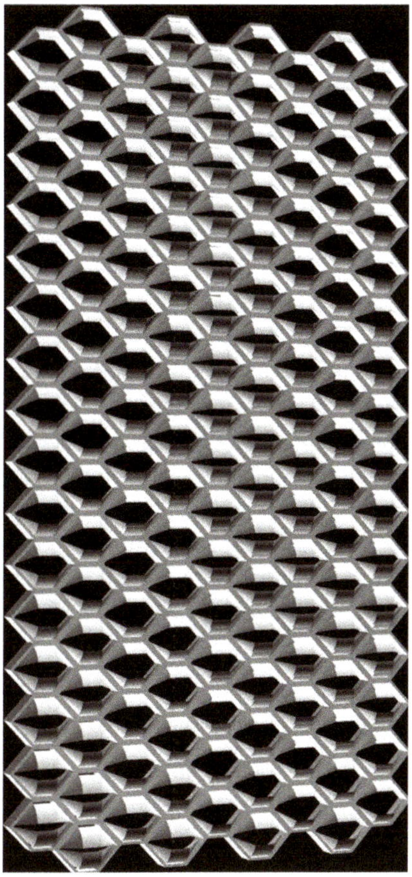

Abb. 6.126 Fassadensystem

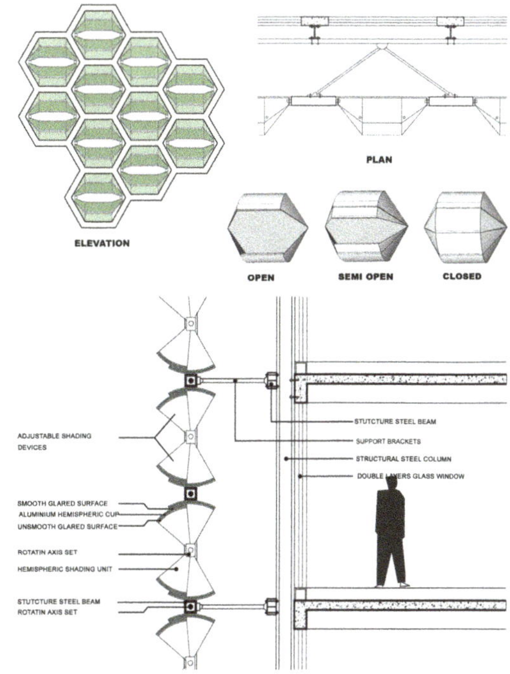

Abb. 6.127 Detailstudien

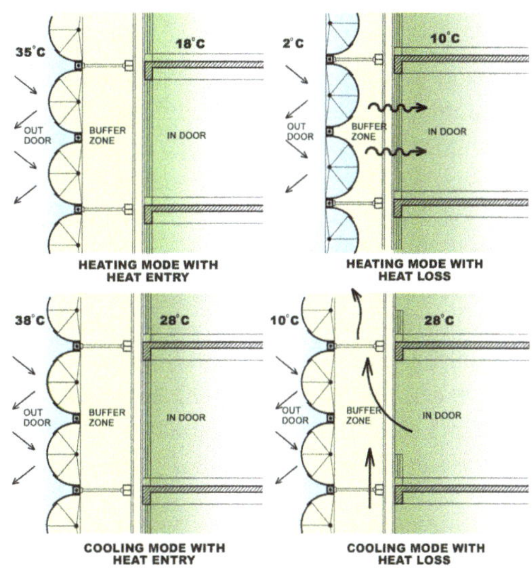

Abb. 6.128 Temperatursteuerung durch Adaptivität der äußeren Hülle

Entsprechend dem Stomatasystem der Pflanzen lässt sich eine doppelschalige Fassade aufbauen, die an der äußeren Hülle „Schließzellen“ mit beweglichen Elementen besitzt und damit für die Steuerung der Licht- und Wärmetransmission einsetzbar ist.

Im Rahmen eines internationalen Studenten-Workshops „Façade Design & Performance“ an der Universität von Melbourne, Australien, wurde von H. Jin unter der Leitung von Eckhart Hertzsch und Göran Pohl ein adaptives Fassadenkonzept erarbeitet, welches das hohe Umsetzungspotenzial natürlicher Hüllstrukturen aufzeigt, aber auch deren Komplexität erkennen lässt (Abb. 6.125–6.128).

6.34 Verschattung und Lichtlenkung 2

Seepocken sind Rankenfüßler, die sich auf Felsen festheften. Problematisch für die Schifffahrt ist deren Vermögen, sich auf fast jeder Art von Material anzuzementieren. Sie sind auch auf großen Meeressäugern, z.B. Walen zu finden. Das Verbindungsmaterial ist ein organischer Zement, welcher extrem haftfähig ist. Seepocken leben vorzugsweise in Tidengewässern. Damit benötigen sie die Fähigkeit, auch außerhalb des Wassers überleben zu können. Sie produzieren ein Kalkgehäuse, das sich über bewegliche Platten schließen läßt (Abb. 6.129 und 6.130). Mit Hilfe dieses Schließmechanismus können sie sich vor Feinden und vor Austrocknung schützen.

Abb. 6.129 Seepocken *Chthamalus stellatus*

Im Rahmen des Studentenworkshops „Façade Design & Performance" über Bio-inspirierte Fassadensysteme an der Universität Melbourne, Australien, wurde von D. Pullyblank eine elementierte und interaktive Fassade vorgeschlagen, die sich am Vorbild der Seepocken orientiert. Die Fassadenhülle ist in Modulclustern organisiert. Jedes Cluster ist aus mehreren Schichten aufgebaut, wobei die Innere aus bogenförmigen Lamellen (Louvres) besteht, die auf Umweltbedingungen reagieren kann und Licht nach außen oder innen lenkt oder komplett verschattet. Die Abb. 6.132–6.134 veranschaulichen die Phasen der Fassadenadaption in Abhängigkeit vom Son-

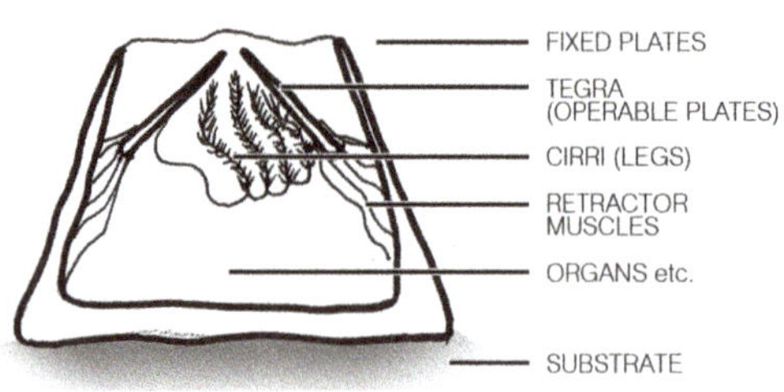

Abb. 6.130 Funktionssystem von Seepocken

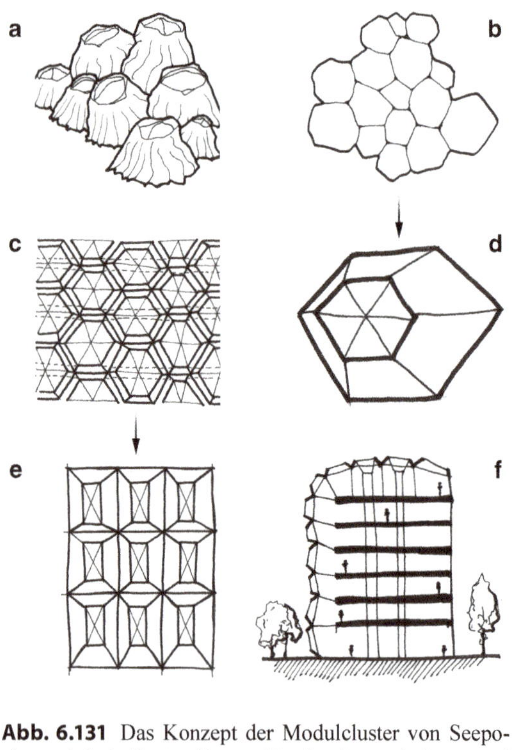

Abb. 6.131 Das Konzept der Modulcluster von Seepocken wird als Systemlösung für ein elementierbares und reaktives Fassadensystem übertragen

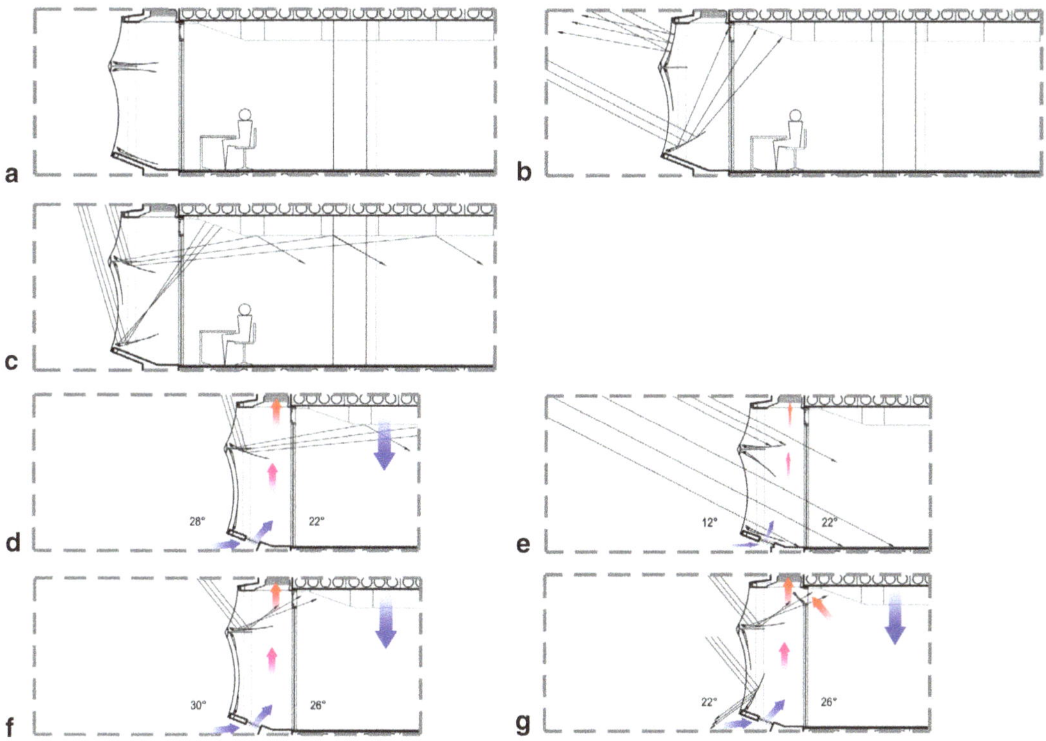

Abb. 6.132 Phasen der Fassadenadaption in Abhängigkeit vom Sonnenstand. **a** Diffuses Licht. **b** Direktes niedrigstehendes Sonnenlicht. **c** Direktes hochstehendes Sonnenlicht. **d** Wärmeeintritt/Wärmeabführung im Sommer. **e** Wärmeabgabe im Sommer. **f** Wärmeeintritt/Wärmeabführung im Herbst. **g** Wärmeabgabe im Herbst

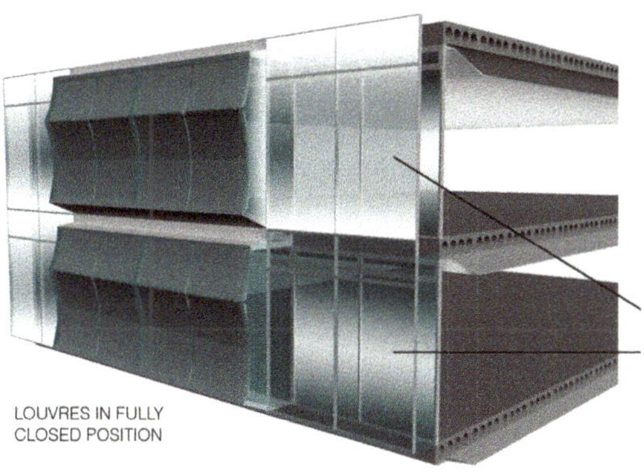

Abb. 6.133 Louvres vollkommen geschlossen

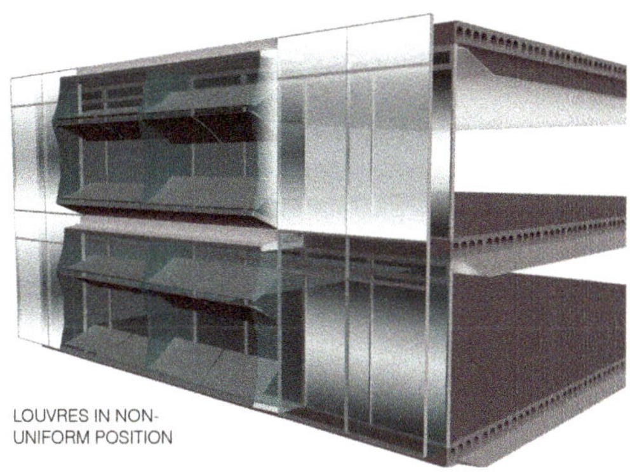

Abb. 6.134 Louvres teilweise geöffnet

nenstand. Bei diffusem Licht (Abb. 6.132a) sind die Louvres komplett geöffnet, um ein Maximum an Lichteinfall zu ermöglichen. Bei direktem niedrigstehendem Sonnenlicht (Abb. 6.132b) sind die oberen Louvres geschlossen und verhindern Blendung. Die unteren Louvres sind in Teilen geöffnet, um diffuses Licht einzulassen. Bei direktem hochstehendem Sonnenlicht (Abb. 6.132c) werden die oberen und unteren Louvres in einem vom Sonnenstand abhängigen Winkel geneigt, um Licht tief in den Raum zu lenken. Die mittleren Elemente sind geschlossen, um Blendung zu verhindern.

6.35 Farbe ohne Pigmente 1

Schmetterlinge erreichen brillante Färbungen ohne den Einsatz von Oberflächen- Pigmenten. Deshalb sind die Farben dauerhaft und verbleichen nie. Die Farben von Schmetterlingsflügeln entstehen durch winzige, gitterartige Oberflächenstrukturen. Diese so genannten Beugungsgitter spalten weißes Licht bei Reflexion in seine farbigen Bestandteile auf. Einzelne Farben werden dabei unter verschiedenen Winkeln reflektiert. Im Gegensatz zu herkömmlichen Beugungsgittern können die schillernden Farben eines Schmetterlings unter vielen unterschiedlichen Winkeln wahrgenommen werden.

Abb. 6.135 Farbspiel bei einem Schmetterlingsflügel

„Künstliche Flügel" für Fassaden Wissenschaftler in den USA haben die farbigen Strukturen eines Schmetterlingsflügels künstlich nachgebaut. Die Kopie besteht wie ihre natürlichen Vorbilder aus vielen kleinen Beugungsgittern, die weißes Licht über einen weiten Winkelbereich als blau reflektieren.

Deutsche Architektenteams haben mit anderen Verfahren vergleichbare Effekte erzielt, sie entwickelten an der Fachhochschule Köln sog. Holografisch-Optische Elemente (HOE). Die Wissenschaftler hoffen, in Zukunft Farbstoffe oder Pigmente durch unempfindlichere und lichtstabilere Technologien ersetzen zu können.

Der Optik-Experte Mool Gupta von der Old Dominion University in Virginia, USA, und seine Kollegen haben mit der Elektronenstrahl-Lithographie eine künstliche Version der Strukturen von Schmetterlingsflügeln hergestellt. Dabei bricht ein Elektronenstrahl die Kohlenstoffbindungen einer organischen Oberfläche auf. Durch gezielte Ablenkung des Strahls kann die Oberfläche wie gewünscht mit sehr feinen Strukturen versehen werden. Jedes Sechseck der Struktur ergibt eine andere Ausrichtung des erzeugten

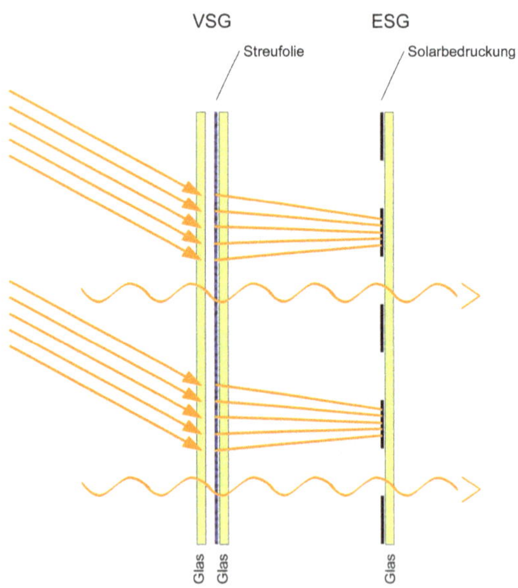

Abb. 6.136 Technologie eines Fassadensystems unter Nutzung holografisch-optischer Elemente (HOE)

Beugungsmusters. Der von Gupta und seinen Kollegen auf diese Weise hergestellte „Flügel" besteht dabei aus winzig kleinen Beugungsgit-

Abb. 6.137 HOE-farbige Fassaden am Medienzentrum der Bauhaus-Universität Weimar

tern in sechseckiger Wabenform. Die Beugungsmuster aneinander angrenzender Sechsecke sind dabei zusätzlich gegeneinander verdreht – eine Struktur, wie sie auch bei den Flügeln zahlreicher Schmetterlinge anzutreffen ist. Die Oberflächenstrukturen selbst sind nur 125 nm (Millionstel Millimeter) tief und 220 nm breit. Wird der künstliche Flügel mit Licht bestrahlt, reflektiert er die Blauanteile in viele verschiedene Blickrichtungen zurück.

Von Denis Gabor wurde 1947 ein optisches Abbildungsverfahren vorgestellt, das das Objekt auf einem flächigen Bildträger scheinbar dreidimensional wiedergibt. Diese Abbildung wird Hologramm genannt. Eine analoge Anwendung kann in der „HoloSign Eyefire" genannten, von Michael Bleyenberg bei der Deutschen Forschungsgemeinschaft in Bonn entwickelten Technologie gesehen werden. Die Entwicklung verwendet Holographisch-Optische Elemente (HOE), die weißes Licht in seine spektralen Bestandteile zerlegen (Abb. 6.136). Auf den Fassaden entstehen leuchtende Bilder.

Das von Pohl Architekten entwickelte Fassadensystem für das Zentralgebäude der Fakultät Medien an der Bauhaus-Universität Weimar verwendet optische Eigenschaften für Farbeffekte (Abb. 6.137). Mit derselben Technologie, die für die Färbung sorgt, werden solare Gewinne erzielt. Mittels holographisch-optischer Elemente wird das Licht an der Fassade gestreut. Übliche Isolierglasscheiben bestehen aus zwei oder mehr Scheiben mit einem luft- oder gasgefüllten Zwischenraum. Die nach dem Vorbild der Schmetterlingsflügel entwickelten Scheiben bestehen aus einer Verbundkonstruktion aus zwei Scheiben mit einer mikrostrukturierten, im Scheibenverbund eingebrachten Folie, die das Licht streut und einer nach dem Luftzwischenraum liegenden Scheibe, auf die in Dünnschicht-Technologie eine Absorptionsschicht aufgedruckt ist. Die lichtstreuenden Bereiche konzentrieren das Licht in die Photovoltaik-Bereiche ähnlich wie eine Linse, es wird photovoltaisch erzeugte Energie gewonnen. Das Beugungsgitter bewirkt die Lichtumlenkung, die nur für den eingestellten Einfallswinkel erfolgt. Diese Technologie erzeugt ein Farbenspiel, welches durch den physikalischen Effekt der Beugung verschiedene Varianten der Lichtlenkung ermöglicht, vergleichbar derjenigen von Spiegeln, Linsen, Prismen und anderen optischen Elementen. In der Architektur können holographisch-optische Elemente für Aufgaben der Lichtlenkung, grafische und künstlerische Anwendungen und Verschattung eingesetzt werden.

6.36 Farbe ohne Pigmente 2

Farbanpassungsfähigkeit einiger Käfer
Der Hercules- oder Rhinoceroskäfer *Dynastes hercules* (Abb. 6.138) verändert seine Farbe von hell bis dunkel. An der belgischen Universität Namur haben Forscher die Beschaffenheit des Chitinpanzers untersucht und herausgefunden, dass die Farbänderung den Käfer bei über 80% Luftfeuchtigkeit schwarz erscheinen läßt, ansonsten ist er braun-grün. Sie fanden heraus, dass eine poröse Strukturierung unterhalb der Wachshülle des Panzers mit senkrechten Bälkchen und dünnen Fasern ein Geflecht ergeben, welches das Licht bei Trockenheit reflektiert. Bei Feuchtigkeit füllt sich die poröse Struktur und es wird kein Licht mehr reflektiert, weshalb der Käfer schwarz erscheint.

Abb. 6.138 Herkuleskäfer *Dynastes hercules*

Solaradaptive Hüllen Das Phänomen der Farbanpassungsfähigkeit bei Insekten (*Dynastes hercules*, Rhinozeroskäfer, Tropischer Regenwald, Peru, Ecuador, und *Cyphochilus* Käfer, Südostasien) hat Forschergruppen inspiriert, über eine Übertragbarkeit der Systeme zum Zweck der Farbwechsel von Fassaden zu forschen. Im Rahmen eines internationalen Forschungsworkshops für bionisch inspirierte Fassadenkonstruktionen an der University of Melbourne haben Studierende unter der Leitung von E. Hertzsch und G. Pohl dieses Phänomen näher untersucht und verschiedene Anwendungsszenarien entwickelt.

Im Projekt BioSkin unter der Leitung von Susanne Gosztonyi wurde am AIT in Österreich ebenfalls das Potenzial von farbveränderlichen Fassaden festgehalten.

Die Forscherteams kamen dabei unabhängig voneinander zu ähnlichen Ergebnissen. Farbwechsel im Winter (dunkel) und im Sommer (hell) können – auf Fassaden übertragen – unterschiedliche Reflektions- und Absorptionsgrade für die Fassaden erbringen und sind damit in der Lage, die Oberflächen und dahinter liegende Materialien bei Tageslicht unterschiedlich zu erwärmen: bei dunkler Farbgebung erwärmt sich die Fassade bei Sonneneinstrahlung schneller, bei heller Farbgebung langsamer. Diese Eigenschaften können bei den jahreszeitlichen Wechseln, denen Gebäudehüllen in weiten Bereichen unserer Erde ausgesetzt sind, zur Entwicklung von solaradaptiven Hüllen führen. Die Hüllen wären nicht länger bei jeder Witterungsperiode gleichbleibend, sondern könnten sich anpassen und damit einen Beitrag zur Reduktion der CO_2-Emission und der Energieeinsparung leisten.

Sowohl im Rahmen von BioSkin als auch im Rahmen des Forschungsworkshops in Melbourne wurde daraus gefolgert:

- Farbwechsel an der Fassade müssen pigmentunabhängig sein, nach dem Vorbild der Natur, um dauerhaft die Funktion erfüllen zu können.
- Farbwechsel können in Klimaregionen mit wechselnden Temperaturen im Winter/Sommer zu energetisch günstigen Effekten führen und damit zu einer Reduktion des Heiz- oder Kühlbedarfs (Abb. 6.139 und 6.140).

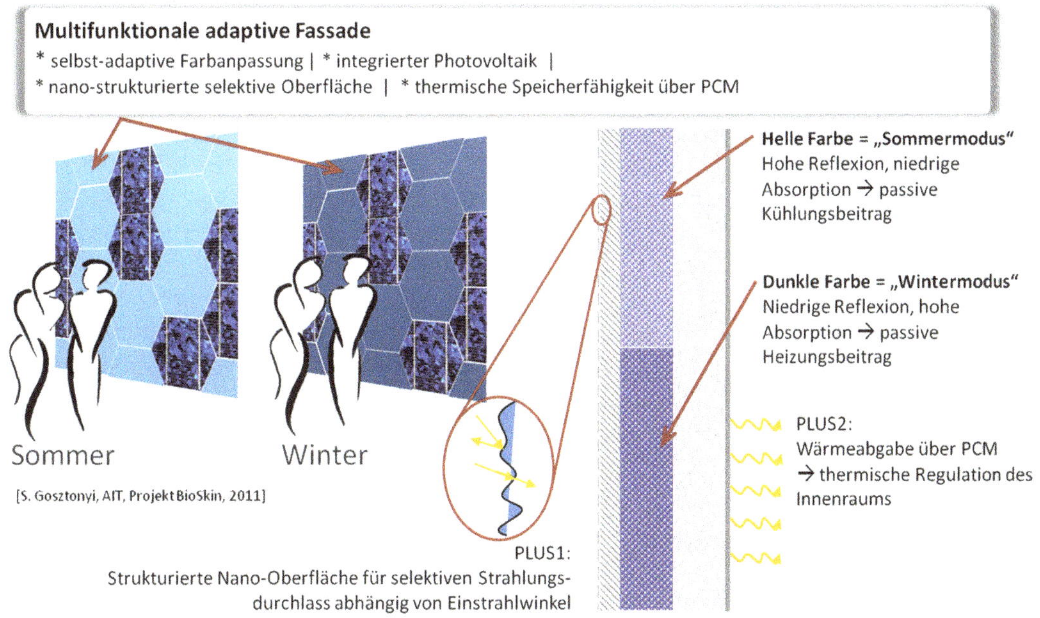

Abb. 6.139 Adaptive Fassadenoberfläche: passive Thermoregulation

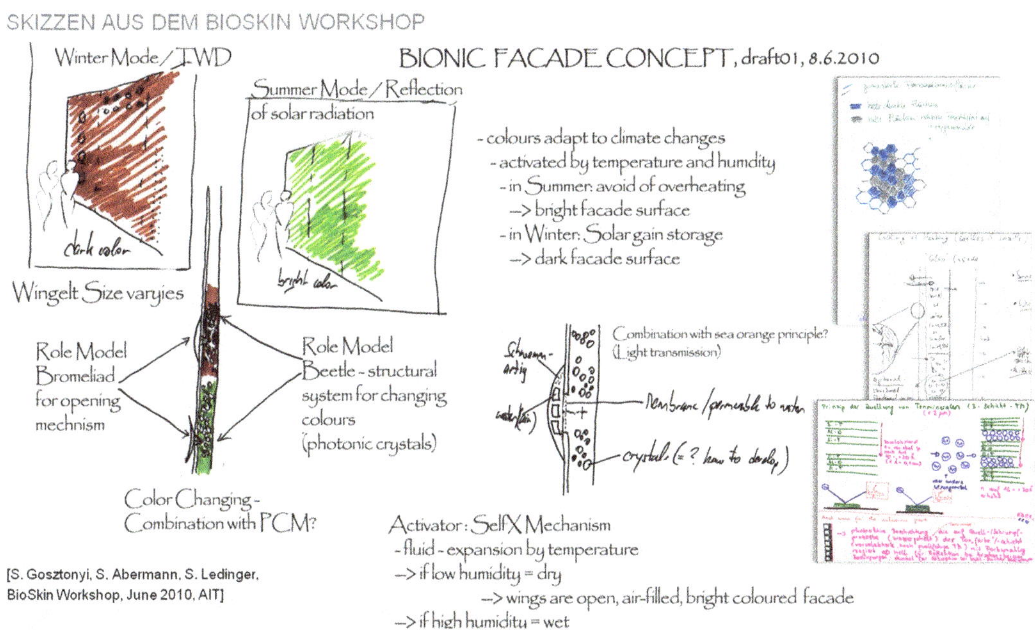

Abb. 6.140 Brainstorming im Rahmen von BioSkin (AIT) zur Ausbildung und zum Einsatz solaradaptiver Hüllen

6.37 Komplexes Klimasystem 1 – Neubau

Die Standortauswahl, die Orientierung und Architektur spielen eine wesentliche Rolle bei der Thermoregulation des Klimas von Nestbauten. Die an der Erdoberfläche vorbeistreichende Luft nutzen viele in warmen Regionen lebende Spezies und ventilieren über einen Düseneffekt die Bodenkanäle ihrer Bauten. Termiten verwenden vergleichbare Methoden. Ihre Kanäle im Inneren des Termitenbaus sind mit Bodenkanälen verbunden. Manche Termiten nutzen auch den Effekt der Kaminwirkung: Warme Luft steigt nach oben und zieht damit kältere Luft nach sich. Die Termiten haben in der Folge hohe Nestbauten entwickelt (Abb. 6.141).

Abb. 6.141 Termitenbau im australischen Outback mit Darstellung der Kaminwirkung in den Lüftungskanälen

Analoge technische Verfahren Einige Termiten besitzen darüber hinaus die Fähigkeit, den CO_2-Gehalt in ihren Kanälen zu erspüren und bei zu hoher Konzentration die Kanalquerschnitte zugunsten einer schnelleren Zirkulation zu vergrößern. Viele Termitenarten sind in der Lage, Kammern im Zentrum ihres Nestes auszubilden und daran die Luft aus den Bodenkanälen vorbei-

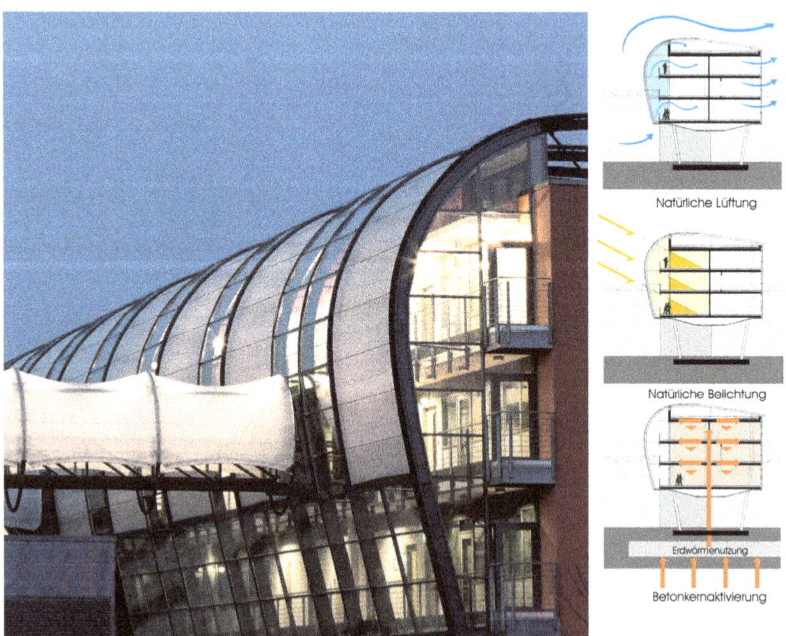

Abb. 6.142 Fassadenansicht eines Technologiezentrums in Erfurt

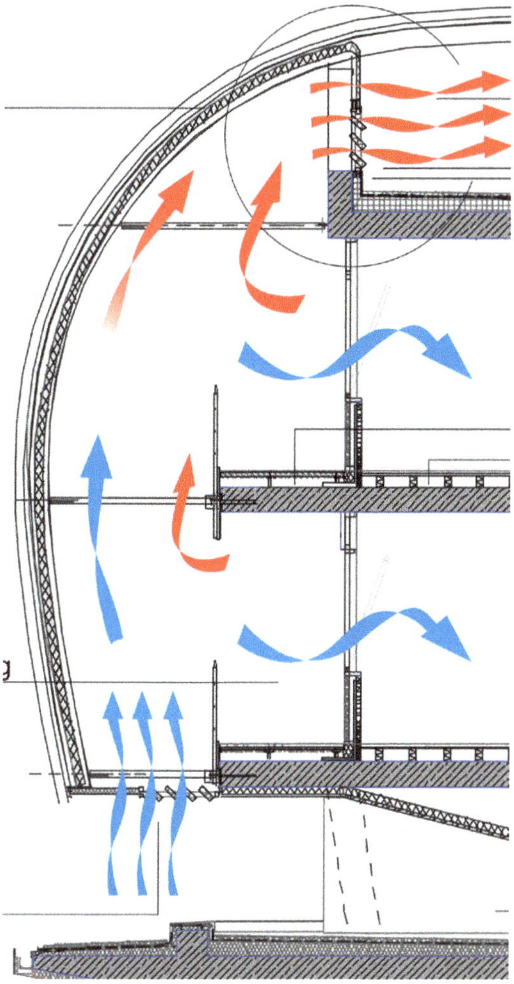

Abb. 6.143 Schema Kamineffekt, von oben nach unten: Luftzirkulation, solare Gewinne, thermisches System

strömen zu lassen. In diese Kammern legen sie Blätter, die sie aus dem Grundwasser befeuchten. Auf diese Weise entsteht Verdunstungskälte.

Termitenhügel können mehrere Meter hoch werden. Sie bestehen aus einem steinhart werdenden Zementmaterial: Boden und Sandpartikel, verkittet durch Drüsensekrete. Das Material weist aber eine gewisse Porosität auf und ermöglicht damit zusätzlich den Gasaustausch.

Abstraktion und technische Interpretation von Termitenbauten erbringen wichtige Erkenntnisse für neue thermoregulative Komponenten bei Bauwerken. Die Forschungsergebnisse thermoaktiver tierischer Bauwerke wurden von Pohl Architekten systematisiert und im Rahmen eines EU-Forschungsprogramms für ein Technologiezentrum in Erfurt angewandt sowie anschließend mehrjährig evaluiert (T = Vorbild Termitenbau, N = Umsetzung im Neubau):

- passive Ventilation über einen Unterdruck-Düseneffekt (T, N),
- passive Ventilation über einen Kamineffekt (Luftnachströmung) (T, N),
- CO_2- und Wärme-Detektion (T, N) (Abb. 6.142 und 6.143),
- Verdunstung (T, N),
- aktives Schließen von Öffnungen bei Regen und gegen Auskühlung (T, N),
- aktive Veränderung des Adersystems für Thermoregulation zur Schaffung gleichmäßiger Bedingungen (T), Umsetzung als steuerbare Betonkernaktivierung mit zirkulierendem flüssigkeitsgebundenem Wärmeaustauschsystem in den massiven Gebäudeteilen (N),
- Gasaustausch durch Materialwahl (T) ohne konkrete Umsetzung,
- Nutzung von Erdspeichermassen für Wärmeaustausch (T, N),
- Lüftungs-Vorkonfektionierung durch Bodenkollektorröhren (T, N),
- Isolation, Lichtlenkung und -streuung über transparentes Fasersystem in der gebogenen Hülle (vgl. Eisbärenfell, N).

6.38 Komplexes Klimasystem 2 – Bauen im Bestand

Präriehunde *Cynomys ludovicianus* (Abb. 6.144) nutzen die Geländetopografie für den Venturi-Effekt. Sie verwenden „vorhandene Bausubstanz", indem sie kleine natürliche Hügelformationen nutzen oder solche aufschütten, die mit ihrem Bau über einen Ventilationskanal verbunden sind. Die an der Erdoberfläche vorbeistreichende Luft erzeugt daran einen Venturi-Effekt und spült die Bodenkanäle frei. Gleichzeitig ist der Bau und die Kanalisierung unter der Erde in heißen Regionen günstig: die Kanalwände geben Wärme an die umgebende Erde ab, womit die Luft in den Bodenkanälen abgekühlt wird.

Abb. 6.144 Präriehund

Ideenpotenziale aus der Natur Auf der Suche nach Möglichkeiten der Beeinflussung und thermischen Aktivierung der vorhandenen Substanz eines Bauwerks sind jene Organismen der Natur interessant, die passive Strömung mit einer „Bauteilaktivierung" verknüpfen.

Die Hügel des Maulwurfs *Talpa europaea* sind unterschiedlich gestaltet und/oder an leichtem Hang in unterschiedlichen Höhen gelegen. So belüften die Maulwürfe ihre Verbindungsröhren nach dem Bernoulli-Prinzip. Natürlich klimatisierte Röhrenbauten mit besonders gestalteten Einsaugöffnungen werden von meeresbewohnenden Pierwürmern der Gattung *Arenicola* belüftet. Einseitig bilden sie um ihre Röhren herum einen Hügel, auf der anderen Seite eine Delle. Somit schaffen sie sich die Voraussetzung für Druckunterschiede: ein kleines „Gezeitenkraftwerk".

Ideale natürliche Funktionsweisen sind:

- passive Ventilation über ein „Gezeitenkraftwerk" (Unterdruck-Düseneffekt),
- passive Ventilation über einen Kamineffekt (Luftnachströmung),

Abb. 6.145 Bauhaus-Universität Weimar: ehemaliges Brauereigebäude (*oben*), mit thermoregulativer Fassade (*unten*)

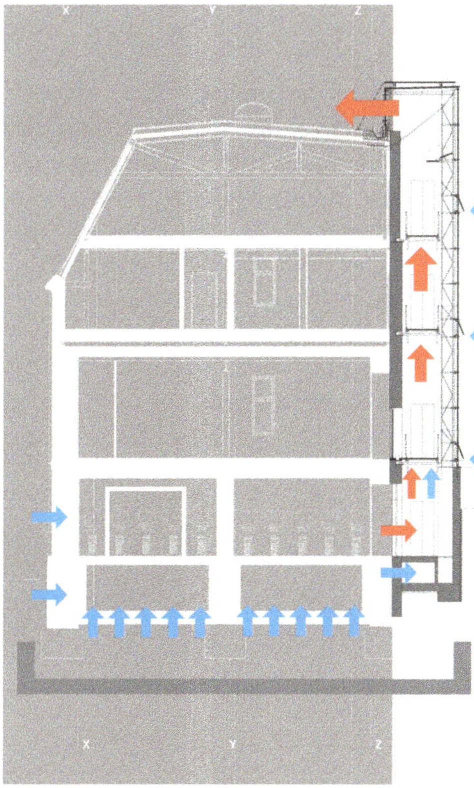

Abb. 6.146 Gebäudeschnitt mit Darstellung der Luft- und Temperaturströme

Abb. 6.147 Ansichtsausschnitt mit Fassadenklappen

- Aktivierung thermischer Speichermassen vorhandener Bausubstanz,
- aktives Schließen von Öffnungen.

Die Funktionsweise und die Adaption an die spezifische Umgebung nach diesen Vorbildern wurde an einem Bestandsbauwerk für die Bauhaus-Universität Weimar durch Pohl Architekten adaptiert. Bei dem ehemaligen Brauhausgebäude mit dicken Mauern im Untergeschoss konnte ein komplexes thermoregulatives System entwickelt werden (Abb. 6.145–6.147), das funktional mit den natürlichen Vorbildern vergleichbar ist hinsichtlich:

- der Einordnung von Querbelüftungsschleusen für eine passive Ventilation,
- der Nutzung des Aufwindeffektes bei spezifisch ausgerichteter Aufwindfassade: diese erbringt einen Unterdruck und sorgt auch für Entlüftung bzw. dient als Wärmepuffer bei geschlossenen Luftschleusen und Fassadenklappen,
- der Nutzung der natürlichen Topografie und des natürlichen Temperaturgefälles von einer kühlen (Nord)-Gassenseite zu einer warmen (Süd)-Hofseite für eine Querstömung zur Kühlung (Sommer),
- der Nutzung vorhandener Speichermassen im Untergeschoss und Erdgeschoss: die über 1 m starken Steinwände speichern und puffern die Wärme verschiedener neuer Funktionen,
- der Detektion von Wärme und Luftqualität, Aktivierung der thermoregulativen Elemente.

6.39 Räumliche Platten

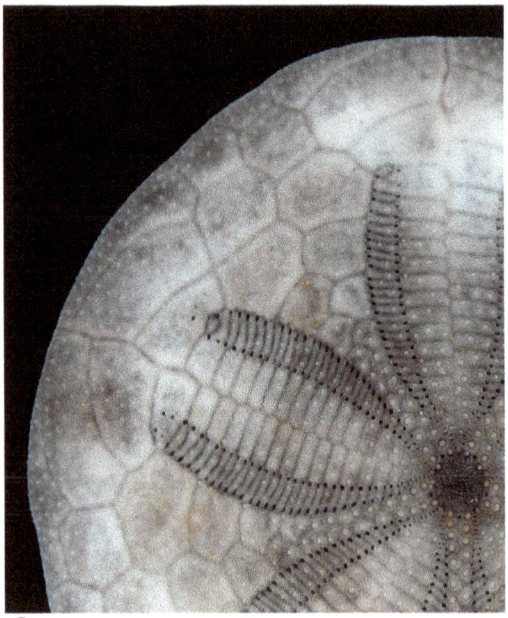

Seeigelschalen setzen sich aus Einzelelementen zusammen. Diese Elemente sind stabil verzahnt, müssen aber an den Rändern durch Materialanlagerung wachsen können. Drei Plattensegmente laufen stets an einem Punkt zusammen, ein Prinzip, welches biegetragfähige, wenn auch verformbare Strukturen ermöglicht, obwohl an den Fugen zwar Normal- und Schubkräfte, jedoch keine Biegemomente übertragen werden können.

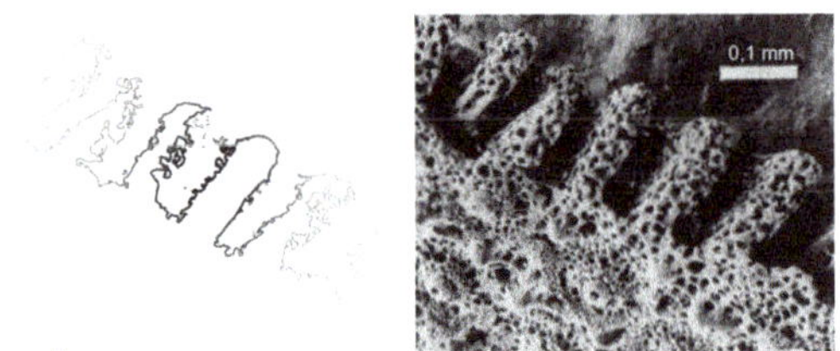

a b

Abb. 6.148 (**a**) Seeigelschale „Sanddollar"; (**b**) REM-Aufnahme der Verzahnung einzelner Platten der Seeigelschale

Allgemein sind die Plattenelemente der Seeigelschalen durch Verspannungselemente in jeder Zelle verwirklicht. Die technische Umsetzung im Bauprojekt eines Pavillons an der Universität Stuttgart nimmt diese Ideen auf.

Computerbasierte Roboterfertigung ermöglicht eine passgenaue Fertigung der Einzelteile.

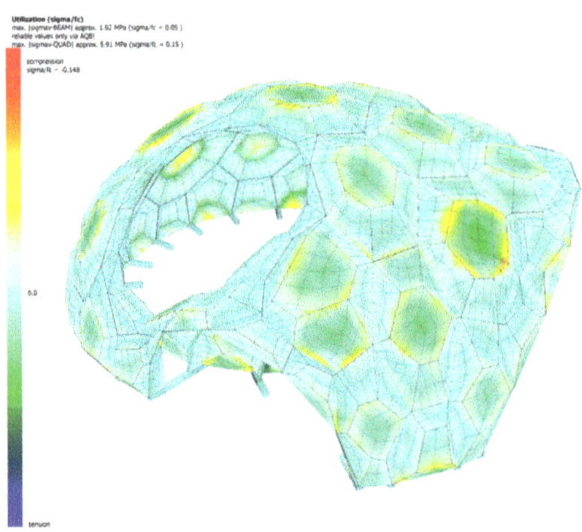

Abb. 6.149 Computersimulation und Tragwerksberechnung

Abb. 6.150 Roboterfertigung

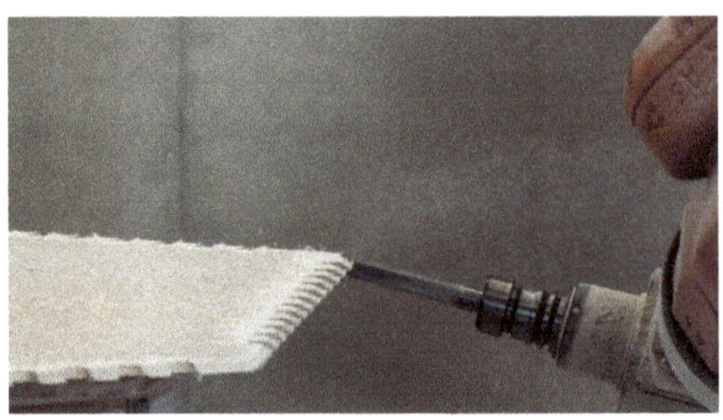

Abb. 6.151 „Fingerjoints"-Verbindungen

Abb. 6.152 Aufsicht

Abb. 6.153 Nachtansicht

Abb. 6.154 Innenansicht

Abb. 6.155 Erstes Bauelement

6,5 mm dünne Sperrholzplatten wurden zu räumlichen Einzelschalen gefügt. Die an der Universität Stuttgart ansässigen Institute ICD unter Leitung von A. Menges und ITKE unter Leitung von J. Knippers haben mit ihrer Forschungsgruppe bei 200 m^3 Bruttorauminhalt nur 1,8 m^3 Holz verbaut (Abb. 6.149–6.155).

6.40 Wirbelsäule

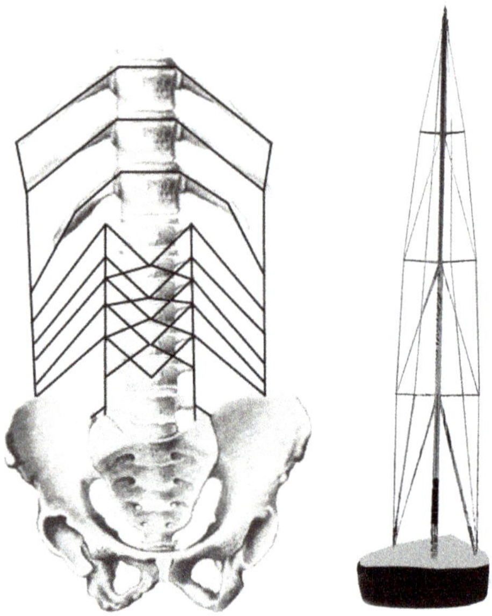

Die Wirbelsäule des Menschen ist als System mit Bändern, Sehnen, Muskeln und Knochen eine äußerst flexible Struktur, welche die Lasten optimal aufnehmen und vergleichsweise schonend auf die Tragglieder verteilen kann. Die Bänder, Sehnen und Muskeln stabilisieren dabei die Wirbelsäule gegen seitliches Ausknicken und gegen Biegedrillknicken. Die Wirbelsäule ist im statischen Sinn ähnlich aufgebaut wie ein Schiffsmast (Abb. 6.156), bei welchem die Wanten im Vergleich zu dem Muskel-Bänderapparat der Wirbelsäule freilich keine aktive Stabilisierung erbringen.

Abb. 6.156 Wirbelsäule im Vergleich zu einem Schiffsmast, der durch Spanten (Ausleger) und Wanten (Seile) stabilisiert wird

Eingehende eigene Studien über die Architektur der Wirbelspongiosa beim Menschen und bei verschiedenen Thieren haben den Verfasser (1874) zu dem Ergebniss geführt, dass sowohl die menschlichen, wie die thierischen Wirbelsäulen eine Fachwerkconstruction darstellen…. Das Fachwerk war und ist die einzige mechanisch mögliche Construction für ein Gebilde, das wie die Wirbelsäule nicht nur beim Menschen, sondern auch bei Thieren in den verschiedensten Stellungen, ein Extremitätenpaar mit dem anderen verbindend, das Hauptgerüst für den ganzen Wirbelthierleib abgeben, die Last der Eingeweide, den Kopf, die Extremitäten tragen oder sich auf beide Paare derselben, oder aber nur auf ein solches stützen kann…. Der Hauptunterschied zwischen der menschlichen und der thierischen Wirbelsäule besteht darin, dass bei ersterer infolge des vorwiegend aufrechten Ganges die diesem entsprechenden senkrechten nebst den sie stützenden Querbalken in den Vordergrund treten. Die Wirbelsäule des Vierfüssers ist eine Fachwerksbrücke, wie es unsere modernen eisernen Eisenbahnbrücken sind… (aus Real-Enzyclopädie der gesammten Heilkunde, Medicinisch-chirurgisches Handwoerterbuch für praktische Aerzte, 1893–1901)

Bereits Frei Otto befasste sich mit dem System der Wirbelsäule und stellte eine Reihe von Studien an, die die Wirbelsäule mit Fachwerkkonstruktionen und mit abgespannten Masten vergleichen. Göran Pohl hat in einer frühen Arbeit auf der Basis der Grundlagenstudien von Frei Ottos galoppierenden Krokodilen eine Tragkonstruktion aus gegossenen Elementen entwickelt, die wie die Wirbelkörper geformt und gelenkig aneinander gereiht sind (Abb. 6.157–6.159). Statt der Muskeln, Sehnen und Bänder in der Natur verwendet er Stahlseile, die in Vorspannung eingebaut sind und durch elektrohydraulische Spannsysteme

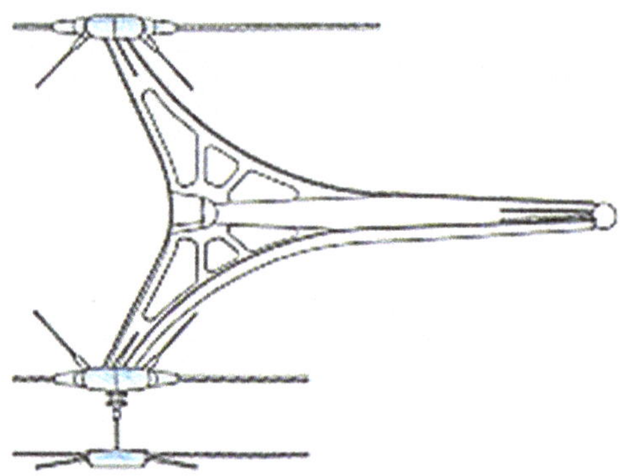

Abb. 6.157 Einzelner Wirbelkörper der Tragkonstruktion für ein 260 m frei tragendes Hallendach

Abb. 6.158 Ausschnitt aus einem Modell des Wirbeltragwerks

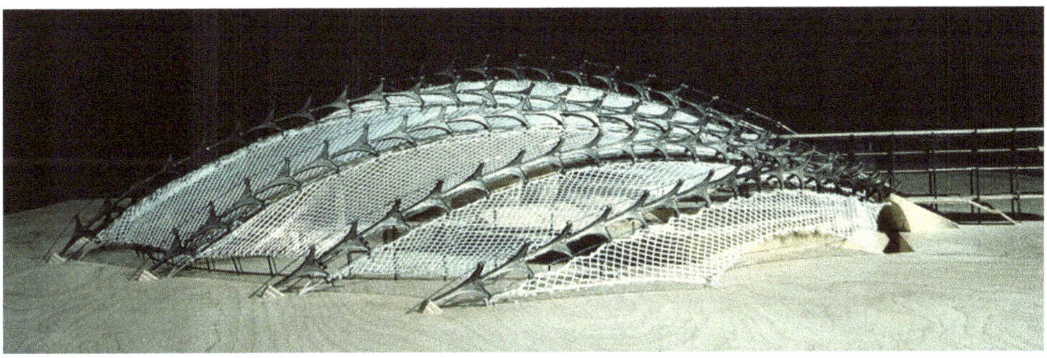

Abb. 6.159 Das Modell zeigt das dominante Wirbelsäulen-Tragwerk und die filigrane Netzstruktur des Daches

ihren Vorspannungszustand behalten. Das technische Wirbelsystem ist sowohl in Längsrichtung der gebogenen Träger verspannt als auch radial und gegenläufig radial. Die Konstruktion aus bis zu 26 einzeln aufgereihten Wirbelkörpern besteht aus insgesamt zehn fächerartig angeordneten Trägern. Mit der zwischengespannten Seilnetzkonstruktion überspannt sie freitragend 260 m. Später hat Pohl diese Konstruktion weiterentwickelt und in einem Wettbewerbsvorschlag zum Neubau der Schwimmhalle und der Radsporthalle in Berlin anlässlich der Bewerbung Berlins für die Olympischen Spiele 2000 eingesetzt.

6.41 Räumliche Strukturen aus gebogenen Einzelelementen 1

Opuntie

Opuntien gehören zur Familie der Kakteengewächse. Stabilität erhalten diese Pflanzen, ähnlich wie technische Faserverbundwerkstoffe, durch ein faseriges Sklerenchymskelett und ein dieses umgebendes Gewebe (Parenchym).

Von besonderem Interesse für die technische Anwendung ist die Struktur des Sklerenchymskeletts. Das System besteht aus Haupt- und Nebenträgern (Abb. 6.160). In der Hauptbelastungsrichtung erbringen parallele Faserbündel den Hauptträger. Sinuskurvenartig gebogene Fasern bilden Nebenträger und übernehmen die Queraussteifung der Struktur.

Abb. 6.160 Sklerenchymskelett einer Opuntie

Gekrümmte Freiformflächen für architektonische Anwendungen wie Dächer, Hüllen oder Fassaden lassen sich aus der Abstraktion von Opuntien entwickeln (Abb. 6.161–6.165).

Flächige Elemente mit vergleichsweise großer Bauhöhe und geringem Querschnitt übernehmen

Abb. 6.161 Geometrische Abstraktion der Sklerenchymstruktur einer Opuntie

Abb. 6.162 Freiform-Schalenmodell mit räumlich gebogenen Einzelelementen

Abb. 6.163 Hüllform im 3D-Modell

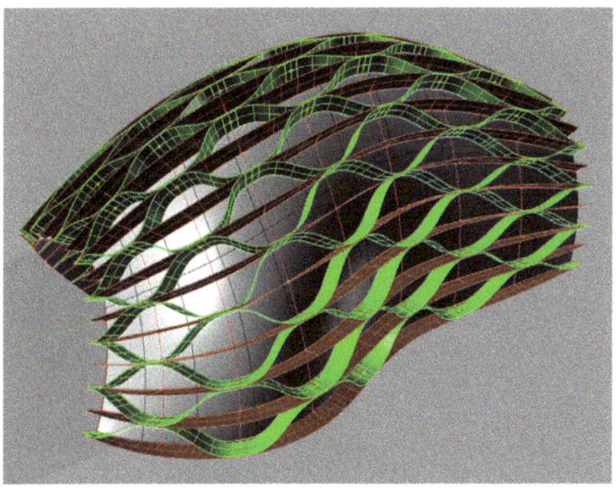

Abb. 6.164 Modellversuch einer Freiformschale nach dem Vorbild des Sklerenchyms von Opuntien

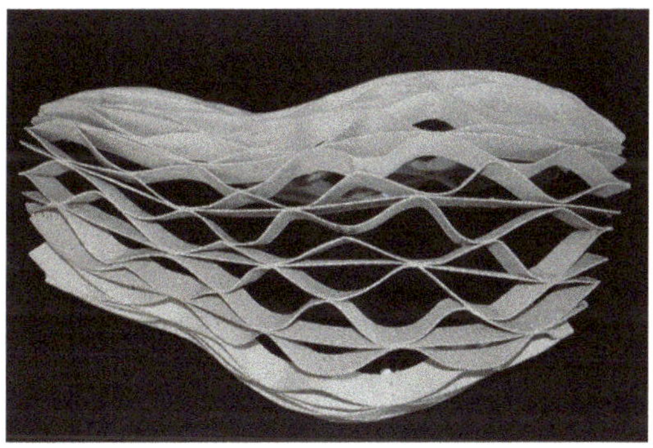

Abb. 6.165 Modell

die Funktion der Haupt- und Nebenträger. Beim Montieren werden die Nebenträger, und in der Folge auch die Hauptträger, elastisch bzw. plastisch deformiert. Es stellt sich ein Gleichgewicht der Kräfte ein, das zu einer formstabilen Konstruktion einer Schale führt. Bei Betrachtung des Kräfteverlaufs im Querschnitt werden sich im Fußpunkt seitliche Abtriebskräfte infolge der horizontalen Lastanteile ergeben.

Biegsame Baustoffe lassen sich so zu räumlich komplexen Gebilden fügen. An der SAS, Schule für Architektur des Saarlandes, hat Göran Pohl mit seinem B2E3 Institut für Effiziente Bauwerke Konzepte mit gebogenen Holzstreifen entwickelt, die eine Freiform-Hüllstruktur mit großer Stabilität ergeben.

6.42 Räumliche Strukturen aus gebogenen Einzelelementen 2

Webervögel *Ploceidae* bauen Hängenester (Abb. 6.166) und nutzen dazu zugfeste und biegsame Pflanzenfasern. Die Nester sind kugel- oder flaschenförmig. Das Nestmaterial wird mit Zugelementen verankert, das sind Halme, welche die Webervögel mit speziellen Knoten und Schlingen an Zweigen oder Schilfhalmen befestigen. Beim Nestbau in Bäumen oder Sträuchern verknotet der Webervogel zunächst erste Tragfasern, und webt um diese herum das Nest.

Abb. 6.166 Gebogene Elemente ergeben stabile Strukturen für Nestbauten von Webervögeln

Eine analoge technische Entwicklung verwendet das Flechtverfahren in ähnlicher Weise wie das natürliche Vorbild es vormacht: Das Institut für Computerbasiertes Entwerfen (ICD), A. Menges, und das Institut für Tragkonstruktionen und Konstruktives Entwerfen (ITKE), J. Knippers, der Universität Stuttgart haben die Idee gebogener Bauelemente als temporären Forschungspavillon aus Holz realisiert.

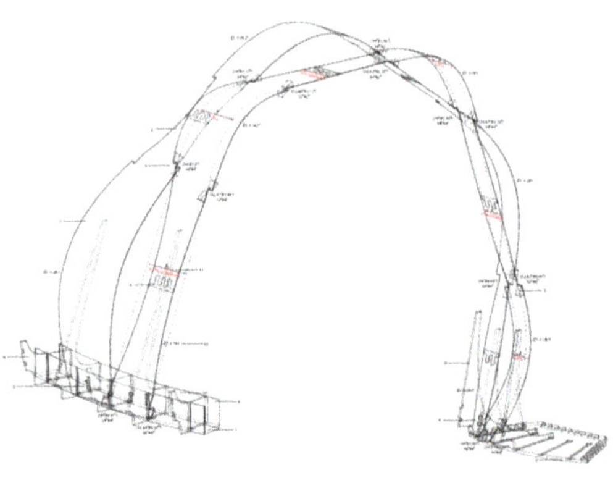

Abb. 6.167 Erstellung eines Tragwerks aus dünnen gebogenen Einzelelementen

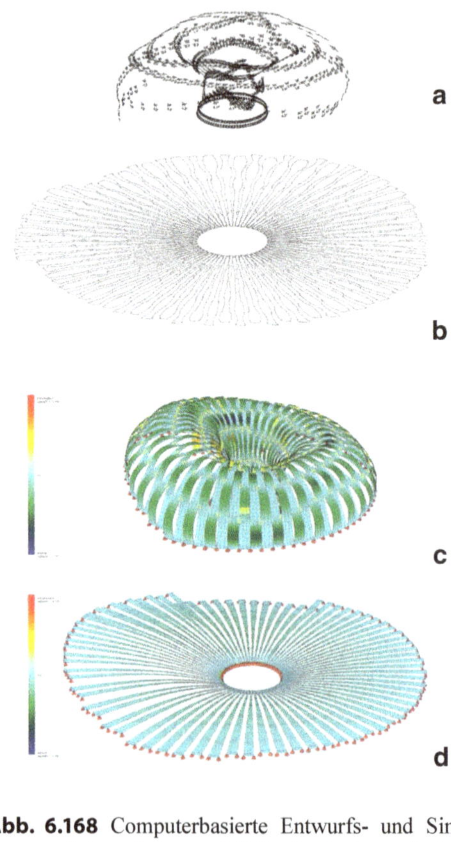

Abb. 6.168 Computerbasierte Entwurfs- und Simulationsergebnisse. Datenmodell für die Fertigung (**a**–**b**) und Biegemodell (**c**–**d**)

Abb. 6.169 Aufsicht

Abb. 6.170 Innenansicht

Abb. 6.171 Computergesteuerte Roboterfertigung der einzelnen Sperrholzstreifen

Computerbasierte Entwurfs-, Simulations- und Produktionsprozesse haben dies ermöglicht. Der Experimentalbau besteht aus elastisch gebogenen Sperrholzstreifen, die zu einer komplexen Tragkonstruktion gefügt wurden. Durch das Biegen von 10 m langen, 6,5 mm dünnen Birkensperrholzstreifen wird die sich selbst stabilisierende Konstruktion unter Eigenspannung gesetzt. Damit fügen sich die weichen Sperrholzstreifen zu einem steifen Tragwerk.

6.43 Abstandsgewebe

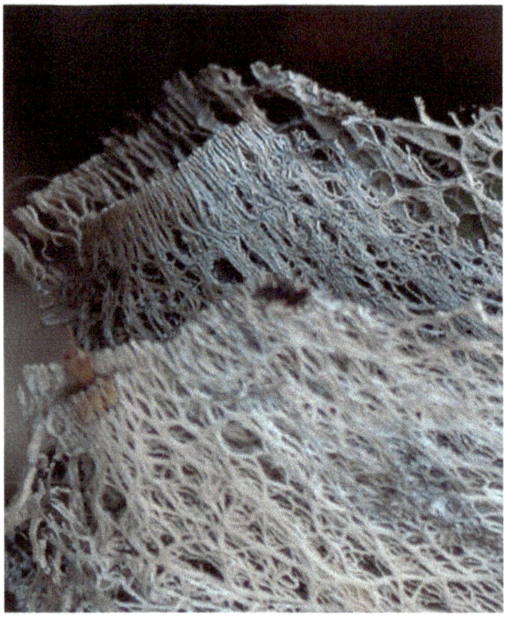

Gewebe von Pflanzen sind Spezialisten für ihre jeweiligen Aufgaben. Während Abschlußgewebe für den äußeren Abschluß des Pflanzenkörpers sorgen (primäres Abschlußgewebe Epidermis, sekundäres Abschlußgewebe Kork z.B.), haben die Typen des Grundgewebes (Parenchym) stark ausdifferenzierte Eigenschaften: das Speicherparenchym bildet „fleischige" Speicherorgane (Knollen, Zwiebeln), das Hydrenchym dient der Wasserspeicherung in extrem großen Vakuolen, z.B. bei Sukkulenten, das Aerenchym ist ein Durchlüftungsgewebe, das Chlorenchym ist ein chloroplastenreiches Photosynthese-Gewebe. Festigungsgewebe sind dagegen dichte Gewebe, deren Zellwände durch Anlagerung von Cellulose verdickt sind (Kollenchyme, Sklerenchyme).

Abb. 6.172 Abstandsgewebe des Sklerenchymskeletts eines Opuntienblattes

Die Festigungsgewebe können in ihren Zellwänden durch Verholzung starr und druckfest werden (z. B. Bäume). Kollenchym nennt man das Festigungsgewebe wachsender und krautiger Pflanzenteile. Die Zellen sind wachstums- und teilungsfähig, also nicht verholzt. Dagegen besteht das lignifizierte Sklerenchym aus totem Gewebe, welches aus dickwandigen, englumigen Zellen gebildet wird. Sklerenchym ist aber nicht in jungen Pflanzen, sondern erst in ausgewachsenen Pflanzenteilen zu finden. Beispiele sind Sklerenchymfasern.

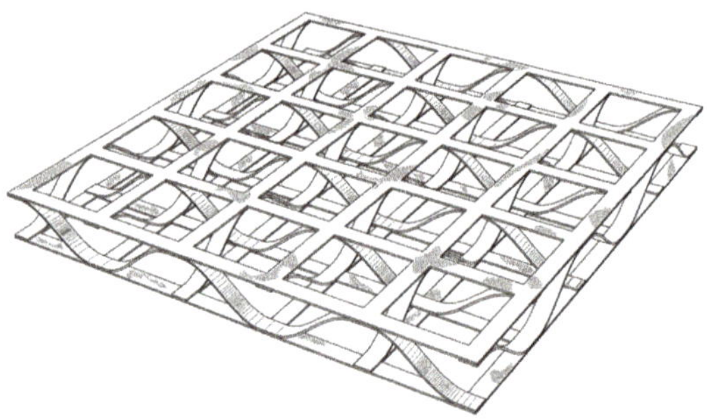

Abb. 6.173 Erstellung einer Schale aus dünnen gebogenen Einzelelementen

Auf vergleichbare Weise wie es die natürlichen Vorbilder der Abstandsgewebe aus Sklerenchym vorzeigen, hat der Produktdesigner Jens Otten in seiner Diplomarbeit an der Kunsthochschule Kassel einen Stuhl entwickelt, der anstelle von Materialmasse auf Leichtigkeit setzt. Die Flächen sind extrem aufgelöst und bilden nur noch eine „Grenzfläche" zwischen dem Sitzenden und den Stuhlbeinen aus (Abb. 6.173–6.176). Die Sitzschale ist aus drei Schichten Flugzeugsperrholz mit je 1,5 mm Dicke aufgebaut und an den Verbindungsbereichen verleimt. Die Konstruktionsweise bildet ein räumliches Fachwerk, eine hoch aufgelöste Sperrholzschale, bei der die aufeinanderfolgenden Furnierlagen jeweils die Richtung wechseln. Die Hauptrichtung der Maserung ist jeweils in Längsrichtung der einzelnen Bauteile angeordnet. Die Schale besteht aus 60 Einzelteilen und wiegt 1013 Gramm. Diese Bautypologien hat Jens Otten im Rahmen seiner Tätigkeit an der Schule für Architektur Saar innerhalb des Forschungsprojektes BOWOOSS bei Göran Pohl verfeinert und auf frei geformte Fassadenbauteile übertragen (Abb. 6.170).

Abb. 6.174 Detailausschnitt der Sitzschale

Abb. 6.175 Stuhlmodell

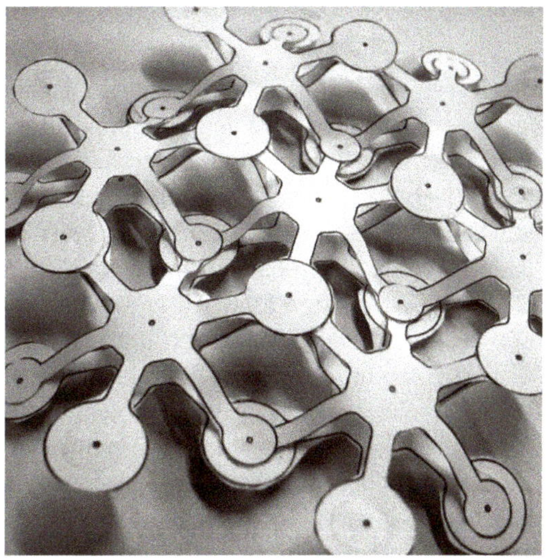

Abb. 6.176 Weiterentwicklung für frei geformte Fassadenbauteile (Modell)

6.44 Pneu

Die Natur verwendet Pneus als Einzelzellen oder als Zellhaufen, sowohl für starre, als auch für bewegliche Systeme. Sie verwendet den Pneu auch für Entfaltungssysteme. So entfaltet sich der Libellenflügel beispielsweise als Pneu, aber auch die Mohnblüte entfaltet sich aus einem schützenden Pneu mit Hilfe turgordruckangetriebener pneumatischer Vorgänge in ihre Pracht (Abb. 6.177). Es entsteht sozusagen innerhalb eines Pneus ein weiterer Pneu, der dann so viel Druck aufbaut, dass der ehemals schützende äußere Pneu aufspringt.

Abb. 6.177 Entfaltung der Mohnblüte aufgrund der Erhöhung des Turgordrucks in den Blütenblättern. Die Blüte entfaltet sich als Pneu

Der Pneu ist ein luft- oder flüssigkeitsgefülltes System, das einer Druckdifferenz ausgesetzt ist (Abb. 6.178 und 6.179). Er besteht aus einer biegeweichen und zugfesten Membran, die sich durch den Druckunterschied in die Richtung des weniger dichten Mediums krümmt und dadurch flächig stabilisiert wird. Der durch Luft oder Flüssigkeit aufgebaute Innendruck wirkt auf die Membran, die als geschlossenes Stützmedium aufgrund ihrer Materialzugfestigkeit einen Gegendruck aufbaut. Zusätzlich wird durch das den Pneu umgebende Medium (Luft oder Wasser) ein Gegendruck erzeugt. Beim Pneu besteht immer ein Zusammenhang zwischen dem Innendruck, den geometrischen Randbedingungen, der Zugfestigkeit der Membran, dem Außendruck und der daraus resultierenden Form des Pneus. Für die nicht beweglichen pneumatischen Tragwerke wird durch die Aufnahme der äußeren Lasten das Medium im geschlossenen System zum Stützmedium und somit zum Tragelement, in der Summe zum Tragwerk. Für die Stabilisierung der Membran wird ein ständiger Druckunterschied benötigt, welcher durch eine an die Umweltbedingungen angepasste Steuerung aufrechterhalten werden muss. Ändert sich eine der Bedingungen, dann verändert sich die geometrische Form. Diese ohnehin notwendige Steuerung nun als Aktuator zu verwenden, um eine gewollte Bewegung in einem Tragwerk zu ermöglichen, knüpft an die pneumatischen und hydraulischen Aktuatoren der Natur an.

Abb. 6.178 Pneu einer Seifenblase

Der Pneu wird in der Natur nicht nur als Konstruktionsprinzip verwendet, sondern ebenfalls als Initiator für Bewegungen. Dabei gibt es die unterschiedlichsten Anwendungen, das Grund-

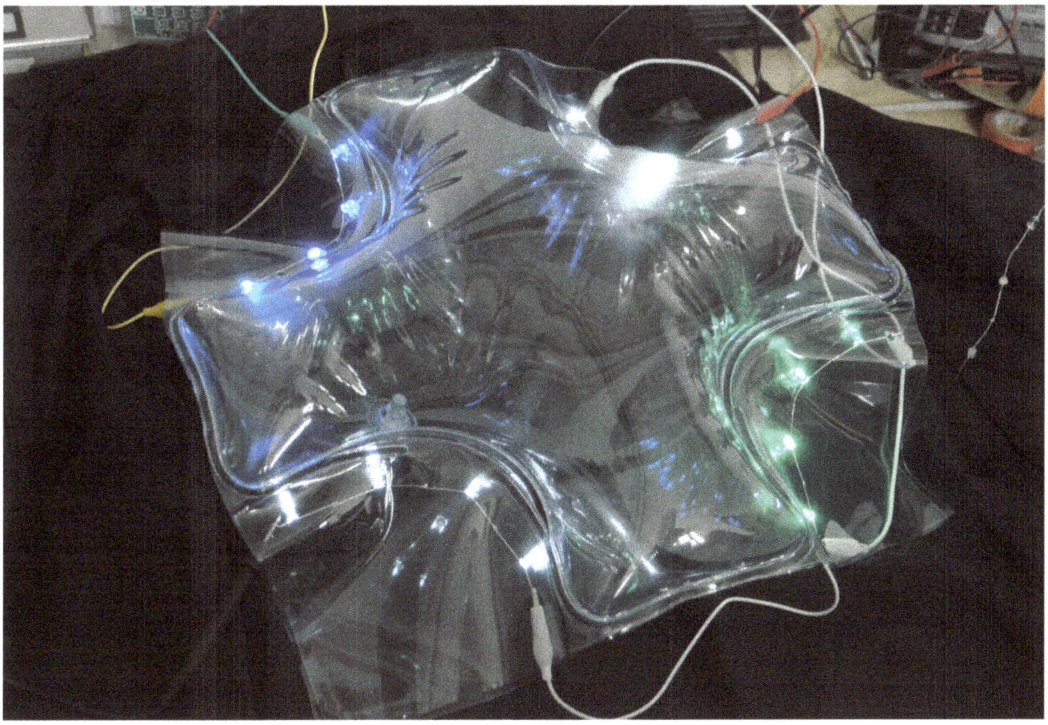

Abb. 6.179 Pneumatisches System, Prototyp als Studienarbeit entwickelt unter der Leitung von Göran Pohl für eine Medienhülle an der Schule für Architektur Saar

Abb. 6.180 Pneumatische Hebevorrichtung

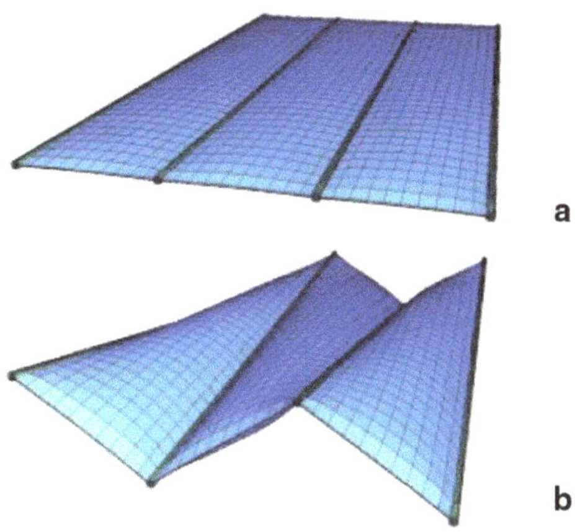

Abb. 6.181 Anwendung eines Pneus für bewegliche Dachsysteme an der TU Berlin, Mike Schlaich

prinzip für Bewegungen beruht immer auf einer Formänderung aufgrund von Auf- und Abpumpen von Luft oder einer Flüssigkeit (Fliegenflügel, Spinnenbein, Regenwurm, Blütenblätter, Mimose u. a.).

Pneumatisch gestützte Konstruktionen sind aufgrund ihrer Leichtigkeit prädestiniert für bewegliche und somit wandelbare Tragwerke (Abb. 6.180 und 6.181). Konstruktionen, die eine Formveränderung zulassen sowie von innen heraus eine Bewegung vollführen und nicht als Festkörper starr verschoben werden, sind Ziel der Forschung an der TU Berlin unter der Leitung von Mike Schlaich und Annette Bögle (HCU Hamburg).

6.45 Massive, lastoptimierte und wärmegedämmte Leichtbaustrukturen

Die inneren Strukturen von Knochen entstehen nach bestimmten Gesetzmäßigkeiten. Dies vermutete bereits 1870 der deutsche Arzt Hermann von Meyer: er schloß auf ein funktionelles Ordnungsschema, das dem scheinbaren Durcheinander aus Hohlräumen und Knochenbälkchen zugrunde liegt. Die Knochenbälkchen sind entsprechend der größten Beanspruchung ausgerichtet, die dazwischen liegenden Hohlräume hat die Natur aus Materialersparnisgründen weggelassen, da dort kein Material für den Lastabtrag notwendig ist. Diese auf Materialeinsparung ausgelegte „Bautradition" findet sich in der Natur an vielen Stellen, so zum Beispiel in Knochen, bei Schwämmen, aber auch in den aus Biosilikaten bestehenden Schalen bei z.B. Algen wieder.

Abb. 6.182 Stützskelett beim Meerschwamm als Vorbild für gradientenoptimierte Baumaterialien

Das biologische Prinzip der lastoptimierten massiven Leichtbaustrukturen und eine optimale Wärmedämmung stehen im Mittelpunkt von Forschungsaktivitäten der Universitäten in Stuttgart und Berlin. Dort wird Beton mit einer besonderen Mixtur hergestellt, so dass er sich mit Blähtonkugeln versetzt in leichte Wand- und Deckenbauteile gießen lässt.

Das Prinzip solcher Leichtbauweisen kann in der Natur am Aufbau eines Knochens erklärt werden. Dort sind Bereiche mit höherer Belastung verstärkt ausgeprägt, weisen Knochenbälkchen (*Spongiosa*) auf, wogegen Bereiche geringerer Belastung vergleichsweise viele Poren und Hohlräume aufweisen. Mit der Zunahme der Festigkeit im Knochen nimmt die organische Masse zu. Umgekehrt nimmt bei abnehmendem strukturellen Knochenmaterial die Festigkeit ab.

Beim Beton wird versucht, eine steuerbare Belastbarkeit durch Veränderung des Anteils der Porosität herbeizuführen. Reduziert sich das

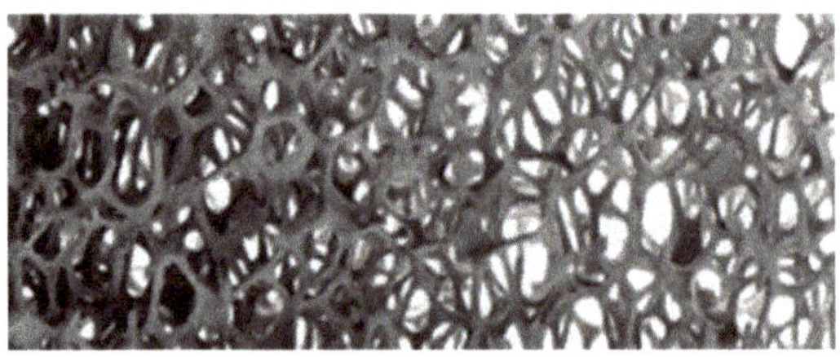

Abb. 6.183 Stützstruktur, Ausschnitt aus einem Testkörper für Gradientenbeton, hergestellt am ILEK, Universität Stuttgart

Gewicht bei höherer Porosität, so reduziert sich die Belastbarkeit und umgekehrt. Durch diese Eigenschaft ist es gelungen, monolithische Bauteile kraftflussgerecht und auch mit verbesserten Wärmedämmeigenschaften herzustellen. Zum Erreichen der verbesserten Dämmwirkung werden hochporöse Zuschläge zugesetzt: sog. Infraleichtbeton entsteht.

Ein Forscherteam von Mike Schlaich an der Universität Berlin und Spezialisten des ILEK,

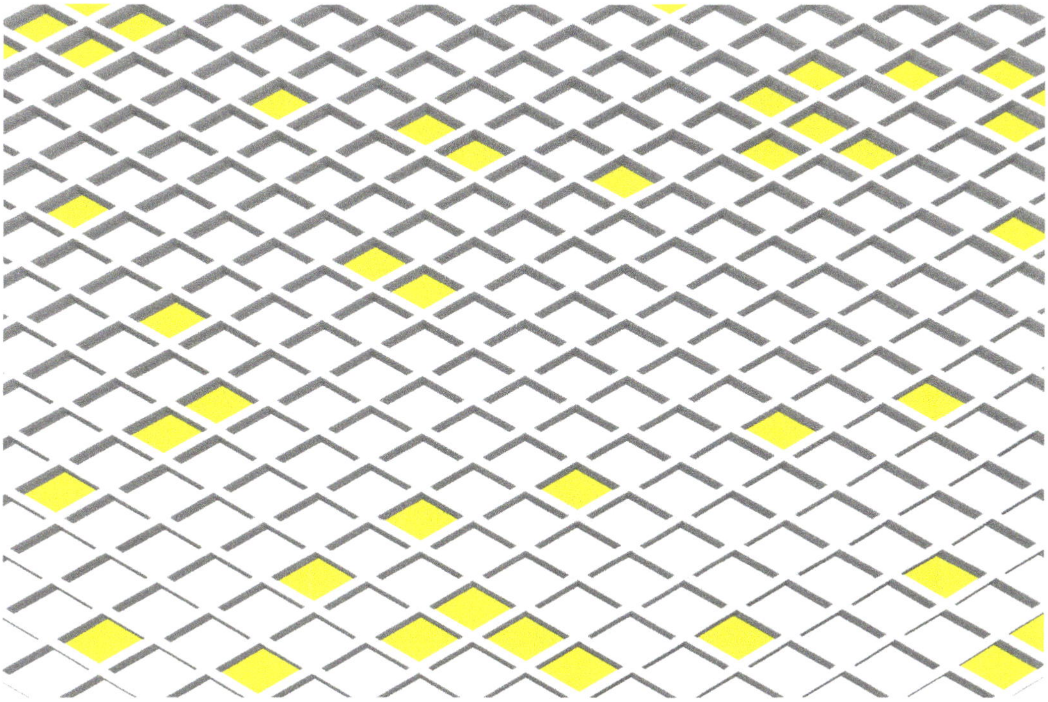

Abb. 6.184 Gradientenbetondecke mit unterschiedlich behandelbaren Feldern, entwickelt von Pohl Architekten, Abteilung Leichtbauinstitut Jena

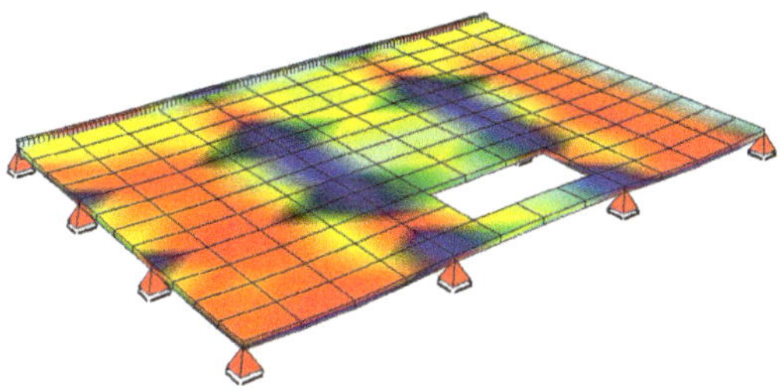

Abb. 6.185 Spannungsverteilung aus FE-Modell einer Geschossdecke unter Eigengewicht

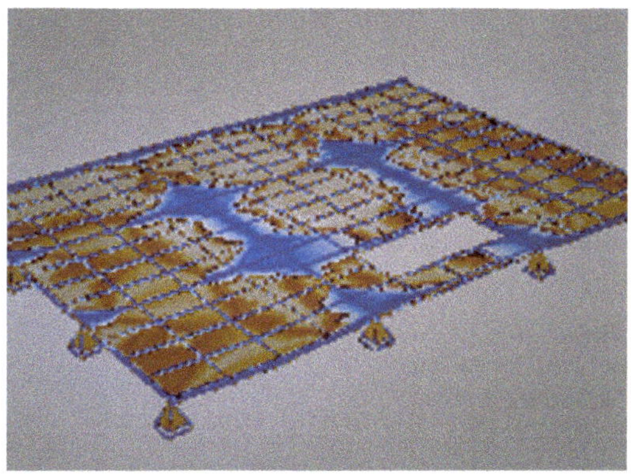

Abb. 6.186 Gradientenbeton, eingesetzt in einer Geschossdecke mit Verteilung der Infraleichtbetonanteile

Institut für Leichtbau Entwerfen und Konstruieren an der Universität Stuttgart um Werner Sobek haben den Infraleichtbeton unter der Bezeichnung „Gradientenbeton" weiterentwickelt und können die Festigkeit und Wärmedämmeigenschaft über den Querschnitt variieren (Abb. 6.183). Hoch belastete Zonen von Bauwerken können mithilfe computergestützter Berechnungen definiert und gezielt strukturell verstärkt werden. Folglich können weniger belastete Bereiche aus Infraleichtbeton mit weiteren positiven Eigenschaften ausgeführt werden (Abb. 6.184): mit Gradientenbeton können gut wärmedämmende Außenwände ohne zusätzliche Isolationsmaterialien ausgeführt werden. Bauteile sind dabei in ihrem Gewicht reduziert, besser transportfähig und effizienter im Materialverbrauch (Abb. 6.185 und 6.186). Der verringerte Materialeinsatz bedeutet eine Verbesserung der CO_2-Bilanz des Baustoffes.

6.46 Echolot

Fledermäuse senden ständig Klicklaute im Ultraschallbereich aus, mit denen sie die Umgebung erkunden. Bis zu 300 m weit können sie das reflektierte Echo empfangen und damit erkennen, was sich vor ihnen befindet. So können sie sich ein „Hörbild" ihrer Umgebung schaffen. Einige Fledermäuse senden Ultraschallwellen über den Kehlkopf aus, andere schnalzen mit der Zunge. Mittlerweile wird versucht, blinden Menschen das Schnalzen mit der Zunge zu lehren, was bereits zu ersten Ergebnissen geführt hat. Menschen lernen, mit Hilfe der reflektierten Schnalzgeräusche, einen Eindruck vom Volumen ihrer Umgebung zu erhalten.

Abb. 6.187 Fledermäuse erkennen ihre Umgebung mit Hilfe von Schallwellen

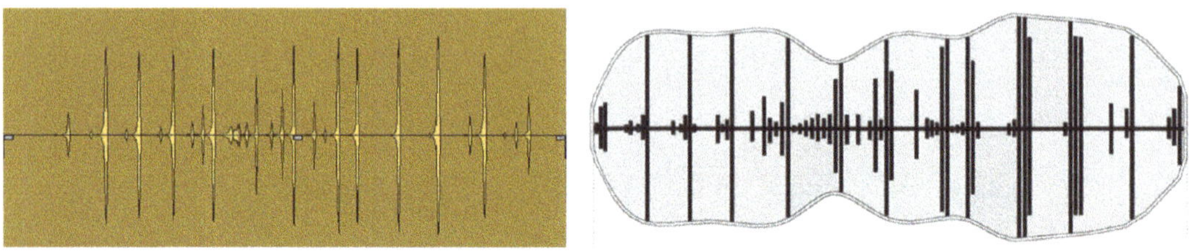

Abb. 6.188 Echo-Rufe der Fledermäuse werden auf eine Grundrissstruktur übertragen

Abb. 6.189 Echolot-Pavillon auf der Bundesgartenschau in Koblenz 2011

Abb. 6.190 Detailbilder

Die Echolot-Ortung der Fledermäuse war Inspiration für die Entwicklung des Pavillons für die Bundesgartenschau (BUGA 2011) in Koblenz. Die Baustruktur entstand unter der Leitung von Manfred Feyerabend und Markus Holzbach von der Fachhochschule Koblenz und wurde von Studierenden mitentwickelt.

Die Echo-Ortungsrufe des Abendseglers, einer heimischen Fledermausart, können für den Menschen mit technischen Hilfen hörbar gemacht werden. Diese Rufe wurden mit einer Musik-Bearbeitungssoftware als Oszillogramm dargestellt (Abb. 6.188a). Die sich daraus ergebende grafische Darstellung der Schalldruckpegel der Fledermaus-Ortungsrufe in Abhängigkeit zur Zeit wurde mit digitalen Methoden auf eine Grundrissstruktur des zu erstellenden Pavillons übertragen (Abb. 6.188). Das Tragwerk ist in der Grundform wie die in der Natur, z. B. bei Spinnennetzen, vorkommenden Hänge-Stützlinien als Stützbögen umgesetzt. Um das Bauwerk in kleinen Einzelstäben aus Holz auszuführen, musste die Fläche in parallele Schnitte aus drei Ebenen zerlegt werden. Diese drei Ebenen stehen jeweils im Winkel von 60° zueinander, wodurch räumlich stabile Dreiecks- und Sechseckraster entstehen, wie sie in der Natur z. B. bei Bienenwaben vorkommen. Das räumliche Stabnetz, welches aus Obergurt, Untergurt und diagonalen Füllstäben besteht, wurde auf Basis eines durchgängigen digitalen Arbeitsprozesses umgesetzt. Der dreidimensionale Basis-Datensatz des kompletten Stabwerks für den Pavillon beschreibt ca. 6000 Stäbe und alle Anschlüsse. Auf dem Boden der Pavillonstruktur wurde das Oszillogramm der Ortungsrufe des Abendseglers mit Hilfe von LED-Leuchtstreifen projiziert; über Lautsprecher wurden die hörbar gemachten Ortungsrufe ausgesendet.

6.47 Faserverbundsensorik

Die Pflanzen- und Tierwelt verfolgt für hoch belastete Baustoffe das Prinzip des minimalen Energieaufwandes, der mit einem minimalen Einsatz von Material korreliert. Eine weitere Strategie der Natur ist die Anpassung der Werkstoffeigenschaft und Form an die jeweiligen Belastungen und Umweltanforderungen. Strukturwerkstoffe der Natur sind Faserverbundwerkstoffe (Abb. 6.191), die aus einer Matrix bestehen, in die belastungsgerecht Verstärkungsfasern eingebettet werden. Weitere Eigenschaften betten Lebewesen in die Komposite ein: spezialisierte Rezeptoren, die dem Erkennen von chemischen Substanzen, von Kälte oder der Wahrnehmung von Licht dienen.

Abb. 6.191 Faserbündel und Faserverbund einer Bambuswurzel

In Analogie zum Sehen, Hören und Schmecken natürlicher Spezies versuchen Ingenieure, „Wahrnehmungen", die unsere technischen Produkte erbringen müssen, mit neuen Techniken zu leisten: in Leichtbau-Faserverbundkonstruktionen werden technische Sensoren eingebaut. An der Technischen Universität (TU) Chemnitz werden neue Wege zur Steuerung komplexer Systeme beschritten, die in ihrer Erstellung und auch in ihrer Funktion mit natürlichen Systemen vergleichbar sind.

Verbundkonstruktionen, die ein Optimum an Effizienz, Funktionalität, Präzision, Adaptivität, Fähigkeit zur Eigenreparatur und Lebensdauer aufweisen, stehen im Fokus der Entwicklungen. Faser- und textilverstärkte Kunststoffe bieten aufgrund der hohen Variabilität zur Einstellung gewünschter Eigenschaftsprofile und des hohen Leichtbaupotenzials besondere Vorteile. In einer interdisziplinären Zusammenarbeit der Wissenschaftler des Kompetenzzentrum Strukturleichtbau SLB e. V. in Chemnitz, der TU Chemnitz mit der Professur Strukturleichtbau und Kunststoffverarbeitung unter der Leitung von Lothar Kroll und der Professur Schaltkreis- und System-

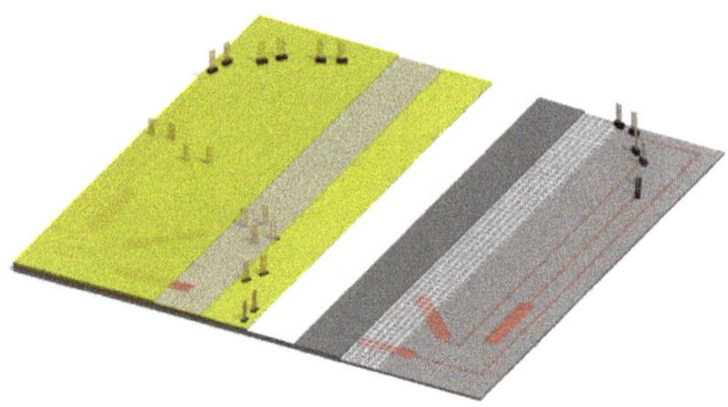

Abb. 6.192 Schematischer Aufbau zur Integration von Sensorik

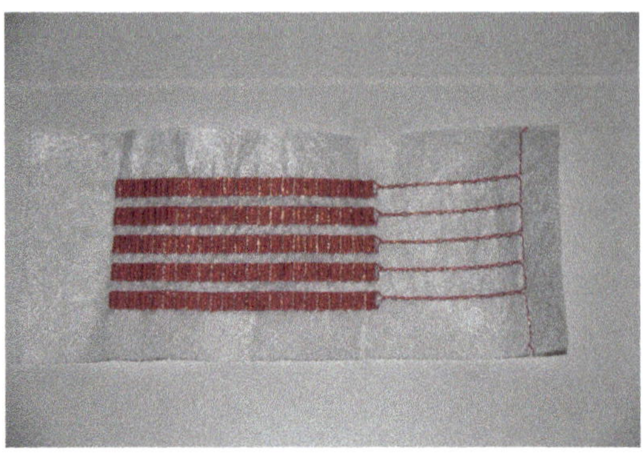

Abb. 6.193 Auf Textil gestickter Drahtsensor

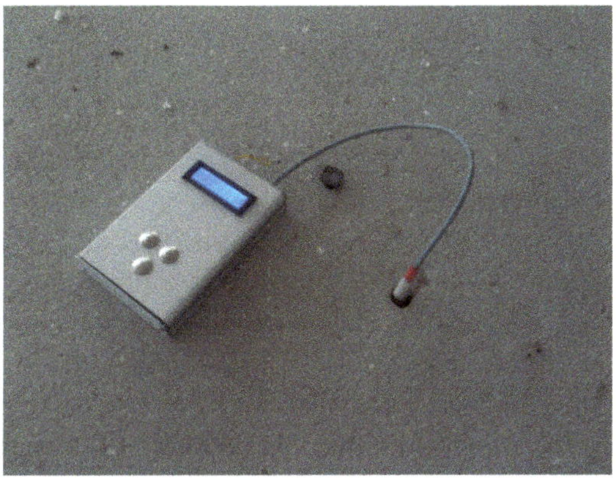

Abb. 6.194 Messwerterfassung im Einbauzustand

Abb. 6.195 Sensor, eingebettet in Zementmörtel

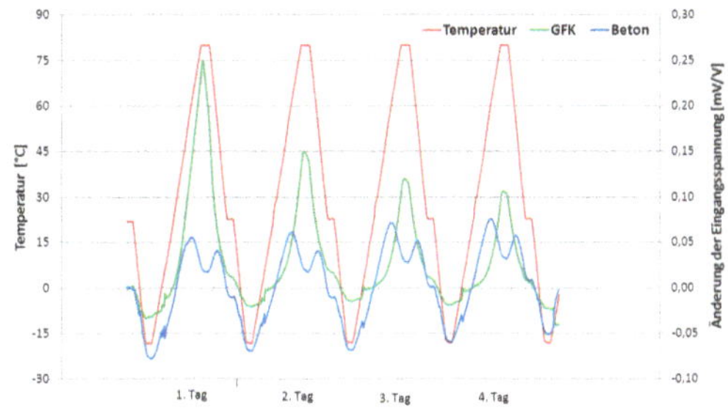

Abb. 6.196 Ergebnisse zur Integration von Sensorik in faserverstärktem Beton: sowohl die Verstärkungsfasern als auch der Beton dehnen und verkürzen sich bei steigenden bzw. fallenden Temperaturen

entwurf ist auf Basis der Faser-Kunststoffverbunde eine Entwicklung von sog. Direct-Material-Control (DMC)-Systemregelungen gelungen (Abb. 6.192–6.196). Aktive Strukturkonzepte sind in der Lage, ihr Verhalten und ihre Eigenschaften an eine Vielzahl von äußeren Einflüssen anzupassen. Erst die hohe Flexibilität in der konstruktiven Gestaltung und technologischen Ausführung von Faser-Kunststoffverbunden erlaubte, aktive Strukturen mit integrierten Sensoren und Aktoren auszustatten und mit einer geeigneten Kontrollstrategie in Kombination mit einer leistungsfähigen Signalverarbeitung zu intelligenten und komplexen Systemen zu verbinden.

Bei dem neuartigen DMC-System kommen die im SLB e. V. entwickelten und weltweit ersten Sticksensoren zum Einsatz. Der textiltechnologisch hergestellte Sensor ist Bestandteil einer differenziert aufgebauten Leichtbauverbundstruktur und dient zur Generierung der Steuersignale, z. B. für einen Roboter. Das System verfügt über eine selbstadaptierende Auswerteelektronik, die einerseits die Anpassung an äußere Bedingungen gestattet und andererseits eine standardisierte Datenausgabe realisiert. Die Weiterentwicklung intelligenter Faserverbundwerkstoffe führt zur Integration von Informationstechnik, Sensorik und Aktorik zu komplexen funktionsorientierten Systemen. Dazu stehen bisher die vielfältigsten Materialien, z. B. piezoelektrische, faseroptische Fasern (sog. Faser-Bragg-Gitter) oder auch Formgedächtnislegierungen bzw. vorgefertigte Informationselemente wie Dehnungsmessstreifen, zur Verfügung. Aus diesen Komponenten können aktive Verbundwerkstoffe bzw. „Smart Composites“ mit gezielten Eigenschaften entstehen, die besonders für den Einsatz in beanspruchten Bauteilen aus Faserverbundwerkstoffen geeignet sind. Ein Beispiel für die Anwendung im Bauwesen ist die Feuchtebestimmung in zementgebundenen Systemen mittels Sticksensor. Weitere Anwendungen ergeben sich in Dehnungsmessungen in Faser-Kunststoff-Verbunden oder in faserbasierten Messsonden.

6.48 Reaktive Oberflächenstrukturen

Koniferenzapfen, darunter die Zapfen von Fichten und Kiefern, besitzen hygroskopische, formverändernde Eigenschaften, die durch anisotropes Verhalten der Holzfasern hervorgerufen werden. Die Zapfen öffnen und schließen sich als Reaktion auf die Umwelteigenschaften „Feuchtigkeit" und „Trockenheit" und geben dabei den Samen frei. Der Öffnungsmechanismus benötigt keine mechanischen Systeme, sondern ist ein Resultat passiver Ausdehnung der Holzfasern, wodurch die Bewegung hervorgerufen wird. Das Material ändert sich physikalisch bei Wasseraufnahme (*Adsorption*) bzw. Wasserabgabe (*Desorption*), die Zapfen öffnen bei Trocknung und schließen bei Feuchtigkeit.

Abb. 6.197 Fichtenzapfen, bei Befeuchtung geschlossen (*links*) und bei Trocknung geöffnet (*rechts*)

Technische Anwendung Reaktive Oberflächen nach dem Vorbild der Koniferenzapfen haben Forscher des Institut für Computerbasiertes Entwerfen ICD unter Leitung von Achim Menges an der Universität Stuttgart animiert, Systeme zu entwickeln, die ohne Motoren auf Witterungseinflüsse reagieren können. Menges und Reichert führen hierzu aus: „Diese anisotrope Längendehnung wurde genutzt, um ein luftfeuchtigkeits-gesteuertes Furnierverbundelement zu entwickeln. Als reaktive Schicht wurde ein dünnes Ahornschnittfurnier verwendet, da es eine relative hohe tangentiale Längendehnung bei vergleichbar niedrigem Elastizitätsmodul aufweist. Eine Änderung der relativen Luftfeuchtigkeit von z. B. 40 % zu 70 % führt zu einer schnellen Größenveränderung des Furniers, welches in eine starke Formveränderung übersetzt wird: von einer ursprünglich geraden Form zu einer stark Gekrümmten. Das Furnierverbundelement nutzt die reaktiven Materialeigenschaften in einem

Abb. 6.198 Reaktion der Furnierelemente auf Feuchtigkeit

Abb. 6.199 Öffnungsmechanismus einer Dachkonstruktion, bei Befeuchtung geschlossen (*links*) und bei Trocknung geöffnet (*rechts*)

überraschend einfachen Bauteil, das zugleich integrierter Sensor, energiebedarfsfreier Stellmotor und regulierende Stellklappe ist. Eine derartig integrierte Funktionalität auf Materialebene erlaubt komplexe, dezentralisierte Verhaltensmuster ohne jegliche Steuerungseinheiten. Jedes Furnierverbundelement reagiert dabei auf seine spezifische Umgebung, funktioniert komplett unabhängig von anderen und formt in einem größeren Verbund ein hoch robustes, dezentral gesteuertes, adaptives System" (Abb. 6.198–6.200).

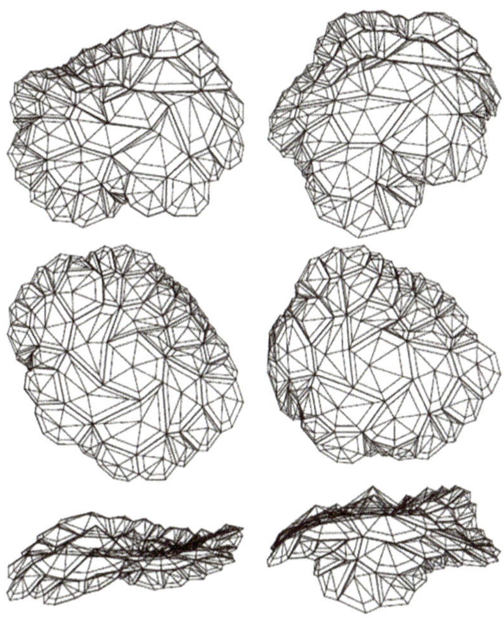

Abb. 6.200 Computerbasierte Generierung zur Übertragung auf die CNC-Schnittmuster der Dachflächen

6.49 Ventilationssysteme für atmende Hüllen

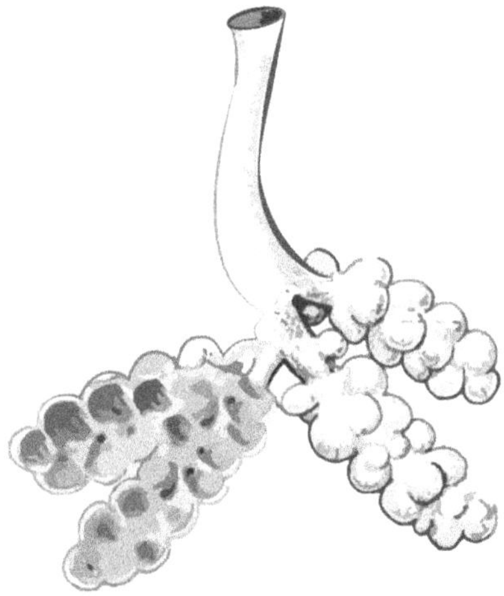

Lebende Organismen haben besonders hervorragende Technologien und geometrische Anordnungen entwickelt, die es ihnen erlauben, sich in unterschiedlichen Medien verschiedenartig zu konditionieren. Sie können mit globalen Bewegungen lokale Änderungen dieser Umgebung erfühlen und darauf reagieren. Der Stoffaustausch in biologischen Systemen, die Ventilation mit Atmungsorganen und Stoffzirkulation sind Ideengeber. Der Schwamm *Ascinoide,* besitzt eine interessante geometrische Regelmäßigkeit, die es ihm erlaubt, Wasser durch und um seine Hülle zirkulieren zu lassen. Der Meerschwamm ist für Stabilität und Wasserdurchfluss beispielgebend. Vorbilder für Atmungssysteme sind: Kiemen, Lungen, Tracheen.

Abb. 6.201 Lunge – Bronchialanatomie

Technische Anwendung Die an der TU Delft von Lidia Badarnah entwickelte Technologie atmender Hüllkomponenten (Badarnah and Knaak 2007) überträgt die Wirkprinzipien und Methoden natürlicher Ventilations- und Zirkulationssysteme auf Elemente für Gebäudehüllen (Abb. 6.202 und 6.203). Die bionisch inspirierte atmende Hülle für Gebäude funktioniert nach folgenden Prinzipien:

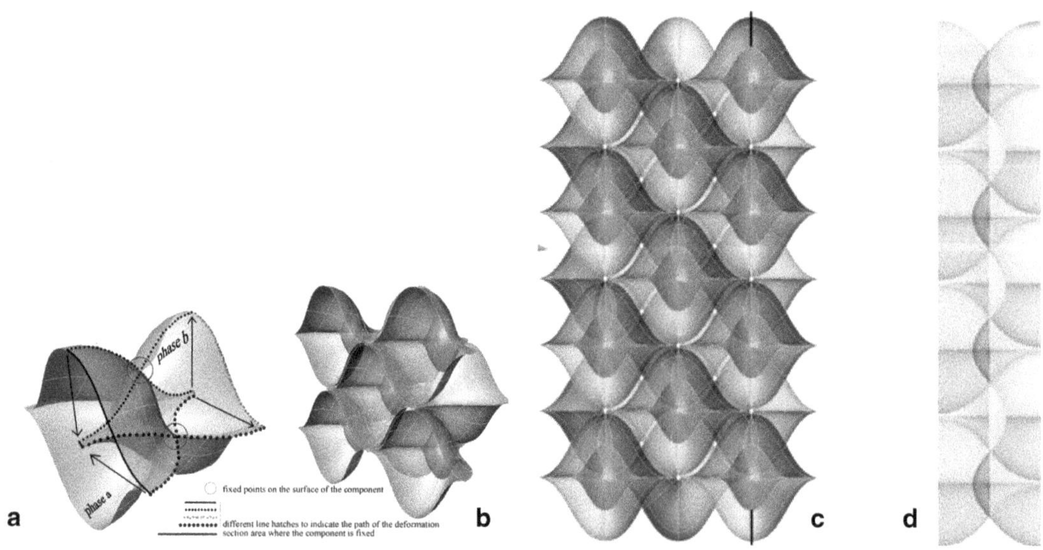

Abb. 6.202 Aufbau der Basiskomponenten einer atmenden Hülle

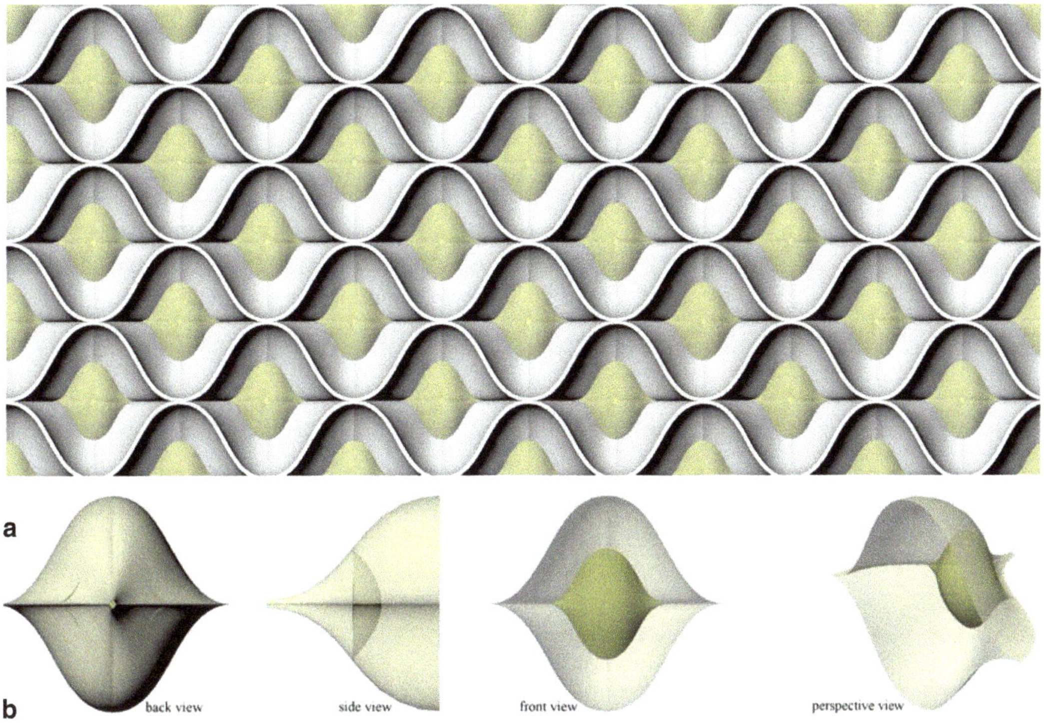

Abb. 6.203 Anordnung in einem Hüllsystem (*oben*) und Ansichten und Querschnitt (*unten*)

1. Generierung von Druckunterschieden durch Bewegung von Bauteilen,
2. Erweiterung und Schrumpfung von Volumina zur Generierung von „Ansaugen" und „Ausblasen",
3. das System ist hierarchisch gegliedert,
4. der Luftaustausch ist über die Gestalt der Oberflächenform kontrolliert.

Das Atmungsorgan, also das Ventilationssystem als Ganzes, ist ein aktives System und bildet die schützende Hülle für das Gebäude. Die Hülle besteht aus einzelnen aktiven Komponenten, die ähnlich wie Zellwände angeordnet sind. Das Makrosystem der Anordnung der Zellen sowie das Mikrosystem reagieren dynamisch aktiv.

Die Zellen sind aus Membranen unterschiedlicher Durchlässigkeit aufgebaut und erbringen den Gasaustausch. Sie sind partiell gasdurchlässig, halbdurchlässig bis nichtdurchlässig. Die inneren Membranelemente bilden mit Doppelmembranen lungenähnliche Kammern als zentrale Atmungsorgane und erinnern an Pneus. Diese Kammern sind an Sensoren gekoppelt und können sich über piezoelektrische Signale ausdehnen und im Volumen ändern. Sie sind mit Öffnungen und einfachen Klappenmechanismen ausgestattet, die bei Expansion Luft einsaugen und beim Zusammenziehen der Kammern Luft auspressen. Das komplexe System kann gleichzeitig „einatmen" und „ausatmen": Während einzelne Kammern Luft einströmen lassen, sorgen andere für das Ausströmen. Luft kann dabei nicht in die Gegenrichtung fließen. In Verbindung mit neuen Materialien wird eine selbstadaptive Fassadentechnologie vorgeschlagen, die sich „intelligent" auf Veränderungen einstellen kann.

6.50 Thermoregulative Hüllstrukturen

Abb. 6.204 Vögel und Säugetiere haben physiologische Merkmale entwickelt, welche die für die thermoregulative Funktion nötigen Eigenschaften der Wärmedämmung und Regulierung der Körpertemperatur ermöglichen

Lebewesen benötigen bestimmte Temperaturverhältnisse um ihre biologische Funktionalität aufrechtzuerhalten. Sehr viele lebende Organismen haben physiologische Methoden oder Verhaltensmuster entwickelt, die eine Thermoregulation erbringen. Die auf das thermoregulative System einwirkenden Einflüsse sind hervorgerufen durch Radiation, Konvektion, Konduktion, Absorption und Verdunstung. Die Lebewesen haben jeweils spezifische Systeme entwickelt. Die Thermoregulation wechselwarmer Lebewesen wird von Verhalten und biologischer Funktion bestimmt. Gleichwarme Lebewesen regulieren ihre Körpertemperatur mit Hilfe physiologischer Eigenschaften.

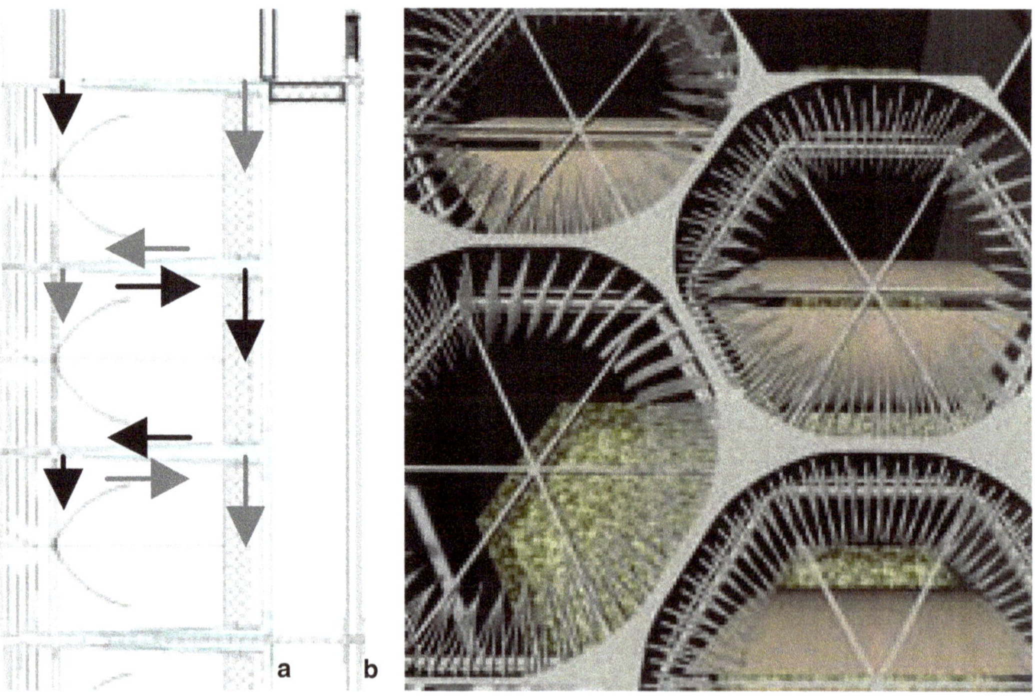

Abb. 6.205 Kühlfassade: integrales Berieselungssystem zur Wasserverdampfung in der Gebäudehülle

Abb. 6.206 Funktionsprinzipien, die für die Entwicklung der Kühlfassade verwendet wurden

Natural system	Deep principle
Stoma of plants	*Osmotic pressure changes control openings for evaporation*
Pine cone	*Relative humidity changes cause material deformation*
Hair around eyes	*Protection against small particles (e.g. dust and sand)*
Human skin	*Latent heat transfer - Cooling trough evaporation*

Abb. 6.207 Ansicht einer Kühlfassade für aride Regionen

Technische Anwendung Die belebte Natur hält eine unzählbare Menge an Organismen parat, die für die technische Entwicklung von Thermoregulationsverfahren Pate stehen können. Die einzigartigen Strategien natürlicher Thermoregulation ermöglichen ein Anpassungsverhalten der „Hülle" als Antwort auf veränderliche Temperaturgefüge der Umgebung und auf veränderliche Temperaturgefüge im Inneren der Organismen. Die verschiedenen Spezies sind zudem auf unterschiedliche Klimabereiche individuell angepasst, innerhalb deren Temperaturbandbreite sie existieren können. Die für eine nähere Betrachtung ausgewählten natürlichen Beispiele wurden aufgrund ihrer Eigenschaft gewählt, Strategien und Mechanismen für eine gleichbleibende Körpertemperatur entwickelt zu haben, die sie trotz veränderlicher Umweltklimata einhalten können (Abb. 6.205 und 6.206).

An der TU Delft wurden von Badarnah u. a. thermoregulative Systeme der belebten Natur näher untersucht. Sie hatten dabei besonders folgende Funktionssysteme im Blick:

- Termitenhügel – passive Ventilation,
- Tunfisch – Wärmeaustausch,
- menschliche Haut – Transpiration,
- Vögel – Kühlung über Kehlkopfsack-Vibration.

Die Gruppe der TU Delft (Badarnah et al. 2010) hat hierfür eine Taxonomie (Abb. 6.206) für mögliche Anwendungen in Gebäudehüllen erstellt und erste Übertragungssysteme diskutiert. Diese behandeln eine mittels Verdampfung kühlend wirkende Wand für den Einsatz in ariden Gebieten (Abb. 6.205). Abbildung 6.207 behandelt ein System für warme aride und humide Gebiete als Hülle mit Verschlusssystem, das befeuchtet wird und dabei Luft einströmen lässt und in trockenen und heißen Wetterbedingungen umgekehrt funktioniert. Die Systeme bestehen aus vier integrativen Bausteinen (Abb. 6.206, freundlicherweise von Lidia Badarnah zur Verfügung gestellt):

1. „Stoma-Brick": der funktionale Part der Thermoregulation ist aus porösem Material. Er besteht aus einem äußeren Filter mit Filterhaaren (Schmutzfilter), einer „venösen" Verschlussklappe, die in Abhängigkeit der Luftfeuchtigkeit ein Öffnen und Schließen ermöglicht. Der größte Teil der inneren Schicht ist schwammartig, um die Feuchtigkeit für die Verdunstung zu halten.
2. „Mono-Brick": beinhaltet den Berieselungsmechanismus,
3. Stahlrahmen,
4. innere Schicht: HEPA Filter für Luftreinigung oder Acrylglas für Lichtdurchlass und Durchblick.

6.51 Veränderbare Flächenelemente 1

Aktive und passive Bewegungen sind für Wissenschaftler von besonderem Interesse. Der Klapp-Bestäubungsmechnismus der Paradiesvogelblume *Strelizia reginae* ist ein reversibler Mechanismus, der nicht autonom hervorgerufen wird. Die Strelizie bietet Vögeln eine Sitzstange aus zwei verwachsenen Blütenblättern an, die sich durch das Gewicht des Vogels reversibel nach unten biegt. Bei der damit einhergehenden horizontalen Bewegung wird eine flächige Lamina nach außen geklappt, welche ansonsten die Staubblätter umschließt. Durch das Freilegen der Staubblätter haftet der Pollen an dem Körper des Vogels und wird bei dem Besuch des Vogels auf einer nächsten Pflanze dort auf die Narbe übertragen.

Abb. 6.208 Strelizie

Technische Anwendung Bei der Strelizie finden Bewegungen statt, die nicht autonom, sondern durch äußere Einwirkung unselbstständig zustande kommen. Die reversiblen elastischen Verformungen benötigen keine zusätzliche „Mechanik“ und sind nahezu unbegrenzt funktionsfähig. Die Plant Biomechanics Group der Universität Freiburg (Prof. T. Speck) hat die Funktionsmorphologie der Strelizie untersucht und dabei festgestellt, dass der Klappmechanismus über 3000-mal seine reversible Funktionalität behält (Abb. 6.209).

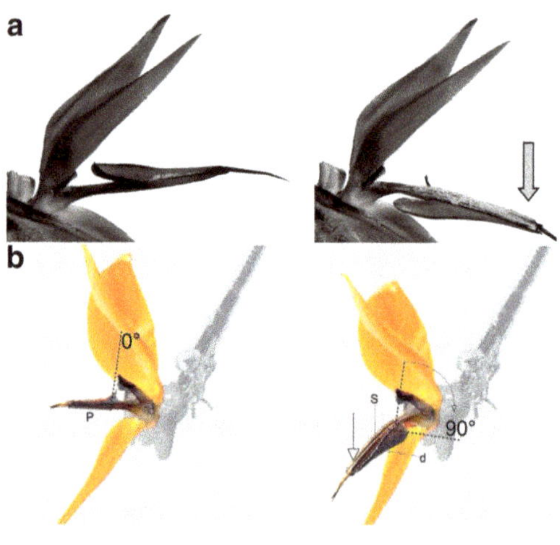

Abb. 6.209 Klappmechanismus der Blüte und gemessene Auslenkung

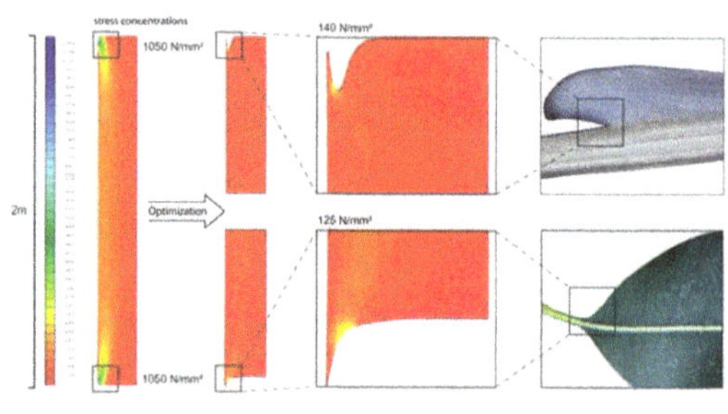

Abb. 6.210 Reduzierung der Kerbspannungen durch bionische Optimierung der Konturlinie

Diese Funktionalität wurde an der Universität Stuttgart durch das Institut für Tragkonstruktionen (ITKE, Prof. J. Knippers) und das Institut für textile Verfahrenstechnik (ITV) Denkendorf

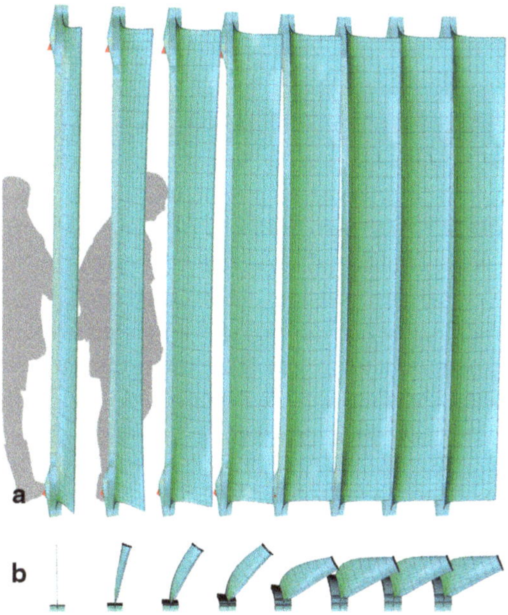

Abb. 6.211 Finite-Elemente-Analyse einer Fassadenverschattung

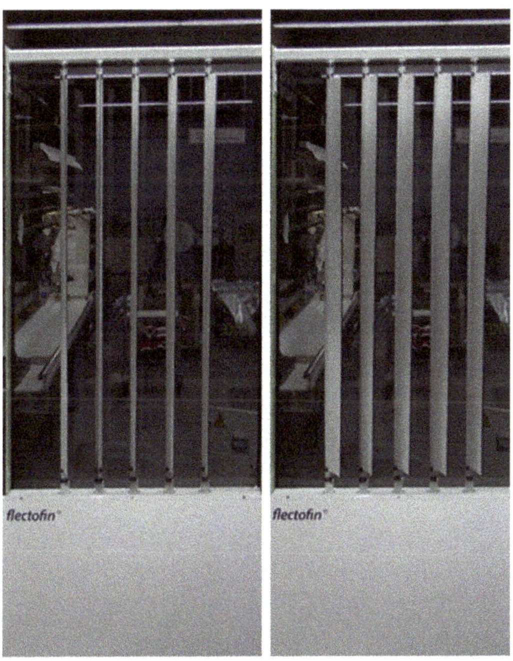

Abb. 6.212 Flectofin© im ersten Mock-up

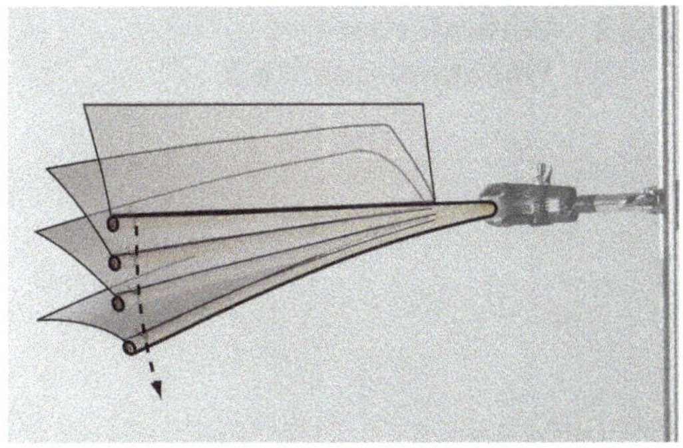

Abb. 6.213 Abstraktionsschritt: das seitlich ausgelenkte Rückgrat führt zu Biegedrillknicken des gesamten Schalenelementes

a

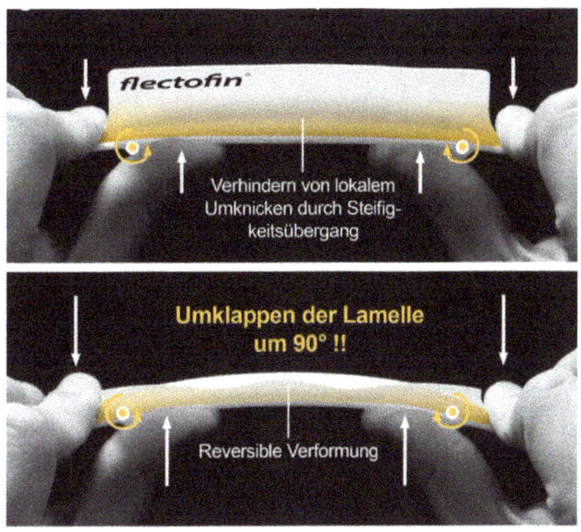

b

Abb. 6.214 Modellerläuterung des Funktionsprinzips

auf eine Verschattungslamelle übertragen, die auf eine externe Kraft durch seitliches Ausweichen infolge Biegedrillknicken reagiert. Die Forschungsergebnisse mündeten in eine patentierte Technologie für Fassadenverschattungen: Flectofin (Abb. 6.211–6.214).

6.52 Veränderbare Flächenelemente 2

Fleischfressende Pflanzen (*Karnivoren*) haben unterschiedliche Mechanismen entwickelt, um an ihre Beute zu gelangen. Die Venusfliegenfalle *Dionaea muscipula* ist eine fleischfressende Pflanze aus der Familie der *Droseraceae* (Sonnentaugewächse). Ihr Wurzelsystem dient der Pflanze zur Verankerung im Boden und zur Wasseraufnahme. Zur Nährstoffaufnahme verwendet sie mehrere Zentimeter lange, aus Blättern gebildete Klappfallen (Blattspreiten). Diese sind rot gefärbt und locken, unterstützt von Sekreten aus Nekarien ihre Beute an. Die Ränder der Blattspreiten sind mit Randborsten besetzt. Im Zentrum der Spreiten sitzen Fühlborsten, die auf einen Berührungsimpuls der Beutetiere reagieren und den Fangmechanismus auslösen.

Abb. 6.215 Venusfliegenfalle *Dionaea muscipula*; die Blattspreiten bewegen sich nach dem Prinzip der Thigmonastie

Natürliche Systeme, die sich ohne mechanische Elemente öffnen und schließen, besitzen ein hohes Vorbildpotential für Anwendungen in der Bauindustrie. Lichtlenkungs- und Verschattungssysteme für Gebäude, welche für ihre Beweglichkeit im Wesentlichen auf Materialveränderung zurückgreifen und somit die mechanischen Bauteile simplifizieren, lassen sich von natürlichen Vorbildern ableiten (Abb. 6.216–6.219).

Abb. 6.216 Bewegungsprinzip

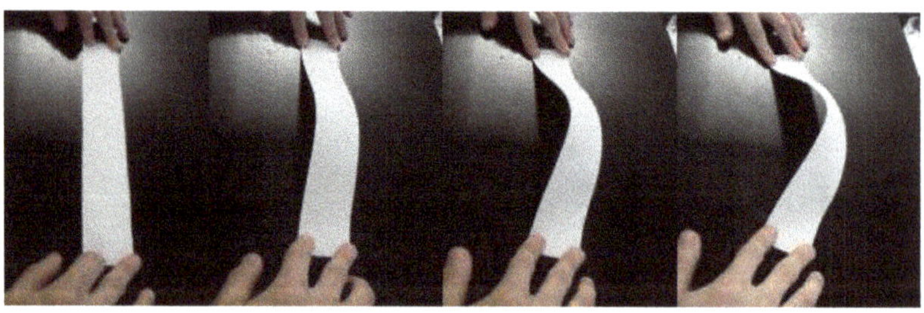

Abb. 6.217 Numerische Untersuchungen von elastisch verformten Flächenstreifen

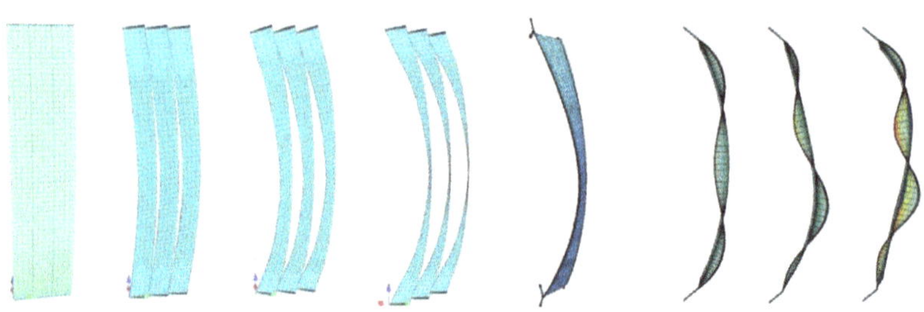

Abb. 6.218 „One Ocean“, EXPO-Pavillon, Korea, soma Architekten

Abb. 6.219 Fassadenausschnitt von „One Ocean“, EXPO-Pavillon, Korea

Die Öffnungselemente der Fassade des Thematischen Pavillons der EXPO 2012 in Yeosou, Korea, der Architekten soma vollziehen Bewegungen mit elastischer Deformation. Inspiriert durch die Forschung am Flectofin, entwickelte Knippers Helbig Advanced Engineering das technische Konzept der beweglichen Elemente.

Die bis zu 15 m hohen Lamellen mit beidseitigen Versteifungsrippen bestehen aus nur 8 mm starkem glasfaserverstärktem Kunststoff. Sie werden durch eine oben und unten extrinsisch eingeleitete Kraft elastisch deformiert.

6.53 Multiachsial veränderbare Flächenelemente

Die zur zur Familie der Schmetterlingsblütler *Leguminosae* gehörenden Mimosen sind auf dem amerikanischen Kontinent beheimatet. Sie besitzen ovale, länglich geformte und paarweise angeordnete Fiederblätter, die bei Berührung innerhalb etwa einer Sekunde zusammenklappen. Zusätzlich knickt das gesamte Blatt mit den bereits zusammengeklappten Fiederblättchern nach unten ab. In seine Ursprungsposition bewegt sich das Blatt nach ungefähr einer halben Stunde ganz allmählich zurück, auch die Fiederblätter klappen wieder auf. Auch nachts, in „Schlafposition", nehmen die Blätter der Mimose die zusammengeklappte Position ein. Dieses Phänomen der durch Berührung hervorgerufenen Pflanzenbewegung wird Seismonastie genannt.

Abb. 6.220 Mimose in geöffnetem Zustand

Mimosen leiten einen Berührungsreiz innerhalb der Pflanze weiter, so dass benachbarte Blätter reagieren. Diese Reaktion ist nicht autonom und wird mit Turgorveränderung durch chemische Botenstoffe bzw. durch elektrische Impulse hervorgerufen. Bewegungsstudien an Pflanzen haben die Forscherteams von Pohl Architekten und Knippers Helbig Advanced Engineering unabhängig voneinander zu verschiedenen technischen Übertragungsmöglichkeiten in die Architektur inspiriert (Abb. 6.221 und 6.222). Für das Vorhaben einer Überdachung eines ehemaligen Klosterhofs (Abb. 6.223 und 6.224) haben sie gemeinsam eine multiachsial bewegliche Hülle entwickelt. Zum Schutz für die Zuschauer der im

Abb. 6.221 Bewegungssimulation mit Lastanalyse

Abb. 6.222 Bewegung bei unterschiedlicher Witterung: Bewegungsamplitude (*oben*), bei Sonnenschein (*Mitte*), bei Regen (*unten*)

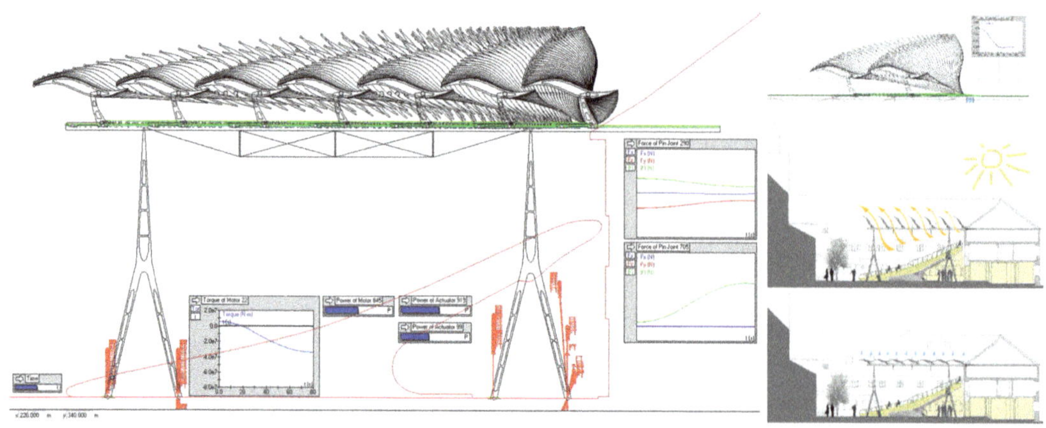

Abb. 6.223 Das Dach über dem Klosterhof in geschlossenem Zustand mit Lichtinszenierung

alten Klosterhof in Feuchtwangen beheimateten Festspiele planen sie die neuartige Hülle, die auf Regen, Sonne und auf Hitze reagieren kann und wie Mimosenblätter einzeln gekoppelt einstellbar ist. Das analog zu den Vorbildern der pflanzlichen Nastien (nicht autonomen Bewegungen) entwickelte Dach besteht aus einem Blattgefieder mit sieben Einzelblättern, welches den Innenhof in seiner gesamten Breite überdeckt. Im geöffneten Zustand sind die gesamten Fiederblätter nach hinten gefahren. Bei beginnendem Regen schließt sich das Dach, durch Sensoren gesteuert, innerhalb von zwei Minuten. Zur Ventilation des Zuschauerraumes können die Blätter des Daches stufenlos in Schrägstellung verharren. Die gewölbte Ausformung der Blätter und der konstruktive Verschattungseffekt sorgen für thermische Winddurchlüftung und Kühlung. Im geschlossenen Zustand wird der Regen über ein integriertes Rinnensystem abgeleitet. Die Fiederblätter bestehen aus speziell konfektionierten Ultra-Leichtbauelementen in vollständiger Glasfaser-Verbundbauweise.

Abb. 6.224 Verschiedene Öffnungszustände des Daches. Nicht dargestellt ist das vollständig zurückgefahrene Blattgefieder des Daches

6.54 Reaktive Kontraktionssysteme

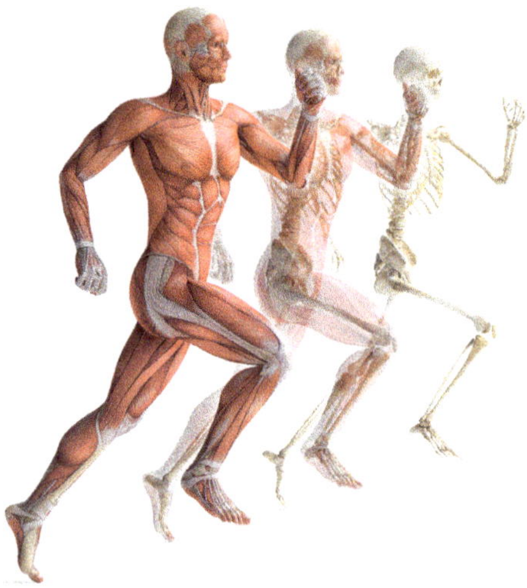

Muskeln
Der Muskel (lat. *musculus*) ist ein kontraktiles Organ, bestehend aus Muskelgewebe, welches sich zusammenziehen bzw. erschlaffen kann. Durch die Anordnung von Muskeln werden Bewegungen ermöglicht, z.B. das Laufen, jedoch auch das aufrechte Stehen und die Dämpfung von Belastungen. Neben Ringmuskeln (Auge, Mund, After) besitzen Wirbeltiere Hohlmuskeln (Speiseröhre, Magen, Herz) und mehrköpfige Muskeln, wie den Armbeugemuskel (M. biceps brachii). Künstlicher Muskel zur Schwingungsdämpfung von Fußgängerbrücken.

Abb. 6.225 Biologischer Muskel

Leichtbaukonstruktionen wie Spannbandbrücken lassen sich vor allem durch Fußgängerverkehr in Schwingung versetzen. Um die außergewöhnlich hohe Schwingungsanfälligkeit einer Spannbandbrücke mit kohlenstofffaserverstärkten Kunststoff-Bändern zu reduzieren, wurde an der TU Berlin von Mike Schlaich und Achim Bleicher unter Einsatz künstlicher Muskeln eine aktive Schwingungskontrolle entwickelt und an einem Prototypen getestet (Abb. 6.227–6.230) Das Konzept reaktiver Kontraktionssysteme basiert auf dem geregelten Eintrag von Kräften in der Geländerkonstruktion. Zur Erzeugung der Kräfte werden industriell hergestellte pneumatische Muskeln der Firma Festo (Abb. 6.226) verwendet. Diese dehnen sich durch Aufbringen eines Innendrucks in Radialrichtung aus und kontrahieren dabei in Längsrichtung. Durch speziell entwickelte Algorithmen wird die Kontraktion bzw. der Krafteintrag in Abhängigkeit der Brückenschwingungen geregelt. Dadurch wird die Brücke „muskelgetrieben“ stabilisiert.

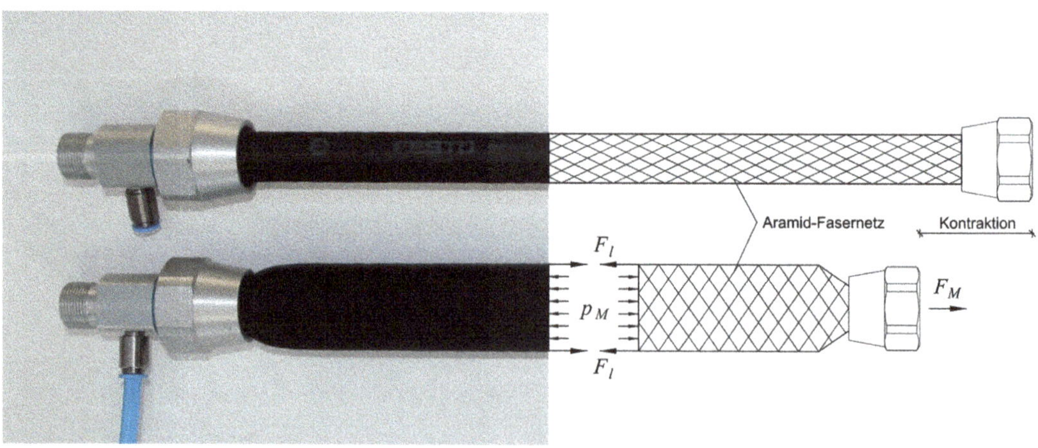

Abb. 6.226 Pneumatischer Muskel von FESTO

Abb. 6.227 Aktiv geregelte Spannbandbrücke mit Sensoren, Aktuatoren und Controller

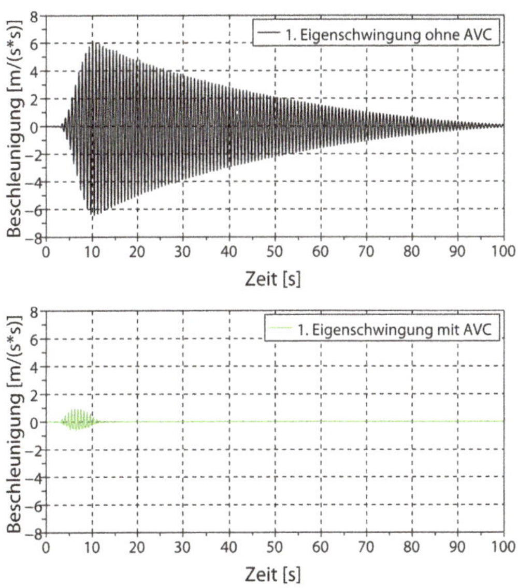

Abb. 6.228 Fußgängerinduzierte Beschleunigungen in der ersten Eigenschwingung ohne und mit aktiver Schwingungskontrolle

Abb. 6.229 Belastungs-/Dämpfungssimulation „Gehen“ am Prototypen, TU Berlin

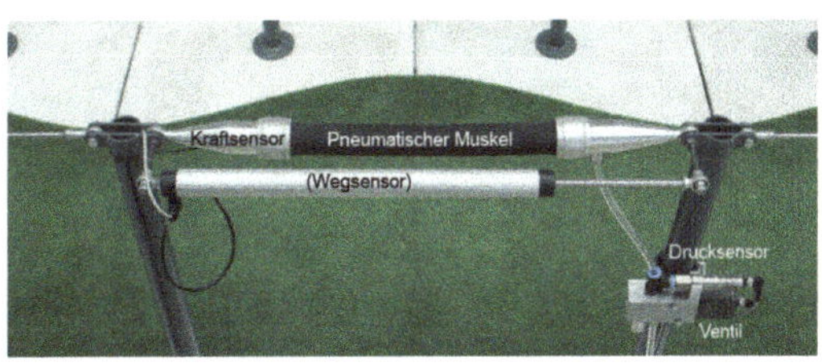

Abb. 6.230 Pneumatischer Muskel mit zugehörigem Equipment

6.55 Autoresponsive Bewegungen, Fin-Ray-Effekt®

Die Schwanzflossen einiger Fische (Abb. 6.230) bestehen aus Flossenstrahlen, von denen jeweils zwei fast parallel verlaufen und mit Bindegewebe verbunden sind. Diese Flossenstrahlen sind dabei die tragenden Teile der Schwanzflossen und sind je nach Art der Fische unterschiedlich hart ausgebildet. Das Bemerkenswerte an dieser einfachen und robusten Konstruktion ist, dass sich die Flosse bei seitlichem Druck konkav verformt und dass dabei die gekoppelte Spitze annähernd keine Verschiebung erfährt, statt sich - wie man es von einem Kragarm erwartet – von der angreifenden Kraft weg zu bewegen.

Abb. 6.231 Schwanzflosse aus zwei tragenden Flossenstrahlen

Der an dem Bewegungsmuster von Fischflossen entdeckte Fin-Ray-Effekt® bezeichnet ein Funktionsprinzip, das für vielfältige technische Anwendungen interessant ist. Der Fin-Ray-Effekt®" (Ray = Strahl) ist eine geschützte Marke der Firma EvoLogics. Diverse Anwendungen für formadaptive Greifwerkzeuge wurden z. B. in Form von Greifelementen entwickelt oder dienten Vorführobjekten auf Ausstellungen. Bei dem in der Natur vorkommenden Effekt reagiert das

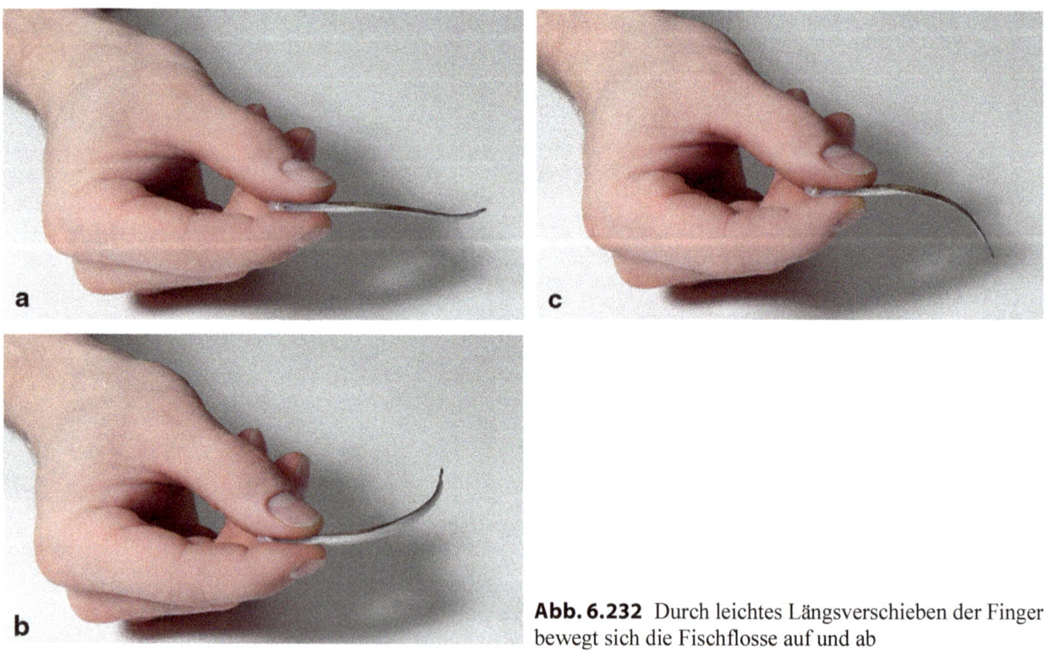

Abb. 6.232 Durch leichtes Längsverschieben der Finger bewegt sich die Fischflosse auf und ab

Abb. 6.233 Fin-Ray-Effekt® an einer Scholle

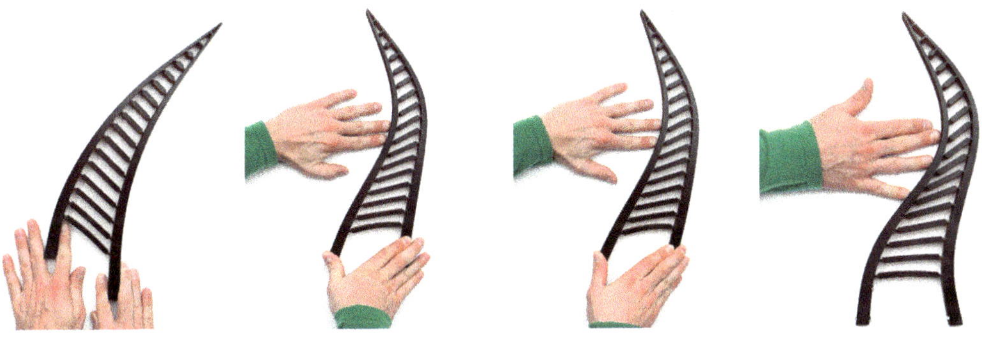

Abb. 6.234 Fin-Ray-Effekt®: verschiedene Bewegungsmuster an Modellen. Die Anzahl der Querverbindungen ist nicht entscheidend für das Biegeverhalten des Gesamtsystems

elastisch verkoppelte Element „Fischflosse" auf Druck mit einer Bewegung in die Druckrichtung (Abb. 6.183 und 6.233). Das Gleiche geschieht, wenn in Richtung der Flossenstrahlen verlaufende Zugbänder (Muskeln) aktiviert werden. Mit einer derartig verformbaren Schwanzflosse sollen sich die Fische von der durch sie entstehenden Wirbelstraße wechselseitig abdrücken. Forscher der TU Berlin um Mike Schlaich und Annette Bögle von der HCU Hamburg entwickeln Anwendungen für das Bauwesen, die den Fin-Ray-Effekt® nutzen können (Abb. 6.234). Eine zu öffnende Fugenlösung für textile Überdachungen und Foliendächer nach dem Fin-Ray-Prinzip entspricht nicht wie herkömmliche Fugen dem Prinzip des Quetschens des Materials, sondern nutzt die geometrische Verformbarkeit und das systemgegebene Anschmiegen der Struktur.

6.56 Verschiebliche Schalen

Die Evolution hat es einigen Arten der Asseln, wie z.B. der Rollassel (*Armadillidium vulgare* (Abb. 6.235)) ermöglicht, sich in Gefahrensituationen zu einer stabilen und geschlossenen Kugel zusammenzurollen. Asseln werden nach aussen hin vollständig von einer Körperdecke bedeckt, die ein Außenskelett bildet. Dieses bringt dem Köper Form und Stabilität. Diese Haut stellt ein Sekretionsprodukt der Epidermiszellen dar und ermöglicht den Arthropoden überhaupt erst ein Landleben. Sie kann entweder hart sein, wie im Falle der plattenförmigen Sklerite oder weich, wie bei den biegsamen Membranen, welche die Sklerite verbinden.

Abb. 6.235 Rollassel *Armadillidium vulgare*

Technische Anwendung Die Funktionsweise verschieblicher Schalen, wie sie z. B. bei der Rollassel vorhanden sind, bietet interessante Design-Entwicklungsmöglichkeiten.

Ähnliche Prinzipien sind seit langem bekannt: im Mittelalter wurden die Rüstungen der Ritter so konzipiert, dass trotz der harten Materialien immer noch eine gewisse Bewegungsfreiheit bestand. Vornehmlich Gelenkstücke an Knie und Ellbogen wurden mit sich überlappenden Elementen ausgestattet.

An der Schule für Architektur der HTW des Saarlandes sind unter der Leitung von Göran Pohl Studien für eine elementierte Brücke nach Vorbildern von Rollasseln und Gürteltieren entstanden (Abb. 6.236, 6.237). Die Rollbrücke setzt sich aus einzelnen Elementen zusammen, die sich wie die Sklerite der Rollassel zusammenrollen lassen. Die Elemente sind durch breite Walzengelenke miteinander verbunden, die ein seitliches Verdrillen verhindern und das Aufrollen ermöglichen. Die Brücke rollt alle Segmente gleichmäßig ab bis zu einer leichten Überstreckung,

Abb. 6.236 (**a–b**) Rollbrücke im Bewegungsablauf, (**c–d**) Zusammenrollen der Brücke

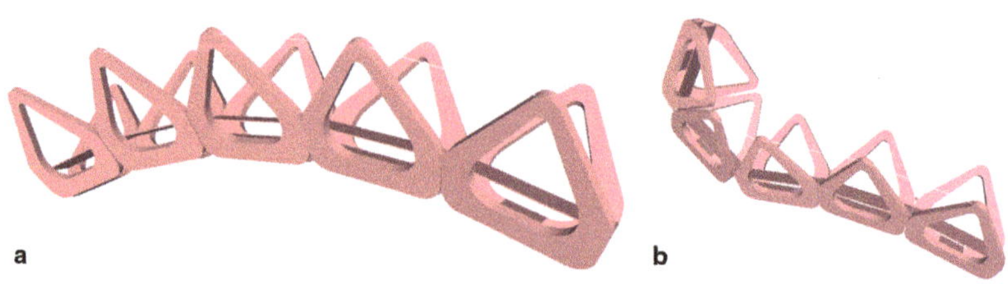

a b

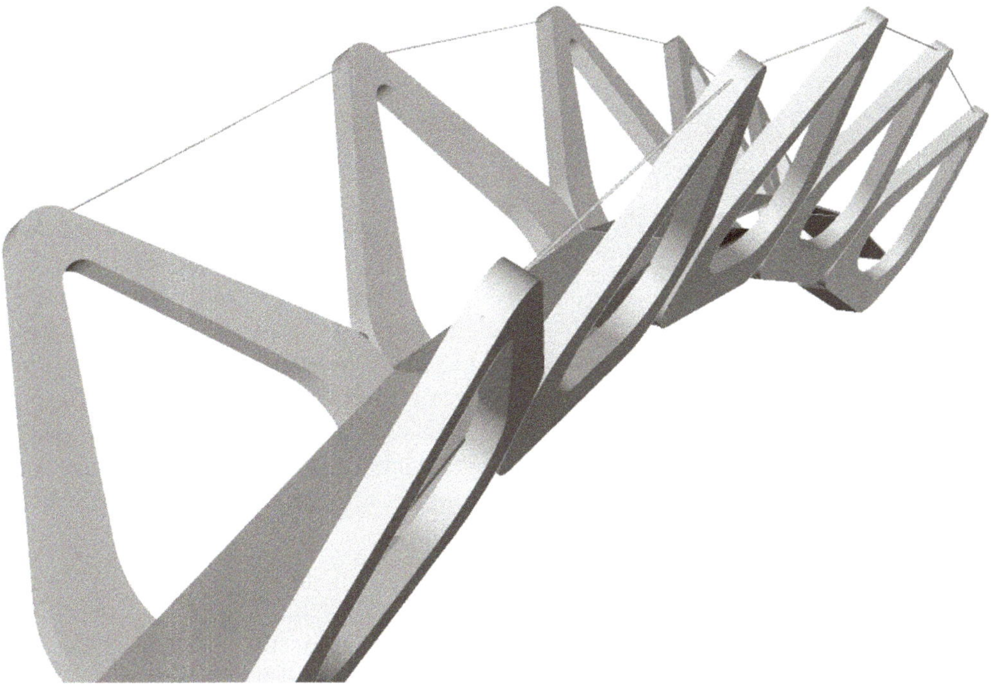

Abb. 6.237 Modell einer Rollbrücke

welche die bogenförmige Grundform ergibt. Im vollständig ausgerollten Zustand ist die Brücke einsatzfähig. Die Verbindung der Einzelsegmente mittels Zugseilen ermöglicht ein Aufrollen der Brücke zu einem der Rollassel vergleichbaren kompakten Paket. Gleichzeitig ist an der Unterseite der Rollbrücke eine weitere Zugverbindung zwischen den jeweils benachbarten Elementen angedacht, welche die im ausgerollten Zustand der Brücke einwirkenden Lasten über Zug in die starren Rahmenbauteile der Brücke einleiten. Mit dieser Bauweise entsteht eine kleine Rollbrücke für Fußgänger und für geringe Spannweiten, die flexibel zu öffnen und zu schließen ist.

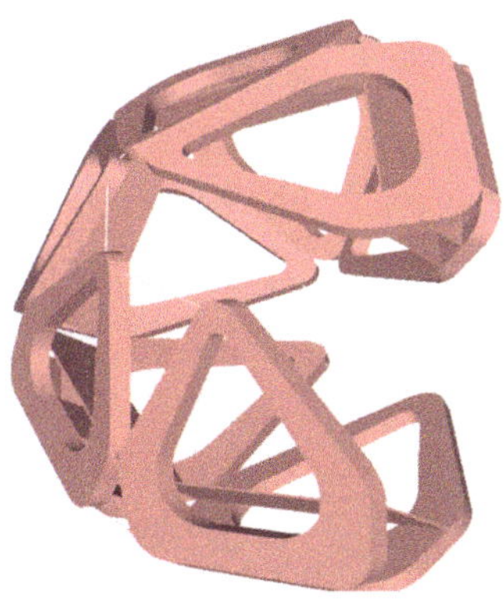

c

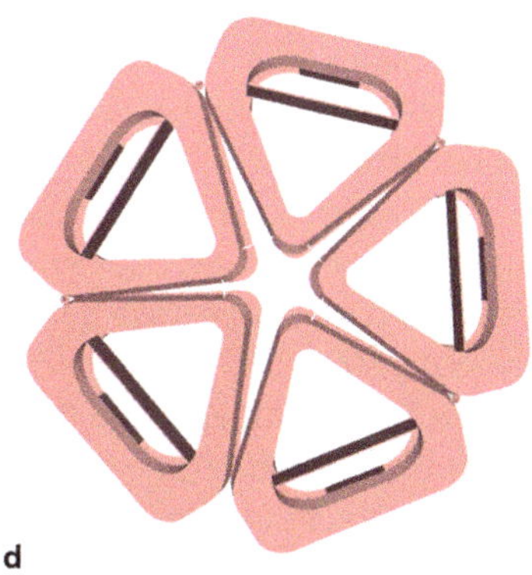

d

6.57 Selbstheilung

Die Rinde schließt verletzte Bereiche mit Hilfe eines Selbstreparaturprozesses dicht ab. Die Abbildung 6.238 zeigt eine große Umwallung eines Astes. Selbst solche Astansätze werden nach Verwitterung oder Abtrennung des Astes umwallt und häufig auch vollständig verschlossen. Die Wahrscheinlichkeit einer vollständigen Umwalung hängt im Wesentlichen von der Größe der Verletzung ab. Eine kreisförmige Verletzung wird entsprechend rund umwallt, eine lineare Verletzung eher linear bzw. oval. Der vollständige Schluss einer etwa untertassengroßen Verletzung dauert bei der Buche rund 10 Jahre.

Abb. 6.238 Baumwunde mit deutlich sichtbarer Umwallung als Folge des Selbstheilungsprozesses

Die Liane *Aristolochia macrophylla* wurde im botanischen Garten der Universität Freiburg als Studienobjekt für die Effekte der Selbstheilung untersucht. Der Prozess vollzieht sich beim Schließen einer Wunde in mehreren Phasen. In der ersten Phase schwellen Parenchymzellen in die Wunde und versiegeln diese (Abb. 6.239).

Wahrscheinlich resultiert das Verschließen aus einer viskoelastisch-plastischen Ausdehnung von Zellen, angetrieben vom Zell-Turgordruck. Im Anschluss daran bilden sich Parenchym-Reparaturzellen, die in die Wunde wachsen und deren Zellwände sich anschließend verdicken (Abb. 6.242b, c). Die Zellform und die Zellwanddicke von normalen Parenchymzellen und Parenchym-Reparaturzellen sind durchaus unterschiedlich.

In Kooperation mit der Schweizer Firma Prospective Concepts AG und der EMPA Dübendorf wurden die biologischen Selbstheilungsprozesse auf technische Membranen des Tensairity-Konzeptes übertragen. Die Technologie besteht aus einem durch leichten Innendruck von 50–500 mbar vorgespannten Pneu, der mittels Zugelementen und Druckstäben stabilisiert ist. Bei

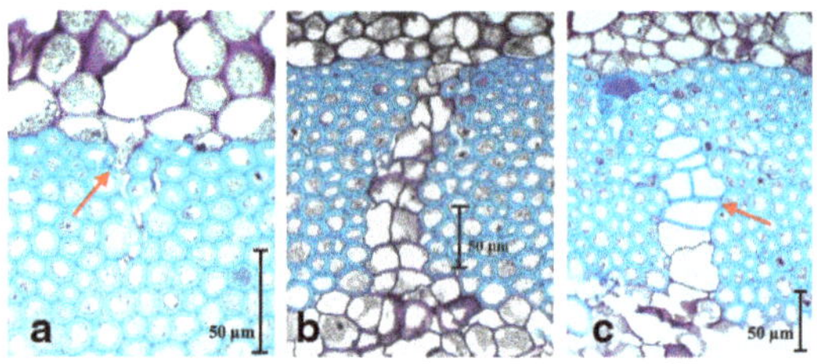

Abb. 6.239 Selbstheilung bei *Aristolochia macrophylla*. Parenchymzellen schließen die Verletzung

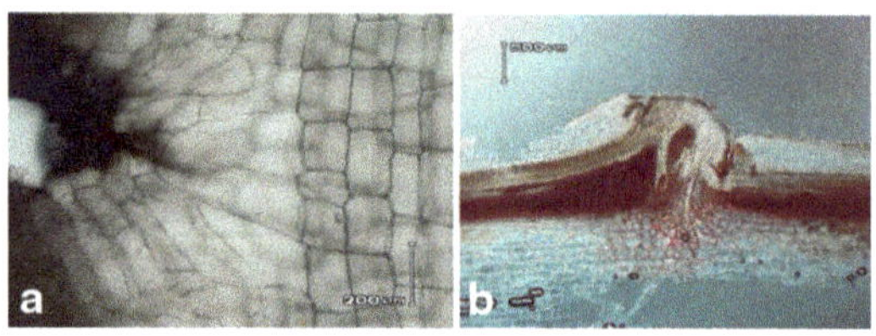

Abb. 6.240 Selbstheilung nach einer äußeren Verletzung bei der Bohne *Phaseolus vulgaris*. **a** Frühe Phase der Selbstreparatur: Parchnchymzellen dringen in die Wunde. **b** Späte Phase mit Verdickung und Wundverschluss

Verletzung des Pneu strömt Luft aus dem Tensairity-Element. Da die Luft nur mit geringem Überdruck eingebracht ist, entweicht sie lang-

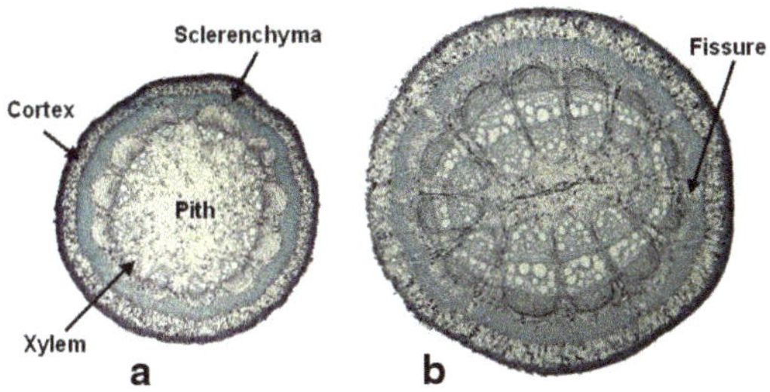

Abb. 6.241 Querschnitt der Liane *Aristolochia macrophylla*. **a** Einjähriger Stamm mit geschlossenem Ring der Sklerenchymfasern. **b** Als Konsequenz des jährlichen Wachstums zeigt ein zweijähriger Stamm ein Wachstum des Xylems und eine Segmentierung des Sklerenchymringes

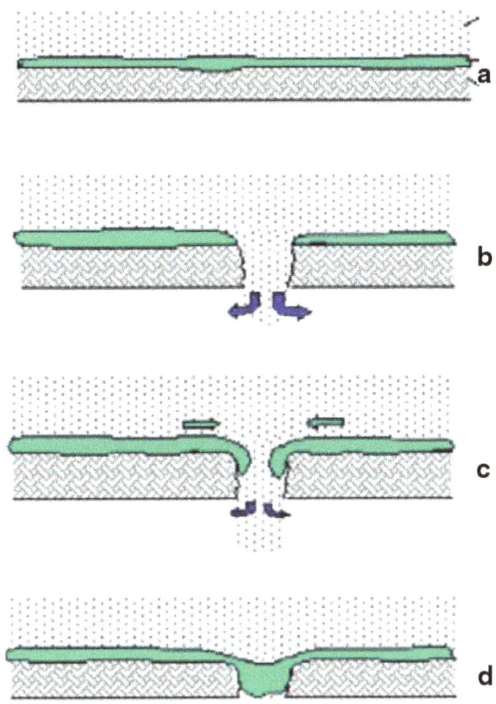

Abb. 6.242 Schichtenaufbau von oben nach unten. **a** Luft mit Überdruck. **b–d** Membran. Ein Loch im Pneu wird sukzessive mit dem Schaum verschlossen, bis das Loch versiegelt ist und der Luftverlust gestoppt wird. Grün = aktive Reparaturschicht

sam. In Untersuchungen wurde das biologische Prinzip auf eine Membran-Selbstheilung übertragen. Die technische Entwicklung basiert auf

Abb. 6.243 Tensairity®-System

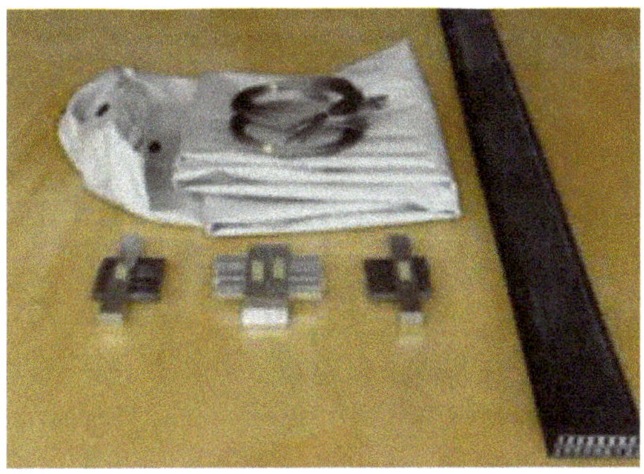

Abb. 6.244 Bestandteile des Tensairity®-Systems sind: ein langer Druckstab, eine aufblasbare Hülle für das pneumatische Basiselement, Spannseile zur radialen und gegenläufig radialen Zugverspannung, Verankerungsteile

einer zusätzlichen schaumartigen „zellularen" Membranschicht, welche die Membran im Fall einer Verletzung wieder schließen kann. Die Reparaturschicht ist eine innere Beschichtung. Der Reparaturprozess funktioniert auf ähnliche Weise wie beim biologischen Vorbild: die Verletzung wird durch eine geschlossenporige Schaumschicht versiegelt (Abb. 6.242). Die Möglichkeit einer Selbstreparatur hängt von der Größe der Verletzung ab. Beschichtungen auf Polyurethan-Basis haben bereits vielversprechende Resultate erbracht. Erste Nutzungen sind in Form von leichten Brückenkonstruktionen und pneumatischen Dächern in der Erprobung.

6.58 Bambootanik

Phyllotaxis ist in der Botanik die Lehre der Blattstellung von Pflanzen. Die Anordnung äußerer Blattorgane wie Blätter, Äste, Samen etc. (Abb. 6.245) folgt bestimmten von der Natur geschaffenen Regeln, Blattorgane stehen in bestimmten Winkeln zueinander. Baupläne von Planzen weisen häufig Spiralen auf, die durch Fibonacci-Zahlen bestimmt sind. Durch diese Anordnung können auf kleinem Raum sehr viele Blätter bzw. Samen angeordnet werden, auch kann dabei das einfallende Sonnenlicht am besten ausgenutzt werden. Diese Anordnung sorgt dafür, dass keine Perioden auftauchen und somit der ungünstigste Fall vermieden wird, dass zwei Blätter senkrecht übereinander stehen, wodurch das Untere verschattet wird.

Abb. 6.245 Pinienzapfen, von unten gesehen

Technische Anwendung – Bambo(o)tanic Bambo(o)tanic ist ein selbstwachsendes Konstruktionssystem aus Bambus, welches von Niko Feth an der Schule für Architektur bei G. Pohl und L. Bergrath, HTW Saarbrücken, entwickelt wurde. Nach den Erkenntnissen der Phyllotaxis von Pinienzapfen besteht die Bauweise aus einzelnen, modular aneinander gereihten Schirmen, die in ihrer Grundstruktur von Bambushalmen gebildet werden (Abb. 6.246–6.249). Für die Konstruktion der einzelnen Schirme werden die Bambushalme während des Wachstums in die Schirmform eingebogen. Die Biegung der Halme nach dem Vorbild der Fibonacci-Spiralen ergibt Schirmflächen mit einer Minimierung der gegenseitigen Eigenverschattung der Pflanzen und eine gleichmäßige gegenseitige Stützung der Pflanzen untereinander. Mit parametrischer, digitaler Generierung nach den Regeln der Phyllotaxis werden Membranelemente konfiguriert, die zum Regen- und Sonnenschutz der Nutzer und zur solaren Energienutzung dienen. Sie werden zwischen die Bambustragstruktur gehängt. Regenwasser wird über die Membranhäute gezielt zu den Wurzeln der Pflanzen geleitet. Die mit Photovoltaik-Folie beschichteten semipermeablen Membranen sind durch die pyllotaxische Anordnung so ausgerichtet, dass Lichtlücken entstehen und Äste und Zweige der Bambuspflanze in ihrem natürlichen Wachstum nicht beeinträchtigt werden. Die Bauweise eignet sich besonders zur Schaffung von witterungsgeschützten Unterständen und bietet ein Technik und Natur integrierendes System für Überdachungen in tropischen Regionen.

Abb. 6.246 Bambo(o)tanik im Wachstumsprozess

Abb. 6.247 Fertig entwickelte Bambusschirme für eine Marktstand-Überdachung für tropische Regionen. Die Solarmembrane sind Sonnen- und Regenschutz, leiten das Wasser zu den Pflanzenwurzeln und integrieren PV-Module zur solaren Energieerzeugung

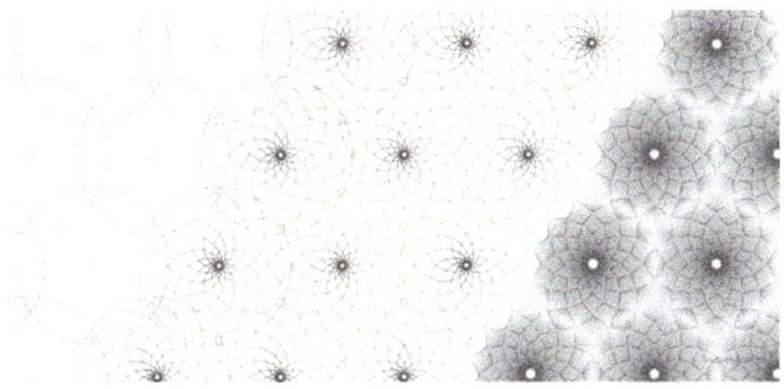

Abb. 6.248 Aufsicht des Systems: hexagonale Anordnung der Stützen, Anordnung der Bambushalme, Anordnung der Solarmembrane

Abb. 6.249 Ansicht

6.59 Schwimmkörper

Die Portugiesische Galeere *Physalia Physalis* ist ein Polypenverband, der mittels luftgefülltem Körper auf der Wasseroberfläche treibt. Zwar ähnelt die äußere Erscheinungsform stark einer Qualle, in Wirklichkeit besteht sie aber aus einer kompletten,voneinander abhängigen Polypenkolonie, deren Einzeltiere sich im Laufe der Evolution auf bestimmte Aufgaben wie Abwehr oder Fortpflanzung spezialisiert haben.
Die Japanische Wassernuss *Trapa natans* ist eine einjährige Wasserpflanze, die in stehenden Gewässern vorkommt. Schwimmkörper an den Blattstielen lassen die fächerförmigen Blätter der Pflanze rosettenartig an der Wasseroberfläche schwimmen.

Abb. 6.250 (**a**) Portugiesische Galeere *Physalia physalis*; (**b**) Japanische Wassernuss

Schwimmende Wohnkörper Das von der Portugiesischen Galeere *Physalia physalis* inspirierte System ist ein Konzept einer urbanen Wohnstruktur für Binnengewässer, das von Claudia Pommer im Rahmen ihrer Diplomarbeit am Institut für Industrial Design des Fachbereiches Ingenieurwesen & Industriedesign der Hochschule Magdeburg-Stendal (FH) bei Ulrich Wohlgemuth entwickelt wurde (Abb. 6.173–6.253). Inspiriert durch den Organismus des Polypenverbandes *Physalia physalis* entstand die Idee der Übertragung der „Zeltplatzphilosophie" auf das Wasser. So ergab sich eine komplexe urbane Wohnstruktur aus einer Kombination unterschiedlich großer Plätze, Wohneinheiten und Verbindungsstege nach dem Vorbild der Japanischen Wassernuss. Alle Plätze dieser Struktur bieten fünf Andockmöglichkeiten für die ca. 32 m^2 großen, modular aufgebauten Wohneinheiten. Damit die Anordnung auf dem Wasser immer neu strukturiert werden kann, sind die Einheiten durch einen Elektroantrieb frei bewegbar. Das ermöglicht ihnen, sich an andere Einheiten anzukoppeln oder sich von ihnen abzusondern. Ein Ponton bildet den Kern der Wohneinheiten. Zum Schutz

Abb. 6.251 Aufbau Schirm

beim Andocken umschließt ihn eine Fläche aus flexiblem, den Bewegungen des Wassers folgendem Material und bietet Platz zum Ausruhen. Auf dem Ponton wird eine pneumatische Struktur mit Schlafplatz und Aufenthaltsraum verankert. Geschützt werden die „Wohnkokons" durch ein bewegliches, umlaufendes Segel mit integrierten Solarflächen, die den Kokons Energie liefern. Um den einzelnen Einheiten eine gewisse Individualität und Wiedererkennbarkeit zu verleihen, können unterschiedliche Farben, Muster und Beleuchtungen verwendet werden.

Abb. 6.252 Visualisierung der Wohnstruktur

Abb. 6.253 Die Physalia-Wohnkörper sind durch Elektromotoren verfahrbar

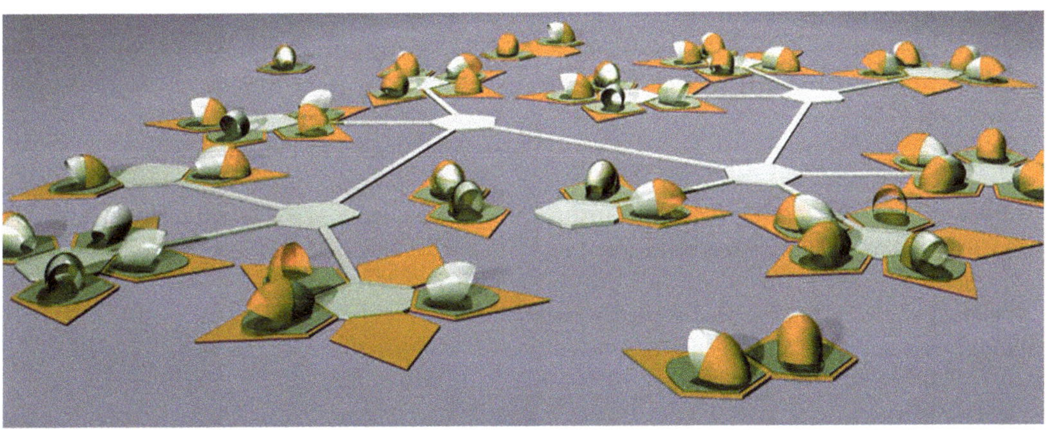

Abb. 6.254 Wohnstruktur mit zentralen Festplattformen und beweglichen Physalia-Wohnkörpern

6.60 Anhang (Quellen, Abbildungsverzeichnis, Urheber und Projektmitarbeiter zu Kap. 6)

6.60.1 Bionik auf der Grundlage von Algen – ein biologisches Beispiel (Abschn. 6.1)

Hamm C (2005) Kieselalgen als Muster für technische Konstruktionen, BIOSpektrum 1/05, 41–43

Abbildung 6.1 Hustedt Sammlung, Alfred-Wegener-Institut Bremerhaven, Foto: Hinz/Crawford

Abbildung 6.2 L. Friedrichs, Alfred-Wegener-Institut für Polar- und Meeresforschung

Abbildung 6.3 G. Pohl, nach IL38 Diatomeen 2, S. 45

6.60.2 Pool Research als bionische Methode in der Anwendung (Abschn. 6.2)

Abbildung 6.4 Aufbauschema einer Diatomeenschale. Abb.: Pohl, G., Otten, J., Forschungsgruppe BOWOOSS, B2E3 Institut für Effiziente Bauwerke in der HTW des Saarlandes

6.60.3 Pool Research – Abstraktion durch Klassifikation biologischer Vorbilder (Abschn. 6.3)

Abbildung 6.5 Auszug Klassifizierung von Diatomeen, Pohl, G.

Abbildung 6.6 Grundsätzliche Formen von Diatomeen, Pohl, G.

6.60.4 Pool Research – Analyse und Auswertung (Abschn. 6.4)

Abbildung 6.7 C. Hamm, Alfred-Wegener-Institut für Polar- und Meeresforschung

Abbildung 6.8 Alfred-Wegener-Institut für Polar- und Meeresforschung

Abbildung 6.9–6.11 L. Friedrichs, Alfred-Wegener-Institut für Polar- und Meeresforschung

6.60.5 Pool Research – Vereinfachung geometrischer Prinzipien (Abschn. 6.5)

Abbildung 6.12 Systematik Pohl, G., Grafiken Pohl, G., Abbildungen vom Alfred-Wegener-Institut für Polar- und Meeresforschung

6.60.6 Pool Research: Übertragung in CAD-Modelle (Abschn. 6.6)

Abbildung 6.13–6.17 Pohl, G., B2E3 Institut für Effiziente Bauwerke in der HTW des Saarlandes

6.60.7 Vom Pool Research zu anwendungsbezogener Forschung (Abschn. 6.7)

Abbildung 6.18 Pohl, G., B2E3 Institut für Effiziente Bauwerke in der HTW des Saarlandes

6.60.8 Generatives Entwerfen (Abschn. 6.8)

Abbildung 6.19 Pohl G.

Abbildung 6.20 Bartenbach Lichtlabor; Projektarbeitsgemeinschaft Behnisch Architekten Pohl Architekten

Abbildung 6.21 Projektarbeitsgemeinschaft Behnisch Architekten Pohl Architekten

Abbildung 6.22 Pohl Architekten

Abbildung 6.23 Pohl Architekten

Abbildung 6.24 Pohl Architekten

Abbildung 6.25 Pohl Architekten

6.60.9 Physische Modelle (Abschn. 6.9)

Abbildung 6.26 Pohl, G., B2E3 Institut für Effiziente Bauwerke in der HTW des Saarlandes

Abbildung 6.27 a, b Pohl, G., B2E3 Institut für Effiziente Bauwerke in der HTW des Saarlandes

Abbildung 6.27 c, d Pohl, G.

Abbildung 6.28 Pohl, G., B2E3 Institut für Effiziente Bauwerke in der HTW des Saarlandes

Abbildung 6.29 Pohl, G., B2E3 Institut für Effiziente Bauwerke in der HTW des Saarlandes

6.60.10 Bionische Potenziale: Rippen und Spanten (Abschn. 6.10)

Abbildung 6.30 Feth, N., Pohl, G., Forschungsgruppe BOWOOSS, B2E3 Institut für Effiziente Bauwerke in der HTW des Saarlandes

Abbildung 6.31 L. Friedrichs, Alfred-Wegener-Institut für Polar- und Meeresforschung

Abbildung 6.32 Feth, N., Pohl, G., Forschungsgruppe BOWOOSS, B2E3 Institut für Effiziente Bauwerke in der HTW des Saarlandes

6.60.11 Bionische Potenziale: Rechteckrippen (Abschn. 6.11)

Abbildung 6.33 Pohl, G., B2E3 Institut für Effiziente Bauwerke in der HTW des Saarlandes

Abbildung 6.34 Pohl Architekten

Abbildung 6.35 Pohl, G., Otten, J., Forschungsgruppe BOWOOSS, B2E3 Institut für Effiziente Bauwerke in der HTW des Saarlandes

Abbildung 6.36 Pohl, G., B2E3 Institut für Effiziente Bauwerke in der HTW des Saarlandes

6.60.12 Bionische Potenziale: Abstandstruktur (Abschn. 6.12)

Abbildung 6.37 L. Friedrichs, Alfred-Wegener-Institut für Polar- und Meeresforschung

Abbildung 6.38 Pohl, G., Otten, J., Forschungsgruppe BOWOOSS, B2E3 Institut für Effiziente Bauwerke in der HTW des Saarlandes

6.60.13 Bionische Potenziale: Versetzte Träger (Abschn. 6.13)

Abbildung 6.39 Abb. N. Abarca, Botanischer Garten und Botanisches Museum Berlin-Dahlem, Freie Universität Berlin

Abbildung 6.40 Pohl, G., Stolz, F., Forschungsgruppe BOWOOSS, B2E3 Institut für Effiziente Bauwerke in der HTW des Saarlandes

6.60.14 Bionische Potenziale: Einschnitte und Biegung (Abschn. 6.14)

Abbildung 6.41 Abb. Dipl.Ing. P. Höbel

Abbildung 6.42 Pohl, G., Stolz, F., Forschungsgruppe BOWOOSS, B2E3 Institut für Effiziente Bauwerke in der HTW des Saarlandes

Abbildung 6.43 Pohl, G., Stolz, F., Forschungsgruppe BOWOOSS, B2E3 Institut für Effiziente Bauwerke in der HTW des Saarlandes

Abbildung 6.44 Pohl, G., Stolz, F., Forschungsgruppe BOWOOSS, B2E3 Institut für Effiziente Bauwerke in der HTW des Saarlandes

6.60.15 Bionische Potenziale: Biegung (Abschn. 6.15)

Abbildung 6.45 Pohl, G.

Abbildung 6.46 Pohl, G., Otten, J., Forschungsgruppe BOWOOSS, B2E3 Institut für Effiziente Bauwerke in der HTW des Saarlandes

6.60.16 Bionische Potenziale: Hierarchische Strukturen (Abschn. 6.16)

Abbildung 6.47 L. Friedrichs, Alfred-Wegener-Institut für Polar- und Meeresforschung

Abbildung 6.48 a Cuma, Alfred-Wegener-Institut für Polar- und Meeresforschung

Abbildung 6.48 b Pohl Architekten

Abbildung 6.49 Pohl, G.

Abbildung 6.50 Knippers Helbig Advanced Engineering

6.60.17 Bionische Potenziale: Faltwerk (Abschn. 6.17)

Abbildung 6.51 Pohl, G.

Abbildung 6.52 Pohl, G., Otten, J., Forschungsgruppe BOWOOSS, B2E3 Institut für Effiziente Bauwerke in der HTW des Saarlandes

6.60.18 Übertragung und technische Umsetzung am Beispiel des BOWOOSS-Forschungspavillons (Abschn. 6.18)

Abbildung 6.53 C. Hamm, Alfred-Wegener-Institut für Polar- und Meeresforschung

Abbildung 6.54 C. Hamm, Alfred-Wegener-Institut für Polar- und Meeresforschung

Abbildung 6.55 L. Friedrichs, Alfred-Wegener-Institut für Polar- und Meeresforschung

Abbildung 6.56 Pohl Architekten, Abt. Leichtbauinstitut Jena

Abbildung 6.57 Pohl, J., Pohl Architekten, Abt. Leichtbauinstitut Jena

Abbildung 6.58 Pohl, J., Pohl Architekten, Abt. Leichtbauinstitut Jena

Abbildung 6.59 Pohl, J., Pohl Architekten, Abt. Leichtbauinstitut Jena

Abbildung 6.60 Pohl, G., Otten, J., Forschungsgruppe BOWOOSS, B2E3 Institut für Effiziente Bauwerke in der HTW des Saarlandes

Abbildung 6.61 Pohl, G., Feth, N., Forschungsgruppe BOWOOSS, B2E3 Institut für Effiziente Bauwerke in der HTW des Saarlandes

6.60.19 BOWOOSS-Forschungspavillon – Methoden und Resultat der Bau-Bionik (Abschn. 6.19)

Abbildung 6.62 G. Pohl, N. Feth, Forschungsgruppe BOWOOSS, B2E3 Institut für Effiziente Bauwerke in der HTW des Saarlandes

Abbildung 6.63 G. Pohl, N. Feth, Forschungsgruppe BOWOOSS, B2E3 Institut für Effiziente Bauwerke in der HTW des Saarlandes

Abbildung 6.64 Pohl, G., Feth, N., Forschungsgruppe BOWOOSS, B2E3 Institut für Effiziente Bauwerke in der HTW des Saarlandes

Abbildung 6.65 Pohl, G., Feth, N., Forschungsgruppe BOWOOSS, B2E3 Institut für Effiziente Bauwerke in der HTW des Saarlandes

Abbildung 6.66 M. Martin, Saarbrücken

Abbildung 6.67 Pohl, G.

Abbildung 6.68 Pohl, G.

Abbildung 6.69 Halbe, R., Roland Halbe Architekturfotografie

Abbildung 6.70 Halbe, R., Roland Halbe Architekturfotografie

Abbildung 6.71 Halbe, R., Roland Halbe Architekturfotografie

Abbildung 6.72 Pohl, G.

6.60.20 Bau-Bionik in Beispielen: bionische und analoge Entwicklungen (Abschn. 6.20)

Abbildung 6.73 Pohl, G.

6.60.21 Strukturoptimierung (Abschn. 6.21)

Karlsruher Institut für Technologie, KIT, Mattheck, C.

Sauer A (2008) Untersuchungen zur Vereinfachung biometrisch inspirierter Strukturoptimierung, Diss., FZKA 7406

Biller S, Mühlenbehrend A „Die Jahr100 Kurve". Hochschule Magdeburg-Stendal, Fachbereich Ingenieurwissenschaften und Industriedesign

Abbildung 6.74 Pohl, G.

Abbildung 6.75 Mattheck C., Sauer A, KIT Karlsruhe

Abbildung 6.76 Mattheck C., „Stupsi erklärt den Baum", Verlag KIT Karlsruhe, 4. Aufl. 2010, S. 44 und „Mechanik am Baum" Verlag Forschungszentrum Karlsruhe, 2002, S. 64

Abbildung 6.77 Biller, S., Hochschule Magdeburg

Abbildung 6.78 Biller, S., Hochschule Magdeburg

6.60.22 Selbstorganisation (Abschn. 6.22)

Dr. Mirtsch GmbH, Mirtsch, F.

www.woelbstruktur.de

Abbildung 6.79 Pohl, G.

Abbildung 6.80–6.83 Dr. Mirtsch GmbH

6.60.23 Evolutives Design (Abschn. 6.23)

Universität Stuttgart, Institut für Computerbasiertes Design ICD, Menges, A.

Menges A. (2011) Morphogenetic Design Experiments. Institut für Computerbasiertes Entwerfen, Universität Stuttgart

Abbildung 6.84 Pohl, G.

Abbildung 6.85–6.87 Menges, A., Universität Stuttgart, ICD – Institut für Computerbasiertes Entwerfen

6.60.24 Morphogenetisches Design (Abschn. 6.24)

Pohl Architekten, Abt. Leichtbauinstitut Jena

Kooistra W, Pohl G (2012) Lightweight Construction Solutions in Diatom Frustules Architecture. *Planktontech Evolution of Lightweight Materials*, Springer Berlin

Abbildung 6.88 Lars Friedrichs, Alfred-Wegener-Institut für Polar- und Meeresforschung

Abbildung 6.89 Christian Hamm, Alfred-Wegener-Institut für Polar- und Meeresforschung

Abbildung 6.90 Pohl, J., Pohl, G.

Abbildung 6.91 Pohl J., Pohl G., Pohl Architekten, Abt. Leichtbauinstitut Jena

Abbildung 6.92 Pohl J., Pohl G., Pohl Architekten, Abt. Leichtbauinstitut Jena

6.60.25 Geometrische Optimierungen: Querschnittsoptimierung (Abschn. 6.25)

Technische Universität (TU) Berlin, Institut für Bauingenieurwesen, Fachgebiet Entwerfen und Konstruieren – Massivbau, Schlaich, M., Gaulke, A.

Abbildung 6.93 Pohl, G.

Abbildung 6.94 Schlaich, M.

Abbildung 6.95 Gaulke, A.

Abbildung 6.96 Pohl, G.

6.60.26 Hierarchische Strukturen (Abschn. 6.26)

Alfred-Wegener-Institut Bremerhaven (AWI)

Hamm C (2005) Kieselalgen als Muster für technische Konstruktionen. BIOSpektrum 1/05, 41–43

Pohl Architekten, Abt. Leichtbauinstitut Jena

Abbildung 6.97 L. Friedrichs, Alfred-Wegener-Institut für Polar- und Meeresforschung

Abbildung 6.98 L. Friedrichs, Alfred-Wegener-Institut für Polar- und Meeresforschung

Abbildung 6.99 Pohl, G., Pohl Architekten

Abbildung 6.100 Pohl Architekten

Abbildung 6.101 Knippers Helbig Advanced Engineering

6.60.27 Evolutionärer Städtebau (Abschn. 6.27)

Institut für Computerbasiertes Entwerfen ICD, Universität Stuttgart

Krampe F, Voss C, Ahlquist S, Menges A (2011) Integrated Urban Morphologies. Entwicklung eines evolutionären, klimaorientierten Entwurfsprozesses auf Maßstabsebene des städtischen Blocks, Institut für Computerbasiertes Entwerfen ICD, Universität Stuttgart

alle Abb. Krampe F., Voss C., Ahlquist S, Menges A (2011) Integrated Urban Morphologies, ICD Uni Stuttgart

6.60.28 Oberflächeneffekte (Abschn. 6.28)

http://www.spektrum.de/alias/materialwissenschaft/selbstreinigung-ohne-lotoseffekt/1126247

http://www.bionik.tu-berlin.de/institut/s2skink.html

http://www.bionikvitrine.de/mediapool/99/996537/data/PDFs/Haihaut/Haihauteffekt.pdf

Abbildung 6.105 Maren Beßler_pixelio.de/www.pixelio.de

Abbildung 6.106 Cornerstone/pixelio.de/www.pixelio.de

Abbildung 6.107 Bionic StreamForm Frank Wedekind, Saarbrücken

6.60.29 Grundlagen Ressourceneffizienter Fassadentechnologien (Abschn. 6.29)

Gosztonyi S, Judex F, Brychta M, Gruber P, Richter S (2011) BioSkin – Bionische Fassaden. Potentialstudie über bionische Konzepte für adaptive energieeffiziente Fassaden, AIT Austrian Institute of Technology, Grundlagenstudie im Rahmen der österreichischen Förderprogrammlinie „Haus der Zukunft Plus", gefördert durch das Bundesministerium für Verkehr, Innovation und Technologie

Gruber P, Gosztonyi S (2010) Skin in architecture: towards bioinspired facades. In: Brebbia CA, Carpi A (eds.) Design and Nature V. Comparing Design in Nature with Science and Engineering, Volume 138, WIT press, Southampton

Abbildung 6.108 Pohl, G.

Abbildung 6.109 Gosztonyi S., 2011, BioSkin, AIT Austrian Institute of Technology

Abbildung 6.110 BioSkin Workshop Team, 2011, BioSkin, AIT Austrian Institute of Technology

6.60.30 Tageslichtnutzung (Abschn. 6.30)

Gosztonyi S, Judex F, Brychta M, Gruber P, Richter S (2011) BioSkin – Bionische Fassaden. Potentialstudie über bionische Konzepte für adaptive energieeffiziente Fassaden, AIT Austrian Institute of Technology, Grundlagenstudie im Rahmen der österreichischen Förderprogrammlinie „Haus der Zukunft Plus", gefördert durch das Bundesministerium für Verkehr, Innovation und Technologie

Abbildung 6.111 „Licht im Schwamm", 17.11.2008 Uni Stuttgart

Abbildung 6.112a, b, c Richter S., 2011, BioSkin, AIT Austrian Institute of Technology, http://idw-online.de/de/news289131

Abbildung 6.113 Richter S., 2010, BioSkin, AIT Austrian Institute of Technology

Abbildung 6.114 Gosztonyi S., 2011, BioSkin, AIT Austrian Institute of Technology

Abbildung 6.115 Judex F., 2011, BioSkin, AIT Austrian Institute of Technology

6.60.31 Verschattung (Abschn. 6.31)

Gosztonyi S, Judex F, Brychta M, Gruber P, Richter S (2011) BioSkin – Bionische Fassaden. Potentialstudie über bionische Konzepte für adaptive energieeffiziente Fassaden, AIT Austrian Institute of Technology, Grundlagenstudie im Rahmen der österreichischen Förderprogrammlinie „Haus der Zukunft Plus", gefördert durch das Bundesministerium für Verkehr, Innovation und Technologie

Abbildung 6.116 Pohl, G.

Abbildung 6.117 Siegel G., 2010, BioSkin, AIT Austrian Institute of Technology

Abbildung 6.118 Siegel G., Gosztonyi S., 2010, BioSkin, AIT Austrian Institute of Technology

6.60.32 Verschattung und solare Energiegewinnung (Abschn. 6.32)

Badarnah L, Knaack U (2008) Shading/energy generating skin inspired from natural systems. Proc. of the 2008 World Sustainable Building Conf. SB08, Eds G. Floiente and P. Paevere, pp 305–312

Abbildung 6.119 Pohl, G.

Abbildung 6.220–6.123 Badarnah, L., Knaack, U (2008) Shading/energy generating skin inspired from natural systems

6.60.33 Verschattung und Lichtlenkung 1 (Abschn. 6.33)

Hertzsch E, Pohl G (2011) International Student Workshop on Façade Design & Performance. University of Melbourne, Australien

Jin H (2011) Second Skin Façade inspired from the epidermal stoma of leaves. Design proposals, Bio- Inspired Façade Systems

http://de.wikipedia.org/wiki/Stoma_%28Botanik%29

Abbildung 6.124 Pohl

Abbildung 6.125 ff Jin, H., 2011, Second Skin Façade inspired from the epidermal stoma of leaves. Design proposals, Bio- Inspired Façade Systems

6.60.34 Verschattung und Lichtlenkung 2 (Abschn. 6.34)

Hertzsch E, Pohl G (2011) International Student Workshop on Façade Design & Performance, University of Melbourne, Australien

Pullyblank D (2011) Modular Façade inspired by Barnacles. Design proposals.

http://de.wikipedia.org/wiki/Seepocken

Abbildung 6.129 Seepocken, Kiser, K., sxc.hu

Abbildung 6.130 ff Pullyblank, D. 2011, Modular Façade inspired by Barnacles. Design proposals.

6.60.35 Farbe ohne Pigmente 1 (Abschn. 6.35)

Pohl Architekten, www.pohlarchitekten.de

Abbildung 6.135 Pohl G.

Abbildung 6.136 Wilhelm J., Pohl Architekten

Abbildung 6.137 Wilhelm J., Pohl Architekten

6.60.36 Farbe ohne Pigmente 2 (Abschn. 6.36)

Gosztonyi S, Judex F, Brychta M, Gruber P, Richter S (2011) BioSkin – Bionische Fassaden. Potentialstudie über bionische Konzepte für adaptive energieeffiziente Fassaden, AIT Austrian Institute of Technology, Grundlagenstudie im Rahmen der österreichischen Förderprogrammlinie „Haus der Zukunft Plus", gefördert durch das Bundesministerium für Verkehr, Innovation und Technologie

Abbildung 6.138 Kirsanov, V., fotolia.de #30191504

Abbildung 6.139 Gosztonyi S., 2010, basierend auf Ergebnisse von BioSkin Creative Workshop, AIT Austrian Institute of Technology

Abbildung 6.140 Gosztonyi S., Ledinger S., Abermann S, Haslinger E., 2010, BioSkin Creative Workshop, AIT Austrian Institute of Technology

6.60.37 Komplexes Klimasystem 1 – Neubau (Abschn. 6.37)

Pohl, G., Technology and Media Centre Erfurt. Tensinet Symposium: Designing Tensile Architecture, September 2003, Brüssel, Belgien

Pohl, G., Fabric Architecture march/april 2004,USA

Abbildung 6.141 a, b Pohl, G.

Abbildung 6.142 Pohl Architekten

Abbildung 6.143 Pohl Architekten

6.60.38 Komplexes Klimasystem 2 – Bauen im Bestand (Abschn. 6.38)

Pohl Architekten, Medienhaus der Bauhaus- Universität Weimar, Erfurt, Germany; info@pohlarchitekten.de

Hochschul- und Forschungsbauten, 2003, Stiftung Baukultur Thüringen

Abbildung 6.144 Post, K., http://www.klauspost.com

Abbildung 6.145–6.147 Pohl Architekten

6.60.39 Räumliche Platten (Abschn. 6.39)

Institut für Computerbasiertes Entwerfen ICD, Menges, A., Universität Stuttgart, Institut für Tragkonstruktionen und Konstruktives Entwerfen ITKE, Knippers J., Universität Stuttgart

http://www.itke.uni-stuttgart.de/img/background/95-110829_Above-web.jpg

Abbildung 6.148a Bas van der Steld, F., Hendriklaan 259A, NL-2582 Gravenhage

Abbildung 6.148b Seilacher, A. Engelsfriedhalde 25, D-72076 Tübingen

Abbildung 6.149 Waimer, F., La Mangna, R., Knippers, J., Institut für Tragkonstruktionen und Konstruktives Entwerfen (ITKE) der Universität Stuttgart

Abbildung 6.150 Menges A., ICD Uni Stuttgart

Abbildung 6.151 Menges A., ICD Uni Stuttgart

Abbildung 6.152 Menges A., ICD Uni Stuttgart

Abbildung 6.153 Menges A., ICD Uni Stuttgart

Abbildung 6.154 Menges A., ICD Uni Stuttgart

Abbildung 6.155 Menges A., ICD Uni Stuttgart

6.60.40 Wirbelsäule (Abschn. 6.40)

Pohl, G., Pohl Architekten: Wettbewerb für die Olympischen Spiele 2000 in Berlin

Abbildung 6.156 André, A. B2E3 Institut für Effiziente Bauwerke in der HTW des Saarlandes.

Abbildung 6.157 Pohl, G.

Abbildung 6.158 Pohl, G.

Abbildung 6.159 Pohl, G.

6.60.41 Räumliche Strukturen aus gebogenen Einzelelementen 1 (Abschn. 6.41)

Forschungsgruppe BOWOOSS, Pohl, G., B2E3 Institut für Effiziente Bauwerke in der HTW des Saarlandes

Abbildung 6.160 Pohl, G.

Abbildung 6.161 Pohl, G., Otten, J., Forschungsgruppe BOWOOSS, B2E3 Institut für Effiziente Bauwerke in der HTW des Saarlandes

Abbildung 6.162 Pohl, G., Otten, J., Forschungsgruppe BOWOOSS, B2E3 Institut für Effiziente Bauwerke in der HTW des Saarlandes

Abbildung 6.163 Pohl, G., Otten, J., Forschungsgruppe BOWOOSS, B2E3 Institut für Effiziente Bauwerke in der HTW des Saarlandes

Abbildung 6.164 Pohl, G., Otten, J., Forschungsgruppe BOWOOSS, B2E3 Institut für Effiziente Bauwerke in der HTW des Saarlandes

Abbildung 6.165 Pohl, G., Otten, J., Forschungsgruppe BOWOOSS, B2E3 Institut für Effiziente Bauwerke in der HTW des Saarlandes

6.60.42 Räumliche Strukturen aus gebogenen Einzel- Elementen 2 (Abschn. 6.42)

Menges A, Knippers J (2010) ICD/ITKE Forschungspavillon 2010. Institut für Computerbasiertes Entwerfen (ICD), J. Knippers und Institut für Tragkonstruktionen und Konstruktives Entwerfen (ITKE), A. Menges der Universität Stuttgart

Abbildung 6.166 Sias van Schalkwyk, http://sxc.hu

Abbildung 6.167 Menges A., Eisenhardt, Vollrat, Waechter, ICD Uni Stuttgart

Abbildung 6.168 a–b Menges A., Eisenhardt, Vollrat, Waechter, ICD Uni Stuttgart

Abbildung 6.168 c–d Knippers, J., Lienhard, J., ITKE Uni Stuttgart

Abbildung 6.169 Halbe, R., Roland Halbe Architekturfotografie

Abbildung 6.170 Menges A., ICD Uni Stuttgart

Abbildung 6.171 Menges A., ICD Uni Stuttgart

6.60.43 Abstandsgewebe (Abschn. 6.43)

Otten, J. Forschungsgruppe BOWOOSS, B2E3 Institut für Effiziente Bauwerke in der HTW des Saarlandes

Abbildung 6.172 Pohl, G.

Abbildung 6.173 Otten, J

Abbildung 6.174 Otten, J

Abbildung 6.175 Otten, J

Abbildung 6.176 Pohl, G., Otten, J., Forschungsgruppe BOWOOSS, B2E3 Institut für Effiziente Bauwerke in der HTW des Saarlandes

6.60.44 Pneu (Abschn. 6.44)

TU Berlin, Institut für Bauingenieurwesen, Fachgebiet Entwerfen und Konstruieren – Massivbau, Schlaich, M., Bögle, A., Hartz, C.

Abbildung 6.177 Pohl, G.

Abbildung 6.178 Pohl, G.

Abbildung 6.179 Pohl, G., B2E3 Institut für Effiziente Bauwerke in der HTW des Saarlandes

Abbildung 6.180 Schlaich, M., Bögle, A., Hartz, C., Technische Universität (TU) Berlin, Fakultät Bauingenieurwesen

Abbildung 6.181 Schlaich, M., Bögle, A., Hartz, C., Technische Universität (TU) Berlin, Fakultät Bauingenieurwesen

6.60.45 Massive, lastoptimierte und wärmegedämmte Leichtbaustrukturen (Abschn. 6.45)

TU Berlin Institut für Bauingenieurwesen, Fachgebiet Entwerfen und Konstruieren – Massivbau, Schlaich, M., Hückler, A.

Abbildung 6.182 (oben) Pohl, G.

Abbildung 6.183 ILEK, Universität Stuttgart

Abbildung 6.184 Pohl Architekten, Abt. Leichtbauinstitut Jena

Abbildung 6.185 Sofistik Skript, Technische Universität (TU) Berlin, Institut für Bauingenieurwesen, Fachgebiet Entwerfen und Konstruieren – Massivbau

Abbildung 6.186 Sofistik Skript, Technische Universität (TU) Berlin, Institut für Bauingenieurwesen, Fachgebiet Entwerfen und Konstruieren – Massivbau

6.60.46 Echolot (Abschn. 6.46)

http://www.fh-koblenz.de/Echolot-Eine-Bionische-Struk.4211.0.html

Fachhochschule Koblenz

Objekt- und Tragwerksplanung: ilcom – Institut für leichte Konstruktionen und Material, Fachhochschule Koblenz, Fachbereich Bauwesen, Feyerabend, M., Holzbach, M.

Planung Licht und Ton: Fachbereich Mathematik und Technik, Bongartz, J.

Abbildung 6.187 fotolia.de #29581760

Abbildung 6.188a Feyerabend, M.

Abbildung 6.188b Fachhochschule Koblenz, Fachbereich Bauwesen

Abbildung 6.189–6.190 Feyerabend, M.

6.60.47 Faserverbundsensorik (Abschn. 6.47)

Technische Universität Chemnitz, Professur Strukturleichtbau und Kunststoffverarbeitung, Kroll, L., Gelbrich, S., Elsner, H.

Technische Universität Chemnitz, Professur Schaltkreis- und Systementwurf

Kompetenzzentrum Strukturleichtbau e. V., Chemnitz

Abbildung 6.191 Pohl, G.

Abbildung 6.192–6.196 Technische Universität Chemnitz, Kroll, L., Gelbrich, S., Elsner, H.

6.60.48 Reaktive Oberflächenstrukturen (Abschn. 6.48)

Menges A, Reichert S (2011) Responsive Surface Structure. Institut für Computerbasiertes Entwerfen ICD, Universität Stuttgart

Abbildung 6.197–6.200 Menges, A., Reichert, S.

6.60.49 Ventilationssysteme für atmende Hüllen (Abschn. 6.49)

Badarnah L, Knaack U (2007) Bio-Inspired System for Building Envelopes. Proc. of the Int. Conf. of 21st Century: Building Stock Aviation, Ed. Kitsutaka, Y., TIPEI: Tokyo, pp 431–438

Abbildung 6.201 Pohl, G.

Abbildung 6.202 ff Badarnah, L., Knaack, U., 2007, Bio-Inspired System for Building Envelopes

6.60.50 Thermoregulative Hüllstrukturen (Abschn. 6.50)

Badarnah L, Nachman Farchi Y, Knaack U (2010) Solutions from Nature for building envelope thermoregulation. Proc. of the 5th Design&Nature Conf., Comparing Design and Nature with Science and Engineering, Eds. Carpi, A., Brebbia, C., WIT press, Southampton

Biomimicry taxonomy: www.AskNature.org

Abbildung 6.204 Pohl, G.

Abbildung 6.205 a–c Badarnah, L., Nachman Farchi, Y., Knaack, U., 2010, Solutions from Nature for building envelope thermoregulation

Abbildung 6.206 Tab. Badarnah, L., Nachman Farchi, Y., Knaack, U., 2010, Solutions from Nature for building envelope thermoregulation

Abbildung 6.207 Tab. Badarnah, L., Nachman Farchi, Y., Knaack, U., 2010, Solutions from Nature for building envelope thermoregulation

6.60.51 Veränderbare Flächenelemente 1 (Abschn. 6.51)

Poppinga, S., Lienhard, J., Schleicher, S., Masselter, T., Knippers, J., Speck, T. (2010) Gelenkfreie Klappen bei Strelitzia reginae. Conference Proceedings of the 5. Bremer Bionik Kongress, Patente aus der Natur', Bremen, Germany, 320–326.

Lienhard, J., Schleicher, S., Poppinga, S., Walter, A., Sartori, J., Milwich, M., Stegmaier, T., Masselter, T., Speck, T., Knippers, J. (2010) Optimierung und Weiterentwicklung des Flectofin®. Conference Proceedings of the 5. Bremer Bionik Kongress ‚Patente aus der Natur', Bremen, Germany, 36–45

J. Lienhard, S. Schleicher, S. Poppinga, T. Masselter, M. Milwich, T. Speck & J. Knip-pers (2011): Flectofin: a nature based hinge-less flapping mechanism. – Bioinspiration and Biomimetics, 6:

DOI: 10.1088/1748-3182/6/4/045001

J. Knippers & T. Speck (2012): Design and construction principles in Nature and Architecture. – Bioinspiration and Biomimetics, 7. DOI:10.1088/1748-3182/7/1/015002

S. Poppinga, J. Lienhard, S. Schleicher, T. Masselter, M. Milwich, T. Stegmaier, J. Sartori, A. Walter, H.-F. Schur, K. Vogg, T. Speck & J. Knippers (2010): Architektur und Bionik – Wandelbarkeit ohne Gelenke. – ibr RWK Informationen Bau-Rationalisierung, 38/4: 24 – 25.

S. Poppinga, T. Masselter, J. Lienhard, S. Schleicher, J. Knippers & T. Speck (2010): Plant movements as concept generators for deployable systems in architecture. – In: Brebbia, C.A. & Carpi, A. (eds.), Design and Nature V, 403 – 410. WIT Press, Southampton.

Institut für Tragkonstruktionen und Konstruktives Entwerfen ITKE, Knippers, J., Universität Stuttgart

Abbildung 6.208 Lienhard, J., ITKE

Abbildung 6.209 Lienhard, J., ITKE

Abbildung 6.210 Lienhard, J., ITKE

Abbildung 6.211 Lienhard, J., ITKE

Abbildung 6.212 Lienhard, J., ITKE

Abbildung 6.213 Lienhard, J., Schleicher, S., ITKE

Abbildung 6.214 Schleicher, S., ITKE

6.60.52 Veränderbare Flächenelemente 2 (Abschn. 6.52)

soma. Analoge Effects. Thematic Pavillon 2012 Yeosu, South Korea, www.soma-architecture.com

Soma Architekten, www.soma-architecture.com

Knippers Helbig Advanced Engineering, www.knippershelbig.com

Knippers, J.,Scheible, F., Oppe, M., Jungjohann, H. (2012) „Kinetic Media Façade Consisting of GFRP Louvers", Conference Proceedings of CICE 2012, Rom

Knippers, J.,Scheible, F., Oppe, M., Jungjohann, H. (2012) „Bio-inspirierte Kinetische Fassade für den Themenpavillon EXPO 2012 in Yeosu, Korea", VDI-Wissensforum Tagungsband „Bauen mit Innovativen Werkstoffen", Stuttgart

Schinegger, K., Rutzinger, S., Oberascher, M., Weber, G. (2012) „Theme Pavilion Expo Yeosu One Ocean", Residenz Verlag, Österreich

Abbildung 6.215 Kriss Szkurlat, sxc.hu

Abbildung 6.216–6.217 Knippers Helbig Advanced Engineering

Abbildung 6.218–6.219 soma Architekten

6.60.53 Multiachsial veränderbare Flächenelemente (Abschn. 6.53)

Pohl Architekten, www.pohlarchitekten.de

Knippers Helbig Advanced Engineering, www.knippershelbig.com

Pohl, G., Pfalz, M., (2010), pp. 420–470, Innovative composite-fibre components, in: Textiles, Polymers and Composites for Buildings, Woodhead Publishing Limited, Oxford

http://www.diplom-biologe.de/samen/Tropische_und_subtropische_Pflanzensamen_3_0/artikel5.html

http://de.wikipedia.org/wiki/Pflanzenbewegung

Abbildung 6.220 Pohl, G.

Abbildung 6.221 Pohl Architekten, Abt. Leichtbauinstitut Jena

Abbildung 6.222 Pohl Architekten

Abbildung 6.223 Spiekermann, C., Pohl Architekten

Abbildung 6.224 Fischer, J., Pohl Architekten

6.60.54 Reaktive Kontraktionssysteme (Abschn. 6.54)

TU Berlin, Institut für Bauingenieurwesen Fachgebiet Entwerfen und Konstruieren, Schlaich, M., Bleicher, A.: Aktive Schwingungskontrolle einer Spannbandbrücke mit pneumatischen

Aktuatoren, Bautechnik 89, Nr. 2, Seiten 89–101, 2012

Abbildung 6.225 fotolia.de, #42890795

Abbildung 6.226: Bleicher, A.

Abbildung 6.227: Bleicher, A.

Abbildung 6.228: Bleicher, A.

Abbildung 6.229: Pohl, G.

Abbildung 6.230: Bleicher, A.

6.60.55 Autoresponsive Bewegungen, Fin-Ray-Effekt (Abschn. 6.55)

TU Berlin, Institut für Bauingenieurwesen, Fachgebiet Entwerfen und Konstruieren – Massivbau, Schlaich, M., Bögle, A., Hartz, C.

EvoLogics GmbH, Berlin, Bannasch, R., Kniese, L.

Massivbau kPlan AG, Abensberg, Kirchmann, H-P, Kersting, A.

LEICHT GmbH, Rosenheim, Schöne, L., Arndt, J.

Abbildung 6.231 (oben): Pohl, G.

Abbildung 6.231 (unten): Behnke, R.

Abbildung 6.232–6.234: Guignand, S.

6.60.56 Verschiebliche Schalen (Abschn. 6.56)

Schule für Architektur, Pohl, G., HTW des Saarlandes

Abbildung 6.235 André, A.

Abbildung 6.163–6.236 Pohl, G., Feth, N. Ghinita, I., HTW des Saarlandes

6.60.57 Selbstheilung (Abschn. 6.57)

Nachtigall, W. Bau- Bionik, (2003) Springer-Verlag Berlin, Heidelberg, New York, S. 215

Speck, T. et al. (2006) Self-healing processes in nature and engineering: self-repairing biomimetic membranes for pneumatic structures. Brebbia, C.A. (eds), Design and Nature III, WIT Press, Southampton, pp. 105–114

Busch, S., Seidel, R., Speck, O. & Speck, T. (2010): Morphological aspects of self-repair of lesions caused by internal growth stresses in stems of Aristolochia macrophylla and Aristolochia ringens. – Proceedings of the Royal Society London B, 277: 2113–2120.

Rampf, M., Speck, O., Speck, T. & Luchsinger, R. (2011): Self-repairing membranes for inflatable structures inspired by a rapid wound sealing process of climbing plants. – Journal of Bionic Engineering, 8: 242–250.

M. Rampf, O. Speck, T. Speck & R. Luchsinger (2012): Structural and mechanical properties of flexible polyurethane foams cured under pressure. – Journal of Cellular Plastics, 48: 49 – 65

Abbildung 6.238 Pohl, G.

Abbildung 6.239, 6.240, 6.241, Plant Biomechanics Group Freiburg

Abbildung 6.242 Plant Biomechanics Group Freiburg

Abbildung 6.243, 6.244 Luchsinger, R.

6.60.58 Bambootanik (Abschn. 6.58)

Diplomarbeit an der Schule für Architektur HTW des Saarlandes, Feth, N. Pohl, G.

Abbildung 6.245 Feth, N.

Abbildung 6.246–6.249 Feth, N.

6.60.59 Schwimmkörper (Abschn. 6.59)

Hochschule Magdeburg-Stendal, Fachbereich Ingenieurwesen & Industriedesign, Wohlgemuth, U., Pommer, C.

Abbildung 6.250a Santiago, I., sxc.hu

Abbildung 6.250b Universität Karlsruhe (KIT), Botanischen Garten

Abbildung 6.251–6.254 Pommer, C.

7 Einige Daten zu biologischen Bauten

Die in den folgenden 50 Gruppen kurz gefasst zusammengestellten Daten stammen aus Lehrbüchern, Originalpublikationen und referierenden Artikeln. Einige Zahlen stammen aus der Datensammlung von Flindt (Biologie in Zahlen. 2. Aufl., Fischer, Stuttgart, 1986). Viel Information liefern auch v. Frisch (Tiere als Baumeister. Ullstein-Verlag, Berlin, 1974), Freude (1982) und die Finnische Gemeinschaftsarbeit „Animal Architecture" (1995).

7.1 Biologische Baumaterialien (Gliederung)

1 Körpereigene Baustoffe
- 1.1 Sekrete
  - 1.1.1 Fäden ohne Fremdmaterial
  - 1.1.2 Fäden mit Fremdmaterial
  - 1.1.3 Nicht – Fäden ohne Fremdmaterial
  - 1.1.4 Nicht – Fäden mit Fremdmaterial
- 1.2 Exkrete
- 1.3 Hautbildungen

2 Körperfremde Baustoffe
- 2.1 Pflanzliche Herkunft
- 2.2 Tierische Herkunft
- 2.3 Anorganische Materialien
- 2.4 Anthropogene Kunststoffe

3 Substrate für ausgehöhlte Bauten
- 3.1 Organisch
  - 3.1.1 Pflanzliche Herkunft
  - 3.1.2 Tierische Herkunft
- 3.2 Anorganisch
  - 3.2.1 Gestein, Erdboden
  - 3.2.2 Eis, Schnee

(Gliederung nach Freude 1982. Der Autor gibt auf den Seiten 177–179 seines Buches jeweils Beispiele für seine Gliederungspunkte).

7.2 Biberbauten

Wasserburgen von Bibern *(Castor fiber)* werden aus bis zu 4 m langen Knüppeln und Zweigen gebaut, die übereinander- und ineinander geflochten werden. Der Bau wird dann von innen heraus ausgehöhlt, so dass ein Wohnkessel entsteht. Dieser wird mit Schlamm und Steinen sowie feinen Pflanzenfasern verschlossen, allerdings nicht der oberster Teil, der zur Lüftung dient. Der Biber fällt am liebsten Bäume mit rund 12 cm Dicke, die er in Teile zerlegt und abtransportiert. Die Dämme sind i. Allg. nicht höher als 1,5 m.

7.3 Biberdämme

Biberdämme stauen Wasser auf. Durch Wegnehmen und Zufügen von Zweigen wird die Wasserstandshöhe reguliert. Der längste bekannte Damm ist 1200 m lang. „Im Woronesch-Gebiet in Russland ist der größte Damm 120 m lang, 1 m hoch und 60 bis 100 cm breit. In den USA bauen die Biber in den Missisippisümpfen Dämme

W. Nachtigall, G. Pohl, *Bau-Bionik*,
DOI 10.1007/978-3-540-88995-3_7, © Springer-Verlag Berlin Heidelberg 2013

von mehreren 100 m Länge. Am Jefferson-Fluss (Montana, USA) liegt vielleicht der größte aller Dämme. Man kann 700 m auf ihm entlanggehen. Auch ein Reiter bricht nicht ein" (v. Frisch).

7.4 Dachsbauten

Die Bauten des Dachses *Meles meles* umfassen eine rundliche Projektionsfläche von etwa 10 bis 30 m im Durchmesser und gehen bis 5 m in die Tiefe. Die Kammern werden in bis zu drei Stockwerken übereinander angelegt und mit Durchgängen verbunden, die in mehreren Ausgängen münden. Bei großen Bauten beträgt die Tunnellänge bis 100 m und die Zahl der Ausgänge 40 bis 50.

7.5 Röhrensystem von Steppenmurmeltieren

Das Gangsystem reicht in Tiefen von 2 bis 3 m, gelegentlich bis in 7 m, und besitzt ein oder zwei Ausgänge, einen Wohnkessel und Koträume. Der Wohnkessel wird bei sehr kalter Umgebung (am deutlichsten beim Sibirischen Kappenmurmeltier, das im Dauerfrostboden überwintert) besonders weich ausgepolstert. Ganze Familien halten dort, eingerollt und aneinandergeschmiegt, Winterschlaf. Die Körpertemperatur beträgt dann nur 5 °C. Gelegentlich wachen Einzeltiere auf und erzeugen Stoffwechselwärme, die ein weiteres Absinken der Temperatur im Kessel verhindert.

7.6 Großhügel von Grabhühnern

Das nur rebhuhngroße Grabhuhn *Megapodius freycinet* baut Bruthaufen mit einem Durchmesser bis 12 m und einer Höhe bis 5 m. Das sind die größten Bauten, die bei derartigen Hühnern beobachtet worden sind. Kleinere Grabhühner, die auf vulkanischen Inseln leben, nutzen die vulkanische Wärme, indem sie ihre Bauten in lockerem, erwärmten Tuffboden anlegen.

7.7 Vorratskammer des Maulwurfs

Maulwürfe, *Talpa europaea,* sammeln sich Vorräte teilangefressener und damit bewegungsunfähig gemachter Regenwürmer an; in einer einzigen Vorratskammer wurden einmal 1200 Regenwürmer mit einer Gesamtmasse von über 2 kg gezählt.

7.8 Vorratskammer des Hamsters

Insbesondere die Weibchen des europäischen Hamsters, *Cricetus cricetus,* tragen bis zu 15 kg Körnervorräte für den Winter zusammen, in Einzelfällen vielleicht sogar bis zu 50 kg.

7.9 Kugelbau des Töpfervogels

Töpfervögel der Gattung *Furnarius* bauen bis zu 10 kg schwere Nester aus bis etwa 2000 Lehmklumpen, die jeweils bis zu 5 g wiegen. Der Durchmesser beträgt etwa 25 cm, das Durchmesser-Wanddicken-Verhältnis etwa 7,5:1.

7.10 Mörtelbau der Mörtelwespe

Mörtelwespen der Art *Polybia singularis* fertigen dickwandige „Keramiknester" mit seitlichem Längsschlitz als Eingang, die etwa 30 cm Länge und 1,5 kg Masse erreichen.

7.11 Webervogelnester

Der Webervogel *Philetairus socius* fertigt Gemeinschaftsnester, die bis zu 9 m breit und etwa 2 m dick sein können.

7.12 Größte Höhe von Ameisennestern

Bei der Roten Waldameise *Formica rufa* wurde in Finnland ein oberirdischer Bau von 2 m Höhe und einem Basisdurchmesser nahe 6 m beobachtet.

7.13 Vorratshaltung von Getreideameisen

Getreideameisen der Gattung *Messor* können in einem einzigen Tag für ein Nest 20.000 Getreidekörner eintragen. Die Nester können bis 3 m tief in den Boden reichen und 50 m Umfang besitzen. Sie können Tausende von Vorratskammern mit teilweise mehreren Kilogramm Körnern enthalten.

7.14 Bauten der Kompasstermiten

Die Bauten von *Kompasstermiten* erreichen 3,7 m Höhe, 3 m Breite und etwa 1 m Dicke und sind mit der Breitseite exakt nordsüdlich orientiert.

7.15 Langgezogene Termitenbauten

Die südafrikanische Termiten der Gattung *Odontotermes* bilden reguläre, wellenartige Strukturen von 2 m Höhe und bis zu 11 m Länge, die in Abständen von etwa 50 m durch die Landschaft verlaufen.

7.16 Erdnester niederorganisierter Termiten

Die Termite *Cornitermes cumulans* aus Südamerika baut zunächst eiförmige unterirdische Nester mit Durchmessern bis 40 cm, die auf Stelzen gegen den Untergrund stehen und damit gegen diesen thermoisoliert sind. Darüber wird später eine Erdkuppel errichtet, in die das Nest allmählich hinein verlagert wird. Im Endeffekt entsteht damit ein überirdischer Termitenbau, der bis 1,6 m hoch sein und an der Basis 1 m messen kann.

7.17 Größte Termitenbauten

Gemessene Maximalhöhen sind etwa 9 m. Ein großes Termitennest wiegt etwa 12 Tonnen. Termitengänge zu Bodenwasser-Vorkommen können bis zu 40 m lang sein. In der Mittelasiatische Wüste Karakum sollen Termiten Schächte von bis zu 200 m Länge bis zum Grundwasser bauen. „Das machen sich Geologen zunutze, die das Aushubmaterial auf Spuren von Bodenschätzen in größeren Tiefen untersuchen" (Freude).

7.18 Nest des Wintergoldhähnchens

Die Außenwand des Nestes des Wintergoldhähnchens *Regulus regulus* besteht aus Spinnstoffen, Moosen und Flechten, etwa 7 g Spinnstoff und 4 g Moosen bzw. Flechten pro Nest. Dazu trägt das Goldhähnchen Spinneneikokons (mitsamt den Jungspinnen) sowie Kokons von bestimmten Wespen und Raupen ein und baut damit eine Außenschicht. Die Mittelschicht enthält lockergepackte Moosstängel mit oder ohne Flechtenanteilen. Die innere Polsterschicht besteht aus kleineren Federn und Tierhaaren. In einem Einzelfall wurden bei einem Wintergoldhähnchennest 2818 Moosstämmchen (insgesamt 3,1 g), 1422 Flechtenteile (3,5 g) und 2674 Federn (1,8 g) gezählt. Das dreischichtige Nest verbindet Stabilität mit Thermoisolation.

7.19 Baumfroschnester

Der brasilianische Baumfrosch *Hyla faber* baut mit seinen großen Vorderbeinen ein 10 cm hohes und 30 cm im Durchmesser messendes Nest, in das er seine Eier ablegt.

7.20 Schaumnest des Java-Flugfrosches

Dieser Frosch, *Rhacophorus reinwardti*, ist einerseits bekannt durch seine verbreiterten Fußregionen, mittels derer er einigermaßen ausführliche Gleitflüge von Baumwipfeln zum Waldboden ausführen kann, andererseits durch seine Schaumnest-Bauten. Der mehrere Zentimeter dicke Nestbau trocknet außen an und wird dadurch braun und unauffällig. Im Inneren verflüssigt er sich, so dass für die Eier und die späteren Kaulquappen ein kleiner Tümpel entsteht.

7.21 Eilfloß der Veilchenschnecke

Meeresschnecken der Gattung *Janthina* bauen sich Schaumflöße, an deren Unterseite sie Eikokons befestigen. Die Luftbläschen werden zu einem Spiralband von 12 cm Länge und 2 cm Breite zusammengeklebt. An der Unterseite können bis zu 500 Kokons mit insgesamt 2.500.000 Eiern angeklebt werden. Schaumnester sind auch von anderen Schnecken, Insekten (Gottesanbeterinnen) einigen Fischen sowie Baumfröschen bekannt.

7.22 Waben der Honigbiene

Eine Wabe von 37 cm mal 22,5 cm Größe wurde z. B. aus lediglich 40 g Wachs gebaut, enthielt aber eine Masse von nicht weniger als 1,8 kg Honig.

7.23 Präzisionsbau bei der Honigbiene

Wachsdrüsen bei der Bienenarbeiterinnen sondern Wachsblättchen von etwa 0,5 mm Dicke und 1,5 mm Länge ab, die jeweils 0,25 mg wiegen. Mit 1 kg Wachs bauen die Bienen etwa 80.000 Zellen. Die Zellentiefe ist 12 mm, ihre Breite 5,2 mm; der Durchmesser einer Zelle variiert lediglich um 0,05 mm. Der Zwischenraum zwischen zwei parallelen Wabensträngen beträgt 9,5 mm; die Bienen können dabei noch gut auf der Wabe laufen. Auf dem Quadratzentimeter werden nicht weniger als 8,6 Waben untergebracht. Die Dicke der Wabenwände beträgt im Durchschnitt $0{,}073 \pm 0{,}002$ mm für Arbeiterinnen und 0,092 mm für Königinnen. Die nötigen Sensoren sitzen in den Antennen und an den Spitzen der Mandibeln.

7.24 Temperaturschere im Bienenstaat

Bienenwachs lässt sich am besten bei Temperaturen von 34 °C bis 35 °C verarbeiten; die Larven vertragen aber nur Nesttemperaturen von 37 °C, und ab 45 °C sterben auch adulte Bienen. Die „Temperaturschere", innerhalb derer Leben problemlos möglich ist, beträgt also nur knapp 2 °C. Bei zu heißem Wetter ventilieren die Bienen am Flugloch („Fächeln"), verspritzen wohl auch Wasser zur evaporativen Kühlung. Bei zu kaltem Wetter, in längeren winterlichen Frostperioden, drängen sie sich eng zusammen und erzeugen dann nicht weniger als 0,1 kW Wärme pro Kilogramm Bienenmasse.

7.25 Spinnennetze

Gemeinschaftsnetze, gefertigt von Tausenden von Individuen z. B. der Spinnenarten *Araneus sermoniferus* und *Ulocerus repuplicanus* erreichen 100 m Weite.

7.26 Dicke von Spinnenfäden

Ein große, adulte Spinne kann Fäden von 0,010 bis 0,012 mm Durchmesser herstellen. Cribbelate Spinnen verweben etwa 50 000 Teilfäden von nur 0,002 mm Durchmesser zu einem einzigen Faden.

7.27 Feenlämpchen der Röhrenspinne

Die Röhrenspinne *Argroeca brunnea* baut aus Spinnfäden einen Eibehälter von etwa 0,6 cm Breite und glockenförmiger Gestalt, in dem etwa 50 Eier untergebracht werden. Dieser wird mit Erd- und Lehmklümpchen überzogen, die eine steinhart antrocknende Schicht bilden.

7.28 Seidenraupenkokon

Seidenraupen werden seit mindestens 5000 Jahren vom Menschen benutzt. Für die Herstellung eines Verpuppungskokons verarbeitet die Larve bis zu 4 km selbsterzeugten Seidenfadens, jeweils in Einzelfäden von rund 1 km Länge, von denen etwa 70 % technisch nutzbar sind.

7.29 Nestbauten des Steigrohrseglers

Steigrohrsegler der Art *Panyptila cajennensis* aus Mittel- und Südamerika bauen in sechs Monaten ein etwa 60 cm langes, unten offenes Nestrohr aus Tierhaaren, Pflanzenfasern und Federn, vermischt mit einem Speichelsekret, z. B. an überstehende Felsen an.

7.30 Brutkugel des Heiligen Pillendrehers

Der ägyptische Pillendreher *Scarabaeus sacer* wiegt nur 2 g, rollt aber Mistkugeln von Faustgröße und einer Masse bis 40 g.

7.31 Korallenriffe

Den größten Tierbau überhaupt stellt dass nordostaustralische Barriereriff dar, mit einer Gesamtlänge von über 2000 Kilometer. Dort produzieren die Korallenstöcke pro Quadratkilometer am Tag nicht weniger als 4 Tonnen Kalkmaterial.

7.32 Sandkorallenriffe

Köcherwürmer der Gattung *Sabellaria* bauen, eng aneinandergeschmiegt, orgelartige Röhren, die man an der Nordsee als „Sandkorallenriffe" bezeichnet. Auf Norderney entstand so innerhalb von 2 Jahren ein 60 m langes Riff von etwa einem halben Meter Höhe, für das an einer einzigen Buhne etwa 75 Millionen Röhren verbaut waren. Ähnlich hohe Riffe baut die tropische Gattung *Phragmatopoma* mit Höhen bis zu 1 m.

7.33 Netzreusen

Manche südamerikanischen Köcherfliegenlarven stellen Netze mit Maschenweiten von lediglich 3–20 μm her. Ein Netz mit 1,5 cm Durchmesser enthält somit etwa 2.000.000 Maschen.

7.34 Vorratsverstecke

Die als Ährenmaus *Mus musculus spicelegus* bekannte Rasse einer Hausmaus errichtet in Osteuropa Verstecke, in die 2 bis 6 Tiere gemeinsam etwa 5 bis 7 kg Samen eintragen und mit Erde bedecken. Darunter bauen sie ihre Nester von 60 bis 120 cm Durchmesser und bis zu 50 cm Höhe.

7.35 Straßenbauten

Blattschneideameisen der Art *Atta sexdens* halten Straßen bis zu 200 m Länge vom Nest entfernt von Bewuchs frei. Die Straßenbreiten betragen bis zu 7 cm und führen auch über ehemals dichte Grasflächen.

7.36 Balzplätze

Der Säulengärtner *Prionodura newtoniana*, ein nur amselgroßer Vogel, baut in jahrelanger Tätigkeit „zwei Stämmchen mit stacheligen Reisigtürmen, den einen 2 m den anderen bis zu 2,70 m hoch; den knapp meterbreiten Zwischenraum verwandelt er in einen Tanzplatz" (Animal architecture).

7.37 Feuchtigkeitskontrolle

Termiten der Gattung *Macrotermes* halten in ihren Nestern einen Feuchtigkeitsspiegel von 89 % bis 99 % aufrecht. Um in trockenen Regionen an Wasser zu kommen, bauen sie bis 40 m lange Gänge zum Grundwasser, die in Einzelfällen bis 200 m lang sein können.

7.38 Gasaustausch

Schildkröten lassen bei ihren im Sand vergrabenen Eiern Lufthöhlen für den Gasaustausch frei. Manche wasserbewohnenden Würmer und Köcherfliegenlarven treiben Wasser durch ihre Bauten bzw. Köcher, indem sie entweder Körperanhänge muskelbetrieben schwirren lassen oder das Abdomen wie einen Membranpumpe bewegen. Nestbauende Fische, wie der Stichling, *Gasterosteus aculeatus*, bewerkstelligen eine Nestdurchströmung durch Flossenbewegungen. Afrikanische Lungenfische der Gattung *Protopterus* bauen sich zum Übersommern einen innen antrocknenden Schlammkokon, dessen Oberteil zum Gasdurchtritt porös gehalten wird. Die malaysische Krabbe *Mictyris longicarpus* baut sich bei Flut eine Sandburg, die oben eine Lufthöhle enthält, in der sie sich aufhält. Der Präriehund *Cynomys ludovicianus* nutzt, wie im Text ausgeführt, Druckdifferenzen „nach dem Bernoulli-Theorem" zur Zwangsdurchlüftung seines Baus.

7.39 Temperaturkontrolle bei Wirbeltieren

Besetzte Nester von Webervögeln der Art *Philetairus socius* halten eine interne Temperatur von 20 °C über der externen aufrecht, und zwar in der Kalahari Wüste Südafrikas, wo im Winter die Nachttemperaturen bis auf −10 °C abfallen können. Schneehasen und Redpolls bauen sich Schneeverstecke nach Art der Eskimoiglus, in denen die Temperatur 7–8 °C höher als die Außentemperatur ist. Australische „Thermometer-Hühner" der Art *Leipoa ocellata* bauen Riesennester aus Pflanzenmaterial, deren Abbauwärme die Eier ausbrütet. Durch Scharren oder Anhäufen wird die Innentemperatur unabhängig vom Außenklima auf 34 ± 1 °C konstant gehalten.

7.40 Temperaturkontrolle bei Insekten

Wespen können in ihren papierenen Nestern auf der Höhe der Brutwaben 30 °C aufrecht erhalten. Wenn es zu kalt wird, erzeugen Arbeiterinnen Wärme durch Muskelzittern; wenn es zu heiß ist, wird verdunstendes Wasser eingetragen. Honigbienen halten beim Wabenbau Temperaturen von 35 °C ein, bei denen das Wachs gut verarbeitbar ist. Rote Waldameisen der Art *Formica rufa* bauen in ihren Nestern zahlreiche Ventilationslöcher ein, die sie während der Nacht und bei kalter Witterung dadurch verschließen, dass Einzelameisen ihre Köpfe hineinstecken. Die Neigung des Baues wird von den Arbeiterinnen so reguliert, dass er als idealer Sonnenstrahlenfänger wirkt. Im Frühjahr heizen sich die Ameisen an der Außenseite des Baues auf und gehen danach ins Innere des Nestes, wo sie ihre Wärme „digitalisiert" wieder abgeben.

7.41 Größe der Völker bei staatenbildende Insekten

Feldwespen: 140 Individuen, Hummeln: bis 2000, Hornissen: bis 1500, Gelbe Wiesenameisen: bis 20.000, Honigbienen: bis 80.000, Wanderameisen und Blattschneideameisen: 100.000 bis 600.000, Rote Waldameisen: bis 800.000, Termiten der Gattung *Bellicositermes*: bis 3.000.000.

7.42 Blattflächen von Pflanzen

Ein durchschnittlicher Apfelbaum hat etwa 20.000 Blätter mit im Mittel 18 cm^2 Einzelfläche und somit 32 m^2 Blattfläche. Eine Großbuche erreicht 450 m^2 Gesamt-Blattfläche.

7.43 Maximalhöhen von Bäumen

Bergahorn: 40 m, Esche: 50 m, Kiefer: 48 m, Kokospalme: 32 m, Weißtanne: 75 m, Mammutbaum: 132 m, Rieseneukalyptus: 152 m.

7.44 Maximaler Stammdurchmesser von Bäumen

Feldahorn: 0,7 m, Kiefer: 1,0 m, Fichte: 2,0 m, Rotbuche: 2,0 m, Tanne: 3,0 m, Mammutbaum: 11,0 m, Affenbrotbaum: 15,0 m.

7.45 Schlankheit von Pflanzen

Als Schlankheit wird hier der Quotient aus der Höhe und dem Basisdurchmesser bezeichnet.

Affenbrotbaum (20 m): 2,5, Riesenmammutbaum (135 m): 11, Tanne (70 m): 42, Fichte (60 m): 60, Sonnenblume (4 m): 100, Bambus (40 m): 133, Zuckerrohr (6 m): 200, Roggenhalm (1,5 m): 500.

Zum Vergleich: Stuttgarter Fernsehturm (200 m):19. (Die „Verplumpung" höherer Systeme folgt aus dem Barba-Kick'schen Gesetz der „Proportionalen Widerstände", wonach der Durchmesser d nicht der Höhe h, sondern den Produkt $h\sqrt{h}$ proportional ist).

7.46 Spezifische Masse von Holz

Balsaholz als leichtestes Holz erreicht 0,18 g cm^{-3}, die Kiefer 0,49 g cm^{-3}, die Rosskastanie 0,57 g cm^{-3}, der Birnbaum 0,72 g cm^{-3}, die Rotbuche 0,74 g cm^{-3}, Palisanderholz 0,82 g cm^{-3} und das schwerste Holz, Pockeholz, 1,23 g cm^{-3}.

7.47 Elastizitätsmoduli biologischer Baustoffe

Das „elastischste" Material des Tierreichs, das Protein Resilin, besitzt den niedrigsten E-Modul von lediglich 0,002 GPa; Fichtenholz: 10 GPa. Zum Vergleich: Silikonkautschuk: 0,01 GPa, V2A-Stahl: 200 GPa.

7.48 Elastischer Wirkungsgrad biologischer Dehnungselemente

Den maximalen elastischen Wirkungsgrad erreicht Resilin mit 96 %. Bei Schafssehnen beträgt er immerhin 90 %.

7.49 Zugfestigkeit biologischer Baustoffe

Nadelholz, Güteklasse III, besitzt eine Zugfestigkeit von 90 N mm^{-2}, die von Spinnenfäden ist 500 N mm^{-2}. Zum Vergleich: Hart-PVC: 75 N mm^{-2}, Baustahl ST 33: 310 N mm^{-2}, extremer Spezial-Federstahl: bis zu 3090 N mm^{-2}.

7.50 Wurzeltiefe von Pflanzen

Die Wurzeltiefen reichen von etwa 30 cm beim Löwenzahn über 1 m bei der Silberdistel, knapp 3 m bei Weizen und Raps, bis zu 10 m bei Waldbäumen und an die 20 m bei Wüstenpflanzen.

Weiterführende Literatur

Adobe-Fragen (1998) http://www.nmia.com/~eaci/eaci-FAQ.html

Aldous S (2001) How solar cells work. http://www.howstuffworks.com/solar-cell.htm

Anonymus (Hrsg) (2000) Grow your own house. Zeri Fundation, Vitra Design-Museum

Bachman F (1922) Studien über die Dickenänderung von Laubblättern. Jahrb wiss Bot 61:372

Bahadori M (1978) Passive Cooling Systems in Iranian Architecture. Sci Am 238(2):144–154

Balz M (2002) Organische Bauformen. Vortragssammlung zum AIV-Symposium: „Das Stadtquartier der Zukunft", Stuttgart, 25–27 April 2002

Becker P-R, Braun H (Hrsg) (2001) Architektur und Lebewesen. Berichtsband des Übersee-Museums Bremen, nestWerk. Isensee, Oldenburg

Becker S, Brenner K, Frankhauser P, Humpert K, Kull U, Schaur E (1994) Selbstorganisation urbaner Strukturen. Ungeplante Siedlungen und großstädtische Agglomerationen. In: Z Archit Städtebau

Behling S, Behling S (1996) Sol power. Die Evolution der solaren Architektur. Mit einem Vorwort von Sir Norman Foster. READ-Publikation, München

Bernreuter J (2001) Der Zeitdruck ist enorm: die Photovoltaikindustrie braucht dringend eine neue Quelle für Silizium. Photon 9:10–21

Betz G, Tributsch H (1988) Light-induced proton transfer reactions at polymer electrolyte interface. Solid State Ion 28–30:1197–1200

Bertelsmann Lexikon-Institut (1979) Biologie. Daten und Fakten zum Nachschlagen. Bertelsmann, Gütersloh

Birke P (2001) Bionische Strategie zur Entwicklung eines neuen audiovisuellen Raumkonzepts für die Oper in Oslo (Teil II). In: Wisser A, Nachtigall W (Hrsg) BIONA-report 15, Akad. Wiss. Lit, Mainz, S 52–57

Burgess JW, Witt PN (1978) Spinnennetze: Plan- und Baukunst. Naturwiss. Rundschau 31:269–282

Camazine S, Deneubourg J-L, Franks NR, Sneyd, J, Theraulaz, G, Bonabeau E (2001) Self-Organization in biological systems. Princeton University Press, New Jersey

Christian Doppler Laboratory for Plastic Solar cells und Quantum Solar Energy (Project Leader: Sariciftci NS), Linz (2001) http://www.ipc.uni-linz.ac.at/os/plastic/index.html

Collias NE, Collias EC (1964) Evolution in nest-building in the weaverbirds (Ploceidae). University of California Press, Berkeley

Collias NE, Collias EC (1976) External construction by Animal. Wiley, Stroudsburg

Crome W (1951) Die Wasserspinne. NBB 44. Ziemsen, Wittenberg

Czihak G, Langer H, Ziegler H (Hrsg) (1976) Biologie. Springer, Berlin

Curtis WJR (1985) Balkrishna Doshi: an architecture for India. Photographs by Balkrishna Doshi. Rizzoli International Publications: New York

Dietelmeier S (2000) Seifenhautmodelle. Facharbeit im Leistungskurs Biologie, Kollegstufen-Jahrgang 1998/2000, eingereicht am 1.2.2000, Gymnasium Unterhaching (Kursleiter Helmut Birkner), unpubl.

Dubos R (1960): Pasteur und die moderne Wissenschaft. [p.28: Dubos bezieht das Zitat aus Pasteurs EXPERIMENTALWISSENSCHAFT]. Desch, München

Easton DC (1996) The rammed earth house. Chelsea Green Publishing, Vermont, S 224

Easton DC (2002) http://www.napavalleyonline.com/directory/wshomegarden.html

Eibl-Eibesfeldt I (1984/1995) Die Biologie des menschlichen Verhaltens (Grundriss der Humanethologie), 3. Aufl. Blank, München

ELISE. www.elise3D.com

ELISE. http://www.awi.de/fileadmin/user_upload/Institute/General_Services/Technology_Transfer/Ordner_WD/Flyer/Flyer_Elise_DE.pdf

Emerson AE (1938) Termite Nests – A Studie of the Phylogenie of Behavior. Ecol Monogr 8:249–284

Emmerich DG (1964) Structures autotendantes. L'Architecture d'Aujourd'hui 115:XLII–XLV

Etheridge D (2001) Chill out – there's a way to cool down your office without warming up the planet. New Sci Mag 171(2298):22

W. Nachtigall, G. Pohl, *Bau-Bionik*,
DOI 10.1007/978-3-540-88995-3, © Springer-Verlag Berlin Heidelberg 2013

Flagge I et al (Hrsg) (2001) Thomas Herzog: Architektur und Technologie/Architecture and Technology. Prestel, München (Zweisprachige Ausgabe: Deutsch/Englisch)

Flindt M (1986) Biologie in Zahlen. 2. Aufl. Fischer, Stuttgart et al

Frisch v. K (1974) Tiere als Baumeister. Ullstein, Berlin

Frith HJ (1956) Temperature regulation in the Nesting mounds of the Mallee-fowl. Leipoa ocellata. CSIRO Wildl Res 1:79–95

Geßner F (1942) Die Leistungen des pflanzlichen Organismus. In: Bertalanffy (Hrsg) Handbuch der Biologie, Bd. IV. Darmstadt Akademische Verlagsgesellschaft Athenaioin, Potsdam

Giesenhagen K (1912) Handwörterbuch der Naturwissenschaften 2:1–35

Grätzel M (1993) Low-cost solar cells. The World & I. The Washington Times Corp., Washington, S 228–235

Grätzel M, Liska P (1992) Photoelectrochemical cells and process for making same, U.S. Patent, 5,084,365

Grojean R, Sousa J, Henry M (1980) Utilization of solar radiation by polar animals: an optical model for pelts. Appl Opt 19(3):339–347

Gruner D (1990) Die Lehm-Moschee am Niger. Reihe: Studien zur Kulturkunde. Steiner, Stuttgart (Haberland E; Hrsg)

Hamm (2005) Biospektrum. Kieselalgen als Muster für Technische Konstruktionen Schutzrechtsituation Verfahren zur Ermittlung von konstruktiven Erstmodelldaten für eine technische Leichtbaustruktur (offengelegt unter DE 103 56 682.1–53, EP 1 700 243, US Patent US 7738691 ist erteilt; Japan: das Patent JP4662945B2 ist erteilt. Auswahl von geschützten Leichtbaustrukturen, die mit dem ELiSE-Verfahren entwickelt wurden: „Leichtbaufelge für ein Kraftfahrzeug mit einem tragenden Speichenaufbau" (EP 1 796 921, erteilt für DE, FR, GB, IT, CZ); „Orthopädische Formstütze mit einer fraktalen Stützstruktur nach biologischem Vorbild" (EP 2050422 erteilt für DE, FR, ES, GB, IT); „Leichtbaukonstruktion mit einer fraktal gegliederten Stützstruktur" (EP2114755B1 erteilt für DE, FR, GB, IT, ES, NL, BE, CZ)

Hamm et al (2003) Architecture and material properties of diatom frustules provide effective mechanical protection. Nature 421:841–843

Hall D (1960) Ein Interview mit Henry Moore. Horizont 3, Nr. 2

Hedinger H (Hrsg) (1967) Die Straßen der Tiere. Vogel, Braunschweig

Herzog T (1992) Bauten 1978–1992. Hatje, Stuttgart (1992)

Herzog T (Hrsg) (1996) Solar energy in architecture and urban planning. Prestel, München

Hesse R, Doflein F (1914) Tierbau und Tierleben, Bd. 2. Teubner, Leipzig

Horstmann K, Schmid H (1986) Temperature regulation in nests of the wood ant, Formica polyctena (Hymenoptera: Formicidae). Entomol Gen 11:229–236

Howse PE (1966) Air movement and termite behaviour. Nature 210:967–968

IL Berichte (1975a) Netze in Natur und Technik (Nets in nature and technics), Bericht Nr. 8. Institut für leichte Flächentragwerke, Stuttgart, S 430

IL Berichte (1975b) Wandelbare Pneus (Convertible Pneus), Bericht Nr. 12. Institut für leichte Flächentragwerke, Stuttgart, S 186

IL Berichte (1986) Bambus (Bamboo), Bericht Nr. 31. Institut für leichte Flächentragwerke, Stuttgart, S 432

IL Berichte (1992) Ungeplante Siedlungen (Non-planned Settlements), Bericht Nr. 39. Institut für leichte Flächentragwerke, Stuttgart, S 256

Ilg L (1998) Natürliche Belüftung von Gebäuden. http//www.hl-technik.de

Ingber DE (1993) Cellular tensegrity: defining new rules of biological design that govern the cytoskeleton. J Cell Sci 104:613–627

Ingber DE (1998) The architecture of life. Sci Am 278:49–57

Internetseite des Virtuellen Helmholtz-Institutes PlanktonTech. http://www.planktontech.de/

Ishay JS, Shmuelson M (1996) Thermoelectric properties of the hornet comb: a device for producing transforming and storing electrical energy for the entire colony. Physiol Chem Physics Med NMR 28:41–54

Kaiser N (1966) Maximen für solares Bauen – auf dem Weg zu solaren Standards. In: Herzog T (Hrsg) Solar energy in architecture and urban planning. Prestel, München, S 20–45

Kaiser P (1962) Über Netzbau und Strömungssinn bei den Larven der Gattung Hydropsyche. Int Revue ges Hydrobiol 50:169–224

Kalyanasundaram K, Grätzel M (1999) Sensitised Solar cells (DYSC), based on nanocrystalline oxide semiconductor films. http://www.epfl.ch/icp/Icp-2/solarcellE.html. (Hierin Angabe von Review-Artikeln)

Kleineidam C, Ernst R, Roces F (2001) Wind-induced ventilation of the giant nests of the leaf-cutting ant Atta vollenweideri. Naturwiss 88:301–305

Kloot WG, Van Der Williams CM (1953a) Cocon construction by the cecropia silkworm I. Behaviour 5:141–174 233–255

Kloot WG, Van Der Williams CM (1953b) Cocon construction by the cecropia silkworm II. Behaviour 5:157–174

Kloot WG, Van Der Williams CM (1954) Cocon construction by the cecropia silkworm III. Behaviour 6:233–255

Koon DW (1998) Is polar bear hair fibre optic? Appl Opt 37(5):3198–3200

Kraft S, Schindler C (2009) Digitale Schreinerei. In: Kraft S et al (Hrsg) ARCH+ 193. Holz, Mering, S 94–95

Kresling B (1997) Folded and unfolded nature Orgami science and art. In: Miura, K. (Hrsg) Proc. 2nd Int. Meet of Origami Sc. and Sc. Origami, Otsu, Japan, 29 Nov–2 Dec 1994, S 93–106

Kühnelt W (1959/1960) Ökologische Vorlesungen. Universität Wien, pers. Mitt. B. Lötsch

Kurth-Zelle. http://www.habito.de/HAPHO.htm und: http://www.wissenschaft.de/sixcms/detail.php?id=41028

Lasarew AJ (1973) Dissertation über pflanzliche Stängelstrukturen und Turmbauwerke. Zitat Nr. [21] in: Lebedew JS (1983)

Lebedew JS (1983) Architektur und Bionik. Bauwesen, Berlin

Lengerken v H (1939) Brutfürsorge- und Brutpflegeinstinkte der Käfer. Akademische Verlagsgesellschaft Geest & Portig, Leipzig

Lichtblau F & W (2000) „Taugt für die Welt von morgen?!". Tagungsband 10. Symposium „Thermische Solarenergie", Staffelstein, Kloster Banz

Lippsmeier G (1991) Das kleine Tropenhospital als Modell der Zukunft. Vielfältige Einflüsse auf die Architektur. forschung – Mitteilungen der DFG 2/91, 24–26

Lötsch B (1980) Ökologische Begründung des regionalen Bauens. Bericht des Instituts für Leichte Flächentragwerke, IL 27, 244–251

Loos A (1908) Ornament und Verbrechen. In: Loos A Trotzdem. Prachner, Wien (Neudruck 1982)

Luchsinger R H, Crettol R (2006) Adaptable tensairity. In: Scheublin F, Pronk A, Borgard A and Houtman R (Hrsg) Adaptables '06. Proceedings of the joint CIB, Tensinet and AISS international conference on adaptability in design and construction, Eindhoven

Luchsinger R H, Pedretti A, Steingruber P, Pedretti M (2004a) Light weight structures with tensairity. In: Motro R (Hrsg) Shell and spatial structures from models to realizations. Editions de l'Espérou, Montpellier

Luchsinger R H, Pedretti A, Steingruber P, Pedretti M (2004b) The new structural concept tensairity: basic principles. In: Zingoni A (Hrsg) Proceedings of the Second International Conference on Structural Engineering, Mechanics and Computation, Lisse ,The Netherlands (A.A. Balkema/Swets Zeitlinger)

Luchsinger R H, Pedretti M, Reinhard A (2004) Pressure induced stability: from pneumatic structures to tensairity. J Bionics Eng 1(3):141–148

Luchsinger R H, Sydow A, Crettol R (2011) Thin-walled structures, structural behavior of asymmetric spindle-shaped tensairity girders under bending loads (Empa, Switzerland). Elsevier Ltd., www.elsevier.com/locate/tws

Lüscher M (1955) Der Sauerstoffverbrauch bei Termiten und die Ventilation des Nestes bei Macrotermes nataliensis (Haviland). Acta Tropica 12:289–307

Maak N (2001) Die Natur der Dinge. FAZ 01.08.2001 und Hessen. DAB 10:8–10

Martin H, Lindauer M (1966) Sinnesphysiologische Leistungen beim Wabenbau der Honigbiene. Z Vergl Physiol 53:372–404

Meissner D (o. J.) Solar technology. In: Elvers B et al (Hrsg) Ullmanns encyclopedia of industrial chemistry. VCH, Weinheim

Mies Van Der Rohe L (2002) http://www.greatbuildings.com/architects/Ludwig_Mies_van_der_Rohe.html

Miura K (1989) Folding a plane – scenes from nature technology and art symmetry of structure. Proceedings Interdisc Symp Budapest 1989, S 391

Moore H, Hedgecoe J (1968) Henry Spencer Moore. Simon and Schuster, New York

Nachtigall W (1977) Biostatik. In: Hoppe W et al (Hrsg) Biophysik. Springer, Heidelberg

Nachtigall W (1986) Der Pneu-Begriff in der Botanik des 19. und 20. Jahrhunderts. In: Wissenschaftskolleg – Institute for Advanced Study – Zu Berlin: Jahrbuch 1985/86. Siedler, München, S 313–327

Nachtigall W (1996) Buildings in nature. Impulses for technology. In: Proceedings 4th European conference on Solar Energy in Architecture and Urban planning, Berlin, Germany 26–29 March 1996

Nachtigall W (1997) Vorbild Natur. Bionik-Design für funktionelles Gestalten. Springer, Berlin et al

Nachtigall W (2002) Bionik. Grundlagen und Beispiele für Ingenieure und Naturwissenschaftler, 2. Aufl. Springer, Berlin

Nachtigall W (2010) Bionik als Wissenschaft. Erkennen → Abstrahieren → Umsetzen. Springer, Berlin

Nachtigall W, Kresling B (1992a) Bauformen der Natur. Teil I: Technische Biologie und Bionik von Knoten-Stab-Tragwerken. Naturwissenschaften 79:193–201

Nachtigall W, Kresling B (1993b) Bauformen der Natur. Teil II: Technische Biologie und Bionik von Platten- und Faltkonstruktionen. Naturwissenschaften 79:251–259

Nachtigall W, Wisser A. (2013) Bionik in Beispielen. Springer Spektrum, Heidelberg

Olberg G (1959) Das Verhalten der solitären Wespen Mitteleuropas. VEB Dt. Cerl. d. Wissenschaften, Berlin

Olberg G (1960) Bauwerke der Tiere. NBB, Wittenberg

Oligmüller D (1995) Die Wiedereinbindung des Baukörpers in den natürlichen Kreislauf – Ein Brückenschlag zwischen Bionik und Architektur. In: Nachtigall W (Hrsg) BIONA-report 9. Akad. Wiss. Lit., Mainz, S 75–90 (Fischer, Stuttgart)

Oligmüller D (2001) Ganzheitliche Betrachtungsweise bei der Weiterentwicklung bionischer Systeme in der Architektur, im Städtebau und im Verkehrswesen. In: Wisser A, Nachtigall W (Hrsg) BIONA-report 15. Akad. Wiss. Lit., Mainz, 254–262

Oligmüller D (2003) How to scratch skies. Wie man Wolken kratzt. Eine zeitgemäße Hochhausstruktur im Spannungsfeld vielfältiger bionischer Aspekte. In: Wisser A (Hrsg) BIONA-report 16. Akad. Wiss. Lit., Mainz

Olszewski J, Skozen S (1965) The airing of burrows of the mole, Talpa europaea Linnaeus, 1758. Acta Teriol 10:181–193

O'Regan B, Grätzel M (1991) A low cost, high efficiency solar cell based on dye-sensitised colloidal TiO2 films. Nature, 353:737–740

Otto F (1978) Der Pneu – Bauprinzip des Lebens. Bild der Wissenschaft (10):124–135

Pedretti A, Steingruber P, Pedretti M, Luchsinger R H (2004) The new structural concept tensairity: FEmodeling and applications. In: Zingoni A (Hrsg) Proceedings of the Second International Conference on Structural Engineering, Mechanics and Computation, Lisse, The Netherlands, A.A. Balkema/Swets Zeitlinger

Penzlin, H (1991) Lehrbuch der Tierphysiologie, 5. Aufl. Fischer, Jena

Philippi U, Nachtigall W (1996) Functional morphology of regular echinoid tests (Echinodermata, Echinoida): a finite element study. Zoomorpology 116:35–50

Piano R (1997) Mein Architektur-Logbuch. Hatje, Ostfildern-Ruit

Plastic Solar Cells. http://www.esqsec.unibe.ch/pub_11.htm

Rainer R (1974) pers. Mitt. Lötsch, Wien

Rasdorsky W (1911) Bull. de la Societé des Naturalistes des Moscou. Sect Biol 4:351–405

Reflektivität Schmetterlingsschuppen. http://www.tufts.edu/as/tampl/museum/butterfly.html

Rensch B (1957) Ästhetische Faktoren bei Farb- und Formbevorzugungen von Affen. Z Tierpsych 14:71–99

Rensch B (1958) Die Wirksamkeit ästhetischer Faktoren bei Wirbeltieren. Z Tierpsych 15:447–461

Remane A, Storch V, Welsch U (1981) Kurzes Lehrbuch der Zoologie. Fischer, Stuttgart

Rennie J (1833) Die Baukunst der Vögel. Baumgärtner, Leipzig

Richard PB (1967) Le determinisme de la construction des barrages chez le Castor du Rhone. La Terre et la Vie 4:339–470

Ricolais Le R (1940–1941) Essai sur les systèmes réticulés à trois dimensions. Ann Ponts Chaussées 63–70, 153–165

Ronacher A (1998) Architektur und Zeitgeist. Irrwege des Bauens unserer Zeit – Auswege für das neue Jahrtausend. Mit Projekten von Herwig und Andrea Ronacher. Heyn, Klagenfurt

Rüegg H, Völlmin C (2002) Transparente Wärmedämmung (TWD). http://www.energie.ch/themen/bautechnik/twd/index.htm

Rummel G (2001) Bionische Strategie zur Entwicklung eines neuen audiovisuellen Raumkonzepts für die Oper in Oslo (Teil I). In: Wisser A, Nachtigall W (Hrsg) BIONA-report 15. Akad. Wiss. Lit., Mainz, S 40–51

Sariciftci NS, Smilowitz L, Heeger AJ, Wudl F (1992) Photoinduced electron-transfer from a conducting polymer to buckminsterfullerene. Science 258:1474

Sattler W (1958) Beiträge zur Kenntnis von Lebensweise und Köcherbau der Larve und Puppe von Hydropsyche Pict. (Trichoptera) mit besonderer Berücksichtigung des Netzbaus. Z Morph Ökol Tiere 47:115–192

Sattler W (1962) Die Meisterweber. Umschau 62:205–208

Sedlmayr H (1948) Verlust der Mitte. Die bildende Kunst des 19. und 20. Jahrhunderts als Symptom und Symbol der Zeit. O. Müller (Salzburg) 1951 (1.–7. Aufl.), Ullstein Buch Nr. 39, Frankfurt, Berlin (1965)

Selbstbau mit Lehm. Saarbrücker Zeitung 148 vom 30.6.1991, p. L 3 (1991)

Schober W, Grimmberger E (1987) Die Fledermäuse Europas. Franck, Stuttgart

Schmidt RS (1964) Apicotermes Nests. Am Zool 4:221–225

Smith F (1997) Eastgate – Harare, Zimbabwe. In: Brown DJ (Hrsg) The ARUP-Journal, 1/1997, 3–8

Schmitz H (1994) Thermal characterization of butterfly wings:1. Absorption in relation to different colour, surface structure and basking type. J Therm Biol 19:403–412

Schmitz H, Tributsch H (1994) Die Eigenschaften von Schmetterlingsflügeln als Solarabsorber. Verh Dtsch Zool Ges 87:112

Schnitzspahn G (2002) Die „Baukultur“ und das „Schöne im Bauen“. Vortragssammlung zum AIV-Symposium: „Das Stadtquartier der Zukunft“, Stuttgart, 25–27 April 2002

Schwendener S (1874) Das mechanische Prinzip im anatomischen Bau der Monocotylen. Engelmann, Leipzig

Snell FM, Shulmann S, Spencer RP, Moos C (1968) Biophysikalische Grundlagen von Struktur und Funktion, Bd. I. Hirzel, Stuttgart

Spatz H-C, Beismann H, Brüchert F, Emanns A, Speck T (1997) Biomechanics of the Giant Reed Arundo donax. Phil Trans Roy Soc B 352:1–10

Speck O, Speck T, Spatz H-C (1998) Viscoelastizität und Plastizität – oder wie vermeiden Pflanzen destruktive Oszillationen? Eine biomechanisch-funktionsanatomische Analyse des Rhizoms von Arundo donax. In: Nachtigall W, Wisser A (Hrsg) BIONA-report 12. Akad. Wiss. Lit., Mainz, S 91–106 (Fischer, Stuttgart et al)

Speck T, Luchsinger R, Busch S, Rüggeberg M, Speck O (2006) Self-healing processes in nature and engineering: self-repairing biomimetic membranes for pneumatic structures. In: Brebbia CA (Hrsg) Design and nature III. WIT, Southampton, S 105–114

Speck T, Masselter T, Prüm B, Speck O, Luchsinger R (2004) Smart materials: light-weight structures with variable stiffness an self-repair mechanisms. In: Boblan I, Bannasch R (Hrsg) First international Industrial Conference Bionik 2004, VDI Reihe Umwelttechnik, Nr. 249

Szent-Györgi A (1957) Bioenergetics. Academic Press, New York

Tada H, Mann SE, Miaoulis IN, Wong PY (1998) Microscale radiative effects in complex microstructures of iridescent butterfly wing scales. MRS Fall 1997 Meeting, Symposium on Materials Science of the Cells, poster presentation. Mat Res Soc Symp Proc 489:173–180

Tautz J (2007) Phänomen Honigbiene. Mit Fotos von H. Heilmann. Spektrum, Heidelberg

Tautz J, Casas J, Sandeman DC (2001) Phase reversal of vibratory signals in honeycomb may assist dancing honeybees to attract their audience. J Exp Biol 204:3737–3746

Thallemer Scionic® (http://www.facebook.com/pages/Scionic/179549155405507?sk=info), www.scionic.at

Thallemer (http://de.mastersportal.eu/students/browse/programme/31331/industrial-design-scionic.html)
Thallemer A (2010) Scionic. Arnoldsche Art Publishers, Stuttgart. http://www.arnoldsche.com/Design/SCIONIC.html
Thallemer A, Reese J (2010) Visual Permutations. Arnoldsche Art Publishers, Stuttgart. http://www.arnoldsche.com/Design/VISUAL-PERMUTATIONS.html
Thaler E (1976) Nest und Nestbau von Winter- und Sommergoldhähnchen (Regulus regulus und R. ignicapillus). J Orn 117:121–144
Tributsch H (1995) Bionik solarer Energiesysteme. In: Nachtigall W, Wisser A (Hrsg) BIONA-report 9. Akad. Wiss. Lit. Mainz, S 147–170 (Fischer, Stuttgart et al)
Tributsch H (2001) Regenerative Energienutzung: Solarenergie. Unterricht-Arbeit+Technik 10:62–64
Tributsch H (2001) Bionische Vorbilder für eine solare Energietechnik. In: v. Gleich A (Hrsg) Bionik. Ökologische Technik nach dem Vorbild der Natur? 2 Aufl. Teubner, Stuttgart et al S 247–261
Tributsch H, Goslowsky H, Küppers U, Wetzel H (1990) Light collection and solar sensing through the polar bear pelt. Sol Energy Mater 21:219–236
Vogel S, Ellington C, Kilgorek D (1973) Wind-induced ventilation of the burrow of the prairie-dog, Cynomys ludovicianus. J Comp Physiol 85:1–14
Wasserabweisende Haut. Australian Science and Technology News Letter 7, p. 5 (1992)
Weir JS (1973) Air flow, evaporation and mineral accumulation in molds of Macrotermes subhyalinus (Rambur). J Anim Ecol 42:509–520
Wester T (1984) Structural order in space: the plate-lattice dualism. Plate Laboratory, Royal Academy of Arts, Copenhagen
Wester T (1997) Some remarkable statical qualities of structures in nature. In: Chilton JC et al (Hrsg) Proc. Inst. Coll. Struct. Morph., Nottingham, 12–21
Westheide W, Rieger G (Hrsg) (2010) Spezielle Zoologie. Teil 2: Wirbel- oder Schädeltiere. Spektrum, Heidelberg
Weyrauch W (1935) Die Nester der sozialen Wespen. Das Aquarium 2:145–150
Wichard W (1978) Die Köcherfliegen. NBB, Wittenberg
Wickler W, Seibt U (1977) Prinzip Eigennutz. Hoffmann und Campe, Hamburg
Wöhrle D, Meissner D (1991) Organic solar cells. Rev Artic Adv Mater 3:129–138
Wunder W (1931) Brutpflege und Nestbau bei Fischen. In: Ergebnisse der Biologie, Bd. 7. Springer, Berlin
Wunder W (1932) Nestbau und Brutpflege bei Amphibien. In: Ergebnisse der Biologie, Bd. 8. Springer, Berlin, S 180–220
Wunder W (1934) Nestbau und Brutpflege bei Reptilien. In: Ergebnisse der Biologie, Bd. 10. Springer, Berlin, S 1–36
Yanda B, Fisher R (1983) Energie und Nahrung aus dem Solar-Gewächshaus. Hugendubel, München

Sachverzeichnis

DOI 10.1007/978-3-540-88995-3, © Springer-Verlag Berlin Heidelberg 2013

GPSR Compliance
The European Union's (EU) General Product Safety Regulation (GPSR) is a set of rules that requires consumer products to be safe and our obligations to ensure this.

If you have any concerns about our products, you can contact us on

ProductSafety@springernature.com

In case Publisher is established outside the EU, the EU authorized representative is:

Springer Nature Customer Service Center GmbH
Europaplatz 3
69115 Heidelberg, Germany

www.ingramcontent.com/pod-product-compliance
Ingram Content Group UK Ltd.
Pitfield, Milton Keynes, MK11 3LW, UK
UKHW050621290826
14794UKWH00003B/122
* 9 7 8 3 5 4 0 8 8 9 9 4 6 *